Statistik – Testverfahren

Bachelorstudium Psychologie

Statistik – Testverfahren

Prof. Dr. Heinz Holling, PD Dr. Günther Gediga

Herausgeber der Reihe:

Prof. Dr. Eva Bamberg, Prof. Dr. Hans-Werner Bierhoff, Prof. Dr. Alexander Grob, Prof. Dr. Franz Petermann

Heinz Holling
Günther Gediga

Statistik – Testverfahren

hogrefe

Prof. Dr. Heinz Holling, geb. 1950. 1969–1976 Studium der Mathematik, Psychologie und Soziologie in Würzburg und Berlin. 1974–1987 Wissenschaftlicher Mitarbeiter an der FU Berlin und der Universität Osnabrück. Promotion 1980 (Dr. phil.) und 1987 (Dr. rer. nat.). 1987 Habilitation. 1987–1993 Vertretungsprofessor an den Universitäten Oldenburg, Münster und Mannheim. Seit 1993 Professor für Statistik und Quantitative Methoden am Institut für Psychologie Münster.

PD Dr. Günther Gediga, geb. 1953. 1971–1979 Studium der Informatik und Mathematik in Dortmund und Osnabrück. 1986 Promotion in Psychologie. 1994 Habilitation. 1979–2000 wissenschaftlicher Mitarbeiter im Fachgebiet Methodenlehre an der Universität Osnabrück. Seit 2001 außerplanmäßiger Professor am Department of Computer Science an der Brock University in St. Catherines, Kanada und freiberufliche Tätigkeit als Statistical Consultant. Seit 2008 akademischer Rat an der Universität Münster im Institut für Statistik und Methoden.

psychlehrbuchplus hogrefe.de

Informationen und Zusatzmaterialien zu diesem Buch finden Sie unter
www.hogrefe.de/buecher/lehrbuecher/psychlehrbuchplus

Bibliografische Information der Deutschen Nationalbibliothek
Die Deutsche Nationalbibliothek verzeichnet diese Publikation in der Deutschen Nationalbibliografie; detaillierte bibliografische Daten sind im Internet über http://dnb.dnb.de abrufbar.

Hogrefe Verlag GmbH & Co. KG
Merkelstraße 3
37085 Göttingen
Tel.: +49 551 999 50 0
Fax: +49 551 999 50 111
E-Mail: verlag@hogrefe.de
Internet: www.hogrefe.de

Umschlagabbildung: © Marc Fischer – istockphoto.com
Druck: Media-Print Informationstechnologie GmbH, Paderborn
Printed in Germany
Auf säurefreiem Papier gedruckt

1. Auflage 2016

(E-Book-ISBN [PDF] 978-3-8409-2302-9)
ISBN 978-3-8017-2302-6
http://doi.org/10.1026/02302-000

Inhaltsverzeichnis

Kapitel 1
Über dieses Buch

Inhaltsübersicht

1.1 Zum Inhalt dieses Buches

Das vorliegende Buch ist der dritte Teil eines insgesamt dreibändigen Lehrbuchs der Statistik. Band 1 behandelt die deskriptive Statistik, Band 2 die Wahrscheinlichkeitstheorie und Parameterschätzung und dieser Band statistische Verfahren zur Hypothesentestung. Die Lektüre dieses Bandes setzt nicht unbedingt die Lektüre der vorhergehenden Bände voraus. Leserinnen und Leser[1] können diesen Band unabhängig von den beiden anderen Bänden rezipieren, wenn sie über grundlegende Kenntnisse der deskriptiven Statistik, Wahrscheinlichkeitstheorie und Parameterschätzung verfügen.

Wie bei den beiden anderen Bänden ist es unser grundlegendes Ziel, die Statistik umfassend und verständlich darzustellen und dabei den Sinn der hier behandelten Hypothesentestung und einzelnen Testverfahren aufzuzeigen. Dazu werden die einzelnen Themen anschaulich und fundiert vermittelt und stets wird der Bezug zu inhaltlichen Problemen hergestellt.

Da Studierende der Psychologie eine wesentliche Zielgruppe dieses Buches bilden, stammen viele Beispiele aus diesem Bereich. Nichtsdestotrotz ist dieser Band ebenso für Studierende anderer Studiengänge aus den Natur-, Sozial- und Erziehungswissenschaften geeignet.

In diesem Band erfolgt zunächst eine ausführliche Darstellung der Hypothesentestung. Sie bildet die Voraussetzung für die dann behandelten statistischen Testverfahren. Neben den wichtigsten Einstichprobentests, Zweistichprobentests und Anpassungstests werden die ein- und zweifaktorielle Varianzanalyse mit sowie ohne Messwiederholung behandelt. Im letzten Kapitel werden Tests für das allgemeine lineare Modell vorgestellt, ebenso wie die Einbettung varianzanalytischer Verfahren in diese statistische Familie. Neben den häufig eingesetzten parametrischen Verfahren werden auch die entsprechenden nichtparametrischen Verfahren behandelt. Dabei wird viel Wert darauf gelegt, auch die den nichtparametrischen Verfahren zugrunde liegende Logik anschaulich zu erläutern. Statistische Analysen beginnen immer vor der Datenerhebung, d. h. sind bereits bei der Planung empirischer Studien von hoher Relevanz. Dementsprechend wird der Power statistischer Verfahren in diesem Band viel Beachtung geschenkt.

[1] Wir werden jedoch im Folgenden immer dann, wenn beide Geschlechter gemeint sind, lediglich die männliche Form benutzen. Damit wird u. E. die Darstellung sehr vereinfacht. Wenn wir explizit die weibliche Form nutzen, sind nur Personen weiblichen Geschlechts gemeint.

Ein Lehrbuch der Statistik ist einfacher zu lesen, wenn es einheitlich und übersichtlich strukturiert ist. Dazu haben wir analog zum ersten und zweiten Band dieser Lehrbuchreihe die folgenden Gestaltungsrichtlinien angewendet.

Um die Darstellung der statistischen Konzepte nicht zu überfrachten, wird auf die Darstellung mathematischer Ableitungen und Beweise, die für das grundlegende Verständnis nicht unbedingt erforderlich sind, verzichtet. Für besonders interessierte Leser werden diese Beweise auf der folgenden Website zur Verfügung gestellt:

http://www.hogrefe.de/buecher/lehrbuecher/psychlehrbuchplus

Im Text wird jeweils auf diese Website hingewiesen, zusätzlich werden die entsprechenden Stellen durch das „Internetsymbol" am Seitenrand gekennzeichnet.

Um die Inhalte dieses Lehrbuchs übersichtlich darzustellen, verwenden wir im Text verschiedene Arten von Kästen, die Beispiele, Anwendungen von Software oder Zusammenfassungen enthalten. Wichtige Formeln werden ebenfalls durch eine farbige Hinterlegung hervorgehoben, damit sie unmittelbar als solche zu erkennen sind. Bei der Einführung neuer Begriffe werden diese Begriffe im Text kursiv gesetzt und zudem am Seitenrand aufgeführt.

Die Vermittlung von Statistik ist ohne die Verwendung von EDV-Programmen undenkbar und es gibt mittlerweile eine Vielzahl sehr leistungsfähiger Statistikprogrammpakete. Im vorliegenden Lehrbuch nutzen wir die Softwarepakete SPSS und R.

Das Programmpaket IBM SPSS Statistics, kurz SPSS genannt, ist eine seit jeher sehr weit verbreitete Statistiksoftware. In vielen Organisationen, in denen Natur-, Sozial- und Erziehungswissenschaftler beschäftigt sind, wird dieses Programmpaket verwendet. SPSS hat allerdings den Nachteil, dass es kostenpflichtig ist.

Das Open-Source-Programm R ist ebenfalls weit verbreitet, hingegen kostenlos verfügbar. R ist allerdings nicht ganz so benutzerfreundlich wie SPSS. Jedoch bietet auch R eine Menüsteuerung mittels des sogenannten R-Commanders an, der für Anfänger eine einfache Benutzung der wesentlichen Funktionen erlaubt. Ein großer Vorteil von R besteht darin, dass neueste statistische Verfahren schnell zur Verfügung gestellt werden.

Im vorliegenden Buch behandeln wir am Ende der Kapitel jeweils die notwendigen Schritte zur Datenanalyse mittels SPSS und R. Studierende, die diese Programmsysteme nicht kennen, finden auf der oben genannten Website Hinweise auf eine Einführung in R sowie Anleitungen zur Benutzung von R. Für die Einführung in die Arbeit mit SPSS möchten wir auf das Buch von Leonhart (2010) verweisen.

Auf der Website befinden sich neben den oben bereits angesprochenen Inhalten viele weitere Ressourcen zu diesem Lehrbuch. Dabei handelt es sich um die in diesem Buch verwendeten Datensätze und die entsprechenden Kommandos für die Programme SPSS und R. Des Weiteren enthält die Website ergänzende Inhalte und Literaturhinweise.

1.2 Danksagung

Zur Entstehung dieses Buches haben neben den Autoren zahlreiche weitere Personen beigetragen. Viele wertvolle Kommentare erhielten wir nach dem Studium einer vorläufigen Endversion von Frau Corinna Brauner (B.Sc. Psych), Herrn Jonatan Buhl (B.Sc. Psych), Herrn Paul-Christian Bürkner (M.Sc. Psych, B.Sc. Math), Herrn Dr. Philipp Doebler, Frau Meltem Dogan (B.Sc. Psych), Herrn Dipl.-Psych. Boris Forthmann, Frau Anne Gerwig (B.Sc. Psych), Frau Katharina Hoferichter, Herrn Ruben Kleinkorres (B.Sc. Psych), Frau Kathrin Klute (B.Sc. Psych), Herrn Dr. Jörg-Tobias Kuhn, Frau Julia Raddatz (M.Sc. Psych), Frau Marianna Rusche (B.Sc. Psych) und Frau Jana Scharfen (M.Sc. Psych). Dafür möchten wir ihnen an dieser Stelle unseren großen Dank aussprechen. Ein ganz besonderer Dank gebührt Herrn Dipl.-Math. Carsten Szardenings, Frau Dr. Anna Doebler, Frau Kathrin Gediga (M.Sc. Eval) und Frau Christin Schwenk (M.Sc. Psych). Ihre sorgfältige Überprüfung des gesamten Textes in formaler wie inhaltlicher Hinsicht war sehr hilfreich.

Weiterhin gaben uns Herr Prof. Dr. Hans-Werner Bierhoff und Herr Prof. Dr. Franz Petermann wertvolle Hinweise für die Erstellung dieses Buches. Dafür sei ihnen hier ganz herzlich gedankt. Schließlich gilt unser Dank Frau Dipl.-Psych. Susanne Weidinger, Herrn Dr. Michael Vogtmeier und Herrn Stefan Reins M. A. vom Hogrefe Verlag. Sie haben uns wie gewohnt sehr kompetent betreut.

Kapitel 2
Hypothesentestung

Inhaltsübersicht

2.1 Einleitende Übersicht

Gegenstand dieses letzten Bandes des dreiteiligen Statistiklehrbuches ist die Hypothesentestung, die häufig als wichtigste Aufgabe der Statistik angesehen wird. Im ersten Band (Holling & Gediga, 2011) wurde die *deskriptive Statistik* behandelt. In diesem Teilgebiet der Statistik geht es um die übersichtliche Darstellung der in empirischen Studien erhobenen Daten. Diese Daten werden so gut wie immer an Stichproben erhoben, da die Untersuchung gesamter Populationen zumeist nicht möglich ist oder nicht ökonomisch wäre. Eine weitere wichtige Thematik der deskriptiven Statistik ist die zusammenfassende Beschreibung der Daten mittels Kennwerten, z. B. Mittelwert oder Varianz, die auch Stichprobenstatistiken oder kurz Statistiken genannt werden.

deskriptive Statistik

Im zweiten Band (Holling & Gediga, 2013) wurde zunächst die Wahrscheinlichkeitsrechnung behandelt, die die Grundlage für die anschließend dargestellte Punkt- und Intervallschätzung von Parametern bildet. Die Parameterschätzung bildet den ersten von zwei wesentlichen Bereichen der *Inferenzstatistik*, die zur Generalisierung der Ergebnisse aus Stichproben auf die Population dient.

Inferenzstatistik

Parameterschätzung

Bei der *Parameterschätzung* geht es um die Schätzung von Kennwerten der Verteilung von Merkmalen in der Population anhand von Stichprobenstatistiken. So gilt es etwa, in der PISA-Studie für ein bestimmtes Land, z. B. Deutschland, den Erwartungswert der mathematischen Kompetenz zu schätzen. Der Erwartungswert stellt dann den Parameter dar. Eine geeignete Stichprobenstatistik für die Punktschätzung dieses Parameters ist das arithmetische Mittel. Eine solche Punktschätzung ist mit einer gewissen Unsicherheit behaftet. Daher werden sogenannte Konfidenzintervalle berechnet, die mit einer bestimmten, vorher festgelegten Wahrscheinlichkeit einen Parameter enthalten. Punkt- und Intervallschätzungen wurden insbesondere für die folgenden Parameter vorgestellt: Erwartungswert, Varianz bzw. Standardabweichung, Produkt-Moment-Korrelationskoeffizient und Regressionskoeffizienten in linearen Modellen. Diese Parameter sind auch Gegenstand der Hypothesentestung, dem zweiten großen Bereich der Inferenzstatistik, der eng verwandt ist mit der Parameterschätzung.

Hypothesentestung

Bei der *Hypothesentestung* geht es um die Überprüfung von vorher aufgestellten Hypothesen, die sich auf die gesamte Population und nicht auf Stichproben beziehen. So mag eine Hypothese lauten, dass der Erwartungswert der mittleren mathematischen Kompetenz für finnische Schüler höher ist als für die Schüler aller an der PISA-Studie teilnehmenden Staaten. Statistische Testverfahren erlauben es dann, eine Entscheidung über solche Hypothesen zu treffen. Aufgrund einer solchen Entscheidung kann die Gültigkeit einer Hypothese angenommen bzw. nicht angenommen werden. Auch für die Hypothesentestung werden Stichprobenstatistiken verwendet, wie für das obige Beispiel der Mittelwert der mathematischen Kompetenz erhoben an einer Stichprobe finnischer Schüler.

Wir werden in diesem Band die wichtigsten Testverfahren zur Hypothesentestung vorstellen. Dabei geht es zumeist um Hypothesen zu Parametern von Wahrscheinlichkeitsverteilungen. Denn in den meisten Fällen der Hypothesentestung werden bestimmte Wahrscheinlichkeitsverteilungen für die Beschreibung der interessierenden Merkmale vorausgesetzt, z. B. die Normalverteilung für Merkmale, wie Intelligenz, Extraversion etc. Die Hypothesen beziehen sich dann auf bestimmte Parameter dieser Wahrscheinlichkeitsverteilungen, z. B. den Erwartungswert oder die Varianz. Es gilt aber, auch allgemeinere Hypothesen zu überprüfen, insbesondere zur Frage, ob in einer Population eine bestimmte Wahrscheinlichkeitsverteilung für ein interessierendes Merkmal vorliegt. Ein Beispiel für eine solche Hypothese ist: „Die Anzahl von Verkehrsunfällen in Deutschland folgt einer Poisson-Verteilung."

Für eine möglichst einfache Einführung in dieses Gebiet beschränken wir uns zunächst lediglich auf Hypothesen zum Erwartungswert einer normalverteilten Zufallsvariablen mit bekannter Varianz.

2.2 Einführung in die Hypothesentestung

Betrachten wir nun die Grundlagen der Hypothesentestung anknüpfend an die Ausführungen zur Parameterschätzung in Band 2 (Holling & Gediga, 2013). Wir gehen hier zunächst von einem einfachen Fall aus, der Schätzung des Erwartungswertes bei normalverteilten Merkmalen mit bekannter Varianz. Zur Schätzung dieses Parameters ist, wie in Band 2 ausgeführt wurde, das arithmetische Mittel eine optimale Stichprobenstatistik. Während die Stichprobenstatistiken im Kontext der Parameterschätzung *Schätzer* genannt werden, heißen sie im Kontext der Hypothesentestung *Teststatistik* oder auch *Prüfgröße*.

Schätzer

Teststatistik

Prüfgröße

Betrachten wir als Beispiel die Schätzung des Erwartungswertes der Scores eines Tests für die mathematische Kompetenz, wobei alle Schüler einer bestimmten Altersklasse in Deutschland als Population fungieren. Der Test sei für diese Population so normiert, dass diese Scores die Realisierung einer normalverteilten Zufallsvariablen Y darstellen mit $Y \sim N(100, 10)$. Aus der Population all dieser Schüler ziehen wir dann n unabhängige Stichprobenelemente. Die zugehörigen Stichprobenvariablen $Y_1, \ldots, Y_n$ sind wie die Zufallsvariable Y verteilt und zui.i.d.-Annahme

dem unabhängig. Es gilt also die *i.i.d.-Annahme* (i.i.d = independent and identically distributed). Anhand dieser Stichprobenvariablen wird die Stichprobenstatistik bzw. Statistik gebildet. Als Statistik zur Schätzung des Erwartungswertes der normalverteilten Scores zur mathematischen Kompetenz dient das arithmetische Mittel der n Stichprobenelemente $\bar{Y}$, das ebenfalls normalverteilt ist mit der Stichprobenverteilung $N(\mu, \sigma/\sqrt{n})$. $\bar{Y}$ dient als Punktschätzung für μ. Aufgrund der geringeren Standardabweichung von $\bar{Y}$ sind die Mittelwerte, die sich durch wiederholtes Ziehen von Stichproben des Umfangs n ergeben, enger um den zu schätzenden Parameter verteilt als die Werte der Variablen Y und damit zur Schätzung des unbekannten Parameters geeignet.

In Abbildung 2.1 wird die Ziehung von Stichproben aus einer normalverteilten Population veranschaulicht, sowie die Bildung der Stichprobenverteilung für den Mittelwert. Hier werden (vgl. oberer Teil der Abb. 2.1) Stichproben mit einem Umfang von $n = 3$ gezogen. Zieht man nun alle (theoretisch) möglichen Stichproben mit einem Umfang von $n = 3$ und berechnet jeweils den Mittelwert, resultiert die im unteren Teil der Abbildung dargestellte Dichte der normalverteilten Stichprobenstatistik $\bar{Y}$, wobei $\bar{Y} \sim N(\mu, \sigma/\sqrt{3})$. Das symmetrische Intervall um den wahren Wert μ, in dem $(1-\alpha) \cdot 100\,\%$ aller Punktschätzungen liegen, wird auch zentrales $(1-\alpha)$-Schwankungsintervall für Mittelwerte genannt.

Stichprobenstatistiken bilden auch den Ausgangspunkt für die Berechnung von Konfidenzintervallen. Bei Konfidenzintervallen für den Erwartungswert normalverteilter Zufallsvariablen mit bekannter Varianz wird wiederum der Schätzer $\bar{Y}$ verwendet (vgl. Abb. 2.2). Bei zweiseitigen Konfidenzintervallen, die wir hier lediglich betrachten, verteilen sich die Punktschätzungen symmetrisch um den wahren Wert μ. Ausgehend von $\bar{Y}$ bildet man nun ein Konfidenzintervall, indem man symmetrisch um $\bar{Y}$ ein Intervall legt. Die Länge dieses Intervalls entspricht der Länge des entsprechenden Schwankungsintervalls. Damit sind die untere und die obere Grenze des Konfidenzintervalls so festgelegt, dass es in $(1-\alpha) \cdot 100\,\%$ aller möglichen Stichprobenziehungen den wahren Parameter μ überdeckt.

Als Konfidenzintervall resultiert im vorliegenden Fall:

$$\left[\bar{Y} - z_{1-\alpha/2}\frac{\sigma}{\sqrt{n}}, \bar{Y} + z_{1-\alpha/2}\frac{\sigma}{\sqrt{n}}\right],$$

wobei $z_{1-\alpha/2}$ das entsprechende Quantil der Standardnormalverteilung darstellt (vgl. Anhang zur Berechnung der Quantile).

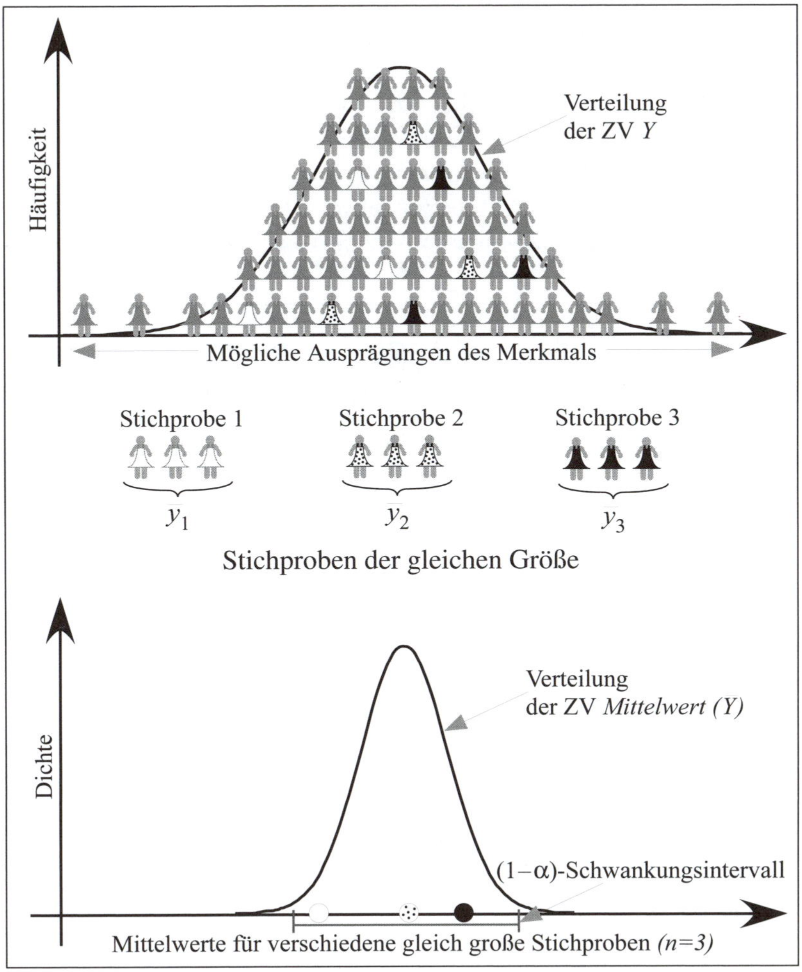

Abbildung 2.1: Veranschaulichung der Stichprobenverteilung des Mittelwertes. Die verschiedenen Stichproben der Größe $n = 3$ sind farbig markiert (ZV=Zufallsvariable).

Während es sich bei Schätzern um *eine* Zufallsvariable handelt, werden zweiseitige Konfidenzintervalle aus *zwei* Zufallsvariablen, d. h. Stichprobenstatistiken, gebildet, die die Grenzen des Konfidenzintervalls beschreiben. Damit handelt es sich bei Konfidenzintervallen um zufällige Intervalle, d. h. um Intervalle, deren Grenzen aus Zufallsvariablen bestehen.

Analog zur Unterscheidung von Schätzern als Zufallsvariablen und den Realisierungen der Schätzer, den Schätzungen, müssen wir auch hier zwischen Konfidenzintervallen als zufällige Intervalle und ihren Realisierungen, den sogenannten realisierten Konfidenzintervallen, unterscheiden. Bei einem realisierten Konfidenzintervall verwendet man die Realisierungen der Schätzer als Grenzen. Die Grenzen eines realisierten Konfidenzintervalls bestehen also nicht aus Zufallsvariablen, sondern aus Realisierungen von Zufallsvariablen. Die Unterscheidung zwischen Konfidenzintervallen und realisierten Konfidenzintervallen wird oft nicht getroffen, womit sich eine gewisse begriffliche Unschärfe ergibt, die aber im Kontext einer konkreten Anwendung kein großes Problem darstellen dürfte.

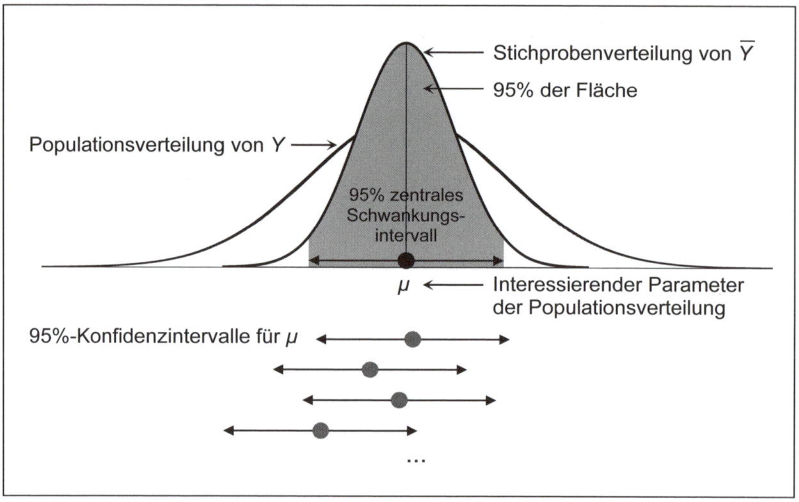

Abbildung 2.2: Veranschaulichung von Konfidenzintervallen für normalverteilte Zufallsvariablen mit μ unbekannt, σ^2 bekannt: $\bar{Y} \pm z_{.975}\frac{\sigma}{\sqrt{n}}$

Abbildung 2.2 zeigt einige realisierte Konfidenzintervalle für den Erwartungswert einer Normalverteilung mit bekannter Varianz σ^2, die auf unterschiedlichen Stichproben mit identischem Stichprobenumfang n beruhen. Dabei beträgt die vorher festgelegte Wahrscheinlichkeit, dass der Parameter von dem Konfidenzintervall überdeckt wird: $1 - \alpha = .95$. Wie Abbildung 2.2 zeigt, überdeckt ein $(1 - \alpha)$-Konfidenzintervall, das anhand der Daten einer Stichprobe berechnet wurde, den wahren (unbekannten) Wert des Parameters immer dann, wenn die entsprechende Punktschätzung innerhalb des $(1 - \alpha)$-Schwankungsintervalls liegt.

Es gibt eine enge Beziehung zwischen der Hypothesentestung und der Intervallschätzung, auf die wir nun eingehen wollen.

Gehen wir von einem (fiktiven) Problem aus, in dem es ebenfalls um den Erwartungswert einer Normalverteilung mit bekannter Varianz geht. Ausgangspunkt sei die von Bildungsforschern geäußerte *inhaltliche Hypothese*, dass die mittlere mathematische Kompetenz der Schüler in

inhaltliche Hypothese

Nordrhein-Westfalen (NRW) nicht mit der mittleren mathematischen Kompetenz aller Schüler in Deutschland übereinstimmt. Es wird dabei nicht gesagt, ob die mittlere Kompetenz der Schüler in NRW nach oben oder unten abweicht.

Untersucht man diese Hypothese in einer empirischen Studie anhand eines normierten Tests, dessen Scores Y für alle deutschen Schüler normalverteilt sind mit $Y \sim N(100, 10)$, so kann die obige Hypothese weiter spezifiziert werden. Es gilt nun, dass der Erwartungswert der mathematischen Kompetenz für die Schüler aus NRW nicht gleich 100 ist. Dabei sei bekannt, dass die Testwerte auch für die Schüler des Landes NRW normalverteilt sind mit einer Standardabweichung von 10. Lediglich der Erwartungswert ist unbekannt und wird entsprechend der Hypothese als ungleich 100 angenommen. Diese nachzuweisende Hypothese wird *Alternativhypothese* genannt und im Allgemeinen mit H_1 bezeichnet.

Alternativhypothese

H_1

Wie kann man nun zu einer Entscheidung über die Hypothese gelangen, dass der Erwartungswert der mathematischen Kompetenz in NRW ungleich 100 ist? Dazu könnte man die mittlere mathematische Kompetenz aus der empirischen Studie heranziehen. Würde z. B. auf der Basis einer Stichprobe mit dem Umfang $n = 100$ ein arithmetisches Mittel von 100.2 oder 99.7 resultieren, wäre der Alternativhypothese wohl nicht zuzustimmen. Anders sähe es aus, wenn ein arithmetisches Mittel von 91 oder 112 auftreten würde. Wann ist also ein bestimmter Abstand von Punkten nach oben oder unten groß genug, um der Hypothese, dass der Erwartungswert in NRW ungleich 100 ist, beizupflichten?

Ausgangspunkt der weiteren Überlegungen seien nun die Ergebnisse einer empirischen Untersuchung an einer repräsentativen Stichprobe von 25 Schülern aus NRW. Der erzielte Mittelwert für die mathematische Kompetenz sei $\bar{y} = 105$. Der Wert von 105 liegt 5 Punkte von dem Erwartungswert 100 entfernt, der für alle deutschen Schüler gilt. Ist nun ein solcher Abstand von 5 Punkten nach unten oder oben groß genug, um davon auszugehen, dass in dem Bundesland NRW ein anderer Erwartungswert gegeben ist? Zur Bewertung der Größe dieses Abstands verwenden wir seine Wahrscheinlichkeitsverteilung.

Unterscheiden sich die Erwartungswerte der mathematischen Kompetenz in NRW und ganz Deutschland nicht, gilt auch für NRW ein Erwartungswert von 100. Diese Annahme, die das Gegenteil der Alternativhypothese darstellt, wird üblicherweise *Nullhypothese* genannt und mit H_0 bezeichnet. Um die Gültigkeit der Alternativhypothese nachzuweisen, gilt es, die Nullhypothese zu widerlegen. Den Wert des Parameters, der unter der Nullhypothese angenommen wird, bezeichnet man mit μ_0 und es gilt hier $\mu_0 = 100$.

Nullhypothese

H_0

Ausgehend von dem Erwartungswert $\mu_0 = 100$ und der bekannten Standardabweichung $\sigma = 10$ bestimmen wir die Stichprobenverteilung des arithmetischen Mittels $\bar{Y}$ für einen Stichprobenumfang von $n = 25$. Für ein normalverteiltes Merkmal mit $Y \sim N(100, 10)$ gilt dann $\bar{Y} \sim N(100, 10/\sqrt{25}) = N(100, 2)$. Aufgrund dieser Stichprobenverteilung ist es recht unwahrscheinlich, einen Mittelwert zu erzielen, der 5 oder mehr Punkte von dem Wert 100 abweicht. Der Abstand von zwei Punkten für $\bar{Y}$ entspricht einer Standardabweichung, und somit entspricht ein Abstand von 5 Punkten 2.5 Standardabweichungen. Dass eine Beobachtung 2.5 oder mehr Standardabweichungen vom Erwartungswert einer normalverteilten Variablen abweicht, entspricht der Wahrscheinlichkeit $P(-2.5 < Z < 2.5) = .012$, wobei Z eine standardnormalverteilte Zufallsvariable darstellt. Somit würde man nur für 1.2% aller möglichen Stichproben von Schülern aus NRW eine Abweichung des Mittelwertes um 5 oder mehr Punkte erhalten, wenn der wahre Erwartungswert der mathematischen Kompetenz $\mu = 100$ wäre. Damit erscheint es plausibler, von einem anderen Erwartungswert auszugehen, der nicht zu einer solch geringen Wahrscheinlichkeit führt, und insofern der Alternativhypothese zuzustimmen, dass μ ungleich 100 ist.

Abbildung 2.3 veranschaulicht die Hypothesentestung für das obige Beispiel. Dargestellt sind im oberen Teil dieser Abbildung die Verteilung der mathematischen Kompetenz Y unter der Annahme $Y \sim N(100, 10)$ und die daraus folgende Stichprobenverteilung des Mittelwertes $\bar{Y}$ für $n = 25$ mit $\bar{Y} \sim N(100, 2)$.

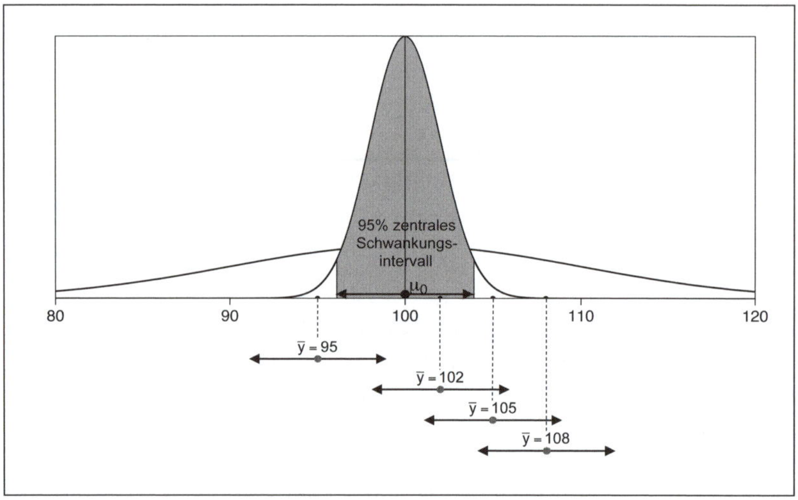

Abbildung 2.3: Konfidenzintervalle und Hypothesentestung: Veranschaulichung

Weiterhin sind im unteren Teil der Abbildung 2.3 einige Schätzungen $\bar{y}$ als Punkte dargestellt. Diese Mittelwerte stammen aus der wahren, aber unbekannten Stichprobenverteilung, die nicht mit der angenommenen Stichprobenverteilung mit $\mu_0 = 100$ übereinstimmen muss. Die wahre, hier nicht dargestellte Stichprobenverteilung besitzt ebenfalls eine Normalverteilung mit $\sigma = 10$ und einem unbekannten Erwartungswert. Ausgehend von der Nullhypothese wird angenommen, dass der wahre Erwartungswert mit dem angenommenen Wert $\mu_0 = 100$ übereinstimmt.

Liegt nun ein Mittelwert $\bar{y}$ zu weit weg von dem angenommenen Erwartungswert $\mu_0 = 100$, ist es wenig plausibel, von einem Erwartungswert gleich 100 auszugehen. So ist – ausgehend von der Nullhypothese $\mu_0 = 100$ – auch ein Mittelwert $\bar{y} = 105$ als sehr extrem zu werten. Wenn ein solcher Mittelwert in einer empirischen Studie erzielt wird, spricht dieses Ergebnis gegen die Hypothese, dass der Erwartungswert $\mu_0 = 100$ für die mathematische Kompetenz der Schüler in NRW zutrifft.

Nun stellt sich die Frage, ab wann allgemein betrachtet ein Mittelwert so extrem ist, dass die Nullhypothese nicht mehr zu halten ist. Dazu werden ein unterer und oberer kritischer Wert, k_u und k_o, festgelegt. Liegt ein Mittelwert jenseits eines kritischen Wertes, d. h. unterhalb von k_u oder oberhalb von k_o, gilt er als extrem. Dann wird die Nullhypothese abgelehnt und die Alternativhypothese angenommen.

Die Menge aller Mittelwerte jenseits der kritischen Werte, die den beiden Intervallen $(-\infty, k_u)$ und (k_o, ∞) in Abbildung 2.3 entspricht, bildet den Ablehnungsbereich für die Nullhypothese, das Intervall $[k_u, k_o]$ entspricht dem Annahmebereich. Fällt der Mittelwert einer bestimmten Stichprobe in den Ablehnungsbereich, wird die Nullhypothese verworfen, ansonsten beibehalten. Für unser Beispiel haben wir für die kritischen Werte $k_u = 96.08$ und $k_o = 103.92$ festgelegt. Diese Werte wurden so gewählt, dass ausgehend von der Nullhypothese $\mu_0 = 100$ die Wahrscheinlichkeit dafür, dass eine Schätzung in den Ablehnungsbereich fällt, 5% beträgt. Der Wert 5%, der definiert, welche Mittelwerte als extrem gelten und somit zur Ablehnung der Nullhypothese führen, heißt Signifikanzniveau und wird mit α bezeichnet. Anstelle von $\alpha = .05$ hätten wir auch einen anderen Wert, z. B. $\alpha = .01$, wählen können. Dann müsste ein Mittelwert noch extremer ausfallen, damit die Alternativhypothese angenommen wird.

Der Annahmebereich für die Nullhypothese korrespondiert mit dem $(1-\alpha)$-Schwankungsintervall für den wahren Wert des Parameters. Der Mittelpunkt des Schwankungsintervalls ist der wahre Wert des Parameters μ, beim Annahmebereich ist es der unter der Nullhypothese angenommene Wert μ_0. Damit wird die enge Beziehung zwischen den Konfidenzintervallen und der Hypothesentestung offenbar. Im unteren Teil der Abbildung 2.3 sind für die Schätzungen $\bar{y}$ die zweiseitigen 95%-Konfidenzintervalle dargestellt. Aufgrund des Konstruktionsprinzips der Konfidenzintervalle wird der unter der Nullhypothese angenommene Erwartungswert $\mu_0 = 100$ immer dann vom Konfidenzintervall überdeckt, wenn die entsprechende Schätzung im Annahmebereich des Tests liegt. Liegt eine Schätzung im Ablehnungsbereich, überdeckt das Konfidenzintervall nicht den unter der Nullhypothese angenommenen Wert des Parameters. Dann ist es auf der Grundlage der gezogenen Stichprobe nicht plausibel, dass der wahre Wert des Parameters mit dem unter der Nullhypothese angenommenen Wert $\mu_0 = 100$ übereinstimmt.

Gemäß der oben dargestellten Zusammenhänge führen Konfidenzintervalle und Testverfahren in der Regel zu äquivalenten Ergebnissen. In diesen Fällen werden zumeist die Ergebnisse der Testverfahren im Rahmen der Hypothesentestung berichtet.

Das oben eingeführte Konzept der Hypothesentestung, das es nun systematisch zu definieren und zu erweitern gilt, geht auf die testtheoretischen Ansätze von Fisher (1925) sowie Neyman und Pearson (1933) aus den 1920er und 1930er Jahren zurück. Dabei werden Konzepte aus beiden Ansätzen verwendet.

2.3 Statistische Tests

Betrachten wir nun detaillierter die einzelnen Schritte der Hypothesentestung angelehnt an das obige Beispiel. Ausgangspunkt ist eine inhaltliche Hypothese: „Die mathematische Kompetenz der Schüler in NRW unterscheidet sich von der aller Schüler in Deutschland". Diese sehr allgemeine Hypothese gilt es zunächst zu spezifizieren. Dazu ist u. a. das Konstrukt *mathematische Kompetenz* zu operationalisieren, so dass es gemessen werden kann. Dann sind Annahmen über die Verteilung dieses so spezifizierten und hier mit Y bezeichneten Merkmals in der Population festzulegen, z. B. $Y \sim N(\mu, 10)$.

statistische Hypothese

Nun kann die entsprechende *statistische Hypothese* bestimmt werden. Statistische Hypothesen richten sich auf Wahrscheinlichkeitsverteilungen. Zumeist werden bestimmte (Familien von) Wahrscheinlichkeitsverteilungen vorausgesetzt, im obigen Beispiel waren es Normalverteilungen mit der Standardabweichung $\sigma = 10$. Die statistischen Hypothesen richten sich dann auf die interessierenden Parameter, wie im vorliegenden Beispiel auf den Erwartungswert μ. Bei einem statistischen Test unterscheidet man zwischen der *Nullhypothese* und der *Alternativhypo-*

Alternativhypothese

these, die durch H_0 bzw. H_1 symbolisiert werden. Statt „Nullhypothese“ sagt man auch kurz „Hypothese“ und statt „Alternativhypothese“ kurz „Alternative“. H_1

Null- und Alternativhypothese schließen sich wechselseitig aus, d. h., diese beiden Hypothesen können nicht gleichzeitig gelten. Sie unterteilen die Menge aller möglichen in Frage kommenden Parameter in zwei disjunkte Mengen, die vereint wiederum die gesamte Menge der Parameter ergeben. Dabei kann die gesamte Menge der Parameter lediglich aus zwei Werten, einer Teilmenge der reellen Zahlen oder der gesamten Menge der reellen Zahlen bestehen. Im obigen Beispiel handelte es sich um die Gesamtheit der reellen Zahlen, unter der Nullhypothese wurde ein Wert von 100 und unter der Alternativhypothese ein Wert ungleich 100 angenommen. Bei Testproblemen heißt es, dass man die Nullhypothese gegen die Alternativhypothese testet.

Beinhaltet eine Hypothese H lediglich einen Wert des Parameters μ_0, d. h. $H: \mu = \mu_0$, dann spricht man von einer einfachen Hypothese. Lässt eine Hypothese mehr als einen Wert zu, spricht man von einer zusammengesetzten Hypothese. Damit können die Nullhypothese wie die Alternativhypothese jeweils eine einfache bzw. zusammengesetzte Hypothese darstellen.

Eine weitere Unterscheidung betrifft die Richtung von Hypothesen. *Gerichtete Hypothesen* sind zusammengesetzte Hypothesen, die einen Bereich entweder mit der Größer- oder mit der Kleiner-Relation beschreiben. Beispiele sind die Hypothesen $H: \mu > 100$ oder $H: \mu \leq 100$. *Ungerichtete Hypothesen* sind hingegen zusammengesetzte Hypothesen, die einen Bereich mit der Ungleich-Relation beschreiben. Das wichtigste Beispiel für eine ungerichtete Hypothese ist die Hypothese der Form $H: \mu \neq 100$, die alternativ auch mit $H: \mu < 100$ oder $\mu > 100$ beschrieben werden kann.

gerichtete Hypothesen

ungerichtete Hypothesen

Gegenstand von Studien sind beispielsweise die folgenden Kombinationen von Null- und Alternativhypothesen, auch Testprobleme genannt:

Beispiel: Testprobleme mit Null- und Alternativhypothesen

1) $H_0: \quad \mu = \mu_0$ gegen $H_1: \mu \neq \mu_0$
2) $H_0: \quad \mu \leq \mu_0$ gegen $H_1: \mu > \mu_0$
3) $H_0: \quad \mu \geq \mu_0$ gegen $H_1: \mu < \mu_0$
4) $H_0: \quad \mu = \mu_0$ gegen $H_1: \mu > \mu_0$
5) $H_0: \quad \mu = \mu_0$ gegen $H_1: \mu < \mu_0$
6) $H_0: \quad \mu = \mu_0$ gegen $H_1: \mu = \mu_1$

Das erste Testproblem ist ein zweiseitiges Testproblem, die Testprobleme 2 bis 5 sind gerichtete (einseitige) Testprobleme. Beim letzten Testproblem werden zwei einfache Hypothesen gegeneinander getestet. Fast immer geht es in empirischen Untersuchungen um eines der ersten drei der oben angeführten Testprobleme, da die möglichen Ausprägungen des Parameters in der Regel nicht auf eine Teilmenge eingeschränkt werden können, wie es bei den Hypothesen 4 bis 6 nötig ist. Anzumerken ist weiterhin, dass die Testprobleme 2 und 4 sowie die Testprobleme 3 und 5 jeweils hinsichtlich der Testdurchführung äquivalent sind (s. u.).

Bei der Spezifikation eines Testproblems stellt sich die Frage, ob die inhaltliche Hypothese als die Null- oder die Alternativhypothese umzusetzen ist. In der Regel entspricht die inhaltliche Hypothese der Alternativhypothese. Die Nullhypothese spezifiziert dann das logische „Gegenteil" der inhaltlichen Hypothese bzw. Alternativhypothese. Die Bezeichnung Nullhypothese geht zurück auf den englischen Begriff to nullify (= widerlegen). Die Nullhypothese ist zu widerlegen bzw. zu verwerfen, damit die Alternativhypothese angenommen werden kann. Der Grund für diese Vorgehensweise besteht darin, dass eine irrtümliche Ablehnung der Nullhypothese in der Regel größere negative Konsequenzen mit sich bringt als die irrtümliche Beibehaltung der Nullhypothese. So soll z. B. eine neue Lehrmethode nicht ungerechtfertigterweise eine bewährte Methode ersetzen.

Zusammenfassend können wir ein statistisches Testproblem folgendermaßen definieren:

Definition: Statistisches Testproblem
Ein statistisches Testproblem besteht aus einer Nullhypothese H_0 und einer Alternativhypothese H_1. Diese beiden Hypothesen richten sich auf Wahrscheinlichkeitsverteilungen oder Parameter von Wahrscheinlichkeitsverteilungen des interessierenden Merkmals in der Grundgesamtheit. H_0 und H_1 schließen sich wechselseitig aus. In der Regel werden die folgenden Testprobleme untersucht, wobei θ für einen beliebigen Parameter, z. B. μ oder σ, steht:

$$H_0 : \theta = \theta_0 \text{ gegen } H_1 : \theta \neq \theta_0$$

$$H_0 : \theta \leq \theta_0 \text{ gegen } H_1 : \theta > \theta_0$$

$$H_0 : \theta \geq \theta_0 \text{ gegen } H_1 : \theta < \theta_0$$

Das erste Testproblem ist ein ungerichtetes Testproblem, die beiden letzten Testprobleme sind gerichtet.

Ist das statistische Testproblem definiert, gilt es, eine Stichprobenstatistik bzw. Teststatistik zu wählen, anhand derer eine Entscheidung getroffen werden kann, welche Hypothese anzunehmen ist. Dazu ist eine Regel zu entwickeln, für welche Werte der Teststatistik H_0 bzw. H_1 akzeptiert werden soll. Jedoch sind die Teststatistik und die Regel so zu wählen, dass eine „vernünftige" Entscheidung getroffen wird. Entsprechende Kriterien für die Bestimmung der Teststatistik und der Entscheidungsregel werden in den folgenden Kapiteln diskutiert.

Zusammenfassend wird ein statistischer Test wie folgt definiert.

Definition: Statistischer Test
Ein statistischer Test besteht aus einer Regel, die es anhand einer Teststatistik erlaubt, eine Entscheidung über ein Testproblem zu treffen. Es gilt also, die Entscheidung zu treffen, ob H_0 beizubehalten ist oder ob H_0 abzulehnen ist und damit zugleich H_1 angenommen wird.

2.4 Signifikanztests

In diesem Kapitel wird das Konzept des Signifikanztests vorgestellt, das auf Fisher (1925) zurückgeht. Ein *Signifikanztest* ist nach Fisher ein spezieller Test, der die Kontrolle einer fälschlichen Ablehnung der H_0 gestattet. Wie oben bereits ausgeführt, wird die inhaltliche Hypothese als Alternativhypothese spezifiziert. Die Alternativhypothese wird erst dann angenommen, wenn das logische Gegenteil, die Nullhypothese, abgelehnt wird. Damit werden hier die Null- und Alternativhypothese asymmetrisch behandelt.

Signifikanztest

Um den Fehler einer fälschlichen Ablehnung der Nullhypothese zu kontrollieren, wird vor der Testung eine Wahrscheinlichkeit für diesen Fehler festgelegt. Die Wahrscheinlichkeit, die Nullhypothese abzulehnen, wenn sie in Wirklichkeit wahr ist, $p(H_0 \text{ ablehnen} | H_0 \text{ wahr})$, wird wie bereits oben ausgeführt *Signifikanzniveau (significance level)* genannt. Das Signifikanzniveau wird mit α bezeichnet und kann (im Prinzip) frei gewählt werden.

Signifikanzniveau α

Wird die Nullhypothese bei Verwendung des Signifikanzniveaus α abgelehnt, so sagt man, dass der Test (zum Niveau α) signifikant ist. Zumeist wird $\alpha = .05$ oder $\alpha = .01$ gewählt.

Im Beispiel in Kapitel 2.2 wurden ausgehend von einem Signifikanzniveau $\alpha = .05$ der Ablehnungsbereich sowie der Annahmebereich für die Nullhypothese festgelegt. Dabei ist die Wahrscheinlichkeit, dass die Teststatistik einen Wert in dem Ablehnungsbereich annimmt, unter Gültigkeit der Nullhypothese kleiner als $\alpha = .05$ und die entsprechende Wahrscheinlichkeit für den Annahmebereich beträgt mindestens $1 - \alpha = .95$. Die Entscheidungsregel wurde wie folgt definiert:

Lehne H_0 ab bzw. nimm H_1 an, wenn der Wert der Teststatistik in den Ablehnungsbereich fällt, ansonsten behalte H_0 bei.

Die Anwendung dieser Entscheidungsregel führt zur Einhaltung der geforderten Bedingung[1]:

$$P(\mathrm{H}_0 \text{ ablehnen} \mid \mathrm{H}_0 \text{ wahr}) < \alpha$$

Ablehnungsbereich

Die Gesamtheit aller möglichen Werte der Teststatistik, die zu einer Ablehnung der Nullhypothese führen, heißt der *Ablehnungsbereich* des Tests. Entsprechend nennt man die Menge aller möglichen Werte der Teststatistik, bei denen die Nullhypothese beibehalten wird, den *Annahmebereich* des Tests.

Annahmebereich

In dem Beispiel aus Kapitel 2.2 hatten wir die Teststatistik $\bar{Y} - \mu_0$ verwendet, wobei diese Teststatistik normalverteilt ist mit der Standardabweichung $\sigma/\sqrt{n}$. Es ist einfacher, anstelle dieser Teststatistik die standardisierte Form dieser Teststatistik zu verwenden, die einer Standardnormalverteilung folgt:

$$Z = \frac{\bar{Y} - \mu_0}{\sigma/\sqrt{n}}$$

Abbildung 2.4 illustriert diese Situation für die standardnormalverteilte Teststatistik Z und $\alpha = .05$.

kritische Werte

Die beiden Werte, die die Teststatistik unterschreiten bzw. übertreffen muss, die also den Ablehnungs- vom Annahmebereich abgrenzen, werden *kritische Werte* genannt. Die kritischen Werte berechnen sich aus der Verteilung der Teststatistik und dem Signifikanzniveau. Im Beispiel ergeben sich die kritischen Werte aus dem $\alpha/2$-Quantil und dem $(1 - \alpha/2)$-Quantil der Stichprobenverteilung der Teststatistik Z und betragen -1.96 bzw. 1.96. Bei einem zweiseitigen Testproblem liegen damit links von einem kritischen Wert und rechts von einem kritischen Wert jeweils $\alpha/2 \cdot 100\,\%$ der Fläche unter der Verteilung der Teststatistik. Die kritischen Werte gehören nicht zum Ablehnungsbereich, sondern bilden die Grenze des Annahmebereichs.

[1] In vielen Statistikbüchern wird für die Definition des Signifikanztests die Bedingung $P(\mathrm{H}_0 \text{ ablehnen} \mid \mathrm{H}_0 \text{ wahr}) \leq \alpha$ genutzt. Gemäß dieser Bedingung gehören die Randpunkte zum Ablehnungsbereich. Damit ist diese Definition nicht konsistent mit der Definition eines Signifikanztests anhand von Konfidenzintervallen, wenn die Konfidenzintervalle wie üblich als geschlossene Intervalle definiert werden. Für die praktische Anwendung von Tests ist es jedoch unerheblich, ob man die Bedingung $P(\mathrm{H}_0 \text{ ablehnen} \mid \mathrm{H}_0 \text{ wahr}) \leq \alpha$ oder die Bedingung $P(\mathrm{H}_0 \text{ ablehnen} \mid \mathrm{H}_0 \text{ wahr}) < \alpha$ wählt.

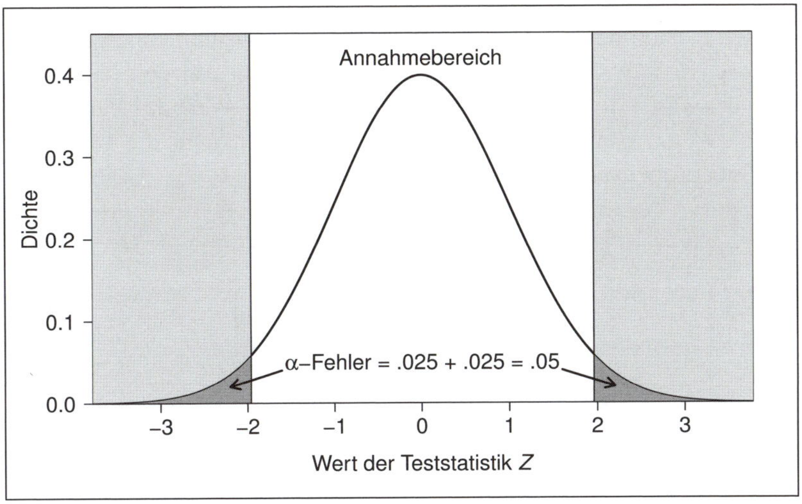

Abbildung 2.4: Illustration eines zweiseitigen Tests anhand der standardnormalverteilten Teststatistik Z und $\alpha = .05$

Bei einem einseitigen Testproblem ist für die Festlegung des Ablehnungsbereichs anders zu verfahren. Beispielsweise sprechen bei dem Testproblem

$$\mathrm{H}_0 : \mu = \mu_0 \text{ gegen } \mathrm{H}_1 : \mu > \mu_0$$

lediglich Werte der Teststatistik, die größer als μ_0 sind, für die Alternativhypothese. Daher sind hier lediglich ein kritischer Wert und ein Intervall als Ablehnungsbereich festzulegen, so dass die grundlegende Bedingung des Signifikanztests erfüllt ist:

$$P(\mathrm{H}_0 \text{ ablehnen} \mid \mathrm{H}_0 \text{ wahr}) < \alpha$$

Dazu ist für $\alpha = .05$ als kritischer Wert $z = 1.645$ zu wählen, da $P(Z \geq 1.645) = .05$ gilt.

In Abbildung 2.5 sind der kritische Wert und der Annahme- bzw. Ablehnungsbereich veranschaulicht. Es bleibt noch anzumerken, dass für die umgekehrte einseitige Hypothese

$$\mathrm{H}_0 : \mu = \mu_0 \text{ gegen } \mathrm{H}_1 : \mu < \mu_0$$

der Ablehnungsbereich in analoger Weise auf der linken Seite der Verteilung liegt.

Bei dem einseitigen Testproblem

$$\mathrm{H}_0 : \mu \leq \mu_0 \text{ gegen } \mathrm{H}_1 : \mu > \mu_0$$

handelt es sich bei der Nullhypothese um eine zusammengesetzte Hypothese. Es liegt also nicht lediglich ein Wert vor, für den die Verteilung der Teststatistik erstellt werden kann. Jeder Wert des Parameters $\mu \in (-\infty, \mu_0]$ könnte prinzipiell als Ausgangspunkt für die Erstellung der Stichprobenverteilung genutzt werden.

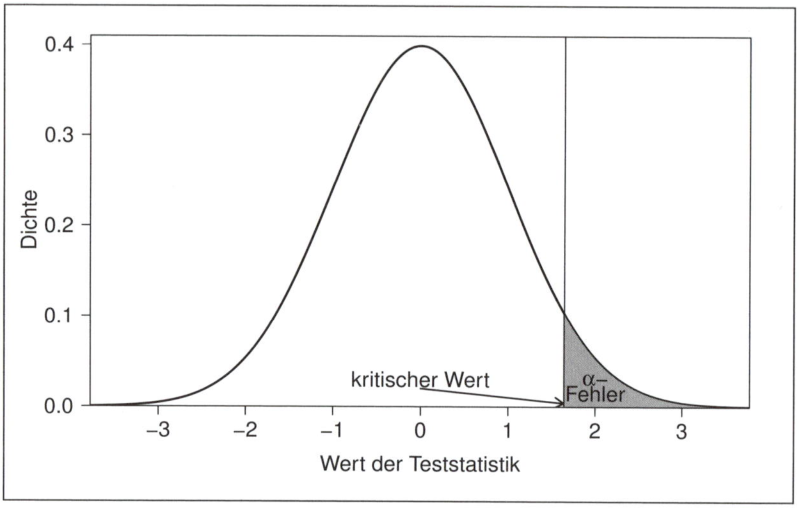

Abbildung 2.5: Veranschaulichung zu Ablehnungsbereich und kritischem Wert bei einem einseitigen Test

Für die Berechnung der Teststatistik ziehen wir lediglich einen Wert heran und zwar den Wert aus dem Intervall der durch H_0 spezifizierten Werte des Parameters, der am nächsten an einen Wert der durch H_1 festgelegten Werte des Parameters grenzt. Wir wählen damit den Punkt μ_0 aus dem Intervall $(-\infty, \mu_0]$.

Dieser Wert wird deshalb gewählt, weil für alle Werte des Parameters μ aus dem Intervall $(-\infty, \mu_0]$ die Bedingung für den Signifikanztest gelten muss:

$$p(\mathrm{H}_0 \text{ ablehnen} \mid \mathrm{H}_0 \text{ wahr}) < \alpha$$

Diese Bedingung ist äquivalent zu

$$P(Z > z_{krit}|\mu) < \alpha \text{ für alle } \mu \leq \mu_0$$

Für $\mu = \mu_0$ ist diese Bedingung erfüllt, da der Wert μ_0 für den Parameter μ „gerade“ das Signifikanzniveau einhält. Mit kleinerem μ sinkt auch die Wahrscheinlichkeit $P(Z > z_{krit})$. Damit wird für alle $\mu < \mu_0$ ebenfalls das vorgegebene Signifikanzniveau α eingehalten. Abbildung 2.6 veranschaulicht diesen Sachverhalt für zwei Werte von μ.

Hier wird offenbar, dass für alle Werte $\mu < \mu_0$ ein geringerer Wert als α für die irrtümliche Annahme der H_0 gegeben ist und für μ_0 die Irrtumswahrscheinlichkeit α exakt gilt und somit mit μ_0 der optimale Wert zur Durchführung des einseitigen Tests gefunden ist.

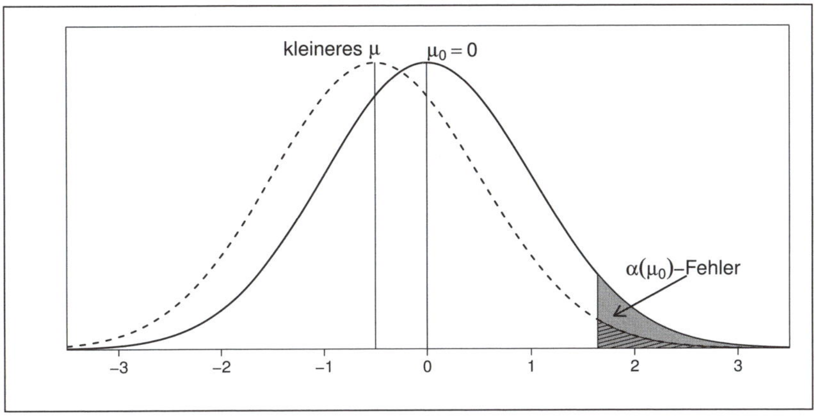

Abbildung 2.6: Veranschaulichung der Bedingung $P(Z > z_{krit}|\mu) < \alpha$ für alle $\mu \leq \mu_0$

Zusammenfassend lässt sich der Signifikanztest wie folgt definieren:

Definition: Signifikanztest
Ein statistischer Test heißt Signifikanztest oder Signifikanztest zum Signifikanzniveau α, $0 < \alpha < 1$, wenn gilt:

$$P(H_0 \text{ ablehnen} \mid H_0 \text{ wahr}) < \alpha$$

Häufig werden die Werte .05, .01 oder .001 für α verwendet.

Die Aufgaben, die nach der Formulierung der inhaltlichen Hypothese bei der Durchführung eines statistischen Tests anfallen, umfassen die folgenden Schritte:

1. Die Wahrscheinlichkeitsverteilung für die interessierende Variable sowie die Stichprobenvariablen festlegen.
2. Das Testproblem formulieren.
3. Die Teststatistik wählen.
4. Das Signifikanzniveau festlegen.
5. Den Ablehnungsbereich bzw. die kritischen Werte ermitteln.
6. Die Teststatistik aus den Beobachtungen berechnen.

7. Die Entscheidung über die Nullhypothese fällen.
8. Das Testergebnis hinsichtlich der inhaltlichen Hypothese interpretieren.

2.5 Gauß-Test

Die oben beschriebenen Beispiele für Tests entsprechen dem sogenannten zwei- bzw. einseitigen Gauß-Test. Dieser Test wird im Folgenden noch einmal systematisch dargestellt. Auch für die weiteren in diesem Band vorgestellten Testverfahren wird eine solche Darstellungsform gewählt.

2.5.1 Zweiseitiger Gauß-Test

zweiseitiger Gauß-Test

Für die Durchführung des *zweiseitigen Gauß-Tests* nehmen wir an, dass die Variable Y normalverteilt ist, also $Y \sim N(\mu, \sigma)$, wobei die Standardabweichung σ bekannt ist. Weiterhin sind die Stichprobenvariablen $Y_1, \ldots, Y_n$ wie Y verteilt und unabhängig, d. h. es gilt die i.i.d.-Annahme.

Die zu überprüfenden Hypothesen lauten für diesen Test:

$$\mathrm{H}_0 : \mu = \mu_0 \text{ gegen } \mathrm{H}_1 : \mu \neq \mu_0$$

Unter der Hypothese H_0 gilt damit $\mu = \mu_0$. Wir wählen als Teststatistik

$$Z = \frac{\overline{Y} - \mu_0}{\sigma / \sqrt{n}},$$

die unter Gültigkeit der Nullhypothese eine standardnormalverteilte Zufallsvariable darstellt (vgl. Holling & Gediga, 2013, Kap. 5.2). Damit lassen sich die kritischen Werte zum Signifikanzniveau α berechnen:

$$z_{1-\alpha/2} \text{ und } -z_{1-\alpha/2}$$

Die Wahrscheinlichkeit, ein Stichprobenresultat zu erhalten, dessen z-Wert außerhalb dieser Grenzen liegt, ist unter der Hypothese H_0 kleiner als die gewählte Irrtumswahrscheinlichkeit α.

Beispiel: Zweiseitiger Gauß-Test für die sprachliche Intelligenz von Mathematikstudenten

Wir gehen davon aus, dass sich die sprachliche Intelligenz von Mathematikstudenten von der aller Studierenden unterscheidet. Dazu untersuchen wir eine Stichprobe von Mathematikstudenten mittels eines einschlägigen, an Studierenden normierten Tests mit einem Erwartungswert von 100 und einer Standardabweichung von 10.

Weiterhin sei bekannt, dass die Testscores für die sprachliche Intelligenz bei Studierenden des Fachs Mathematik ebenfalls einer Normalverteilung mit $\sigma = 10$ folgen.

Das statistische Testproblem lautet:

$$\mathrm{H}_0 : \mu = 100 \text{ gegen } \mathrm{H}_1 : \mu \neq 100$$

In einer empirischen Studie an einer repräsentativen Stichprobe von 100 Studierenden der Mathematik resultiert ein Mittelwert von 102.

Als Wert der *Teststatistik* folgt damit $z = \frac{\bar{y}-\mu_0}{\sigma/\sqrt{n}} = \frac{102-100}{10/\sqrt{100}} = 2.$

Es wird $\alpha = .05$ vorgegeben, als *kritischer Wert* ergibt sich: $z_{.975} = 1.96.$

Damit lautet die *Testentscheidung*: Da der Wert der Teststatistik extremer ist als der kritische Wert, wird die H_0 zugunsten von H_1 abgelehnt.

Daraus folgt die *inhaltliche Interpretation*: Die sprachliche Intelligenz der Mathematik-Studierenden unterscheidet sich von der sprachlichen Intelligenz aller Studierenden.

2.5.2 Einseitiger Gauß-Test

Liegt eine einseitige H_1 bzw. ein einseitiges Testproblem vor, ist ein *einseitiger Gauß-Test* durchzuführen. Wir nehmen wieder an, dass $Y_1, \ldots, Y_n$ i.i.d. Zufallsvariablen sind, die jeweils der Verteilung $N(\mu, \sigma)$ folgen, wobei die Standardabweichung σ bekannt sei.

einseitiger Gauß-Test

Gegeben sind die beiden Hypothesen

$$\mathrm{H}_0 : \mu \leq \mu_0 \text{ gegen } \mathrm{H}_1 : \mu > \mu_0$$

Wie im Falle des zweiseitigen Gauß-Tests verwenden wir die standardnormalverteilte Zufallsvariable

$$Z = \frac{\overline{Y} - \mu_0}{\sigma/\sqrt{n}}$$

als Teststatistik.

Als kritischer Wert zum Signifikanzniveau α resultiert nun $z_{1-\alpha}$ (vgl. Abb. 2.7), da wir nur einseitig testen und somit große positive Werte der Teststatistik mit der Nullhypothese nicht kompatibel sind.

Analog kann das Hypothesenpaar

$$\mathrm{H}_0 : \mu \geq \mu_0 \text{ gegen } \mathrm{H}_1 : \mu < \mu_0$$

getestet werden, es ändert sich lediglich der kritische Wert, der jetzt gegeben ist als:

$$-z_{1-\alpha} = z_\alpha$$

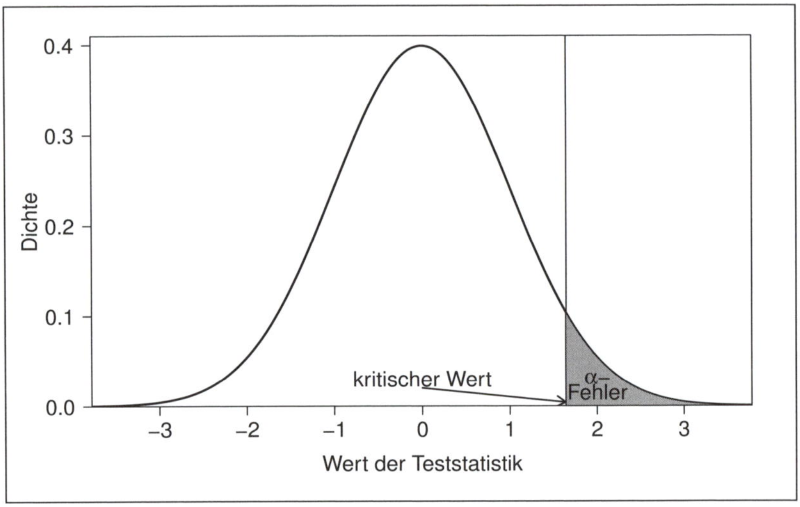

Abbildung 2.7: Illustration zum einseitigen Gauß-Test mit dem kritischen Wert $z_{krit} = 1.645$ (bei $\alpha = .05$)

Beispiel: Einseitiger Gauß-Test für die Effektivität eines Intelligenztesttrainings

Es soll die Auswirkung eines Intelligenztesttrainings ermittelt werden. Es ist bekannt, dass solche Trainings in der Regel zu einer bedeutenden Steigerung des Ergebnisses in Intelligenztests führen.

Es wird ein Intelligenztesttraining an einer repräsentativen Stichprobe mit dem Umfang $n = 36$ durchgeführt. Anschließend wird ein normierter Intelligenztest verwendet, dessen Scores Y normalverteilt sind mit $Y \sim N(100, 10)$. Wir gehen davon aus, dass sich bei Personen, die ein solches Training absolviert haben, der Erwartungswert gesteigert hat, ansonsten aber die gleichen Verteilungsannahmen wie in der Normierung gelten.

Als Mittelwert des Intelligenztests erhalten wir nach dem Training $\bar{y} = 103$.

Das Testproblem lautet:

$$\mathrm{H}_0 : \mu \leq 100 \text{ gegen } \mathrm{H}_1 : \mu > 100$$

Als Wert der *Teststatistik* resultiert $z = \frac{\bar{y}-\mu_0}{\sigma/\sqrt{n}} = \frac{103-100}{10/\sqrt{36}} = 1.8$.

Kritischer Wert ($\alpha = .05$): $z_{.95} = 1.645$.

Testentscheidung: Ablehnung von H_0 zugunsten von H_1.

Inhaltliche Interpretation: Die Scores des Intelligenztests nach dem Training sind überdurchschnittlich, damit hat das Intelligenztesttraining einen signifikanten positiven Effekt.

Im Folgenden fassen wir die wesentlichen Schritte eines Tests anhand eines Tableaus zusammen. Für den Gauß-Test ergibt sich das folgende Tableau:

Gauß-Test

Annahmen:
$Y_1, ..., Y_n$ i.i.d. $N(\mu, \sigma)$-verteilt, Standardabweichung σ *bekannt*

Testprobleme	*Teststatistik*	*Ablehnung der* H_0
1. $H_0 : \mu = \mu_0$ gegen $H_1 : \mu \neq \mu_0$		1. $\lvert z \rvert > z_{1-\alpha/2}$
2. $H_0 : \mu \leq \mu_0$ gegen $H_1 : \mu > \mu_0$	$Z = \frac{\overline{Y}-\mu_0}{\sigma/\sqrt{n}}$	2. $z > z_{1-\alpha}$
3. $H_0 : \mu \geq \mu_0$ gegen $H_1 : \mu < \mu_0$		3. $z < -z_{1-\alpha}$

Abschließend sei hier angemerkt, dass der Gauß-Test in der Praxis selten eingesetzt wird. Die Voraussetzung, dass die Standardabweichung bekannt ist, gilt nur in wenigen Ausnahmefällen. In der Regel ist die Standardabweichung zu schätzen. Dann sind andere Testverfahren einzusetzen, die wir im nächsten Kapitel vorstellen.

2.6 p-Wert

Im Rahmen der obigen Vorgehensweise wurden für die Testentscheidung der Wert der Teststatistik und der kritische Wert berichtet. Die Entscheidung kann auch aufgrund von weniger Informationen, d. h. lediglich anhand des sogenannten p-Wertes, getroffen werden. Durch die Verwendung von Computerprogrammen wird dieses Vorgehen gefördert, da sie in der Regel den p-Wert ausgeben. Der *p-Wert* gibt die Wahrscheinlichkeit an, den aus den Daten berechneten Wert oder einen noch extremeren Wert der Teststatistik unter Gültigkeit der Nullhypothese zu erhalten. Anders ausgedrückt gibt der p-Wert die Wahrscheinlichkeit an, unter Gültigkeit der Nullhypothese den berechneten Wert der Teststatistik zu erhalten oder zu überschreiten. Daher spricht man beim p-Wert auch von der Überschreitungswahrscheinlichkeit. p-Wert

Die einfache praktische Regel zur Durchführung eines Signifikanztests unter Verwendung des p-Wertes lautet: Ist der p-Wert kleiner als das

Signifikanzniveau α, so wird die Nullhypothese verworfen, andernfalls wird die Nullhypothese beibehalten. Damit vereinfacht sich das Vorgehen bei der Durchführung eines beliebigen Tests, da der kritische Wert nicht mehr bestimmt werden muss (vgl. Abb. 2.8).

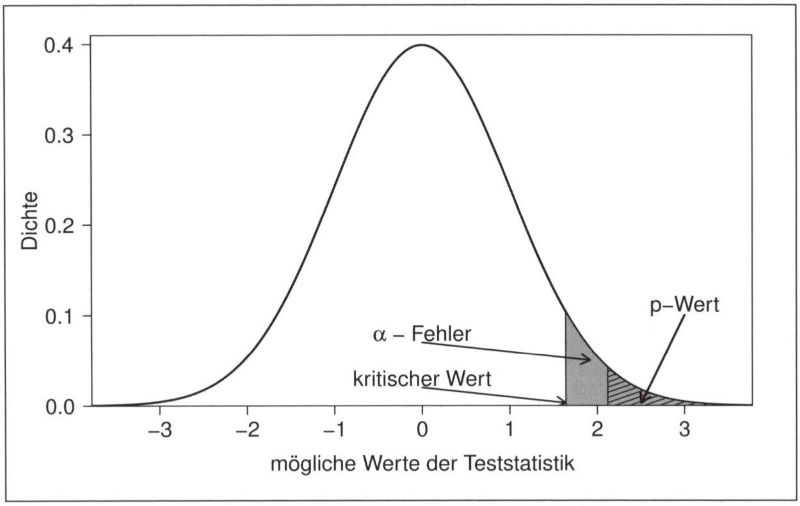

Abbildung 2.8: Beispiel für einen p-Wert bei einem einseitigen Test mit $\alpha =$ .05 (mit beobachtetem $z = 2.12$)

Der p-Wert liefert differenziertere Informationen als die reine dichotome Testentscheidung. So kann man anhand des p-Wertes die Ergebnisse unterschiedlicher Testverfahren vergleichen. Weiterhin gibt er den Grad der Evidenz gegen die Nullhypothese an. Allerdings ist der p-Wert für die Einschätzung der Größe des Abstandes eines Mittelwertes vom Erwartungswert unter der Nullhypothese ungeeignet, da der p-Wert auch von der Größe der Stichprobe abhängt. Der p-Wert kann auch als das kleinste Signifikanzniveau α interpretiert werden, bei dem das vorliegende Testergebnis signifikant geworden wäre. Diese Eigenschaft birgt die Gefahr, das Signifikanzniveau *nach* Berechnung des p-Wertes festzulegen und dann so niedrig wie gerade nötig anzusetzen. Damit wird jedoch die Logik der Signifikanztestung in elementarer Hinsicht verletzt.

Für den Gauß-Test kann das Entscheidungstableau unter Verwendung des p-Wertes folgendermaßen gestaltet werden.

Gauß-Test – der p-Wert als Entscheidungsgrundlage

Annahmen:
$Y_1, ..., Y_n$ i.i.d. $N(\mu, \sigma)$-verteilt, Standardabweichung σ *bekannt*

Testprobleme	*Teststatistik*	*Ablehnung der* H_0
1. $H_0 : \mu = \mu_0$ gegen $H_1 : \mu \neq \mu_0$		1. $p = 2\Phi(-\lvert z \rvert) < \alpha$
2. $H_0 : \mu \leq \mu_0$ gegen $H_1 : \mu > \mu_0$	$Z = \frac{\overline{Y} - \mu_0}{\sigma/\sqrt{n}}$	2. $p = 1 - \Phi(z) < \alpha$
3. $H_0 : \mu \geq \mu_0$ gegen $H_1 : \mu < \mu_0$		3. $p = \Phi(z) < \alpha$

Betrachten wir dazu das obige Beispiel, in dem für die Testproblematik $H_0 : \mu = \mu_0$ gegen $H_1 : \mu > \mu_0$ ein z-Wert von $z = 1.8$ resultierte. Die Wahrscheinlichkeit $P(Z > z) = P(Z > 1.8)$ (d. h. die Wahrscheinlichkeit, unter Gültigkeit der Nullhypothese, einen z-Wert größer als 1.8 zu erhalten) entspricht dem p-Wert für diesen Test: $p = P(Z > 1.8) = 1 - \Phi(z) = 1 - .964 = .036$. Da $p < .05 = \alpha$ ist, wird der Unterschied als signifikant erachtet.

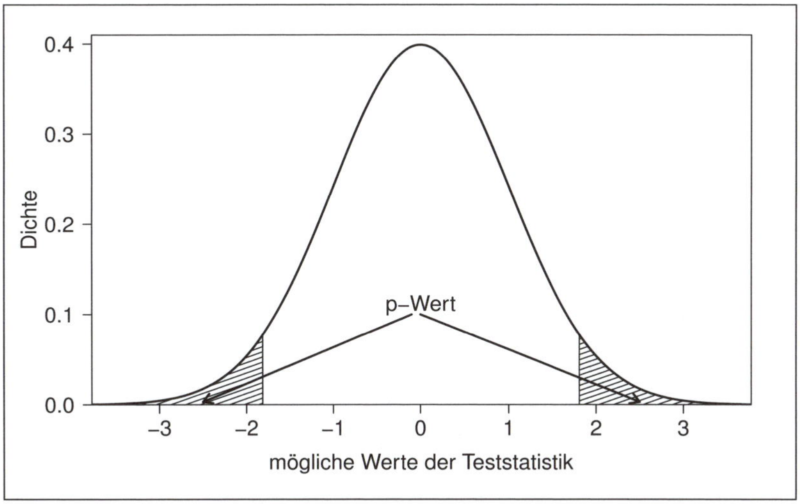

Abbildung 2.9: Beispiel für einen p-Wert bei einem zweiseitigen Test ($z = 1.8$)

In Abbildung 2.9, in der die Dichtefunktion für die Testverteilung dargestellt ist, entspricht der Flächeninhalt unter der Dichtefunktion rechts vom Wert 1.8 dem p-Wert für dieses einseitige Testproblem. Für das zweiseitige Testproblem $H_0 : \mu = \mu_0$ gegen $H_1 : \mu \neq \mu_0$ entspricht der p-Wert dem Flächeninhalt links vom Wert -1.8 plus dem Flächeninhalt rechts vom Wert 1.8 unter der Dichtefunktion.

Damit resultiert unter dem zweiseitigen Testproblem ein doppelt so großer p-Wert von $2 \cdot .036$.

Computerprogramme geben in der Regel als Voreinstellung nur den p-Wert für eine ungerichtete Alternativhypothese bzw. für ein zweiseitiges Testproblem aus. Dann ist für das obige Beispiel der p-Wert für das zweiseitige Testproblem zu halbieren, um den entsprechenden p-Wert für das einseitige Testproblem zu erhalten. Eine solche Halbierung ist immer dann geboten, wenn der Wert der Teststatistik in Richtung der Alternativhypothese liegt. Das ist beim obigen Beispiel der Fall, da der Wert 1.8 größer als $\mu_0 = 0$ ist.

Liegt der Wert der Teststatistik hingegen in Richtung der Nullhypothese, d. h. gilt für das vorliegende Beispiel $z \leq \mu_0 = 0$, ist die Berechnung des p-Werts für das einseitige Testproblem aus dem p-Wert für das zweiseitige Testproblem anders vorzunehmen. Nehmen wir für das obige Beispiel an, wir hätten als Wert für die Teststatistik -1.8 erhalten. Dann würde als p-Wert für das zweiseitige Testprobleme ebenfalls $2 \cdot .36$ resultieren. Der p-Wert für das einseitige Testproblem beträgt in diesem Fall $P(Z > z) = P(Z > -1.8) = 1 - .036$. Hier ist also die Hälfte des p-Wertes für das zweiseitige Testproblem von 1 zu subtrahieren, um den entsprechenden p-Wert für das einseitige Testproblem zu erhalten.

Allgemein gelten die folgenden Regeln, deren Ableitung im Internetsupplement dargestellt ist. Bezeichnen wir die p-Werte von zweiseitigen bzw. einseitigen Tests hier zur Unterscheidung mit p_z bzw. p_e. Im Allgemeinen wird diese Unterscheidung nicht getroffen, da im Kontext eines bestimmten Testproblems immer der adäquate p-Wert gemeint ist.

Wenn der p-Wert für das zweiseitige Testproblem gegeben ist, folgt für den p-Wert des einseitigen Testproblems:
- $p_e = p_z/2$, falls der Unterschied in Richtung der H_1 ausfällt.
- $p_e = 1 - p_z/2$, falls der Unterschied in Richtung der H_0 ausfällt.

Wenn der p-Wert für das einseitige Testproblem gegeben ist, folgt für den p-Wert des zweiseitigen Testproblems:
- $p_z = 2 \cdot p_e$, falls der Unterschied in Richtung der H_1 ausfällt.
- $p_z = 2 \cdot (1 - p_e)$, falls der Unterschied in Richtung der H_0 ausfällt.

2.7 Fehler und Fehlerwahrscheinlichkeiten

Bisher wurde das Ergebnis einer Untersuchung durch einen Test unter der Annahme der Gültigkeit der Nullhypothese beurteilt: „Lehne H_0 ab“ oder „Behalte H_0 bei“. Wenn der Wert der Teststatistik in den Ablehnungsbereich fällt, gehen wir davon aus, dass der wahre Wert des Parameters aus dem durch H_1 definierten Wertebereich stammt. Dennoch gilt, dass die Nullhypothese in $100 \cdot \alpha\%$ der Fälle fälschlicherweise abgelehnt wird, auch wenn sie in Wirklichkeit zutrifft. Jedoch können wir diesen Fehler so klein wie möglich halten, indem wir ein entsprechendes Signifikanzniveau wählen. Damit kontrollieren wir den Fehler, dass H_0 abgelehnt wird, wenn sie wahr ist. Analog stellt sich nun die Frage nach dem Fehler, dass H_0 beibehalten wird, obwohl sie in Wirklichkeit falsch ist, bzw. dass H_0 beibehalten wird, wenn die H_1 wahr ist.

Damit sind zwei Fehler beim Testen statistischer Hypothesen zu berücksichtigen. In dem Ansatz von Neyman und Pearson (1933) werden explizit beide Fehler bei der Entscheidungsfindung berücksichtigt (vgl. Abb. 2.10).

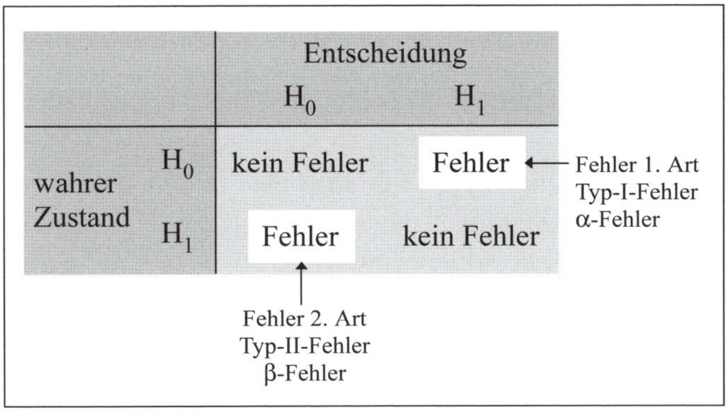

Abbildung 2.10: Fehler bei der Hypothesentestung

Fassen wir die Fehler und die richtigen Vorhersagen als bedingte Wahrscheinlichkeiten auf, so lassen sich die beiden möglichen Fehler beim Testen wie folgt beschreiben:[2]

- $\alpha = P(\text{Testentscheidung für } H_1 \mid H_0 \text{ ist wahr})$
- $\beta = P(\text{Testentscheidung für } H_0 \mid H_1 \text{ ist wahr})$

Wir schreiben im Folgenden für die Bedingung „H_0 ist wahr“ bzw. „H_1 ist wahr“ kurz H_0 bzw. H_1.

[2] Wir nehmen hier implizit eine stetige Verteilungsfunktion der Teststatistik an. Auf die zusätzlichen Probleme der Powerberechnung bei diskreten Verteilungsfunktionen werden wir weiter unten eingehen.

α-Fehler
Fehler 1. Art
β-Fehler
Fehler 2. Art

Während α den *α-Fehler* bzw. *Fehler 1. Art* angibt, beschreibt β den *β-Fehler* bzw. *Fehler 2. Art*. Die Wahrscheinlichkeiten für die richtigen Entscheidungen sind gegeben durch

- $1-\alpha = P(\text{Testentscheidung für } H_0 \mid H_0)$ und
- $1-\beta = P(\text{Testentscheidung für } H_1 \mid H_1)$.

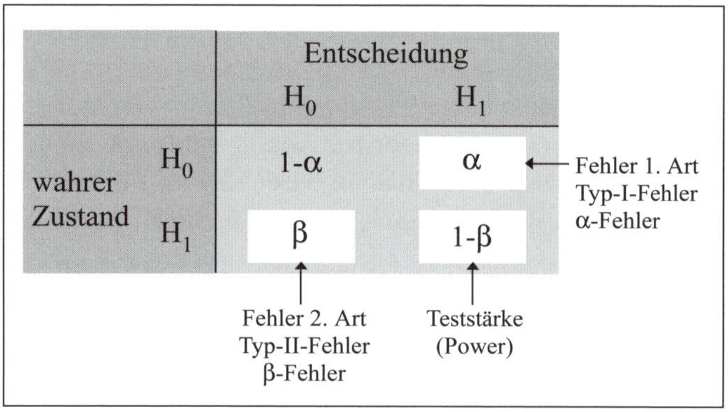

Abbildung 2.11: Wahrscheinlichkeiten für die Entscheidungen beim Testen

Die Abbildung 2.11 zeigt die bedingten Wahrscheinlichkeiten für ein Testproblem.

Beim (reinen) Signifikanztest wird lediglich eine Schranke für den Fehler 1. Art durch das Signifikanzniveau α festgelegt. Dass dem Fehler 1. Art Priorität eingeräumt wird, ist darin begründet, dass er häufig gravierendere Konsequenzen nach sich zieht als der Fehler 2. Art.

Im Folgenden gilt es aber auch, den Fehler 2. Art auf eine bestimmte Wahrscheinlichkeit zu beschränken. Insbesondere kann, wie wir sehen werden, der Fehler 2. Art durch die Wahl eines geeigneten Stichprobenumfangs kontrolliert werden. Äquivalent zum Fehler 2. Art können wir sein logisches Gegenteil betrachten, die Wahrscheinlichkeit, H_1 anzunehmen, wenn H_1 wahr ist. Diese Wahrscheinlichkeit wird auch die *Power* oder *Macht* eines Tests genannt.

Power

2.8 Power

Die Berechnung des Fehlers 2. Art und damit der Power ist nur dann möglich, wenn ein bestimmter Wert des Parameters unter H_1 spezifiziert wird. Ansonsten kann keine Stichprobenverteilung unter H_1 festgelegt werden. Die Bestimmung eines Wertes für den Parameter aus dem durch H_1 festgelegten Wertebereich des Parameters kann auf der Grundlage theoretischer Vorüberlegungen oder anhand der Resultate bisheriger empirischer Studien erfolgen. Das sehr populäre statistische Verfahren der sogenannten *Metaanalyse*, das in den empirischen Wissenschaften weit verbreitet ist, erlaubt die Zusammenfassung der vorliegenden Forschungsergebnisse zu einem Wert für den interessierenden Parameter.

Metaanalyse

Nehmen wir als Beispiel die Steigerung der Leistung in einem Intelligenztest durch ein Intelligenztesttraining. Eine Metaanalyse, in der die Ergebnisse aller bisher durchgeführten empirischen Studien zusammengefasst wurden, zeigt, dass der Erwartungswert für alle Personen, die an einem solchen Training teilnehmen, um 7.5 Punkte steigt und die Standardabweichung gleich bleibt. Wird das Training an einer Population mit $Y \sim N(100, 15)$ durchgeführt, ist gemäß dem zusammenfassenden Ergebnis der Metaanalyse nach dem Training eine Verteilung von $N(107.5, 15)$ für die Scores des Intelligenztests zu erwarten. Damit kann der Erwartungswert von 107.5 zur Festlegung von μ_1 unter H_1 als Punkthypothese dienen.

Anstelle von einer Skala mit einem Erwartungswert mit $\mu = 100$ und einer Standardabweichung von $\sigma = 15$, der sogenannten IQ-Skala, verwenden einige Intelligenztests eine Skala mit einem Erwartungswert von $\mu = 100$ und einer Standardabweichung von $\sigma = 10$. Ein Mittelwertunterschied von 7.5 Punkten bei einer Standardabweichung von $\sigma = 15$ entspricht einem Mittelwertunterschied von 5 Punkten bei einer Skala mit einer Standardabweichung von $\sigma = 10$ (vgl. Holling & Gediga, 2011).

Um allgemein die Größe eines Mittelwertunterschieds unabhängig von der zugrunde liegenden Skala zu erfassen, verwendet man das Effektstärkemaß δ. Dieses Maß gibt an, um wie viele Standardabweichungen sich die Erwartungswerte von zwei Populationen unterscheiden. Die standardisierte Differenz δ wird wie folgt berechnet:

Effektstärke

δ

$$\delta = \frac{\mu_1 - \mu_0}{\sigma}$$

Wir erhalten somit die Differenz zwischen den beiden unter der Null- und Alternativhypothese angenommenen Erwartungswerten in der Messeinheit „Standardabweichung" bzw. als Differenz von z-Werten. So bedeutet $\delta = 1$, dass der Populationsmittelwert μ_1 um eine Standardabweichung größer ist als μ_0, je nach Skalierung des Intelligenztests also z. B. um 10 oder 15 Punkte.

Allgemein wird der Wert des Parameters μ unter H_1 anhand der Effektstärke δ wie folgt berechnet:

$$\mu_1 = \mu_0 + \delta\sigma$$

Beispiel: Spezifikation einer einfachen Alternativhypothese mittels der Effektstärke δ

Es wird ein bestimmtes Training zur Verbesserung der Leistung in einem Intelligenztest durchgeführt. Aus der Literatur sei bekannt, dass ein solches Training eine Effektstärke von $\delta = 0.2$ besitzt. Unter der Nullhypothese gehen wir von einer Population durchschnittlich intelligenter Personen aus mit der Verteilung $N(\mu_0, \sigma)$, wobei $\mu_0 = 100$ und $\sigma = 15$. Für die Alternativhypothese, dass der Erwartungswert entsprechend des Ergebnisses der Metaanalyse bei gleich bleibender Standardabweichung steigt, resultiert nun ein Erwartungswert von

$$\mu_1 = \mu_0 + \delta \cdot \sigma = 100 + 0.2 \cdot 15 = 103$$

Damit können wir das Testproblem anhand der beiden folgenden einfachen Hypothesen formulieren:

$$H_0 : \mu = 100 \text{ gegen } H_1 : \mu = 103$$

Nach der Spezifikation der Alternativhypothese als einfache Hypothese kann die Power bestimmt werden.

Die Power ist, wie oben eingeführt, die Wahrscheinlichkeit, die Alternativhypothese H_1 anzunehmen bzw. H_0 abzulehnen, wenn H_1 wahr ist. Je größer die Power eines Tests, umso kleiner ist der Fehler 2. Art und umgekehrt (vgl. Abb. 2.11 auf Seite 40), denn die beiden Maße ergänzen sich zu 1.

Zur Bestimmung der Power ist zunächst zu berücksichtigen, ob ein einseitiges oder zweiseitiges Testproblem vorliegt. Die Abbildung 2.12 zeigt, wie die Power im Falle eines einseitigen Tests bestimmt wird.

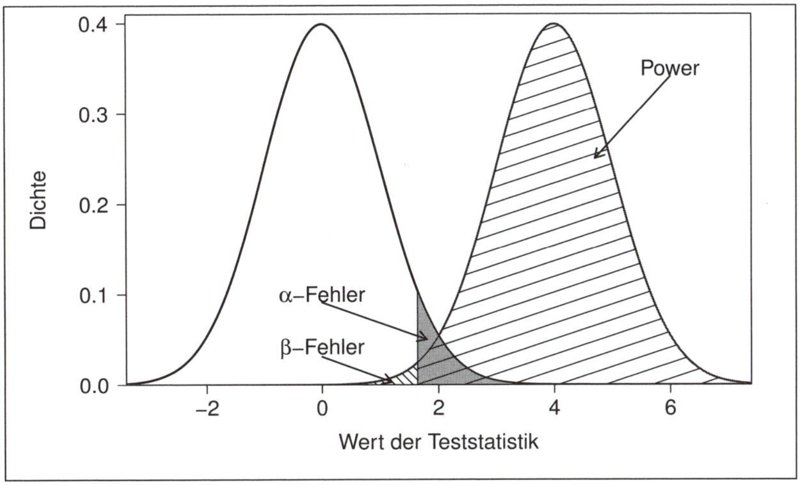

Abbildung 2.12: Stichprobenverteilungen der Teststatistik (links unter H_0 und rechts unter H_1), Power, α- und β-Fehler bei Zugrundelegung des Parameters μ_1

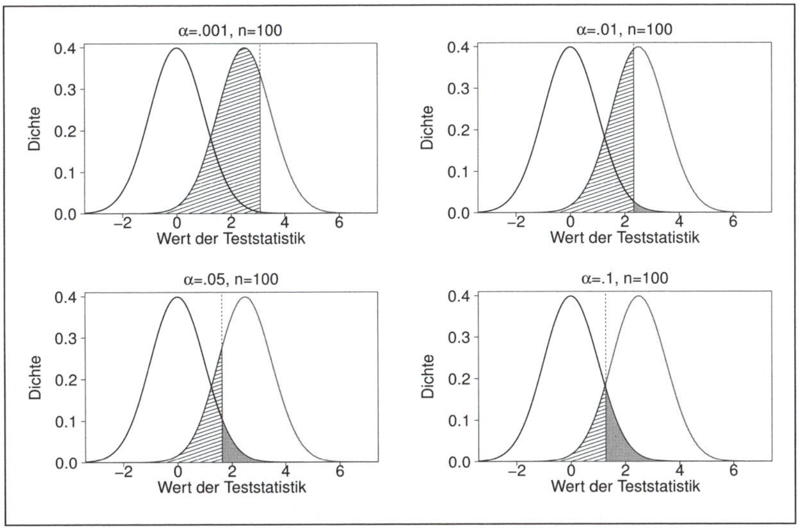

Abbildung 2.13: Einfluss des gewählten α-Niveaus auf den β-Fehler bei fester Stichprobengröße

Es wäre beim Testen wünschenswert, für die Wahrscheinlichkeiten des Fehlers 1. Art und des Fehlers 2. Art gleichzeitig bestimmte Schranken vorgeben zu können. Eine solche Vorgabe ist nicht immer möglich, nämlich dann, wenn der Stichprobenumfang feststeht, da bei festem Stichprobenumfang eine Verkleinerung der Wahrscheinlichkeit für den Fehler 1. Art zu einer Erhöhung der Wahrscheinlichkeit für den Fehler

2. Art führt – und umgekehrt. Abbildung 2.13 veranschaulicht diesen Zusammenhang.

2.8.1 Power des Gauß-Tests

Wir stellen nun dar, wie die Bestimmung der Power für den einseitigen Gauß-Test formal erfolgt. Ausgehend von $\mu_0 = 50$, $\sigma = 10$ und einer Effektstärke von $\delta = 0.4$ resultiert $\mu_1 = 54$. Damit liegt das folgende Testproblem vor:

$$\text{H}_0 : \mu \leq 50 \text{ gegen } \text{H}_1 : \mu = 54 > \mu_0$$

Wir bestimmen zunächst für eine Stichprobe von $n = 100$ die Teststatistik $Z = \frac{\bar{Y} - \mu_0}{10/\sqrt{100}}$, die unter Gültigkeit der Nullhypothese einer $N(0,1)$-Verteilung folgt. Unter Gültigkeit der Alternativhypothese ist die Teststatistik hingegen $N(4,1)$-verteilt. Die Standardabweichung dieser Teststatistik beträgt wiederum 1 und der Erwartungswert 4 berechnet sich wie folgt:

$$\begin{aligned} E\left(\frac{\overline{Y} - \mu_0}{\sigma/\sqrt{n}}\right) &= \frac{E(\overline{Y}) - \mu_0}{\sigma/\sqrt{n}} \\ &= \frac{\mu_1 - \mu_0}{\sigma/\sqrt{n}} \\ &= \frac{\mu_1 - \mu_0}{\sigma_{\overline{Y}}} \\ &= \frac{54 - 50}{10/\sqrt{100}} \\ &= 4 \end{aligned}$$

Damit ergibt sich die in Abbildung 2.12 dargestellte Situation. Wählen wir für dieses einseitige Testproblem $\alpha = .05$, resultiert der kritische Wert $z = 1.645$. Nun berechnen wir die Wahrscheinlichkeit, dass die Teststatistik einen Wert rechts vom kritischen Wert annimmt, wofür wir die Verteilung der Teststatistik unter Annahme der Gültigkeit der Alternativhypothese $\mu = 54$ (und damit $E(Z) = 4$) heranziehen.

Die Fläche unter der Verteilung der Teststatistik unter H_1 (Abb. 2.12 rechts) ab dem kritischen Wert entspricht der Power, d. h. der Wahrscheinlichkeit $P(\text{Testentscheidung für H}_1 \mid \text{H}_1)$. In diesem Beispiel ist die Power offensichtlich sehr hoch. Damit hat der Test die Eigenschaft, dass bei Gültigkeit der Alternativhypothese die Nullhypothese mit hoher Wahrscheinlichkeit abgelehnt wird.

Problematisch sind Testsituationen, bei denen eine geringe Power vorliegt. Vielfach wird – recht willkürlich – ein Wert von .80 als untere Grenze für die Power angegeben. Bei einer Power von .80 wird in 20% aller Fälle die Nullhypothese angenommen, obwohl die Alternativhypothese gültig ist. Beträgt die Power .95, wird hingegen lediglich in 5% aller Fälle ein Fehler 2. Art begangen.

Formal wird die Power des einseitigen Gauß-Tests folgendermaßen bestimmt: Ausgehend vom Testproblem

$$\mathrm{H}_0 : \mu \leq \mu_0 \text{ gegen } \mathrm{H}_1 : \mu = \mu_0 + \delta \cdot \sigma > \mu_0$$

und unter Nutzung der Verteilungsfunktion der Standardnormalverteilung Φ gilt:

$$\begin{aligned}
1-\beta &= P_{\mathrm{H}_1}\left(\frac{\overline{Y}-\mu_0}{\sigma_{\overline{Y}}} > z_{1-\alpha}\right) \\
&= P_{\mathrm{H}_1}\left(\frac{\overline{Y}-\mu_0+\mu-\mu}{\sigma_{\overline{Y}}} > z_{1-\alpha}\right) \\
&= P_{\mathrm{H}_1}\left(\frac{\overline{Y}-\mu}{\sigma_{\overline{Y}}} > z_{1-\alpha} - \frac{\mu-\mu_0}{\sigma_{\overline{Y}}}\right)
\end{aligned}$$

Die Größe

$$\frac{\overline{Y}-\mu}{\sigma_{\overline{Y}}}$$

ist unter Gültigkeit der H_1 standardnormalverteilt und wir erhalten deshalb

$$\begin{aligned}
1-\beta &= P\left(Z > z_{1-\alpha} - \delta\sqrt{n}\right) \\
&= 1-\Phi(z_{1-\alpha} - \delta\sqrt{n})
\end{aligned}$$

Für unser Beispiel resultiert damit

$$\begin{aligned}
1-\beta &= 1-\Phi(z_{1-\alpha} - \delta\sqrt{n}) \\
&= 1-\Phi(1.65-4) \\
&= 1-.009 = .991
\end{aligned}$$

Die Power des Tests beträgt somit .991 oder anders ausgedrückt 99.1%. Eine solche Power bedeutet, dass bei Gültigkeit der Alternativhypothese in 0.9% aller Fälle die Nullhypothese angenommen wird, obwohl die Alternativhypothese wahr ist.

Der Power eines Tests wird in der Praxis sehr häufig zu wenig Aufmerksamkeit geschenkt. Sedlmeier und Gigerenzer wiesen bereits 1989 darauf hin, dass die Power in vielen psychologischen Untersuchungen zu gering ist. In einer Nachfolgeuntersuchung zeigt Maxwell (2004), dass dieses Problem auch zu diesem Zeitpunkt immer noch bestand.

Betrachten wir ein Beispiel für eine Studie mit einer sehr geringen Power.

Beispiel: Geringe Power eines Tests

Es soll überprüft werden, ob ein Intelligenztraining die Leistung in einem Intelligenztest verbessert. Der einschlägigen Literatur ist eine Effektstärke von $\delta = 0.2$ zu entnehmen. Es wird ein Experiment ohne vorhergehende Powerüberlegungen durchgeführt.

Dabei wird eine repräsentative Stichprobe von $n = 16$ Personen gezogen, an der das Intelligenztraining durchgeführt wird. Diese Stichprobe stammt aus einer Population, in der die Intelligenz normalverteilt ist mit Erwartungswert $\mu_0 = 100$ und Standardabweichung $\sigma = 15$. Es wird angenommen, dass das Training lediglich den Erwartungswert verändert. Nach dem Training wird die Intelligenz gemessen und es resultiert ein Mittelwert von $\bar{Y} = 105$.

Damit liegt das folgende Testproblem vor:

$$\mathrm{H}_0 : \mu \leq \mu_0 = 100 \text{ gegen } \mathrm{H}_1 : \mu > \mu_0 = 100$$

Der z-Wert

$$z = \frac{105 - 100}{15/\sqrt{16}} = \frac{5 \cdot 4}{15} = 1.333$$

zeigt, dass für $\alpha = .05$ H_0 beizubehalten ist bzw. dass der Test nicht signifikant ausfällt. Denn $z = 1.333$ ist kleiner als der kritische z-Wert von 1.645 bei $\alpha = .05$ und einseitiger Testung.

Die Power dieses Tests beträgt

$$\begin{aligned} 1 - \beta &= 1 - \Phi(z_{1-\alpha} - \delta\sqrt{n}) \\ &= 1 - \Phi(1.645 - 0.2\sqrt{16}) \\ &= 1 - \Phi(0.845) = .199 \end{aligned}$$

Eine solche Power von .199 ist sehr niedrig. Wir würden mit einem derartigen Test, wenn das Training tatsächlich eine positive Wirkung von $\delta = .2$ besitzen sollte, einen solchen Effekt von vornherein so gut wie gar nicht nachweisen können. Damit stellt sich die Frage, inwieweit die Durchführung solcher Studien überhaupt sinnvoll ist.

Eine zu geringe Power birgt somit die Gefahr der Ressourcenverschwendung, da die Wahrscheinlichkeit hoch ist, dass wir durch den Test kein signifikantes Ergebnis erzielen, selbst wenn der Effekt in Wirklichkeit vorliegt.

Sedlmeier und Gigerenzer (1989) argumentieren, dass der β-Fehler mindestens so wichtig ist wie der α-Fehler, was zur Konsequenz hat, dass $\beta \leq \alpha$ gewählt werden sollte. Grundsätzlich ist jedoch festzuhalten, dass die Festlegung der Power immer in Abhängigkeit von den praktischen Konsequenzen des Fehlers 2. Art erfolgen sollte.

Schärfe
beobachtete Power

Neben der Power gibt es die sogenannte *Schärfe* oder *beobachtete Power* (engl. *observed power*). Hier handelt es sich um die Berechnung von $1 - \beta$ unter H_1 ausgehend von dem in einer empirischen Untersuchung erzielten Wert für die Teststatistik. Es wird also nicht a priori eine Schranke für den Fehler 2. Art vor der Untersuchung festgelegt, sondern nach Erhalt der Ergebnisse berechnet, wie groß die Power gewesen wäre, wenn man den erzielten Wert für die Teststatistik als Grundlage für die Powerberechnung herangezogen hätte. Damit handelt es sich bei der Schärfe im Gegensatz zur Power eher um eine deskriptive Statistik, die gewissermaßen den Abstand zwischen dem beobachteten Wert der Teststatistik und dem unter der Nullhypothese spezifizierten Wert beschreibt. Programmpakete bieten die Schärfe als zusätzliche Ausgabeoption an, dieser Wert ist aber keinesfalls als Power zu interpretieren (vgl. Hoenig & Heisey, 2001).

Beispiel: Schärfeberechnung

Im Beispiel zum zweiseitigen Gauß-Test hatten die $n = 100$ Studierenden in einem normierten Sprachtest einen Mittelwert von 102 erzielt, wobei dieser Test einer $N(100, 10)$-Verteilung folgen sollte.

Als Wert der Teststatistik resultierte $z = \frac{\bar{y}-\mu_0}{\sigma/\sqrt{n}} = \frac{102-100}{10/\sqrt{100}} = 2$.

Wir wählten $\alpha = .05$ und erhielten ein Testergebnis zugunsten der H_1, da die Verteilung der Teststatistik durch die Standardnormalverteilung ($N(0, 1)$) gegeben ist.

Wäre nun 102 der Erwartungswert der Population unter Gültigkeit der H_1, so wäre die Verteilung der Teststatistik Z $N(2, 1)$.

Die Wahrscheinlichkeit des Annahmebereichs unter H_0 ergibt damit die beobachtete Power:

$$\begin{aligned} P(-1.96 \leq Z \leq 1.96 | H_1) &= \Phi(2-1.96) - \Phi(-2-1.96) \\ &= \Phi(0.04) - \Phi(-3.96) \\ &= .51595 - .00004 = .51591 \end{aligned}$$

Die Schärfe des Tests liegt somit bei knapp über .5 und ist somit sehr unbefriedigend, d.h. für eine erfolgreiche Replikation der Ergebnisse sollte eine größere Stichprobe genutzt werden.

Die Power sollte in jedem Fall vor einer empirischen Untersuchung festgelegt werden. Eine solche Festlegung erfolgt, wie wir nun zeigen, insbesondere anhand des Stichprobenumfangs. Da empirische Untersuchungen Kosten verursachen, kann eine vorher festgelegte Power dafür sorgen, dass ein angemessener Stichprobenumfang berechnet wird. Der Stichprobenumfang sollte auf keinen Fall zu gering sein, muss aber ausgehend von einer festgelegten Power auch nicht zu groß sein, da ansonsten unnötige Kosten entstehen.

Im Folgenden betrachten wir die Faktoren, die die Power beeinflussen, um eine angemessene Power für Tests bestimmen zu können.

2.8.2 Einflussfaktoren auf die Power

Wir zeigen hier anhand von illustrativen Abbildungen den Einfluss der folgenden Faktoren auf die Power des Gauß-Tests:

- Signifikanzniveau,
- Art des Testens (einseitig vs. zweiseitig),
- Effektstärke,
- Stichprobenumfang.

Auf eine formale Behandlung dieser Thematik verzichten wir weitgehend. Es wird jeweils der Einfluss eines Faktors unter Konstanthaltung der anderen Faktoren aufgezeigt.

Zunächst zeigen wir, dass die Power vom gewählten α-Niveau abhängt (vgl. Abb. 2.14). Je geringer das α-Niveau, also je „strenger" getestet wird, desto geringer fällt auch die Power des Tests aus.

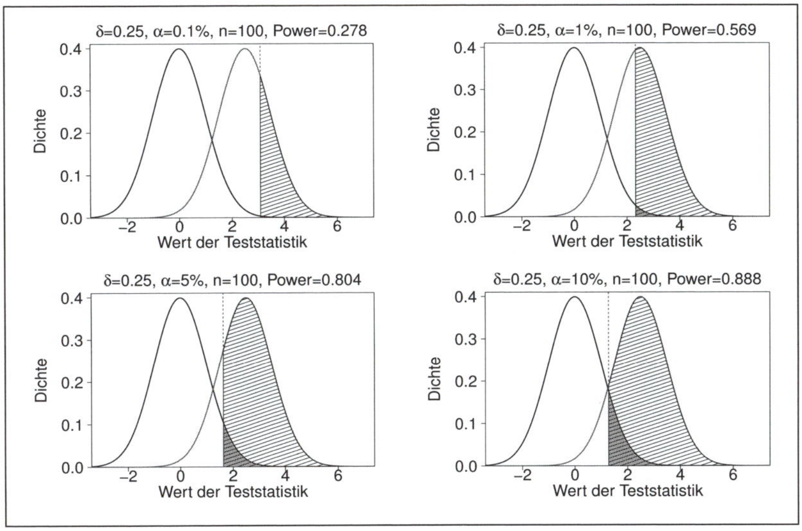

Je kleiner das α-Niveau, desto kleiner ist die Testpower

Abbildung 2.14: Einfluss des gewählten α-Niveaus auf die Power

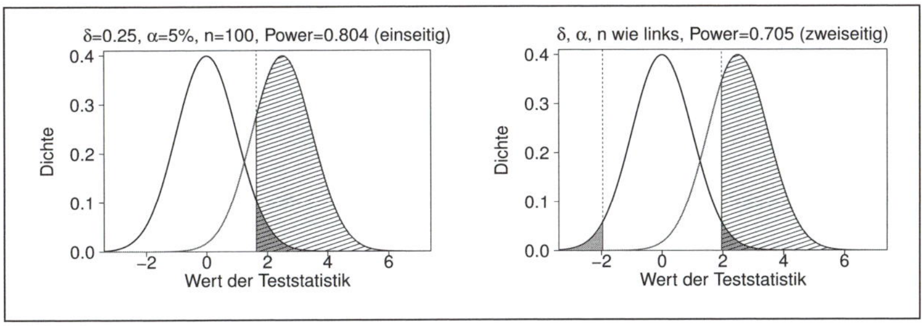

Der zweiseitige Test hat eine geringere Power als der einseitige Test

Abbildung 2.15: Power beim ein- vs. zweiseitigen Gauß-Test

Auch die Art des Tests (einseitig vs. zweiseitig) beeinflusst die Power (vgl. Abb. 2.15). Einseitige Tests haben immer eine höhere Power als zweiseitige Tests, da bei einseitigen Tests der kritische Wert eine weniger extreme Ausprägung annimmt und somit der Bereich der Stichprobenverteilung unter H_1, der der Power entspricht, größer ausfällt.

Die Abbildung 2.16 illustriert, dass bei wachsender Effektstärke die Power eines Tests ansteigt.

Die Testpower und Effektstärke hängen positiv zusammen

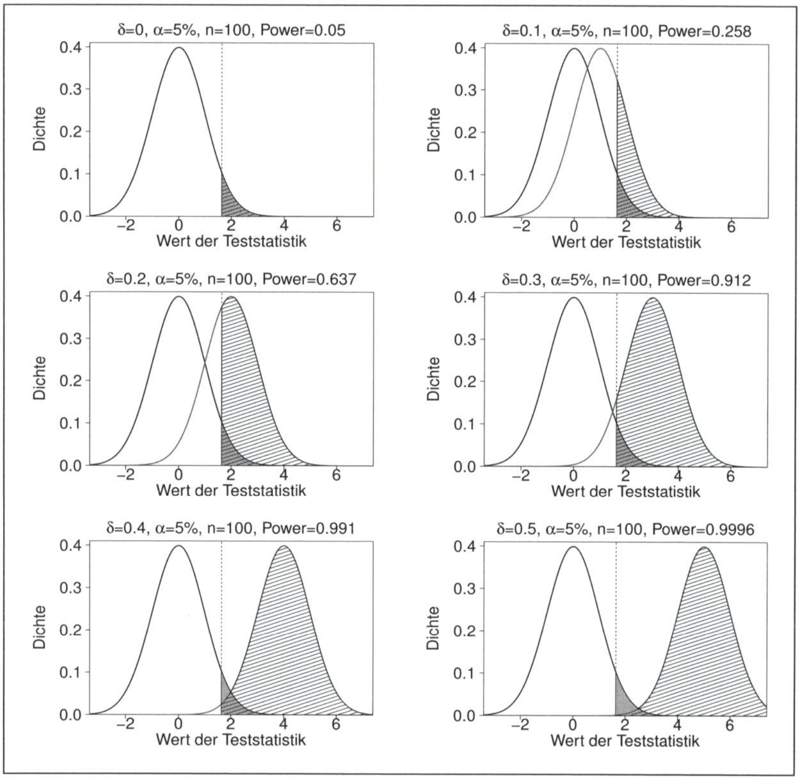

Abbildung 2.16: Einfluss der Effektstärke auf die Power

Die Einflussfaktoren α, δ und die Art des Tests sind in der Regel durch die Problemstellung festgelegt. Der Einfluss dieser Faktoren auf die Power lässt sich bei einer empirischen Studie somit nicht ändern. Jedoch kann ein weiterer Einflussfaktor auf die Power, die Stichprobengröße, zumeist frei bestimmt werden. Damit kann eine angestrebte Power erzielt werden. (Wir werden später bei Tests, die sich nicht – wie der hier behandelte Gauß-Test – auf eine Population, sondern auf zwei oder mehr Populationen richten, einen weiteren Einflussfaktor auf die Power kennenlernen. Dieser Faktor betrifft die Aufteilung der Stichprobenelemente auf die unterschiedlichen Substichproben der einzelnen Populationen.)

In der Abbildung 2.17 wird der Einfluss des Stichprobenumfangs auf die Power eines Tests (unter Konstanthaltung sämtlicher anderer Einflussgrößen) dargestellt. Hier zeigt sich der positive Zusammenhang: Mit wachsendem Stichprobenumfang steigt die Power.

Die Testpower und die Größe der Stichprobe hängen positiv zusammen

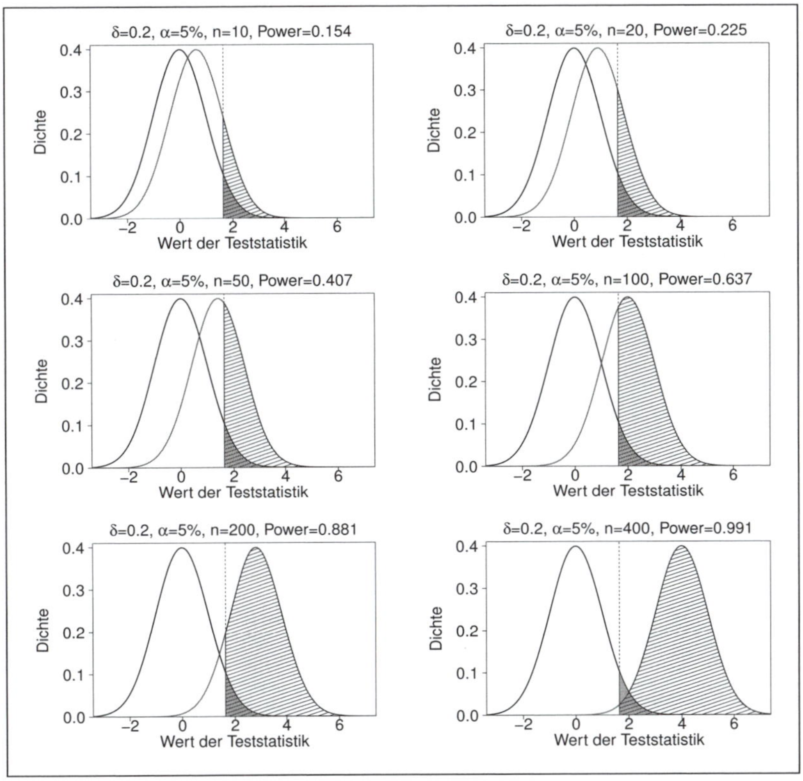

Abbildung 2.17: Einfluss der Stichprobengröße n auf die Power

2.8.3 Stichprobenumfang für den Gauß-Test

Da die Power eines Tests durch die Wahl des Stichprobenumfangs bestimmt werden kann, ist schon bei der Planung einer Untersuchung darauf zu achten, dass der später bei der Auswertung zu verwendende Test eine ausreichende Power besitzt.

Häufig wird recht willkürlich eine Power von $1-\beta=.8$ als wünschenswert erachtet, jedoch erscheint oftmals eine höhere Power von z. B. $1-\beta=.95$ angemessener zu sein. Eine gewünschte Power lässt sich immer, wenn man δ hinreichend gut schätzen kann und einen Einfluss auf die Bestimmung der Stichprobengröße hat, von vornherein erzielen. Zur praktischen Berechnung der Power kann man auf Computerprogramme zurückgreifen. Im Fall des Gauß-Tests ist die Bestimmung des Stichprobenumfangs für eine angezielte Power jedoch einfach vorzunehmen.

Vor Durchführung einer empirischen Studie lautet somit eine entscheidende Ausgangsfrage: „Wie groß muss der Stichprobenumfang sein, um bei einem vorgegebenen Signifikanzniveau α, einer bestimmten Effektstärke δ und in Abhängigkeit von der Art des Testproblems (ungerichtet vs. gerichtet) eine ausreichend große Power zu erzielen?"

Die Bestimmung des Stichprobenumfangs, um eine vorgegebene Power zu erzielen, lässt sich für den einseitigen Gauß-Test bei einem vorgegebenen Signifikanzniveau und einer bestimmten Effektstärke δ wie folgt ableiten:

$$\begin{aligned}
1-\beta &= 1-\Phi(z_{1-\alpha}-\delta\sqrt{n})\\
\beta &= \Phi(z_{1-\alpha}-\delta\sqrt{n})\\
\Phi(z_\beta) &= \Phi(z_{1-\alpha}-\delta\sqrt{n})\\
z_\beta &= z_{1-\alpha}-\delta\sqrt{n}\\
n &= \frac{(z_{1-\alpha}-z_\beta)^2}{\delta^2}
\end{aligned}$$

Das n wird aufgerundet, um die notwendige Stichprobengröße zu bestimmen. Dieser Zusammenhang erlaubt es, eine adäquate Power bei einer Untersuchung zu gewährleisten.

Beispiel: Power und Stichprobenumfang

Es soll für eine Untersuchung der Stichprobenumfang bestimmt werden, der es erlaubt, bei einem einseitigen Gauß-Test mit dem Testproblem

$$\mathrm{H}_0 : \mu \leq \mu_0 \text{ gegen } \mathrm{H}_1 : \mu > \mu_0 \text{ mit } \alpha = .01$$

einen Effekt von $\delta = 0.20$ mit einer Wahrscheinlichkeit von .80 zu entdecken.

Damit resultiert anhand der oben angegebenen Formel:

$$n = \frac{(z_{1-\alpha}-z_\beta)^2}{\delta^2} = \frac{(2.33-(-0.84))^2}{0.20^2} = 251.22 \approx 252$$

Für $\alpha = .05$, drei Effektstärken und zwei häufig genutzte β-Fehler ergeben sich die in Tabelle 2.1 dargestellten Stichprobengrößen beim einseitigen bzw. zweiseitigen Gauß-Test. In der letzten Zeile dieser Tabelle sind die Zusammenhänge für beliebiges δ angegeben. So resultiert für $\delta = .7$ bei $\beta = .2$ und $\alpha = .05$ ein Stichprobenumfang von $6.17/.7^2 \approx 13$.

Tabelle 2.1: Notwendige Stichprobenumfänge beim Einstichproben-Gauß-Test ($\alpha = .05$ für konventionelle β-Fehler)

		einseitiger Test		zweiseitiger Test	
		$\beta = .2$	$\beta = .05$	$\beta = .2$	$\beta = .05$
Effekt-	$\delta = 0.2$	155	271	197	325
stärke	$\delta = 0.5$	25	44	32	52
	$\delta = 0.8$	10	17	13	21
	δ	$6.17/\delta^2$	$10.82/\delta^2$	$7.85/\delta^2$	$13/\delta^2$

2.9 Gütefunktion

Der Gauß-Test verwendet eine standardnormalverteilte Teststatistik und eine bestimmte Entscheidungsvorschrift. Bisher hatten wir nicht begründet, weshalb gerade dieser so spezifizierte Test für Entscheidungen über Testprobleme zu Erwartungswerten bei normalverteilten Merkmalen mit bekannter Varianz verwendet werden sollte. Wir werden später andere Testverfahren kennenlernen, die ebenfalls für diese Art von Testproblemen genutzt werden könnten. Jedoch erfüllt der Gauß-Test für das genannte Testproblem bestimmte Gütekriterien am besten. Diese Gütekriterien und die sogenannte Gütefunktion stellen wir im Folgenden vor.

Aus den bisherigen Ausführungen geht hervor, dass es sinnvoll ist, unter allen möglichen Testverfahren zu einem bestimmten Testproblem einen Signifikanztest zu wählen, da bei diesen Tests der Fehler 1. Art nicht größer als das vorher festgelegte Signifikanzniveau ausfällt.

Unter diesen Signifikanztests gilt es dann, den bestmöglichen Test auszuwählen. Ein solcher Test sollte möglichst geringe Fehler 1. und 2. Art für alle jeweils in Betracht kommenden Werte des Parameters aufweisen. Zu einer solchen Bewertung von Tests dient die Gütefunktion, die diese beiden Fehler anzeigt.

Die *Gütefunktion* eines Tests erfasst – für ein gegebenes α und einen bestimmten Stichprobenumfang n – die Wahrscheinlichkeit, die Nullhypothese abzulehnen, in Abhängigkeit von allen (zugelassenen) Werten des Parameters, d. h. $P(\mathrm{H}_0 \text{ ablehnen}|\mu)$. An dieser Funktion können die bedingten Wahrscheinlichkeiten für eine richtige Entscheidung zugunsten von H_0 und H_1 abgelesen werden sowie die Wahrscheinlichkeiten für die Fehler 1. Art und 2. Art. Gütefunktion

Abbildung 2.18 zeigt den Verlauf einer idealen Gütefunktion anhand eines einseitigen Gauß-Tests für das Testproblem $H_0 : \mu \leq 100$ gegen $H_1 : \mu > 100$.

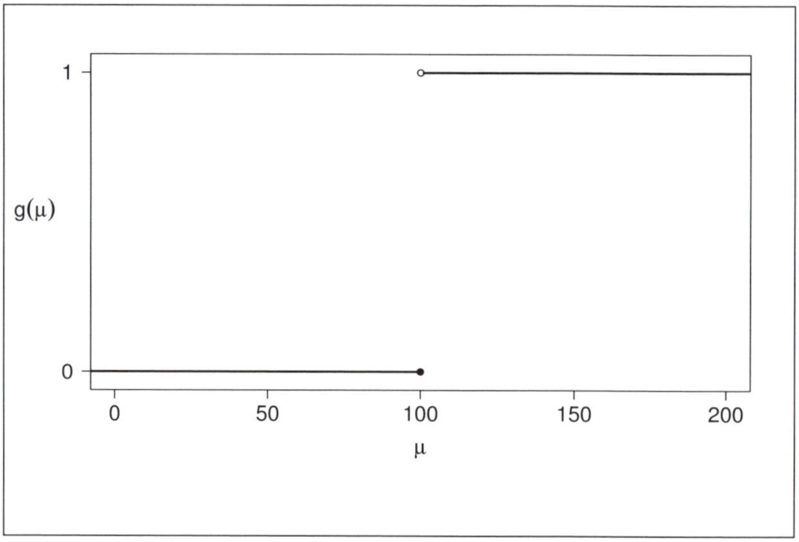

Abbildung 2.18: Eine ideale Gütefunktion

Hier wird der Zusammenhang zwischen dem Parameter μ und der Güte $g(\mu) = P(H_0 \text{ ablehnen}|\mu)$ dargestellt. H_0 und H_1 werden immer, wenn sie zutreffen, auch angenommen. Die Fehler 1. Art und 2. Art sind immer gleich 0.

Anhand von Abbildung 2.18 wird auch deutlich, dass ein hoher Wert von $g(\mu)$ nicht über den gesamten Wertebereich des Parameters auch eine hohe Qualität des Tests bzw. Güte im herkömmlichen Sinne bedeutet. Eine hohe Güte im Sinne eines möglichst fehlerfreien Tests liegt für den durch die H_0 festgelegten Bereich der Ausprägungen des Parameters dann vor, wenn $g(\mu)$ so gering wie möglich ist, während sie in dem durch die H_1 festgelegten Bereich der Ausprägungen des Parameters möglichst hoch ausfällt.

Eine ideale Gütefunktion, wie sie in Abbildung 2.18 dargestellt ist, ist jedoch so gut wie nie gegeben. Die Abbildungen 2.19 und 2.20 zeigen eine typische Gütefunktion – wiederum am Beispiel des einseitigen Gauß-Tests. Hier wird für das Testproblem $H_0 : \delta \leq 0$ gegen $H_1 : \delta > 0$ die Wahrscheinlichkeit, die Nullhypothese abzulehnen, in Abhängigkeit von δ dargestellt. Das Signifikanzniveau ($\alpha = .05$) und der Stichprobenumfang ($n = 100$) sind dabei für alle Werte von δ konstant gehalten.

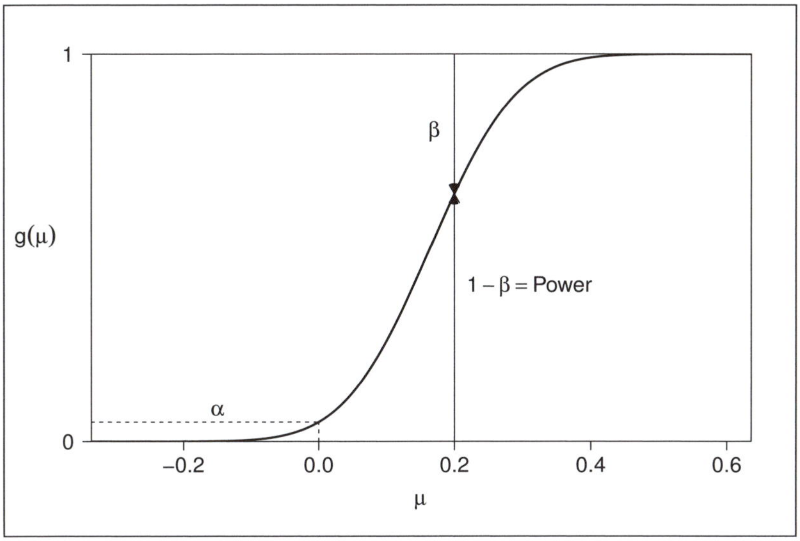

Abbildung 2.19: Zusammenhang von α und β

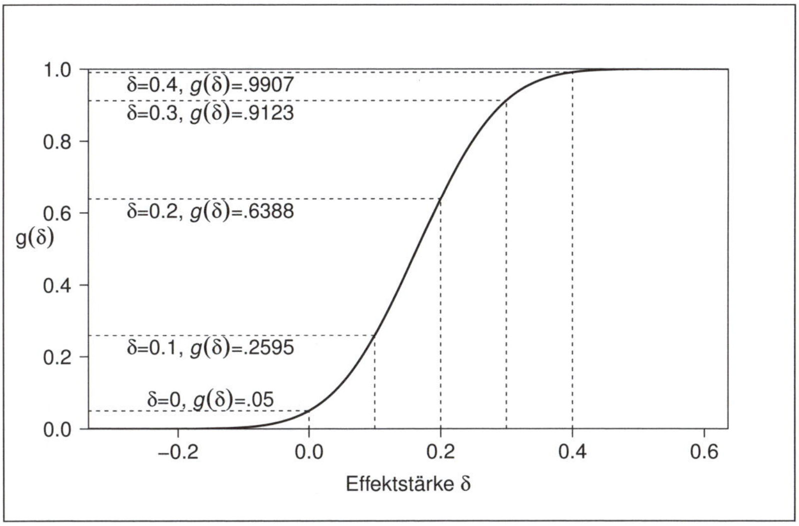

Abbildung 2.20: Beispiel einer Gütefunktion

Anhand der Gütefunktion lässt sich auch die Power ablesen (vgl. Abb. 2.19, 2.20), da der folgende Zusammenhang gilt:

$$P(\mathrm{H}_0 \text{ beibehalten}|\mathrm{H}_1 \text{ wahr}) = 1 - P(\mathrm{H}_0 \text{ ablehnen}|\mathrm{H}_1 \text{ wahr}).$$

Anders ausgedrückt gilt: P(Fehler 2. Art) = 1 − Power.

Die Gütefunktionen für ein- und zweiseitige Tests besitzen eine unterschiedliche Form (vgl. Abb. 2.21 und 2.22).

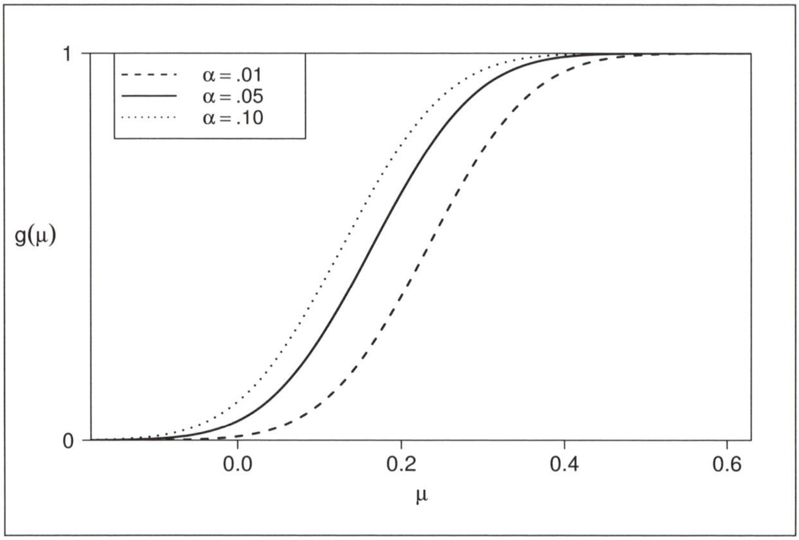

Abbildung 2.21: Gütefunktionen des einseitigen Gauß-Tests für unterschiedliche α-Werte

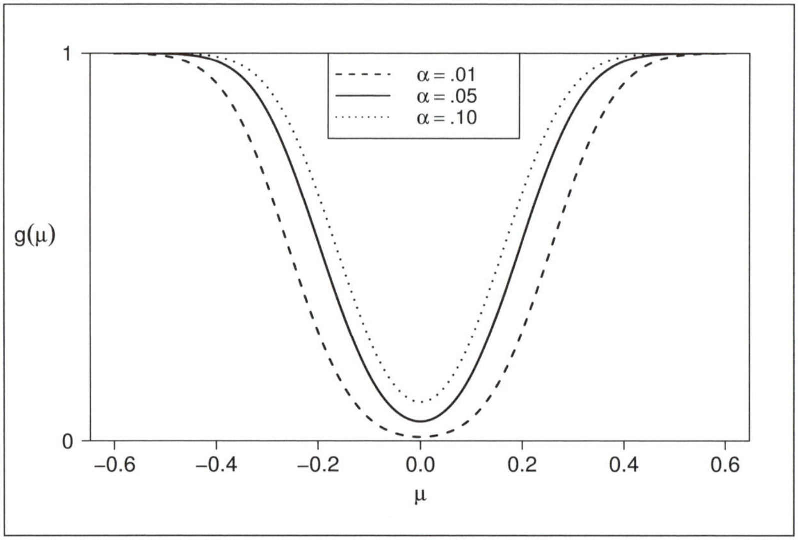

Abbildung 2.22: Gütefunktionen des zweiseitigen Gauß-Tests für unterschiedliche α-Werte

Während bei einem einseitigen Test die Gütefunktion zwischen 0 und 1 monoton ansteigt, nimmt die Gütefunktion für den zweiseitigen Test das

Minimum $1-\beta = \alpha$ für $\delta = 0$ an und steigt dann in beide Richtungen monoton an.

Die Gütefunktion des einseitigen Gauß-Tests lässt sich in Abhängigkeit von der Richtung der Alternativhypothese folgendermaßen bestimmen:

- $H_0: \mu \leq \mu_0$ gegen $H_1: \mu > \mu_0$: $\quad g(\delta) = 1 - \Phi(z_{1-\alpha} - \delta\sqrt{n})$
- $H_0: \mu \geq \mu_0$ gegen $H_1: \mu < \mu_0$: $\quad g(\delta) = \Phi(z_{\alpha} - \delta\sqrt{n})$

Betrachtet man die Gütefunktion unabhängig von der Richtung des einseitigen Gauß-Tests, ist also nur der Absolutbetrag der Effektstärke, d. h. $|\delta|$, von Interesse, gilt (vgl. Internetsupplement):

$$g(\delta) = 1 - \Phi(z_{1-\alpha} - |\delta|\sqrt{n})$$

Die Gütefunktion für den zweiseitigen Gauß-Test verläuft anders als die des einseitigen Gauß-Tests, da der Ablehnungsbereich aus zwei Intervallen besteht:

- $H_0: \mu = \mu_0$ gegen $H_1: \mu \neq \mu_0$:

$$g(\delta) = \Phi(-z_{1-\alpha/2} + \delta\sqrt{n}) + \Phi(-z_{1-\alpha/2} - \delta\sqrt{n})$$

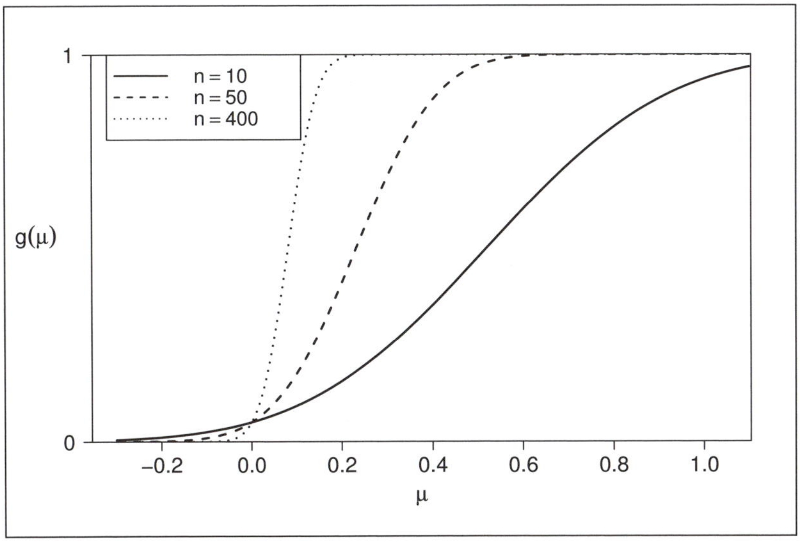

Abbildung 2.23: Gütefunktionen in Abhängigkeit von der Stichprobengröße n (einseitiger Gauß-Test, $\alpha = .05$)

Abbildung 2.23 zeigt unterschiedliche Gütefunktionen in Abhängigkeit vom Stichprobenumfang. Damit wird der Einfluss der Stichprobengröße auf die Güte dargestellt. In dieser Abbildung werden Testgütefunktionen des einseitigen Gauß-Tests für das Testproblem $H_0 : \delta \leq 0$ gegen $H_1 : \delta > 0$ dargestellt, wobei die Stichprobenumfänge von $n = 10$ bis $n = 400$ variieren und das Signifikanzniveau mit $\alpha = .05$ konstant gehalten ist.

Die Abbildungen 2.21, 2.22 und 2.23 zeigen die aus den Ausführungen zur Power schon bekannten Zusammenhänge: Für den Wertebereich des Parameters, für den H_1 gültig ist, gilt: Bei einem Test mit einem höheren Signifikanzniveau bzw. größeren Stichprobenumfang verläuft eine Gütefunktion immer oberhalb der Gütefunktion eines Tests mit einem niedrigeren Signifikanzniveau bzw. geringeren Stichprobenumfang.

Wir werden in den nächsten Kapiteln für bestimmte Testprobleme mehrere Tests kennenlernen, die miteinander „konkurrieren". Die Gütefunktion dient der Entscheidung, welcher Test einem anderen Test vorzuziehen ist.

Unter allen für ein bestimmtes Testproblem in Frage kommenden Signifikanztests sollte der gleichmäßig mächtigste (uniformly most powerful, UMP) Test ausgewählt werden. Ein solcher Test erzielt gegenüber allen anderen Tests für alle Parameter aus H_1 die höchste Power. Nicht immer existiert ein solcher Test. So ist der einseitige Gauß-Test ein gleichmäßig mächtigster Test, jedoch nicht der zweiseitige Gauß-Test, wie im Internetsupplement gezeigt wird.

Ist für ein Testproblem ein gleichmäßig mächtigster Test nicht verfügbar, so versucht man einen Test zu finden, der zumindest unverfälscht ist. Ein Signifikanztest heißt unverfälscht, wenn für alle durch H_1 spezifizierten Werte des Parameters die Wahrscheinlichkeit, die Nullhypothese abzulehnen, mindestens so groß ist wie α. Lässt sich in der Menge der unverfälschten Signifikanztests ein gleichmäßig mächtigster (uniformly most powerful unbiased, UMPU) Test bestimmen, sollte dieser ausgewählt werden. Weitere Ausführungen und Beispiele zur Güte von statistischen Tests finden sich im Internetsupplement.

2.10 Hypothesentestung mittels Bootstrap-Verfahren

Wie wir bisher gesehen haben, ist die Verteilung der Teststatistik eine wesentliche Grundlage der statistischen Hypothesentestung. Bei dem oben dargestellten Gauß-Test wurde die Verteilung der Teststatistik aus zuvor getroffenen Annahmen abgeleitet. Diesen Annahmen zufolge sind die Stichprobenvariablen i.i.d. normalverteilt mit bekannter Varianz. Daraus folgt, dass die Verteilung der gewählten Teststatistik ebenfalls normalverteilt ist. Auch bei den in den folgenden Kapiteln dargestellten

Testverfahren kann die Verteilung der Teststatistik häufig analytisch bestimmt werden, wobei jedoch mehr oder weniger strenge Annahmen hinsichtlich der Verteilung der Stichprobenvariablen zu treffen sind. Eine dieser Methoden ist die Randomisierung, die wir in den folgenden Kapiteln im Zusammenhang mit bestimmten Tests kennenlernen.

Eine weitere, universell anwendbare Methode im Rahmen der Hypothesentestung ist das Bootstrap-Verfahren. Im Folgenden stellen wir diese Vorgehensweise kurz dar.

In Holling und Gediga (2013, Kap. 5) wurde die Bestimmung von Stichprobenverteilungen anhand von Bootstrap-Verfahren vorgestellt. Wir wiederholen hier kurz die wesentlichen dort dargelegten Grundlagen.

Ausgangspunkt des Bootstrap-Verfahrens ist die Stichprobe, die aus einer Population gezogen wird. Diese Stichprobe wird als *Basisstichprobe* bezeichnet und als ein repräsentatives Abbild der Population erachtet. Die Basisstichprobe mit n Elementen $(y_1, y_2, \ldots, y_n)$ fungiert gewissermaßen als Population; aus der Basisstichprobe werden dann Stichproben des Umfangs n mit Zurücklegen $(y_1^*, y_2^*, \ldots, y_n^*)$ – in aller Regel per Computer – gezogen. Diese Stichproben werden zur Unterscheidung von der Basisstichprobe *Bootstrap-Stichproben* genannt.

Basisstichprobe

Bootstrap-Stichproben

Zur Schätzung eines interessierenden Parameters θ gilt es, zunächst eine adäquate Stichprobenstatistik $\hat{\theta}$ festzulegen. Dann werden aus der Basisstichprobe B Bootstrap-Stichproben gezogen und für jede dieser Bootstrap-Stichproben wird die Statistik $\hat{\theta}$ berechnet. Somit resultieren B Stichprobenstatistiken, die wir mit $\hat{\theta}_i^*, i = 1, .., B$ bezeichnen. Die Häufigkeitsverteilung der $\hat{\theta}_i^*$ stellt die Stichprobenverteilung für θ dar.

Für diese Stichprobenverteilung können wir den Mittelwert und die Standardabweichung berechnen:

$$\begin{aligned} \bar{\theta}^* &= \frac{1}{B}\sum_{i=1}^{B}\hat{\theta}_i^* \\ \hat{\sigma}^*(\hat{\theta}) &= \sqrt{\frac{1}{B-1}\sum_{i=1}^{B}\left(\hat{\theta}_i^* - \bar{\theta}^*\right)^2} \end{aligned}$$

Die Standardabweichung der B Parameterschätzungen wird auch *Bootstrap-Standardfehler* des Parameters θ genannt.

Bootstrap-Standardfehler

Wie in Holling und Gediga (2013, Kap. 7.8) ausgeführt, beruht die Bestimmung von Bootstrap-Konfidenzintervallen auf dieser Stichprobenverteilung. Die Grenzen dieser Konfidenzintervalle lassen sich anhand unterschiedlicher Methoden bestimmen. Ein einfaches Verfahren besteht darin, die Quantile der Bootstrap-Verteilung zu verwenden. Sortieren wir dazu die erhaltenen Bootstrap-Realisationen unserer Statistik $\hat{\theta}$ der Größe nach, erhalten wir die empirische Verteilungsfunktion, die mit $\hat{F}^*(\theta)$ bezeichnet wird. Diese Verteilung ist die Bootstrap-Schätzung der Verteilungsfunktion F der Statistik θ.

Bootstrap-Perzentil-Intervall

Für die Bestimmung des zumeist verwendeten symmetrischen $(1-\alpha)$-Konfidenzintervalls für den Parameter θ wählt man nun die Quantile $\hat{F}^{*-1}(\alpha/2)$ als untere und $\hat{F}^{*-1}(1-\alpha/2)$ als obere Grenze des Intervalls. Man nennt dieses so konstruierte Intervall auch das *Bootstrap-Perzentil-Intervall* für θ.

Ausgehend von dem oben dargelegten Zusammenhang zwischen dem Hypothesentesten und den Konfidenzintervallen (vgl. Abb. 2.3 auf S. 22) kann man dieses Bootstrap-Konfidenzintervall nutzen, um die Nullhypothese $\theta = \theta_0$ zu testen. Überdeckt dieses Bootstrap-Konfidenzintervall θ_0, wird die Nullhypothese beibehalten, ansonsten abgelehnt.

Beispiel: Zweiseitiger Test für die sprachliche Intelligenz von Mathematikstudenten anhand von Bootstrap-Konfidenzintervallen

Wir gehen von dem bereits verwendeten Beispiel zur sprachlichen Intelligenz von Mathematikstudenten aus. Die generelle Fragestellung lautet, ob sich die sprachliche Intelligenz von Mathematikstudenten von der aller Studierenden unterscheidet. Damit lautet das statistische Testproblem:

$$\mathrm{H}_0 : \mu = 100 \text{ gegen } \mathrm{H}_1 : \mu \neq 100$$

Wir nehmen nun an, dass die Verteilung der sprachlichen Intelligenz nicht normalverteilt und die Varianz in der Population unbekannt ist. Weiterhin erheben wir eine Basisstichprobe mit dem Umfang $n = 20$. Unter diesen Umständen ist die Verteilung des Mittelwerts unbekannt.

Es seien die folgenden (hypothetischen) Daten für die sprachliche Intelligenz gegeben.

Werte	y_i	96	98	100	102	104
Häufigkeiten	n_i	3	1	2	4	10

Wir ziehen 10 000 Bootstrap-Stichproben und berechnen für jede dieser Stichproben als Stichprobenstatistik den Mittelwert. Wir erhalten dann die in Abbildung 2.24 dargestellte Bootstrap-Stichprobenverteilung mit dem Mittelwert $\bar{y}^* = 101.7$.

Für das 95%-Bootstrap-Perzentil-Intervall für den Erwartungswert bestimmen wir das .025-Quantil sowie das .975-Quantil. Es resultiert das Bootstrap-Perzentil-Intervall $[100.4, 102.9]$. Dieses Intervall überdeckt den Parameter $\mu_0 = 100$ nicht. Somit ist die Nullhypothese abzulehnen.

Es sei hier angemerkt, dass das Bootstrap-Perzentil-Intervall eine von mehreren Möglichkeiten ist, Bootstrap-Konfidenzintervalle zu bestimmen. Für bestimmte Datenkonstellationen gibt es alternative Methoden zur Bestimmung der Grenzen des Konfidenzintervalls, die besser geeignet sind (vgl. Holling & Gediga, 2013, Kap. 7.8).

Anstatt die Hypothesentestung „indirekt" über Bootstrap-Konfidenzintervalle vorzunehmen, kann die Hypothesentestung auch direkt anhand des Bootstrap-Verfahrens durchgeführt werden. Dazu wird die Verteilung der Teststatistik unter der Nullhypothese anhand des Bootstrap-Verfahrens erstellt.

Betrachten wir dieses Vorgehen wiederum anhand des obigen Beispiels. Das Testproblem sei weiterhin $H_0 : \mu = 100$ gegen $H_1 : \mu \neq 100$.

Zur Erstellung der Verteilung der Teststatistik $\bar{Y}$ benötigen wir nun eine Basisstichprobe, die ein repräsentatives Abbild der Population unter der $H_0 : \mu = 100$ darstellt. Somit sollte die unter der Nullhypothese zu betrachtende Basisstichprobe einen Mittelwert von $\bar{y} = 100$ besitzen. Dazu ziehen wir von jeder Beobachtung der „originalen" Basisstichprobe den Mittelwert $\bar{y} = 101.7$ ab und addieren den Wert 100, d. h. wir berechnen $y_i - 101.7 + 100 = y_i - 1.7$. Dann ziehen wir aus dieser so erstellten Stichprobe mit dem Mittelwert $\bar{y} = 100$ die Bootstrap-Stichproben und erstellen somit die Bootstrap-Stichprobenverteilung der Teststatistik unter der Nullhypothese.

Diese Vorgehensweise ist identisch mit einer Verschiebung der bereits erstellten Bootstrap-Stichprobenverteilung um den Wert 1.7 nach links (vgl. Abb. 2.24). Dann resultiert die in Abbildung 2.25 dargestellte Verteilung der Teststatistik unter der Nullhypothese.

Der Annahmebereich für einen Test zum Niveau $\alpha = .05$ besteht aus dem Intervall innerhalb des .025- und des .975-Quantils der Bootstrap-Verteilung unter der Nullhypothese. Liegt der Wert der Teststatistik, d. h. $\bar{y}$, innerhalb dieses Bereichs, wird die Nullhypothese beibehalten, ansonsten abgelehnt.

Im vorliegenden Fall resultiert das Intervall $[98.7, 101.2]$. Damit wird die Nullhypothese abgelehnt, da der Mittelwert $\bar{y} = 101.7$ außerhalb des Annahmebereichs liegt.

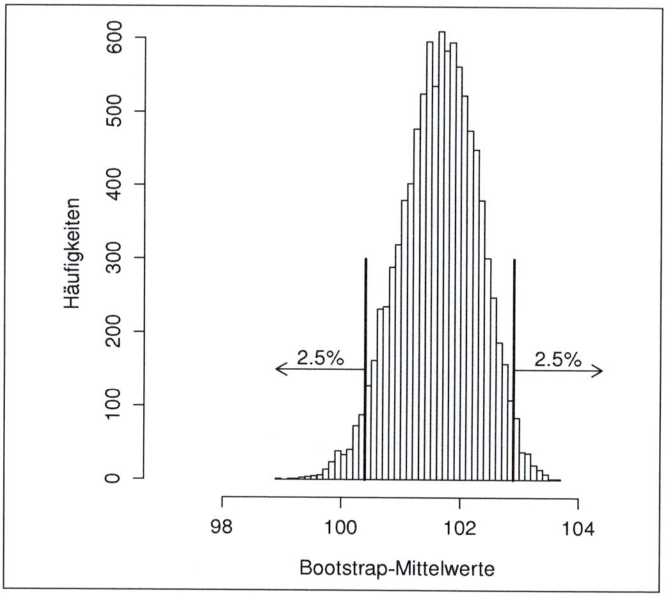

Abbildung 2.24: Bootstrap-Verteilung der Mittelwerte aus dem Beispiel

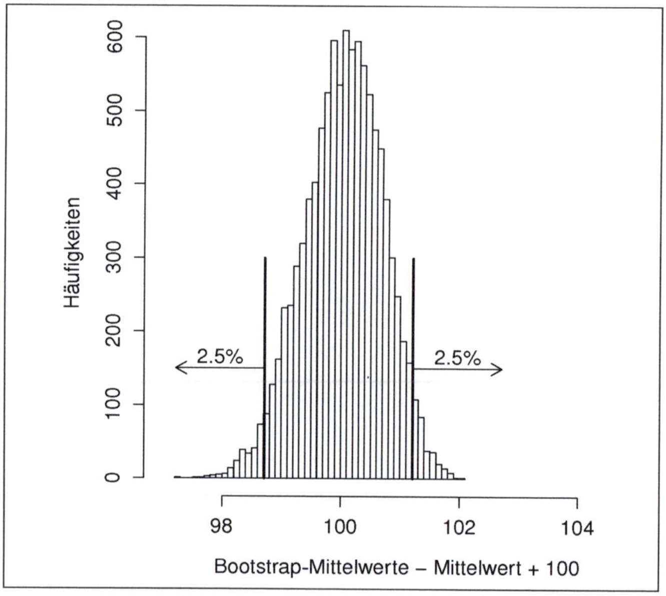

Abbildung 2.25: Bootstrap-Verteilung für die Teststatistik unter der Nullhypothese

Analog zur Bestimmung der Grenzen für die Konfidenzintervalle (s. Holling & Gediga, 2013, Kap. 7) können ebenso zur Festlegung der Grenzen des Annahmebereichs bei der Hypothesentestung alternative

Methoden herangezogen werden, die unter bestimmten Bedingungen bessere Entscheidungen liefern. Oft verwenden statistische Programmpakete deshalb standardmäßig eine andere als die im obigen Beispiel verwendete Methode.

Insgesamt betrachtet ist die Verwendung von Bootstrap-Verfahren immer dann eine Alternative zu den Testverfahren, die auf einer analytisch bestimmten Verteilung der Teststatistik beruhen, wenn man Zweifel an der Gültigkeit der Voraussetzungen dieser Tests hegt. Eine detaillierte Behandlung der Hypothesenprüfung mittels des Bootstrap-Verfahrens geht über den Stoff eines einführenden Lehrbuchs hinaus. Für eine vertiefende Auseinandersetzung mit dieser Thematik verweisen wir auf Efron und Tibshirani (1993), Shao und Tu (1996) oder Chernick und LaBudde (2014).

Zusammenfassung

Statistische Tests dienen zur Entscheidung über statistische Testprobleme anhand von Teststatistiken. Statistische Testprobleme bestehen aus einer Nullhypothese und einer Alternativhypothese. Diese Hypothesen enthalten Aussagen über Wahrscheinlichkeitsverteilungen oder – spezifischer – über Parameter von Wahrscheinlichkeitsverteilungen. Dabei entspricht die Alternativhypothese in der Regel einer inhaltlichen Hypothese, die es nachzuweisen gilt.

Wenn Hypothesen sich lediglich auf eine Ausprägung des Parameters richten, heißen sie einfach, ansonsten handelt es sich um zusammengesetzte Hypothesen. Zusammengesetzte Hypothesen können ungerichtet sein, z. B. $\mu \neq \mu_0$, oder gerichtet, z. B. $\mu > \mu_0$.

Ein Testproblem heißt ungerichtet, wenn die zugehörige Alternativhypothese ungerichtet ist, ansonsten liegt ein gerichtetes Testproblem vor. Einseitige statistische Tests prüfen ein gerichtetes Testproblem, zweiseitige Tests hingegen ein ungerichtetes Testproblem.

Bei der Entscheidung über ein Testproblem können zwei Fehler entstehen, die irrtümliche Ablehnung der Nullhypothese, auch Fehler 1. Art oder α-Fehler genannt, sowie die irrtümliche Beibehaltung der Nullhypothese, die auch Fehler 2. Art oder β-Fehler heißt.

Bei Signifikanztests wird der Fehler 1. Art kontrolliert, d. h. es wird eine Schranke, das sogenannte Signifikanzniveau α, vorgegeben, die nicht überschritten werden soll. Häufig werden als Werte für α .05, .01 oder .001 gewählt.

Als Beispiel für einen Signifikanztest diente der Gauß-Test. In diesem Test geht es um Testprobleme zu Erwartungswerten von normalverteilten Variablen mit bekannter Varianz.

Der Fehler 1. Art impliziert in der Regel schwerwiegendere negative Konsequenzen als der Fehler 2. Art. Daher wird der Fehler 1. Art von vornherein kontrolliert. Zudem gilt es aber, auch den Fehler 2. Art (den β-Fehler) gering zu halten. Dazu betrachtet man die Power, das Komplement des Fehlers 2. Art.

Die Power eines Tests hängt vom Wert des Parameters ab, der unter H_1 gelten soll. Allerdings betrachtet man oft anstelle des Erwartungswertes μ die Effektstärke δ, die den anhand der Standardabweichung normierten Unterschied zwischen zwei Erwartungswerten erfasst. Weiterhin beeinflussen das Signifikanzniveau und die Stichprobengröße die Power. Da die Effektstärke und das Signifikanzniveau α in der Regel feste Größen darstellen, lässt sich die Power durch die Wahl einer geeigneten Stichprobengröße festlegen.

Die Güte von Tests kann anhand der sogenannten Gütefunktion beurteilt werden. Die Gütefunktion gibt die Abhängigkeit der Wahrscheinlichkeit, die Nullhypothese abzulehnen, von der Ausprägung eines Parameters wieder. Die Gütefunktion dient zum Vergleich unterschiedlicher statistischer Tests.

Zumeist wird die Verteilung der Teststatistik analytisch aus bestimmten Annahmen abgeleitet. Wenn die Gültigkeit dieser Annahmen nicht gegeben ist, kann die Verteilung der Teststatistik häufig über das Bootstrap-Verfahren bestimmt werden.

Zentrale Begriffe

Inhaltliche Hypothese: Eine aus inhaltlichen Überlegungen oder Theorien abgeleitete Annahme.

Statistische Hypothese: Eine Aussage über eine Wahrscheinlichkeitsverteilung oder spezifischer über einen Parameter einer Wahrscheinlichkeitsverteilung.

Alternativhypothese: Statistische Hypothese, die zumeist der inhaltlichen Hypothese entspricht.

Nullhypothese: Eine statistische Hypothese, die meist das logische Gegenteil der Alternativhypothese darstellt. In allgemeiner Form wird die Nullhypothese genutzt, um das Ausbleiben eines inhaltlichen Effekts zu beschreiben.

Fehler 1. Art: Wahrscheinlichkeit einer irrtümlichen Ablehnung der Nullhypothese.

α-Fehler synonym zu Fehler 1. Art

Signifikanzniveau: Vorgegebene Schranke für die Wahrscheinlichkeit einer irrtümlichen Ablehnung der Nullhypothese.

Teststatistik: Statistik, anhand derer eine Entscheidung über die Beibehaltung bzw. Ablehnung der Nullhypothese getroffen wird.

Kritischer Wert: Der Wert einer Teststatistik, dessen Unter- bzw. Überschreitung zur Ablehnung der Nullhypothese führt.

Annahmebereich: Menge der Werte einer Teststatistik, für die die Nullhypothese beibehalten wird.

Ablehnungsbereich: Menge der Werte einer Teststatistik, für die die Nullhypothese abgelehnt wird.

p-Wert: Wahrscheinlichkeit, einen mindestens so extremen wie den erzielten Wert der Teststatistik zu erhalten.

Effektgröße δ: Anhand der Standardabweichung normierter Unterschied zwischen zwei Erwartungswerten.

Fehler 2. Art: Wahrscheinlichkeit einer irrtümlichen Beibehaltung der Nullhypothese.

β*-Fehler* synonym zu Fehler 2. Art

Power: Wahrscheinlichkeit einer korrekten Annahme der Alternativhypothese, Power $= 1 - \beta$.

Schärfe: Die Schärfe, auch beobachtete Power genannt, entspricht $1 - \beta$, wobei der beobachtete Wert der Effektstärke zur Spezifikation des Wertes für den Parameter unter der Alternativhypothese genutzt wird.

Testgüte: Funktion für die Abhängigkeit der Wahrscheinlichkeit der Ablehnung der Nullhypothese von der Ausprägung eines Parameters.

Einfache Hypothese: Hypothese zu einem Wert eines Parameters.

Zusammengesetzte Hypothese: Hypothese zu mehreren Werten eines Parameters.

Gerichtete Hypothese: Zusammengesetzte Hypothese mit einer Größer-Relation oder Kleiner-Relation.

Ungerichtete Hypothese: Zusammengesetzte Hypothese mit einer Ungleich-Relation.

Statistisches Testproblem: Paar aus einer Nullhypothese H_0 und einer Alternativhypothese H_1.

Einseitiger Test: Statistischer Test zu einem Testproblem mit einer gerichteten Alternativhypothese.

Zweiseitiger Test: Statistischer Test zu einem Testproblem mit einer ungerichteten Alternativhypothese.

Signifikanztest: Statistischer Test, bei dem der Fehler 1. Art kleiner als eine vorgegebene Schranke, das Signifikanzniveau, ist.

Gauß-Test: Signifikanztest für Testprobleme zu Erwartungswerten bei einer normalverteilten Variablen mit bekannter Varianz.

Gütefunktion: Funktion, die – für ein gegebenes α und einen bestimmten Stichprobenumfang n – die Wahrscheinlichkeit angibt, in Abhängigkeit von allen (zugelassenen) Werten des Parameters, die Nullhypothese abzulehnen, d. h. $P(\mathrm{H}_0 \text{ ablehnen}|\mu)$.

Bootstrap-Verteilung: Verteilung einer Stichprobenstatistik, die durch mehrmaliges Ziehen einer einfachen Stichprobe aus einer Basisstichprobe gewonnen wird.

Bootstrap-Intervallschätzungen: Diese Intervallschätzungen beruhen auf der Bootstrap-Verteilung einer Stichprobenstatistik.

Bootstrap-Perzentil-Intervalle: Bootstrap-Perzentil-Intervalle basieren auf den $\alpha/2$- und $1-\alpha/2$-Quantilen der Bootstrap-Verteilungsfunktion.

Notation

Notation	Bedeutung
H	Bezeichnung für eine Hypothese
H_0	Bezeichnung für die Nullhypothese
H_1	Bezeichnung für die Alternativhypothese
α	Signifikanzniveau eines statistischen Tests, Fehler 1. Art
p	Wahrscheinlichkeit, einen mindestens so extremen Wert der Teststatistik wie den erzielten Wert zu erhalten
β	Wahrscheinlichkeit, irrtümlicherweise die Nullhypothese beizubehalten, Fehler 2. Art
δ	Anhand der Standardabweichung normierter Unterschied zwischen zwei Erwartungswerten
$g(\theta)$	Güte eines Tests
$\bar{\theta}^*$	Bootstrap-Erwartungswert von θ
$\hat{\sigma}^*(\hat{\theta})$	Bootstrap-Standardfehler von θ

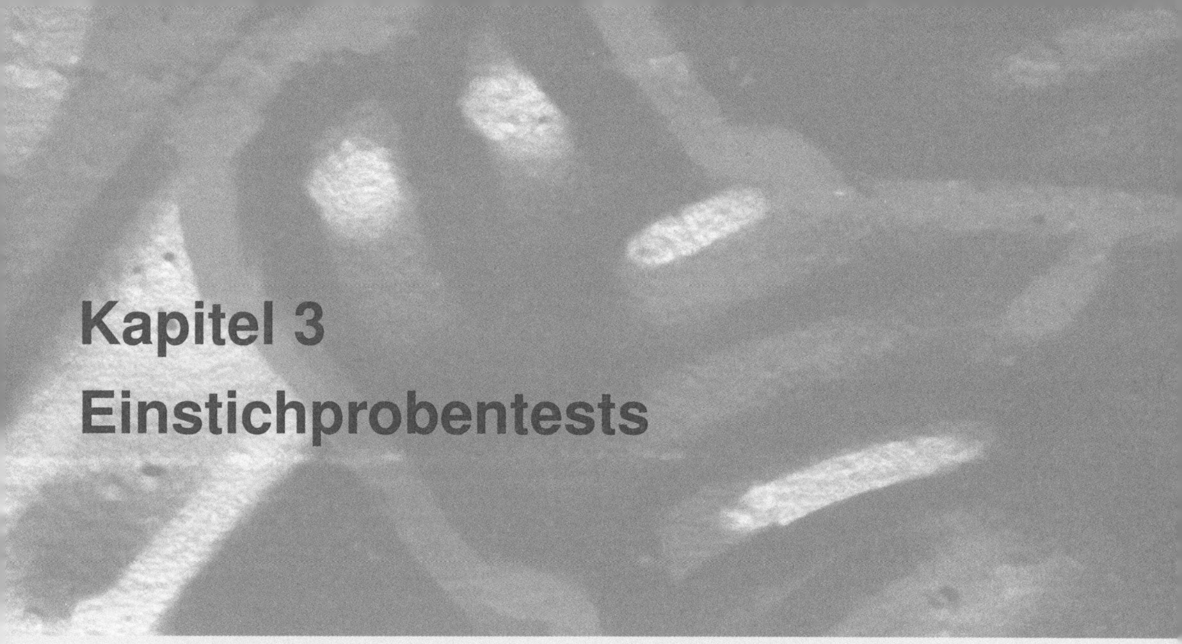

Kapitel 3 Einstichprobentests

Inhaltsübersicht

In diesem Kapitel behandeln wir Tests zu wesentlichen Kennwerten univariater bzw. eindimensionaler Verteilungen. Dabei handelt es sich um die Kennwerte

- Erwartungswert,
- Varianz,
- Anteil,
- Median.

Kennwerte von Verteilungen können Parameter von Verteilungen darstellen, z. B. μ und σ bei $N(\mu, \sigma)$ oder andere Maße, wie Median oder Quantile. Im ersten Fall spricht man von parametrischen Verfahren, im zweiten Fall von nichtparametrischen, non-parametrischen oder verteilungsfreien Tests. Der Terminus „nichtparametrisch" bedeutet im engeren Sinne, dass die Verteilung der Teststatistik unter H_0 nicht von der Verteilung des Merkmals abhängt (vgl. Kap. 3.4).

Zunächst behandeln wir Tests zum Erwartungswert. Neben einer knappen Wiederholung des bereits bekannten Gauß-Tests wird der t-Test vorgestellt. Beim t-Test wird im Gegensatz zum Gauß-Test die Varianz der Merkmalsverteilung nicht als bekannt vorausgesetzt. Danach geht es um Tests zur Varianz und zum Anteilswert. Schließlich werden zwei nichtparametrische Tests vorgestellt, deren Hypothesen sich vornehmlich auf den Median richten.

Einstichprobentest

Die hier vorgestellten Tests werden in der Regel als *Einstichprobentests* bezeichnet, da ihnen nur eine Stichprobe zugrunde liegt.

Wir beschränken uns hier auf die wesentlichen Tests zu Kenngrößen univariater Verteilungen, es existieren zahlreiche weitere Verfahren. Im Internetsupplement werden einige dieser Verfahren kurz dargestellt, so z. B. Tests zur Schiefe und Kurtosis.

3.1 Einstichprobentests für den Erwartungswert

3.1.1 Gauß-Test

Gauß-Test

Der *Gauß-Test* für Erwartungswerte wurde bereits vorgestellt (vgl. Kap. 2.5), daher erfolgt hier nur eine knappe Zusammenfassung. Dieser Test basiert auf den Annahmen, dass $Y_1, \ldots, Y_n$ i.i.d. und $N(\mu, \sigma)$-verteilt sind und dass die Standardabweichung σ bekannt ist. Testprobleme, Teststatistik und Ablehnungsbereiche für den Gauß-Test lassen sich dem nachfolgenden Tableau entnehmen.

Gauß-Test

Annahmen:
$Y_1,\dots,Y_n$ i.i.d. $N(\mu,\sigma)$-verteilt, Standardabweichung σ *bekannt*

Testprobleme	*Teststatistik*	*Ablehnung der* H_0
1. $H_0: \mu = \mu_0$ gegen $H_1: \mu \neq \mu_0$		1. $\lvert z\rvert > z_{1-\alpha/2}$
2. $H_0: \mu \leq \mu_0$ gegen $H_1: \mu > \mu_0$	$Z = \frac{\overline{Y}-\mu_0}{\sigma/\sqrt{n}}$	2. $z > z_{1-\alpha}$
3. $H_0: \mu \geq \mu_0$ gegen $H_1: \mu < \mu_0$		3. $z < -z_{1-\alpha}$

Wenn die Normalverteilungsannahme für die Stichprobenvariablen Y_1, ..., Y_n nicht erfüllt ist, die Stichprobenvariablen aber i.i.d. Zufallsvariablen darstellen und die Bedingungen für den zentralen Grenzwertsatz (abgekürzt *ZGWS*) erfüllt sind, kann der sogenannte approximative Gauß-Test angewendet werden. Der zentrale Grenzwertsatz besagt, dass die Teststatistik $\frac{\overline{Y}-\mu_0}{\sigma/\sqrt{n}}$ approximativ standardnormalverteilt ist (vgl. Holling & Gediga, 2013, S. 189). ZGWS

Die Frage bleibt, wann die Voraussetzungen des zentralen Grenzwertsatzes so erfüllt sind, dass die Approximation der Verteilung der Teststatistik durch die Normalverteilung hinreichend gut ist. Wir nutzen hier die folgenden Regeln, die im Internetsupplement ausführlicher behandelt werden:

- Die Stichprobe hat einen Stichprobenumfang von $n \geq 30$.
- Die Verteilung der Daten ist nicht zu schief.
- Ausreißer sind zu vernachlässigen.

Der in Kapitel 2.2 aufgezeigte Zusammenhang zwischen Konfidenzintervallen und Hypothesentests soll hier für den Gauß-Test noch formal dargestellt werden. Dieser Zusammenhang gilt analog für die weiteren Testverfahren, wird dann aber nicht mehr gezeigt.

Der Annahmebereich des zweiseitigen Gauß-Tests lässt sich wie folgt umformen:

$$
\begin{aligned}
-z_{1-\alpha/2} &\leq \frac{\overline{Y}-\mu_0}{\sigma}\sqrt{n} \leq +z_{1-\alpha/2} \\
-z_{1-\alpha/2}\frac{\sigma}{\sqrt{n}} &\leq \overline{Y}-\mu_0 \leq +z_{1-\alpha/2}\frac{\sigma}{\sqrt{n}} \\
-\overline{Y}-z_{1-\alpha/2}\frac{\sigma}{\sqrt{n}} &\leq -\mu_0 \leq -\overline{Y}+z_{1-\alpha/2}\frac{\sigma}{\sqrt{n}}
\end{aligned}
$$

$$\bar{Y} - z_{1-\alpha/2}\frac{\sigma}{\sqrt{n}} \quad \leq \quad \mu_0 \quad \leq \quad \bar{Y} + z_{1-\alpha/2}\frac{\sigma}{\sqrt{n}}$$

Die Grenzen dieses Intervalls sind bekannt als die Grenzen des $(1-\alpha)$-Konfidenzintervalls für μ bei einem normalverteilten Merkmal mit bekannter Varianz:

$$\left[\bar{Y} - z_{1-\alpha/2}\frac{\sqrt{n}}{\sigma}, \quad \bar{Y} + z_{1-\alpha/2}\frac{\sqrt{n}}{\sigma}\right]$$

Damit gilt: Überdeckt ein $(1-\alpha)$-Konfidenzintervall eines interessierenden Parameters den angenommenen Wert, wird der entsprechende Test zum Signifikanzniveau α nicht signifikant, andernfalls fällt er signifikant aus.

Der Zusammenhang zwischen Konfidenzintervallen und Tests wurde hier für den zweiseitigen Fall gezeigt. Er gilt analog für einseitige Konfidenzintervalle und Tests (vgl. Internetsupplement).

Power des Gauß-Tests

Für die Bestimmung der Power wurden die folgenden Formeln abgeleitet, wobei $\Phi(x)$ die Fläche unter der Dichte der Normalverteilung bis zum Punkt x symbolisiert:

1. Die Power für das einseitige Testproblem
   „$H_0: \mu \leq \mu_0$ gegen $H_1: \mu > \mu_0$"
   $1-\beta = g(\delta) = 1 - \Phi(z_{1-\alpha} - \delta\sqrt{n})$
2. Die Power für das einseitige Testproblem
   „$H_0: \mu \geq \mu_0$ gegen $H_1: \mu < \mu_0$"
   $1-\beta = g(\delta) = \Phi(z_{\alpha} - \delta\sqrt{n})$
3. Die Power für das zweiseitige Testproblem
   „$H_0: \mu = \mu_0$ gegen $H_1: \mu \neq \mu_0$"
   $1-\beta = g(\delta) = \Phi(-z_{1-\alpha/2} + \delta\sqrt{n}) + \Phi(-z_{1-\alpha/2} - \delta\sqrt{n})$

3.1.2 t-Test

Die Annahme des Gauß-Tests, dass man die Standardabweichung der Zufallsvariablen Y kennt, ist nur sehr selten erfüllt. Beim t-Test ist diese Annahme nicht gefordert, ansonsten gelten dieselben Annahmen wie beim Gauß-Test. Im Gegensatz zum Gauß-Test ist der t-Test daher ein weitaus häufiger angewendetes Verfahren.

Als Schätzer für σ wird hier die Standardabweichung S verwendet:

$$S = \sqrt{\frac{1}{n-1}\sum_{i=1}^{n}(Y_i - \overline{Y})^2}$$

Damit ergibt sich als Teststatistik die Zufallsvariable T

$$T = \frac{\overline{Y} - \mu_0}{S/\sqrt{n}},$$

die einer t-Verteilung mit $n-1$ Freiheitsgraden ($t(n-1)$-Verteilung) folgt (vgl. Holling & Gediga, 2013, Kap. 4.2.5 und Anhang dieses Buches). In der folgenden Tabelle sind die Testprobleme, die Teststatistik und die jeweiligen Ablehnungsbereiche für den *Einstichproben-t-Test* zusammenfassend dargestellt.

Einstichproben-t-Test

Einstichproben-t-Test

Annahmen:
$Y_1, \ldots, Y_n$ i.i.d. $N(\mu, \sigma)$-verteilt, σ *unbekannt*

Testprobleme	*Teststatistik*	*Ablehnung der* H_0
1. $H_0 : \mu = \mu_0$ gegen $H_1 : \mu \neq \mu_0$		1. $\lvert t \rvert > t_{1-\alpha/2}(n-1)$
2. $H_0 : \mu \leq \mu_0$ gegen $H_1 : \mu > \mu_0$	$T = \frac{\overline{Y} - \mu_0}{S/\sqrt{n}}$	2. $t > t_{1-\alpha}(n-1)$
3. $H_0 : \mu \geq \mu_0$ gegen $H_1 : \mu < \mu_0$		3. $t < -t_{1-\alpha}(n-1)$

Beispiel für ein einseitiges Testproblem

Fragestellung: Ist der IQ von Psychologiestudierenden größer als der IQ in der Normpopulation?

Zur Überprüfung dieser Fragestellung werden 36 zufällig ausgewählte Studierende der Psychologie untersucht.

Operationalisierung: Es werden die IQ-Werte der Studierenden mithilfe eines normierten Intelligenztests erhoben.

Inhaltliche Hypothese: Der durchschnittliche IQ-Wert der Psychologiestudierenden ist größer als der IQ in der Normpopulation.

Annahme: Der Intelligenztest ist so normiert, dass in der Population $\mu = 100$ vorliegt. Die Standardabweichung σ in der Population der Psychologiestudierenden ist unbekannt.

Statistische Hypothesen:

$$H_0 : \mu \leq \mu_0 \quad \text{gegen} \quad H_1 : \mu > \mu_0, \quad \text{wobei} \quad \mu_0 = 100$$

Es ergeben sich für den mittleren IQ in der Zufallsstichprobe ($n = 36$) und als Schätzung für σ: $\bar{y} = 105$ und $s = 12$.

Teststatistik:

$$t = \frac{\bar{y} - \mu_0}{s/\sqrt{n}} \quad \Rightarrow \quad t = \frac{105 - 100}{2} = 2.5$$

Kritischer Wert ($\alpha = .05$): $t_{.95}(35) = 1.6896$

Testentscheidung: Ablehnung von H_0, da $2.5 > 1.6896$

Es erfolgt die Annahme der inhaltlichen Hypothese (H_1): „Psychologiestudierende weisen einen höheren IQ auf als Personen aus der Normpopulation."

Power des t-Tests

Zur Bestimmung der Power beim t-Test werden wie beim Gauß-Test zunächst Alternativhypothesen anhand der Effektstärke δ spezifiziert. Dann ist es notwendig, die Verteilung der Teststatistik unter der Alternativhypothese abzuleiten. Im Vergleich zum Gauß-Test ist jedoch diese Aufgabe schwieriger, da eine nichtzentrale t-Verteilung als Verteilung der Teststatistik unter H_1 resultiert.

Um die Teststatistik T unter H_1 abzuleiten, formen wir die Teststatistik T um:

$$\begin{aligned} T &= \frac{\bar{Y} - \mu_0}{S/\sqrt{n}} \\ &= \frac{\overline{Y} - \mu_0 - \mu_1 + \mu_1}{S/\sqrt{n}} \\ &= \frac{(\overline{Y} - \mu_0 - \mu_1 + \mu_1)/\sigma_{\overline{Y}}}{(S/\sqrt{n})/\sigma_{\overline{Y}}} \end{aligned}$$

Damit erhalten wir im Zähler der Teststatistik:

$$\frac{\overline{Y} - \mu_1}{\sigma_{\overline{Y}}} + \frac{\mu_1 - \mu_0}{\sigma_{\overline{Y}}}$$

Der erste Summand des Zählers ist unter Geltung der Alternativhypothese standardnormalverteilt. Der zweite Summand des Zählers lässt sich anhand der Effektstärke δ wie folgt umformen:

$$\frac{\mu_1 - \mu_0}{\sigma_{\overline{Y}}} = \frac{\mu_1 - \mu_0}{\sigma_Y}\sqrt{n} = \delta\sqrt{n}$$

Nichtzentralitätsparameter

Mit $\lambda = \delta\sqrt{n}$ erhalten wir den sogenannten *Nichtzentralitätsparameter*. Der Nenner $(S/\sqrt{n})/\sigma_{\overline{Y}} = \hat{\sigma}_{\overline{Y}}/\sigma_{\overline{Y}}$ ist eine Zufallsvariable, die $\sqrt{X/(n-1)}$ entspricht, wobei X einer $\chi^2(n-1)$-Verteilung folgt.

Unter Gültigkeit der Alternativhypothese folgt damit

$$T = \frac{Z + \lambda}{\sqrt{X/(n-1)}}$$

mit $Z \sim N(0,1)$ und $X \sim \chi^2(n-1)$. Damit gilt nach Holling und Gediga (2013, S. 163), dass T unter H_1 einer nichtzentralen t-Verteilung folgt mit $n-1$ Freiheitsgraden und Nichtzentralitätsparameter λ, kurz $t'(n-1,\lambda)$. Die Abbildung 3.1 veranschaulicht die Powerberechnung für $\delta = 0.50$.

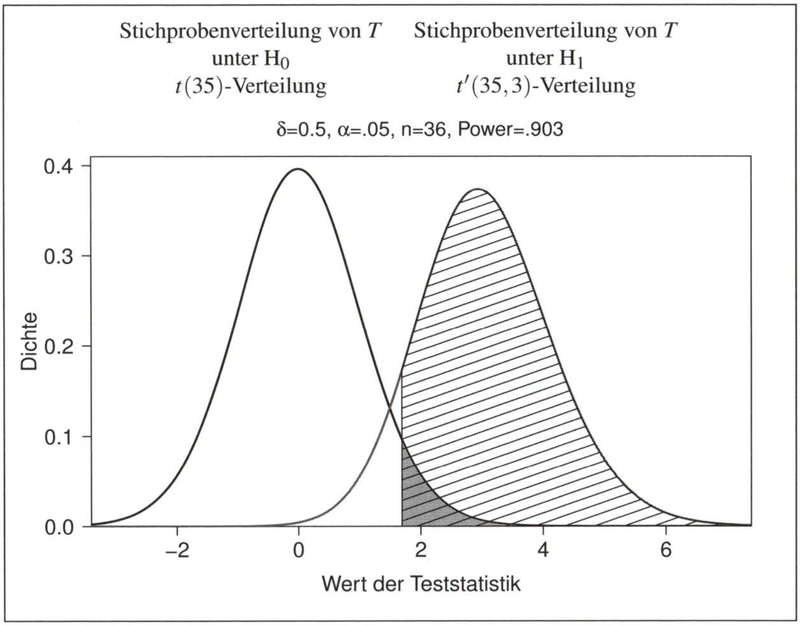

Abbildung 3.1: Grafische Darstellung zur Bestimmung der Power für einen einseitigen t-Test

Bestimmung der Power für einen einseitigen t-Test mittels R

Wie wahrscheinlich ist es, bei einem t-Test einen Wert größer als den bei dem obigen Beispiel gegebenen kritischen Wert $t_{.95}(35) = 1.6896$ unter Geltung der H_1 ($H_1 : \mu_1 = \mu_0 + \delta\sigma$, mit $\delta = 0.50$) anzunehmen?

Die Verteilung der Teststatistik unter der H_1 ist:

$$T \sim t'(\nu, \delta) \quad \text{mit} \quad \nu = n - 1 = 35 \quad \text{und} \quad \lambda = \delta\sqrt{n} = 0.5 \cdot 6 = 3$$

Berechnet werden soll:

$$1 - \beta = P(T > t_{1-\alpha}(\nu)) = P(T > t_{.95}(35))$$

Berechnung mit den Programmzeilen (ncp dient zur Angabe des Nichtzentralitätsparameters):

```
> kritischerwert = qt(.95,35)
> 1-pt(kritischerwert,35,ncp=3)
[1] .9025746
```

Die Funktion *qt* berechnet mit dem .95-Quantil der (zentralen) t-Verteilung mit 35 Freiheitsgraden den kritischen Wert. Die Funktion *pt* berechnet die kumulierte Wahrscheinlichkeit bis zu diesem kritischen Wert für eine nichtzentrale t-Verteilung mit 35 Freiheitsgraden und dem Nichtzentralitätsparameter 3. Dieser Wert ist der β-Fehler.

Das Ergebnis ist somit $1 - \beta = .9026$.

Während die Power des t-Tests noch relativ einfach zu berechnen ist, wenn Stichprobenumfang, Signifikanzniveau und Effektstärke gegeben sind, ist die A-priori-Bestimmung des notwendigen Stichprobenumfangs n beim t-Test für gegebenes Signifikanzniveau α, vorgegebene Effektstärke δ und erwünschte Power $1 - \beta$ nur unter Verwendung spezialisierter Programme, z. B. des Programms G*Power (vgl. Faul, Erdfelder, Lang & Buchner, 2007) oder der Funktion `power.t.test` in R, möglich.

Approximativ kann man aber auch die Stichprobenberechnung aus dem Gauß-Test verwenden. Erhöht man die für den Gauß-Test ermittelte Stichprobengröße um 2, so erhält man in der Regel (d. h. für konventionelle α- und β-Werte und $0.2 \leq \delta \leq 1$) eine vergleichbar hohe Power für einen t-Test (vgl. Tab. 3.1). Dieser Zusammenhang zeigt, dass der Powerverlust durch die Schätzung der Populationsvarianz gering ist.

Tabelle 3.1: Notwendige Stichprobenumfänge für den Einstichproben-t-Test ($\alpha = .05$ und konventionelle β-Fehler) bei kleinen, mittleren und großen Effekten

		einseitiger Test		zweiseitiger Test	
		$\beta = .2$	$\beta = .05$	$\beta = .2$	$\beta = .05$
Effekt-	$\delta = 0.2$	156	272	199	327
stärke	$\delta = 0.5$	27	45	34	54
	$\delta = 0.8$	12	19	15	23
	δ	$2+6.17/\delta^2$	$2+10.82/\delta^2$	$2+7.85/\delta^2$	$2+13/\delta^2$

3.1.3 Approximativer t-Test

Beim approximativen t-Test gehen wir davon aus, dass die Voraussetzungen des zentralen Grenzwertsatzes erfüllt sind (vgl. Kap. 3.1.1). Damit ist die Annahme einer Normalverteilung nicht gefordert, die Standardabweichung σ ist unbekannt. Als Schätzer für σ wird wiederum S verwendet. Aufgrund des zentralen Grenzwertsatzes besitzt

$$T = \frac{\bar{Y} - \mu_0}{S/\sqrt{n}}$$

unter H_0 für $n > 30$ approximativ eine $t(n-1)$-Verteilung. Es ergibt sich somit folgendes Tableau für den *approximativen t-Test*: approximativer t-Test

Approximativer t-Test

Annahmen:
$Y_1, \ldots, Y_n$ i.i.d., Voraussetzungen des ZGWS sind erfüllt

Testprobleme	*Teststatistik*	*Ablehnung der* H_0
1. $H_0: \mu = \mu_0$ gegen $H_1: \mu \neq \mu_0$		1. $\lvert t \rvert > t_{1-\alpha/2}(n-1)$
2. $H_0: \mu \leq \mu_0$ gegen $H_1: \mu > \mu_0$	$T = \frac{\bar{Y}-\mu_0}{S/\sqrt{n}}$	2. $t > t_{1-\alpha}(n-1)$
3. $H_0: \mu \geq \mu_0$ gegen $H_1: \mu < \mu_0$		3. $t < -t_{1-\alpha}(n-1)$

Da die $t(n-1)$-Verteilung durch eine $N(0,1)$-Verteilung approximiert werden kann, könnte auch die Standardnormalverteilung als Testverteilung für den approximativen t-Test herangezogen werden. Dieser Vorschlag ist jedoch nur dann sinnvoll, wenn dieser Test per Hand berechnet wird. Wird der Einstichproben-t-Test mit statistischer Software durchgeführt, so wird auch für $n > 30$ die t-Verteilung als Prüfverteilung genutzt. Bei der Durchführung des t-Tests mittels Statistik-Software erhält man im Allgemeinen per Voreinstellung den p-Wert für den zweiseitigen Test. Will man den Test einseitig durchführen, ist der p-Wert zu korrigieren (vgl. Kap. 2.6).

3.2 Einstichprobentest für die Varianz

Testprobleme zur Varianz einer normalverteilten Variablen sind Gegenstand des Einstichprobentests für die Varianz σ^2. Dabei wird angenommen, dass $Y_1, ..., Y_n$ i.i.d.-verteilt sind und einer $N(\mu, \sigma)$-Verteilung folgen, wobei der Parameter μ nicht bekannt ist und durch $\overline{Y}$ geschätzt wird. Da unter der Nullhypothese $(n-1)S^2/\sigma^2$ einer χ^2-Verteilung folgt (vgl. Holling & Gediga, 2013, S. 198), kann der *Einstichprobentest für die Varianz* wie folgt beschrieben werden:

Einstichprobentest für die Varianz

Einstichprobentest für die Varianz

Annahmen:
$Y_1, ..., Y_n$ i.i.d. und $N(\mu, \sigma)$-verteilt, μ unbekannt

Testprobleme	*Teststatistik*	*Ablehnung der* H_0
1. $H_0: \sigma^2 = \sigma_0^2$ $H_1: \sigma^2 \neq \sigma_0^2$		1. $v < \chi^2_{\alpha/2}(n-1)$ oder $v > \chi^2_{1-\alpha/2}(n-1)$
2. $H_0: \sigma^2 \leq \sigma_0^2$ $H_1: \sigma^2 > \sigma_0^2$	$V = \frac{(n-1)S^2}{\sigma_0^2}$	2. $v > \chi^2_{1-\alpha}(n-1)$
3. $H_0: \sigma^2 \geq \sigma_0^2$ $H_1: \sigma^2 < \sigma_0^2$		3. $v < \chi^2_{\alpha}(n-1)$

Beispiel für den Test einer Varianz

Fragestellung: Weisen Psychologiestudierende eine geringere Variation im IQ auf, als es in der Normpopulation der Fall ist?

Wir nutzen wieder die Daten der 36 zufällig ausgewählten Studierenden der Psychologie mit $s = 12$. In der Population ist der Test so normiert, dass die Standardabweichung $\sigma = 15$ ist.

Statistische Hypothese:

$$H_0: \sigma^2 \geq \sigma_0^2 \quad \text{gegen} \quad H_1: \sigma^2 < \sigma_0^2 \text{ wobei } \sigma_0^2 = 225$$

Teststatistik:

$$V = \frac{(n-1)S^2}{\sigma_0^2} \quad \Rightarrow \quad V = \frac{35 \cdot 144}{225} = 22.400$$

Kritischer Wert ($\alpha = .05$): $\chi^2_{.05}(35) = 22.465$

Testentscheidung: Ablehnung von H_0, da $22.400 < 22.465$

Es erfolgt die Annahme der inhaltlichen Hypothese (H_1): „Psychologiestudierende weisen eine geringere Variation im IQ auf als Personen aus der Normpopulation.“

Power des Einstichprobentests für die Varianz

Zur Bestimmung der Power des Einstichprobentests für die Varianz betrachten wir die Alternativhypothese $H_1 : \sigma^2 = \sigma_1^2$. Die Teststatistik V folgt unter H_1 nicht einer zentralen χ^2-Verteilung, sondern vielmehr die Statistik $V^* = \frac{\sigma_0^2}{\sigma_1^2}V$, was im Folgenden gezeigt wird.

$$V = \frac{(n-1)S^2}{\sigma_0^2}$$

kann umgeformt werden zu

$$\frac{\sigma_1^2}{\sigma_0^2} \cdot \frac{(n-1)S^2}{\sigma_1^2}$$

Unter H_1 gilt:

$$\frac{(n-1)S^2}{\sigma_1^2} \sim \chi^2(n-1)$$

bzw.

$$\frac{\sigma_0^2}{\sigma_1^2}V \sim \chi^2(n-1)$$

Da $V^* = \frac{\sigma_0^2}{\sigma_1^2}V$, gilt unter der Alternativhypothese $V^* \sim \chi^2(n-1)$.

Betrachten wir nun das folgende Testproblem:

$$H_0 : \sigma^2 = \sigma_0^2 \quad \text{gegen} \quad H_1 : \sigma^2 \neq \sigma_0^2$$

Für die Powerberechnung gehen wir hier – analog zu der Effektstärke δ für die Powerberechnung beim Gauß-bzw. t-Test – von dem Verhältnis der Varianzen $\frac{\sigma_0^2}{\sigma_1^2}$ aus. Die Power ergibt sich als:

$$1-\beta = P\left(V^* < \frac{\sigma_0^2}{\sigma_1^2}\chi^2_{\alpha/2}(n-1)\right) + P\left(V^* > \frac{\sigma_0^2}{\sigma_1^2}\chi^2_{1-\alpha/2}(n-1)\right)$$

Für das Testproblem $H_0 : \sigma^2 \leq \sigma_0^2$ gegen $H_1 : \sigma^2 > \sigma_0^2$ erhalten wir:

$$1 - \beta = P\left(V^* > \frac{\sigma_0^2}{\sigma_1^2}\chi^2_{1-\alpha}(n-1)\right)$$

Für das Testproblem $H_0 : \sigma^2 \geq \sigma_0^2$ gegen $H_1 : \sigma^2 < \sigma_0^2$ resultiert:

$$1 - \beta = P\left(V^* < \frac{\sigma_0^2}{\sigma_1^2}\chi^2_{\alpha}(n-1)\right)$$

Beispiel: Bestimmung der Power des Einstichprobentests für die Varianz

Wir greifen wieder auf die IQ-Untersuchung an Psychologiestudierenden zurück. Die hier relevanten Werte aus der Untersuchung sind $\sigma_0 = 15$ und $n = 36$.

Wie groß ist die Power des Tests ausgehend von $\alpha = .05$ und der Annahme, dass in der Population der Psychologiestudierenden $\sigma_1 = 12$ vorliegt?

Testproblem:

$$H_0 : \sigma^2 \geq \sigma_0^2 \quad \text{gegen} \quad H_1 : \sigma^2 < \sigma_0^2, \quad \sigma_0^2 = 15$$

Power:

$$\begin{aligned} 1 - \beta &= P\left(V^* < \frac{\sigma_0^2}{\sigma_1^2}\chi^2_{\alpha}(n-1)\right) \\ &= P\left(V^* < \frac{225}{144}\chi^2_{.05}(35)\right) \\ &= P(V^* < 35.10) = .537 \end{aligned}$$

Abbildung 3.2 veranschaulicht die Berechnung der Power für den Einstichprobentest für die Varianz. Dazu bestimmt man den kritischen Wert unter H_0 mithilfe der $\chi^2(n-1)$-Verteilung (vgl. Anhang zur konkreten Berechnung), multipliziert das Verhältnis der Varianzen mit dem kritischen Wert und berechnet die Power anhand der $\chi^2(n-1)$-Verteilung.

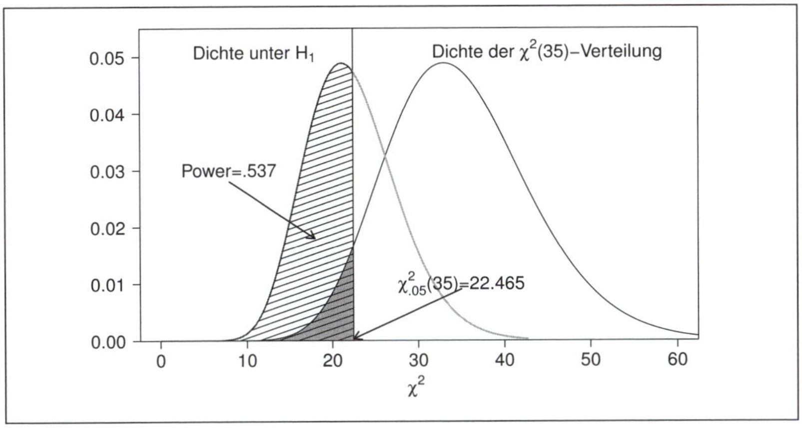

Abbildung 3.2: Grafische Darstellung zur Bestimmung der Power für einen Einstichprobentest für die Varianz

Die folgenden Stichprobengrößen (vgl. Tab. 3.2) wurden mit dem Programm G*Power (Faul et al., 2007) berechnet.

Tabelle 3.2: Notwendige Stichprobenumfänge für den Einstichprobentest für die Varianz ($\alpha = .05$ und konventionelle β-Fehler)

		einseitiger Test		zweiseitiger Test	
		$\beta = .2$	$\beta = .05$	$\beta = .2$	$\beta = .05$
Varianz-	$\sigma_1/\sigma_0 = 1.33$	150	268	188	319
verhältnis	$\sigma_1/\sigma_0 = 1.5$	74	134	93	159
	$\sigma_1/\sigma_0 = 2$	26	47	32	55
	$\sigma_1/\sigma_0 = 3$	11	20	13	23

3.3 Einstichprobentests für den Anteilswert

Binomialtest

Der *Binomialtest* dient zur Prüfung von Hypothesen zum Anteil der Ausprägungen eines dichotomen Merkmals in einer Population. Als Wahrscheinlichkeitsverteilung für dieses Merkmal dient die Bernoulli-Verteilung. Eine der beiden möglichen Ausprägungen des Merkmals wird als Erfolg bezeichnet. Die statistischen Hypothesen beziehen sich dann auf die Erfolgswahrscheinlichkeit π der Bernoulli-Variablen. Die Erfolgswahrscheinlichkeit entspricht dem relativen Anteil der als Erfolg festgelegten Ausprägung. Die für diesen Test gewählte Teststatistik basiert demgemäß auf der (relativen) Häufigkeit der Erfolge in der Stichprobe.

Bisher hatten wir Verteilungen für die Teststatistik betrachtet, die stetig sind. Bei diesen Verteilungen konnte ein kritischer Wert so gewählt werden, dass ein bestimmter Prozentsatz der Fläche unter der Verteilung der Teststatistik, z. B. 5% oder 10%, zum Ablehnungsbereich gehörte.

Nun fungiert die Binomialverteilung als Verteilung der Teststatistik, wenn die Erfolgswahrscheinlichkeit π durch eine Hypothese festgelegt wird. So sieht man z. B. an der weiter unten im Beispiel dargebotenen Binomialverteilung $B(10, .25)$, dass man hier einen kritischen Wert nicht derart bestimmen kann, dass z. B. genau 5% der Werte oberhalb eines kritischen Werts liegen (s. u.). Somit können bei der Binomialverteilung – wie überhaupt bei diskreten Verteilungen – in der Regel keine kritischen Werte bestimmt werden, für welche die Wahrscheinlichkeit des Ablehnungsbereichs unter Gültigkeit der Nullhypothese exakt dem Signifikanzniveau entspricht. Dann werden die kritischen Werte (Quantile) so gewählt, dass α ggf. unterschritten, nicht aber überschritten wird. Wird α unterschritten, ist die Wahrscheinlichkeit, dass ein Wert der Teststatistik unter H_0 in den Ablehnungsbereich fällt, geringer als das gewählte Signifikanzniveau. Einen solchen Test, der gewissermaßen „zu lange an der Nullhypothese festhält", nennt man *konservativ*.

konservativer Test

Wird für das oben beschriebene Testproblem die Binomialverteilung verwendet, spricht man von einem exakten Binomialtest. Bei ausreichend großen Stichproben kann die Binomialverteilung durch die Normalverteilung approximiert werden. Wird die Normalverteilung zur Bestimmung der kritischen Werte verwendet, liegt ein approximativer Binomialtest vor.

3.3.1 Exakter Binomialtest

exakter Binomialtest

Dem *exakten Binomialtest* liegen die Annahmen zugrunde, dass $Y_1, \ldots, Y_n$ i.i.d.-verteilt sind und einer Bernoulli-Verteilung $B(1, \pi)$ folgen, wobei n und π feste Parameter darstellen.

Wir bezeichnen die Summe der Erfolge mit U, d. h.

$$U = \sum_{i=1}^{n} Y_i = Y_1 + \ldots + Y_n$$

Dann besitzt U unter H_0 eine $B(n, \pi_0)$-Verteilung (vgl. Holling & Gediga, 2013, Kap. 4.1.1).

Beispiel: Die $B(10,.25)$-Verteilung

	u	$P(U=u)$	$B(u\|10,.25)$
	0	$1\cdot(.25)^0\cdot(.75)^{10} = .0563$	.0563
	1	$10\cdot(.25)^1\cdot(.75)^9 = .1877$	.2440
Annahme-	2	$45\cdot(.25)^2\cdot(.75)^8 = .2816$	.5256
bereich	3	$120\cdot(.25)^3\cdot(.75)^7 = .2503$	.7759
	4	$210\cdot(.25)^4\cdot(.75)^6 = .1460$	.9216
	5	$252\cdot(.25)^5\cdot(.75)^5 = .0584$	.9803
	6	$210\cdot(.25)^6\cdot(.75)^4 = .0162$	.9965
Ablehnungs-	7	$120\cdot(.25)^7\cdot(.75)^3 = .0031$	.9996
bereich	8	$45\cdot(.25)^8\cdot(.75)^2 = .0004$	1.0000
	9	$10\cdot(.25)^9\cdot(.75)^1 = .00003$	1.0000
	10	$1\cdot(.25)^{10}\cdot(.75)^0 = 9.54\cdot 10^{-7}$	1.0000

Betrachten wir als Beispiel die Festlegung des kritischen Werts für einen einseitigen Test $H_0: \pi \leq \pi_0 = .25$ gegen $H_1: \pi > \pi_0 = .25$ zum Signifikanzniveau $\alpha = .05$. Für $U \sim B(10,.25)$ sind die diskrete Dichte und Verteilungsfunktion in der obigen Tabelle dargestellt.

Der obere bzw. untere kritische Wert für einen Test zum Signifikanzniveau α mit binomialverteilter Teststatistik $B(n,\pi)$ sei hier mit $b_{o,1-\alpha}(n,\pi)$ bzw. $b_{u,\alpha}(n,\pi)$ bezeichnet. Der kritische Wert $b_{o,.95}(10,.25)$ für das obige Testproblem ist nun so festzulegen, dass gilt: $P(U > b_{o,.95}(10,.25)) < \alpha$ und $P(U > b_{o,.95}(10,.25) - 1) \geq \alpha$. Damit erhalten wir den kritischen Wert, für den gilt, dass die Wahrscheinlichkeit des Annahmebereichs kleiner 5% ist, aber zugleich die Wahrscheinlichkeit für den Annahmebereich den größtmöglichen Wert unter 5% erzielt. Für das vorliegende Testproblem resultiert 5 als kritischer Wert, da $P(U > 5) = 1 - .9803 = .0197 < .05$ und weiterhin $P(U > 4) = 1 - .9216 = .0784 \geq .05$. Für $\alpha = .10$ ergibt sich dementsprechend 4 als kritischer Wert.

Für das einseitige Testproblem $H_0: \pi \geq .25$ gegen $H_1: \pi < .25$ zu einem Signifikanzniveau $\alpha = .10$ ist der kritische Wert $b_{u,.10}(10,.25)$ so festzulegen, dass gilt: $P(U < b_{u,.10}(10,.25)) < \alpha$ und $P(U < b_{u,.10}(10,.25) + 1) \geq \alpha$. Damit resultiert im vorliegenden Fall der kritische Wert 1.

Möchten wir nun für das zuletzt behandelte Testproblem einen kritischen Wert zum Signifikanzniveau $\alpha = .05$ festlegen, so existiert ein solcher Wert nicht, d. h. ein Wert, für den gilt: $P(U < b_{u,.05}(10,.25)) < .05)$. Damit kann in diesem speziellen Fall die Nullhypothese nicht abgelehnt werden. Jedoch wurden spezielle Testverfahren, sogenannte randomisierte Binomialtests, entwickelt, sodass auch für solche Fälle eine Ablehnung der Nullhypothese möglich ist (vgl. Internetsupplement).

Aus den beiden einseitigen Testproblemen lässt sich nun der exakte Binomialtest für das zweiseitige Testproblem

$$\mathrm{H}_0 : \pi = \pi_0 \quad \text{gegen} \quad \mathrm{H}_1 : \pi \neq \pi_0$$

zum Signifikanzniveau α ableiten, indem man für die Bestimmung der kritischen Werte jeweils α durch $\alpha/2$ ersetzt.

Damit können wir das Tableau für den exakten Binomialtest wie folgt festlegen:

Exakter Binomialtest

Annahmen:
$Y_1, \ldots, Y_n$ i.i.d. und Bernoulli-verteilt mit Parameter π

Testprobleme	*Teststatistik*	*Ablehnung der* H$_0$
1. $\mathrm{H}_0 : \pi = \pi_0$ $\mathrm{H}_1 : \pi \neq \pi_0$		1. $u < b_{u,\alpha/2}(n, \pi_0)$ oder $u > b_{o,1-\alpha/2}(n, \pi_0)$
2. $\mathrm{H}_0 : \pi \leq \pi_0$ $\mathrm{H}_1 : \pi > \pi_0$	$U = \sum_{i=1}^{n} Y_i$	2. $u > b_{o,1-\alpha}(n, \pi_0)$
3. $\mathrm{H}_0 : \pi \geq \pi_0$ $\mathrm{H}_1 : \pi < \pi_0$		3. $u < b_{u,\alpha}(n, \pi_0)$

Beispiel: Exakter Binomialtest

Es soll geprüft werden, ob eine Person (Vp) einen schwachen, kurzzeitig dargebotenen Lichtstimulus wahrnehmen kann. Dazu wird das folgende Experiment durchgeführt: Die Vp sitzt vor einem Bildschirm, der in vier Felder eingeteilt ist. Sie erhält die Instruktion, dass sehr schwache, kleine Lichtreize präsentiert werden, die zufällig in einem der vier Felder auftreten. Die Vp soll angeben, in welchem Feld der Lichtreiz jeweils aufgetreten ist. Diese Aufgabe wird insgesamt 10-mal durchgeführt, wobei der Lichtreiz für 100 Millisekunden per Zufall in einem der vier Felder dargeboten wird.

Inhaltliche Hypothese: Vpn können solche Lichtreize wahrnehmen. Die Nullhypothese hingegen besagt, dass die Personen lediglich raten. Dann ist die Wahrscheinlichkeit, einen Lichtreiz zufällig dem richtigen Feld zuzuordnen, .25.

Statistische Hypothesen:

$$H_0: \pi \le \pi_0 \quad \text{gegen} \quad H_1: \pi > \pi_0, \quad \text{wobei} \quad \pi_0 = .25$$

Festlegung des Signifikanzniveaus: $\alpha = .05$

Teststatistik:

$$U = \sum_{i=1}^{n} Y_i$$

Verteilung der Teststatistik unter der H_0: $B(10, .25)$

Ergebnis des Experiments, d. h. beobachteter Wert der Teststatistik: $u = 6$

Testentscheidung: Ablehnung der H_0, da der kritische Wert 5 (vgl. die obige Tabelle) überschritten wird.

Power des exakten Binomialtests

Zur Berechnung der Power des exakten Binomialtests betrachten wir die Gütefunktion, die wir wiederum durch Einsetzen der kritischen Werte in die Verteilungsfunktion der Teststatistik U, d. h. der hier mit $B(u|n, \pi)$ bezeichneten Verteilungsfunktion der Binomialverteilung, unter der Gültigkeit der Alternativhypothese erhalten.

- Gütefunktion für $H_0: \pi = \pi_0$ gegen $H_1: \pi \neq \pi_0$:

$$g(\pi) = B(b_{u,\alpha/2}(n, \pi_0) - 1|n, \pi) + (1 - B(b_{o,1-\alpha/2}(n, \pi_0)|n, \pi))$$

- Gütefunktion für $H_0: \pi \le \pi_0$ gegen $H_1: \pi > \pi_0$:

$$g(\pi) = 1 - B(b_{o,1-\alpha}(n, \pi_0)|n, \pi)$$

- Gütefunktion für $H_0: \pi \ge \pi_0$ gegen $H_1: \pi < \pi_0$:

$$g(\pi) = B(b_{u,\alpha}(n, \pi_0) - 1|n, \pi)$$

Beispiel: Powerberechnung bei der exakten Binomialverteilung

Nehmen wir an, dass wir für unser Beispiel fordern, dass die Reize dann erkannt werden, wenn 75% aller Antworten richtig sind. Damit gilt unter H_1: $\pi = .75$. Die Power des Tests beträgt dann:

$$1 - B(5|10, .75) = .922$$

Die Abbildung 3.3 stellt die Berechnung der Power des exakten Binomialtests grafisch dar.

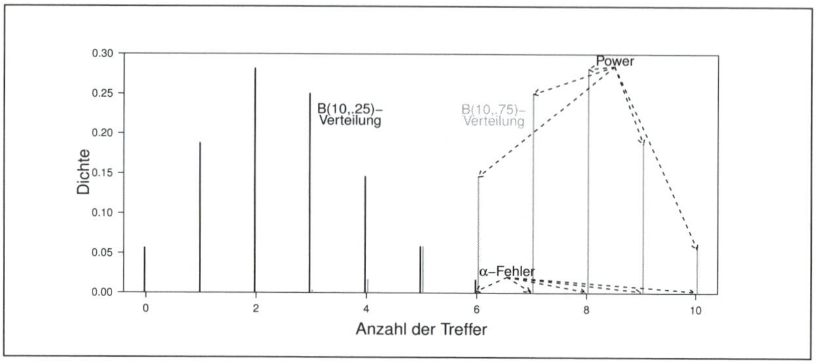

Abbildung 3.3: Grafische Darstellung zur Bestimmung der Power für einen exakten Binomialtest

3.3.2 Approximativer Binomialtest

Beim approximativen Binomialtest wird angenommen, dass $Y_1, \ldots, Y_n$ i.i.d.-verteilte Bernoulli-Variablen mit Erfolgswahrscheinlichkeit π sind.

Unter Gültigkeit von H_0 ist

$$Z = \frac{\hat{\pi} - \pi_0}{\sqrt{\pi_0(1-\pi_0)}/\sqrt{n}}$$

approximativ standardnormalverteilt, wenn $\pi_0 \cdot n > 9$ *und* $(1-\pi_0) \cdot n > 9$ gilt.

Die Testprobleme, die Teststatistik und die jeweiligen Ablehnungsbereiche für den approximativen Binomialtest sind in der nachfolgenden Tabelle zusammenfassend dargestellt.

Approximativer Binomialtest

Annahmen:
$Y_1, \ldots, Y_n$ i.i.d. und Bernoulli-verteilt mit Parameter π
Berechnung von $\hat{\pi}$: $\hat{\pi} = u/N$

Testprobleme	*Teststatistik*	*Ablehnung der* H_0
1. $\mathrm{H}_0: \pi = \pi_0$ $\mathrm{H}_1: \pi \neq \pi_0$		1. $\lvert z \rvert > z_{1-\alpha/2}$
2. $\mathrm{H}_0: \pi \leq \pi_0$ $\mathrm{H}_1: \pi > \pi_0$	$Z = \frac{\hat{\pi}-\pi_0}{\sqrt{\pi_0(1-\pi_0)}/\sqrt{n}}$	2. $z > z_{1-\alpha}$
3. $\mathrm{H}_0: \pi \geq \pi_0$ $\mathrm{H}_1: \pi < \pi_0$		3. $z < -z_{1-\alpha}$

Wird der Binomialtest mittels eines Computerprogramms durchgeführt, wird zumeist auch bei größeren Stichproben der exakte Binomialtest durchgeführt, da der numerische Aufwand unerheblich ist. Nur wenn man den Binomialtest per Hand durchführen muss, ist bei größeren Stichproben der approximative Binomialtest das Verfahren der Wahl.

Mit dem approximativen Binomialtest wird versucht, eine diskrete Verteilung durch eine stetige Verteilung zu approximieren. Hierfür muss die Stichprobengröße hinreichend groß sein. Selbst wenn die Bedingung $\pi_0 \cdot n > 9$ *und* $(1 - \pi_0) \cdot n > 9$ erfüllt ist, kann es für $n < 50$ Situationen geben, in denen die Approximation nicht so gut ausfällt. Insbesondere kann in solchen Situationen der Test *anti-konservativ* ausfallen. Dies bedeutet, dass unter Gültigkeit der H_0 mehr als $100 \cdot \alpha\%$ Tests signifikant ausfallen. Tests mit einem derartigen Verhalten sind jedoch zu vermeiden.

anti-konservativer Test

Für den Binomialtest sind deshalb Korrekturen der Teststatistik vorgeschlagen worden (z. B. die sog. Yates-Korrektur), die allerdings aus heutiger Sicht unnötig sind, wenn man einfach für $n < 50$ immer den exakten Test durchführt.

3.4 Einstichprobentests für den Median

Für Hypothesen über den Median einer Verteilung stellen wir zwei Tests vor. Beide Tests sind nichtparametrische Verfahren. Die Verteilung der Teststatistik solcher Tests hängt nicht von der Verteilung des interessierenden Merkmals ab, wie wir im Folgenden zeigen.

Der erste Test, der Vorzeichentest, hat einen engen Bezug zum Binomialtest. Er beruht auf weniger restriktiven Voraussetzungen als der danach vorgestellte Test, der Wilcoxon-Vorzeichen-Rangtest.

3.4.1 Einstichproben-Vorzeichentest

Bei den bisherigen Tests ging es um Hypothesen zu Parametern von spezifischen Wahrscheinlichkeitsverteilungen von Merkmalen, d. h. der Normal- und Binomialverteilung. Beim Vorzeichentest kann die Verteilung des Merkmals beliebig sein, vorausgesetzt ist lediglich, dass die Verteilungsfunktion stetig ist. Damit ist dieser Test an weniger restriktive Voraussetzungen gebunden. Die Hypothesen im Vorzeichentest beziehen sich dementsprechend nicht auf Parameter, sondern auf Verteilungsquantile. Der Median ist das .50-Quantil, auf das die Hypothesen des Vorzeichentests in der Regel Bezug nehmen.

Unterhalb und oberhalb des Medians y_{med} einer stetigen Wahrscheinlichkeitsverteilung liegen jeweils 50% aller möglichen Werte der entsprechenden Zufallsvariablen. Damit werden auch in einer Stichprobe ca. 50% aller Beobachtungen unterhalb wie oberhalb des Medians erwartet. Folglich verwendet man als Teststatistik für Hypothesen zum Median die Anzahl der Beobachtungen in einer Stichprobe, die unterhalb – oder äquivalent dazu – oberhalb des vermuteten Medians y_0 liegen.

Stimmen konkrete Beobachtungen in einer Stichprobe mit dem angenommenen Median y_0 überein, d. h. es gilt $y_i = y_0$, sind sie für den Test nicht informativ. Man nimmt an, dass die Nulldifferenzen auch im Zufallsmodell erhalten bleiben und nur die anderen Fälle zufällig variieren. Es ergibt sich im Zufallsmodell eine verringerter Stichprobenumfang mit $n^* \leq n$ zulässigen Beobachtungen.

Wir betrachten nun, ob eine Beobachtung in einer Stichprobe größer ist als der in der Nullhypothese spezifizierte Median y_0 und transformieren demgemäß jede Beobachtung anhand der folgenden Vorschrift

$$A_i = \begin{cases} 1, \text{ wenn } Y_i > y_0 \\ 0, \text{ sonst} \end{cases}$$

Nun bilden wir die Summe der Beobachtungen, bei denen $Y_i > y_0$ ist:

$$A = \sum_{i=1}^{n} A_i$$

Diese Summe ist unter den gegebenen Annahmen binomialverteilt mit dem Umfang n^*. Ausgehend von der Hypothese, dass oberhalb von y_0 50% der n^* Beobachtungen liegen, ist der Parameter π mit .5 zu spezifizieren. Liegen überzufällig viele oder wenige Beobachtungen oberhalb von y_0, ist es nicht plausibel, dass y_0 mit dem wahren Wert des Medians y_{med} übereinstimmt.

Damit lassen sich nun Testprobleme, Teststatistik und Ablehnungsregeln zusammenstellen, die auf einen Binomialtest zurückgeführt werden können.

Vorzeichentest

Annahmen:
$Y_1, ..., Y_n$ i.i.d. mit stetiger Verteilungsfunktion
Berechnung von A_i:

$$A_i = \begin{cases} 1, \text{ wenn } Y_i > y_0 \\ 0, \text{ sonst} \end{cases}$$

und $n^* =$ Anzahl der Fälle mit $Y_i \neq y_0$.

Testprobleme	*Teststatistik*	*Ablehnung der* H_0
1. $H_0: y_{med} = y_0$ $H_1: y_{med} \neq y_0$		1. $a < b_{u,\alpha/2}(n^*, .5)$ oder $a > b_{o,1-\alpha/2}(n^*, .5)$
2. $H_0: y_{med} \geq y_0$ $H_1: y_{med} < y_0$	$A = \sum_{i=1}^{n} A_i$	2. $a < b_{u,\alpha}(n^*, .5)$
3. $H_0: y_{med} \leq y_0$ $H_1: y_{med} > y_0$		3. $a > b_{o,1-\alpha}(n^*, .5)$

Für $n^* \leq 18$ nutzen wir die diskrete Binomialverteilung mit $\pi = .5$. Diese Verteilung liegt im Internetsupplement vor. Hinweise zur Berechnung der Verteilung finden sich im Anhang. Die Berechnung des approximativen Tests kann über die Normalverteilungsapproximation der Binomialverteilung erfolgen (vgl. Holling & Gediga, 2013, Kap. 5.4). Als approximative Prüfverteilung für $n^* > 18$ erhalten wir $U \sim N(.5 \cdot n^*, .5\sqrt{n^*})$.

Die Bezeichnung Vorzeichentest für dieses Testverfahren stammt daher, dass man Beobachtungen, die unterhalb des angenommenen Wertes für den Median liegen, mit einem Minus versehen kann und die Beobachtungen oberhalb des Medians mit einem Plus, so dass man für die Teststatistik lediglich die Anzahl der Beobachtungen, die ein bestimmtes Vorzeichen erhalten haben, auszählen muss.

Der Vorzeichentest ist nicht auf die Testung von Hypothesen zum Median beschränkt. Er kann allgemeiner zur Testung von beliebigen Quantilen y_p mit $0 < p < 1$ einer Verteilung genutzt werden, d. h. es kann getestet werden, ob $100 \cdot p\%$ der Beobachtungen oberhalb eines bestimmten angenommenen Wertes liegen. Hierfür ist lediglich $\pi = p$ als Parameter unter der Nullhypothese des Vorzeichentests einzusetzen.

Liegt eine symmetrische Verteilung des Merkmals vor, sind Median und Erwartungswert des Merkmals identisch. Dann kann der Vorzeichentest auch zur Testung von Hypothesen über den Erwartungswert und somit als Alternative zum t-Test verwendet werden.

Beispiel: Vorzeichentest

Ein Lehrender entwirft seit Jahren Klausuren mit einem Median von 70 Punkten. An der Klausur nehmen $n = 10$ fachfremde Studierende teil, die die folgende Punktzahl erreicht haben:

25	30	35	40	45	50	55	60	75	79

Der Lehrende möchte die Hypothese (H_1) überprüfen, dass fachfremde Studierende eher zu den Leistungsschwächeren zählen.

Wir erhalten $a = 2$ und können nun anhand der B(10,.5)-Verteilung überprüfen, ob die fachfremden Studierenden eine Leistung erzielen, deren Median kleiner als 70 ist.

Wir erhalten für $\alpha = .05$ einen kritischen Wert von $b_{u,.05}(10,.5) = 2$. Da der Wert der Teststatistik nicht kleiner als 2 ist, behalten wir die Nullhypothese bei.

Da $p \geq \alpha = .05$ ist, kann die Nullhypothese nicht abgelehnt werden: Mithilfe des Vorzeichentests konnte somit nicht nachgewiesen werden, dass fachfremde Studierende eher zu den Leistungsschwächeren gehören.

3.4.2 Wilcoxon-Vorzeichen-Rangtest

Der Wilcoxon-Vorzeichen-Rangtest ist ebenfalls ein nichtparametrischer Test, der Entscheidungen über Testprobleme zum Median erlaubt. Dieser Test hat jedoch „strengere" Voraussetzungen als der Vorzeichentest. Hier wird ein Merkmal mit einer stetigen symmetrischen Verteilungsfunktion vorausgesetzt. Zudem nutzt der Wilcoxon-Vorzeichen-Rangtest mehr Informationen aus den Daten.

Um die Teststatistik W des Wilcoxon-Vorzeichen-Rangtests zu berechnen, werden zunächst die Differenzen der Werte $(Y_i - y_0)$ bestimmt. Danach werden die *Absolutbeträge* der Differenzen gebildet und diese Absolutbeträge in Ränge transformiert. Dabei erhält der kleinste Wert den Rang 1, der zweitkleinste den Rang 2. etc. Schließlich werden nur die Rangwerte summiert, die auf Differenzen mit einem positiven Vorzeichen beruhen, d. h. bei denen gilt: $Y_i - y_0 > 0$.

Formal erhalten wir damit für W die folgende Berechnungsvorschrift:

$$W = \sum_{i=1}^{n} rg(|Y_i - y_0|)A_i \quad \text{mit} \quad A_i = \begin{cases} 1, \text{ wenn } Y_i > y_0 \\ 0, \text{ sonst} \end{cases}$$

Es kann vorkommen, dass man zwei oder mehr identische Absolutbeträge von Differenzen erhält. Dann ordnet man diesen identischen Ausprägungen den Durchschnittsrang zu (vgl. Holling & Gediga, 2011, S. 174).

Der minimale Wert von W beträgt 0 und der maximale Wert $n(n+1)/2$. Unter der Nullhypothese $y_{med} = y_0$ ist der Erwartungswert von $E(W) = n(n+1)/4$. Liegen keine Rangbindungen vor, ist die Varianz $\sigma^2(W) = n(n+1)(2n+1)/24$. Bei Rangbindungen ist die Berechnung der Varianz komplizierter (vgl. Internetsupplement). Für $n \leq 20$ (und ohne Rangbindungen) liegen die kritischen Werte für W tabellarisch vor (vgl. Anhang: Wilcoxon-Vorzeichen-Rangtest). Für größeres n kann die Verteilung von W durch die Standardnormalverteilung approximiert werden:

$$Z(W) = \frac{W - \frac{n(n+1)}{4}}{\sqrt{\frac{n(n+1)(2n+1)}{24}}}$$

Für kleinere Stichprobenumfänge kann man die exakten Werte auch mittels R über die Funktion `qsignrank(p, n)` bestimmen.

So ist `qsignrank(.05, 9)` = 9 der kritische Wert für einen einseitigen Test mit der Annahme $H_1 : y_{med} > y_0$ bei einer Stichprobengröße von $n = 9$.

Die Testprobleme stimmen mit den Testproblemen des Vorzeichentests überein. Es wird lediglich eine andere Teststatistik mit entsprechenden anders zu berechnenden kritischen Werten benutzt. Somit lässt sich der Wilcoxon-Vorzeichen-Rangtest zusammenfassend wie folgt darstellen:

Wilcoxon-Vorzeichen-Rangtest

Annahmen:
$Y_1, ..., Y_n$ i.i.d. mit stetiger, symmetrischer Verteilungsfunktion
Berechnung von A_i:

$$A_i = \begin{cases} 1, \text{ wenn } Y_i > y_0 \\ 0, \text{ sonst} \end{cases}$$

Testprobleme	*Teststatistik*	*Ablehnung der* H_0
1. $H_0 : y_{med} = y_0$ $H_1 : y_{med} \neq y_0$		1. $w < w_{\alpha/2}(n)$ oder $w > w_{1-\alpha/2}(n)$
2. $H_0 : y_{med} \geq y_0$ $H_1 : y_{med} < y_0$	$W = \sum_{i=1}^{n} rg(\lvert Y_i - y_0 \rvert) A_i$	2. $w < w_{\alpha}(n)$
3. $H_0 : y_{med} \leq y_0$ $H_1 : y_{med} > y_0$		3. $w > w_{1-\alpha}(n)$

Angemerkt sei hier, dass sich der Wilcoxon-Vorzeichen-Rangtest auch als nichtparametrischer Test für den Erwartungswert bei symmetrischen Verteilungen eignet, da bei symmetrischen Verteilungen Erwartungswert und Median zusammenfallen.

Beispiel: Wilcoxon-Vorzeichen-Rangtest

Wir greifen auf das Beispiel zurück, in dem ein Lehrender seit Jahren Klausuren mit einem Median von 70 Punkten entwirft. Er geht jedoch nun davon aus, dass die Verteilung der Punkte symmetrisch ist.

In der Klausur befinden sich $n = 10$ fachfremde Studierende, die folgende Punkte erreicht haben:

Daten	25	30	35	40	45	50	55	60	75	79
Abstand	-45	-40	-35	-30	-25	-20	-15	-10	5	9
Ränge	10	9	8	7	6	5	4	3	2	1

Der Lehrende möchte die Hypothese (H_1) überprüfen, dass fachfremde Studierende eher zu den Leistungsschwächeren gezählt werden können.

Wir erhalten $w = 3$ und können nun mit der R-Funktion `qsignrank(.05,10)` den kritischen Wert $w_\alpha(n)$ für diese Teststatistik für $\alpha = .05$ und $n = 10$ bestimmen. Wir erhalten $w_{.05}(10) = 11$.

Da $w = 3 < w_{.05}(10) = 11$ ist, kann die H_1 angenommen werden: Mithilfe des Wilcoxon-Vorzeichen-Rangtests kann somit nachgewiesen werden, dass fachfremde Studierende eher zu den Leistungsschwächeren gehören.

Das Beispiel weist auf bedeutende Unterschiede in der Testgüte zwischen dem Vorzeichentest und dem Wilcoxon-Vorzeichen-Rangtest hin. Wir werden dieses Problem im folgenden Kapitel ausführlicher behandeln.

3.5 Vergleich der Testgüte der Einstichprobentests für den Erwartungswert

Für die Testung des Erwartungswerts symmetrischer Verteilungen wurden vier unterschiedliche Tests, der Gauß-Test, der t-Test, der Vorzeichentest und der Wilcoxon-Vorzeichen-Rangtest, vorgestellt. Will man diese vier Tests hinsichtlich ihrer Güte vergleichen, dann entsteht das Problem, dass diese Tests von unterschiedlichen Voraussetzungen ausgehen. Man kann jedoch die Annahmen des Gauß-Tests heranziehen, um für alle Tests eine zulässige Vergleichsbasis zu erhalten. Dann werden allerdings für alle Tests, außer für den Gauß-Test selbst, unnötig restriktive Annahmen gemacht. Anhand eines solchen Vergleichs lassen sich jedoch Erkenntnisse zu der Frage gewinnen, inwieweit die Testgütefunktionen der anderen Tests mit den unnötig restriktiven Annahmen gegenüber dem Gauß-Test beeinträchtigt sind. Gibt es z. B. keine großen

Unterschiede zwischen den Testgütekriterien des Gauß-Tests und der anderen Tests, so sind diese Tests dem Gauß-Test vorzuziehen, wenn man unsicher ist, ob die Voraussetzungen des Gauß-Tests erfüllt sind.

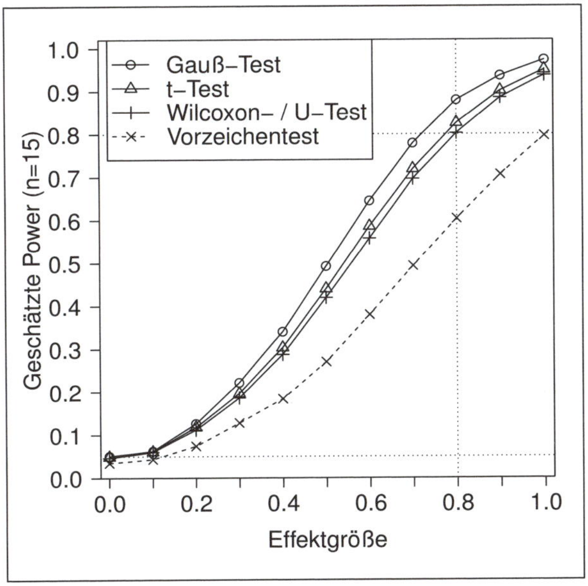

Abbildung 3.4: Testgütekurven für Einstichprobentests des Erwartungswertes (Normalverteilung; $n = 15$)

In Abbildung 3.4 sind die Testgütefunktionen für die vier behandelten Tests unter Annahme einer Normalverteilung mit bekannter Varianz dargestellt. Dabei halten natürlich alle vier vorgestellten Einstichprobentests das α-Niveau ein. Wie Abbildung 3.4 zeigt, ist der Verlauf der Testgütefunktionen für den Gauß-Test, den t-Test und den Wilcoxon-Vorzeichen-Rangtest sehr ähnlich. Alle drei Tests erreichen eine Power von mindestens .80 für einen relativ großen Effekt von $\delta = 0.8$. Lediglich der Vorzeichentest zeigt eine erheblich geringere Testgüte.

Da der Gauß-Test und der t-Test sehr ähnliche Testgütekurven aufweisen, ist der Verlust an Power beim t-Test durch die Schätzung der Varianz anhand der Stichprobendaten gering und wiegt die Risiken der Wahl einer festen Varianz beim Gauß-Test auf. Ist man bei einem Stichprobenumfang von $n < 30$ unsicher, ob die Normalverteilungsannahme gilt, wobei jedoch von einer symmetrischen Verteilung auszugehen ist, empfiehlt es sich, den Wilcoxon-Vorzeichen-Rangtest anzuwenden. Weitere Ausführungen zum Vergleich der Testgütefunktionen zu diesen Testverfahren finden sich im Internetsupplement.

3.6 Software

3.6.1 Einstichproben-t-Test

Für die folgenden Beispiele nutzen wir die Testdatensätze *cft.sav* für SPSS bzw. *cft.Rdata* für R und überprüfen, ob sich die Werte der Variablen *MotivEnglisch* vom Erwartungswert bzw. Median 3.5 unterscheiden (zweiseitiges Testproblem).

SPSS

Der Einstichproben-t-Test ist in SPSS über folgenden Menüaufruf zu erreichen:

Analysieren
↓
Mittelwerte vergleichen → T-Test bei einer Stichprobe

Im Dialogfeld können Variablen und Optionen festgelegt werden.

Alternativ kann auch die Kommando-Syntax von SPSS genutzt werden.

```
T-TEST
/TESTVAL=3.5
/VARIABLES=MotivEnglisch
/CRITERIA=CI(.95).
```

R

Der Einstichproben-t-Test lässt sich mithilfe des R-Commanders ebenfalls abrufen:

Statistik
↓
Mittelwerte vergleichen → T-Test für eine Stichprobe

Im Dialogfeld können Variablen und Optionen festgelegt werden.

Alternativ kann der Test auch kommandogesteuert abgerufen werden:

```
t.test(cft$MotivEnglisch,
       alternative='two.sided',
       mu=3.5, conf.level=.95)
```

3.6.2 Einstichproben-Vorzeichen-Test

SPSS

Der Einstichproben-Vorzeichen-Test ist Teil der NPTESTS-Prozedur (ab SPSS-Version 18). Wir nutzen wieder den Testdatensatz *cft*.

```
NPTESTS
/ONESAMPLE
TEST (MotivEnglisch)
BINOMIAL(SUCCESSCONTINUOUS=CUTPOINT(3.5)).
```

R

Mittels R lässt sich der Einstichproben-Vorzeichen-Test kommandogesteuert ebenfalls abrufen:

```
binom.test(sum(cft$MotivEnglisch>3.5),
           length(cft$MotivEnglisch),
           p=0.5,
           alternative='two.sided',
           conf.level=0.95)
```

3.6.3 Wilcoxon-Vorzeichen-Rangtest

SPSS

Der Wilcoxon-Vorzeichen-Rangtest ist Teil der NPTESTS-Prozedur (ab SPSS-Version 18). Wir nutzen den Testdatensatz *cft*.

```
NPTESTS
/ONESAMPLE
TEST (MotivEnglisch)
WILCOXON(TESTVALUE=3.5).
```

R

Mittels R lässt sich der Wilcoxon-Vorzeichen-Rangtest kommandogesteuert ebenfalls abrufen:

```
wilcox.test(cft$MotivEnglisch,
       alternative='two.sided',
       mu=3.5, conf.level=.95)
```

3.6.4 Binomialtest

Wir nutzen im Beispiel den Testdatensatz *cft* und testen, ob die Verteilung des Geschlechts ausgewogen ist.

SPSS

Der Binomialtest ist Teil des NPTESTS-Kommandos (ab SPSS-Version 18).

```
NPTESTS
/ONESAMPLE
TEST (Geschlecht)
BINOMIAL(TESTVALUE=0.5).
```

R

Mittels R lässt sich der Einstichproben-Vorzeichen-Test kommandogesteuert ebenfalls abrufen:

```
binom.test(sum(cft$Geschlecht=="weiblich"),
           length(cft$Geschlecht),    p=0.5,
           alternative='two.sided',
           conf.level=0.95)
```

Die Funktion `sum(cft$Geschlecht=="weiblich")` zählt hierbei die Anzahl der Fälle, für die als Geschlecht `weiblich` eingetragen wurde.

Zusammenfassung

Im vorliegenden Kapitel wurden Einstichprobentests zu Kennwerten von univariaten Wahrscheinlichkeitsverteilungen eines Merkmals z. B. Körpergröße, Intelligenz etc. vorgestellt. Die Kennwerte von Verteilungen können aus Parametern von Verteilungen bestehen, z. B. μ und σ bei $N(\mu,\sigma)$ oder aus anderen Maßen, wie dem Median oder Quantilen. Die hier vorgestellten Tests werden als Einstichprobentests bezeichnet, da ihnen nur eine Stichprobe zugrunde liegt.

Eine wesentliche Unterscheidung von statistischen Testverfahren betrifft die Einteilung dieser Verfahren in parametrische vs. nichtparametrische Tests. Die Hypothesen parametrischer Tests richten sich in der Regel auf Parameter einer Wahrscheinlichkeitsverteilung. Das entscheidende Merkmal parametrischer Tests besteht darin, dass die Teststatistik unter H_0 von der Wahrscheinlichkeitsverteilung des Merkmals abhängt. Die Testprobleme nichtparametrischer Tests beziehen sich zumeist auf Kenngrößen wie den Median. Bei nichtparametrischen Tests hängt die Teststatistik unter H_0 nicht von der Wahrscheinlichkeitsverteilung des Merkmals ab. Hier kommt in der Regel eine Vielzahl von Wahrscheinlichkeitsverteilungen in Frage, z. B. die Menge aller Wahrscheinlichkeitsverteilungen mit einer stetigen Verteilungsfunktion. In der Regel beruhen nichtparametrische Tests auf weniger restriktiven Annahmen, besitzen aber eine geringere Testgüte.

Als parametrische Einstichprobentests wurden in diesem Kapitel vorgestellt:

- Gauß-Test für den Erwartungswert einer normalverteilten Variablen mit bekannter Varianz,
- t-Test für den Erwartungswert einer normalverteilten Variablen mit unbekannter, zu schätzender Varianz,
- Approximativer t-Test für den Erwartungswert einer beliebig verteilten Variablen,

- Test für die Varianz einer normalverteilten Variablen,
- Test für den Anteilswert π einer binomialverteilten Variablen.

Für diese Testverfahren wurden jeweils die Teststatistiken sowie die kritischen Werte hergeleitet. Weiterhin wurde die Power für diese Tests bestimmt.

Die beiden wichtigsten vorgestellten parametrischen Tests sind der t-Test und der approximative t-Test. Einerseits werden in der Praxis Hypothesen zu Erwartungswerten am häufigsten untersucht, andererseits ist die Voraussetzung der Kenntnis der Varianz beim Gauß-Test nur sehr selten erfüllt. Für einen Stichprobenumfang von $n > 30$ kann bei einer beliebigen Verteilung des Merkmals immer der approximative t-Test genutzt werden. Für kleinere Stichproben ist die Normalverteilung des Merkmals vorausgesetzt. Die Power des Gauß-Tests und des t-Tests unterscheiden sich unwesentlich, so dass von der „riskanten" Nutzung einer Populationsvarianz für Anwendungen in der Praxis abzuraten ist.

Als Test für den Anteilswert einer binomialverteilten Zufallsvariablen wurden der exakte und der approximative Binomialtest vorgestellt. Bei einer hinreichenden Stichprobengröße kann die Binomialverteilung durch eine Normalverteilung approximiert werden. In diesem Fall kann der approximative Binomialtest eingesetzt werden.

Zwei nichtparametrische Einstichprobentests wurden in diesem Kapitel behandelt:

- Vorzeichentest,
- Wilcoxon-Vorzeichen-Rangtest.

Der Vorzeichentest setzt lediglich eine stetige Verteilungsfunktion voraus und wird zumeist für Hypothesen zum Median genutzt. Die Hypothesen des Vorzeichentests können aber auch allgemeiner auf jegliche Quantile Bezug nehmen. Werden symmetrische stetige Verteilungsfunktionen vorausgesetzt, kann der Vorzeichentest auch als Signifikanztest für Erwartungswerte benutzt werden.

Der Wilcoxon-Vorzeichen-Rangtest wird ebenfalls zumeist für Hypothesen zum Median eingesetzt. Er setzt symmetrische stetige Verteilungsfunktionen voraus. Damit beruht er auf restriktiveren Annahmen als der Vorzeichentest, besitzt dafür aber, wenn diese Annahmen erfüllt sind, eine höhere Power. Auch der Wilcoxon-Vorzeichen-Rangtest kann als Signifikanztest für Erwartungswerte benutzt werden.

Zentrale Begriffe

Einstichprobentest: Statistischer Test, der auf einer Stichprobe beruht.

Einstichproben-Gauß-Test: Statistischer Test für den Erwartungswert einer normalverteilten Variablen mit bekannter Varianz.

Einstichproben-t-Test: Statistischer Test für den Erwartungswert einer normalverteilten Variablen, bei der die Varianz nicht bekannt ist.

Approximativer t-Test: Statistischer Test für den Erwartungswert einer Variablen mit beliebiger Verteilung. Dieser Test benötigt einen Stichprobenumfang von $n > 30$, da die Verteilung der Teststatistik auf dem zentralen Grenzwertsatz beruht.

Einstichprobentest für σ^2: Testverfahren für den Parameter σ^2 einer normalverteilten Variable.

Exakter Einstichprobentest für den Anteilswert π *(exakter Binomialtest)*: Testverfahren für den Parameter π einer binomialverteilten Zufallsvariablen. Dieser Test ist immer dann zu benutzen, wenn die Binomialverteilung nicht hinreichend gut durch die Normalverteilung approximiert werden kann, d. h. wenn $n < 50$ *oder* $n(1-\pi) \leq 9$ *oder* $n\pi \leq 9$ ist.

Approximativer Einstichprobentest für den Anteilswert π *(approximativer Binomialtest)*: Testverfahren für den Parameter π einer binomialverteilten Zufallsvariablen. Es wird die Normalverteilungsapproximation für die Teststatistik Z genutzt. Voraussetzung ist, dass die Stichprobe hinreichend groß ist: $n > 50$ *und* $n\pi > 9$ *und* $n(1-\pi) > 9$.

Parametrischer Test: Statistischer Test zu Hypothesen, die sich in der Regel auf die Parameter einer Wahrscheinlichkeitsverteilung richten. Die Teststatistik eines parametrischen Tests hängt von der Wahrscheinlichkeitsverteilung des Merkmals ab.

Nichtparametrischer Test (auch non-parametrischer oder verteilungsfreier Test genannt): Statistischer Test zu Hypothesen, die sich in der Regel auf Kenngrößen, wie den Median richten. Entscheidendes Merkmal eines nichtparametrischen Tests ist, dass die Teststatistik eines parametrischen Tests nicht von der Wahrscheinlichkeitsverteilung des Merkmals abhängt. Oft kommt eine Vielzahl von Wahrscheinlichkeitsverteilungen, wie solche mit einer stetigen Verteilungsfunktion, in Frage.

Einstichproben-Vorzeichentest: Nichtparametrischer Test zum Median von Zufallsvariablen mit einer stetigen Verteilungsfunktion. Dieser Test kann auch allgemeiner zu Hypothesen über Quantile genutzt werden. Werden die Voraussetzungen dieses Tests auf symmetrische stetige

Verteilungsfunktionen eingeschränkt, kann er als Test für Erwartungswerte fungieren.

Wilcoxon-Vorzeichen-Rangtest: Nichtparametrischer Test zum Median von Zufallsvariablen mit einer stetigen symmetrischen Verteilungsfunktion. Dieser Test kann auch als Test für Erwartungswerte genutzt werden.

Notation

Notation	Bedeutung
Z	Teststatistik für den Gauß-Test, den approximativen Einstichprobentest für μ und den approximativen Binomialtest
T	Teststatistik für den t-Test
V	Teststatistik des Einstichprobentests für die Varianz
U	Teststatistik des Binomialtests
A	Teststatistik des Vorzeichentests
W	Teststatistik des Wilcoxon-Vorzeichen-Rangtests

Kapitel 4

Anpassungstests

Inhaltsübersicht

Anpassungstests sind spezielle Einstichprobentests, die in der Regel dazu genutzt werden, die Voraussetzungen anderer statistischer Tests zu überprüfen. Viele statistische Tests setzen bestimmte Verteilungen für die untersuchten Variablen voraus, so z. B. der t-Test die Normalverteilung bei einem Stichprobenumfang von $n < 30$.

Verteilungsannahme

Anpassungstest

Die Hypothesen von *Anpassungstests* richten sich auf die gesamte Wahrscheinlichkeitsverteilung. Es geht um die Entscheidung, ob ein Merkmal einer bestimmten Verteilung, z. B. einer Normalverteilung, folgt oder nicht.

Neben Testverfahren werden zur Beantwortung dieser Aufgabe grafische Verfahren eingesetzt. Diese grafischen Verfahren haben den Vorteil, dass sie nicht, wie statistische Testverfahren, lediglich eine Entscheidung mit den Ausgängen *ja* oder *nein* erlauben, sondern detaillierte Informationen zur Anpassung bereitstellen. Als grafisches Verfahren stellen wir den sogenannten Quantil-Quantil-Plot vor. Dann behandeln wir die wichtigen statistischen Einstichproben-Anpassungstests, den Shapiro-Wilk-Test, den Kolmogorov-Smirnov-Test und den χ^2-Anpassungstest.

Die drei Testverfahren besitzen unterschiedlich große Anwendungsfelder. Der Shapiro-Wilk-Test dient zur Überprüfung der Hypothese, dass ein interessierendes Merkmal einer Normalverteilung folgt. Allgemeiner geht es beim Kolmogorov-Smirnov-Test um die Hypothese, dass die tatsächliche Verteilung einer Zufallsvariablen mit einer bestimmten angenommenen stetigen Verteilung übereinstimmt. Darüber hinaus erlaubt der χ^2-Anpassungstest die Testung solcher Hypothesen für stetige und diskrete Wahrscheinlichkeitsverteilungen.

4.1 Grafische Verfahren zur Überprüfung einer Verteilungsannahme

4.1.1 Quantil-Quantil-Plot

QQ-Plot

Quantil-Quantil-Plots (*QQ-Plots*) dienen in der Regel zum Vergleich einer empirischen Verteilung mit einer vorgegebenen theoretischen Verteilung oder Familie von Verteilungen, wie der Familie der Normalverteilungen. Dieses Verfahren basiert auf einem Scatterplot der Quantile einer empirischen und einer vorgegebenen Verteilung. Wird die Annahme einer Normalverteilung überprüft, spricht man auch von einem *Normal-Quantil-Plot* (*NQ-Plot*).

NQ-Plot

p-Quantil

Bei einer Zufallsvariablen mit einer stetigen Verteilungsfunktion sind den Werten der Zufallsvariablen eindeutig Quantile zugeordnet. Das *p-Quantil* y_p, mit $0 < p < 1$, einer stetigen Zufallsvariablen Y mit Verteilungsfunktion F ist definiert als der Wert von Y, für den gilt: $F(y_p) = P(Y \leq y_p) = p$. Ist F eine stetige Verteilungsfunktion (z. B. einer Normalverteilung), kann das p-Quantil y_p durch die Inverse der Verteilungsfunktion $F^{-1}(p)$ berechnet werden. In diesem Fall gibt es eine eindeutige Beziehung zwischen den Werten der Zufallsvariablen und den Werten der Verteilungsfunktion. Eine solche eindeutige Zuordnung gibt es bei empirisch vorgegebenen Verteilungen nicht immer (vgl. Holling & Gediga, 2011, S. 100). Das p-Quantil ist in diesem Fall ein Wert einer Variablen, der die geordneten Werte so in zwei Teile teilt, dass mindestens $p \cdot 100\%$ der Werte kleiner/gleich und mindestens $(1-p) \cdot 100\%$ größer/gleich dem p-Quantil sind. Dann kann jedes Element aus einer Menge von Werten der Zufallsvariablen Y ein p-Quantil sein. In diesem Fall werden oft zusätzliche Regeln definiert, um zu einem eindeutig bestimmten p-Quantil zu gelangen.

Ein QQ-Plot für zwei Verteilungen wird nun so erzeugt, dass für feste Werte p_i Paare von Quantilen aus der ersten (zumeist theoretischen) Verteilung und der zweiten (zumeist empirischen) Verteilung in einem zweidimensionalen Diagramm dargestellt werden.

Für die Bestimmung des p_i-Wertes ausgehend von den Beobachtungen y_i der empirischen Verteilung stehen verschiedene Optionen zur Verfügung (vgl. Thode, 2002). Zunächst sind die Beobachtungen $y_1, ..., y_n$ einer Stichprobe mit n Beobachtungen der Größe nach zu ordnen: $y_{(1)} \leq y_{(2)} \leq \ldots \leq y_{(n)}$. Der Wert $y_{(1)}$ ist damit der kleinste und $y_{(n)}$ entsprechend der größte Wert in der Stichprobe. Für p_i kommt nun jeder Wert zwischen $\frac{i-1}{n} < p_i \leq \frac{i}{n}$ in Frage. Im einfachsten Fall ordnet man $y_{(i)}$ den Wert in der Mitte des Intervalls zu:

$$p_i = \frac{i - 0.5}{n}$$

Um die Quantile einer theoretischen Verteilung F zu ermitteln, berechnet man $q_i = F^{-1}(p_i)$. Die Paare $(q_i, y_{(i)})$ werden dann in einem zweidimensionalen Koordinatensystem abgebildet und bilden den QQ-Plot. Stimmen die Quantile der empirischen und theoretischen Verteilung überein, liegen die Punkte – abgesehen von zufälligen Schwankungen – auf einer Geraden. Starke Abweichungen von der Linearität verletzen hingegen die Verteilungsannahme.

Neben QQ-Plots kann man auch sogenannte PP-Plots erzeugen, die etwas weniger gebräuchlich sind. Bei einem PP-Plot werden die Paare der Wahrscheinlichkeiten aus den Verteilungsfunktionen für gleiche Quantilwerte in einem zweidimensionalen Diagramm dargestellt.

Beispiel für einen QQ-Plot

Es soll überprüft werden, ob die folgenden, bereits geordneten Daten aus einer Gleichverteilung aus dem Intervall $[0,25]$ stammen:

$$y_1 = 1,\ y_2 = 2,\ y_3 = 3,\ y_4 = 4,\ y_5 = 5,$$
$$y_6 = 21,\ y_7 = 22,\ y_8 = 23,\ y_9 = 24,\ y_{10} = 25$$

Anhand der Vorschrift $p_i = \frac{i-0.5}{10}$ resultieren die Werte:

$$p_1 = .05, p_2 = .15, ..., p_{10} = .95$$

Die Verteilungsfunktion der Gleichverteilung $G(0,25)$ ist $F(y) = 1/25 \cdot y$ und damit $F^{-1}(p) = 25 \cdot p$. Somit ergeben sich als Quantile der theoretischen Verteilung:

$$q_{.05} = 1.25,\ q_{.15} = 3.75,\ q_{.25} = 6.25,\ q_{.35} = 8.75,\ q_{.4} = 11.25,$$
$$q_{.55} = 13.75,\ q_{.65} = 16.25,\ q_{.75} = 18.75,\ q_{.85} = 21.25,\ q_{.95} = 23.75$$

Der Scatterplot der empirischen und theoretischen Quantile, der QQ-Plot, zeigt keinen linearen Zusammenhang:

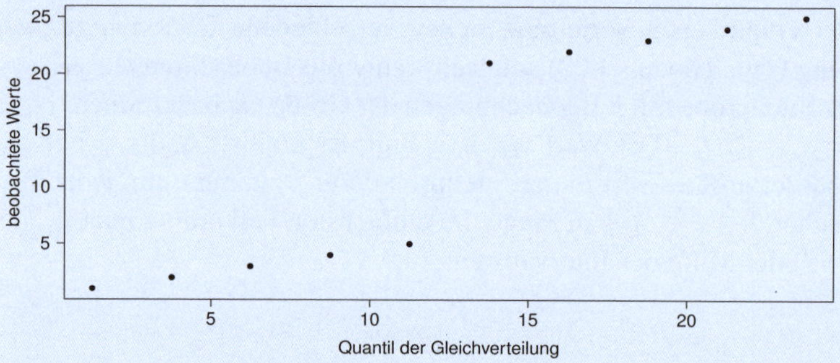

Die Daten sind somit kaum mit der Gleichverteilung $G(0,25)$ vereinbar.

4.1.2 Normal-Quantil-Plot

Gilt es, die Anpassung von Daten an die Normalverteilung anhand des QQ-Plots zu überprüfen, spricht man von einem Normal-Quantil-Plot oder kurz NQ-Plot. Hier werden die Werte p_i in der Regel anhand einer anderen Vorschrift bestimmt:

$$p_i = \frac{i - 3/8}{n + 1/4}$$

Damit werden Eigenschaften der Normalverteilung besser ausgenutzt (vgl. Hyndman & Fan, 1996). Die Wertepaare $(z_{p_i}, y_{(i)})$ bestehen nun aus den Quantilen der Normalverteilung und den empirischen Quantilen bzw. den Beobachtungen.

Beim NQ-Plot wird davon ausgegangen, dass die Beobachtungen aus einer beliebigen $N(\mu, \sigma)$-Verteilung stammen. Die Parameter der Normalverteilung müssen deshalb nicht a priori bestimmt werden.

Die folgenden Beispiele zeigen einige Beispiele für NQ-Plots und die zugehörigen Histogramme von Daten. Der erste NQ-Plot zeigt Daten, die aus einer normalverteilten Grundgesamtheit (vgl. Abb. 4.1) stammen. Hier liegen die Datenpaare auf einer Geraden.

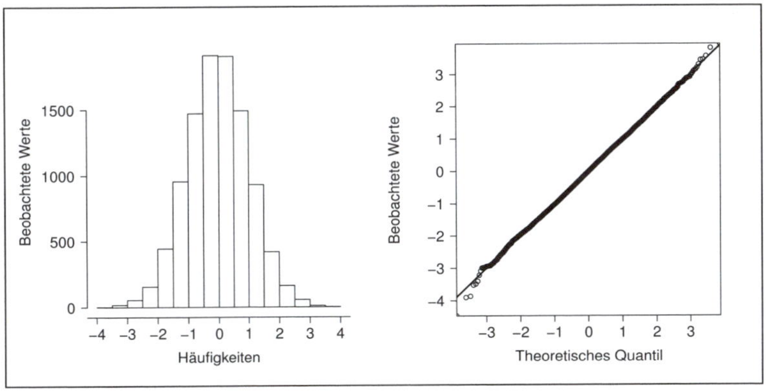

Abbildung 4.1: Histogramm annähernd normalverteilter Daten (links) mit zugehörigem NQ-Plot (rechts)

Beim zweiten NQ-Plot stammen die Daten aus einer linkssteilen, rechtsschiefen Verteilung (vgl. Abb. 4.2). Hier ist der Verlauf des Graphs des NQ-Plots konvex, bei Daten aus einer linksschiefen Verteilung wäre der Verlauf konkav.

Das letzte Beispiel zeigt den NQ-Plot von Daten, die aus einer Verteilung stammen, die wesentlich flacher als die entsprechende Normalverteilung ist (vgl. Abb. 4.3). Hier liegt ein S-förmiger Verlauf des Graphen vor. Wäre die Verteilung, aus der die Daten stammen, steiler als die entsprechende Normalverteilung, würde ein in etwa umgekehrt S-förmiger Verlauf resultieren.

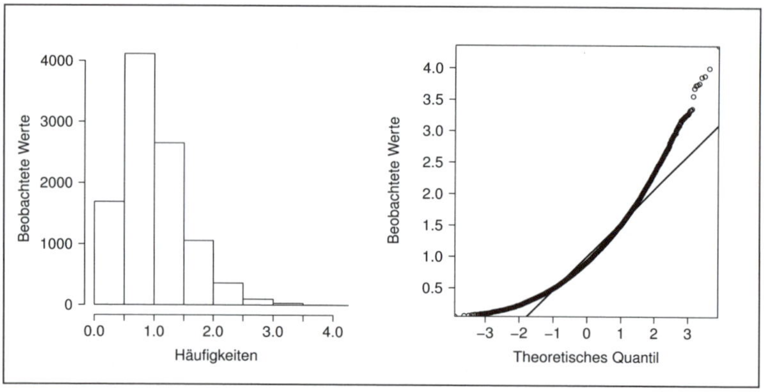

Abbildung 4.2: Histogramm einer schiefen Verteilung ($g_m > 0$) (links) mit zugehörigem NQ-Plot (rechts)

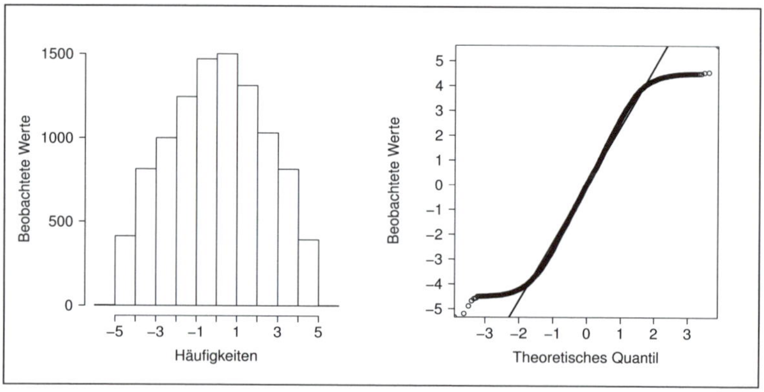

Abbildung 4.3: Histogramm einer flachen Verteilung ($\gamma < 0$) (links) mit zugehörigem NQ-Plot (rechts)

An NQ- bzw. allgemeiner QQ-Plots lassen sich sehr gut Eigenschaften der ursprünglichen Verteilung ableiten. Weiterhin zeigen sie, in welchen Bereichen die Anpassung an die vorgegebene Verteilung nicht adäquat ist.

4.2 Tests zur Überprüfung einer Verteilungsannahme

Um festzustellen, ob Daten aus einer Population stammen, in der die Variable durch eine spezielle Verteilung oder Verteilungsfamilie beschrieben werden kann, werden Tests zur Überprüfung einer Verteilungsannahme genutzt. Dies hat zur Folge, dass die Verteilungsannahme Teil der Nullhypothese wird und das Ablehnen der Nullhypothese dazu führt, dass die (meist) gewünschte Verteilungsannahme nicht gilt.

Im Gegensatz zu den bisher dargestellten Tests ist hier das Beibehalten der Nullhypothese gewünscht. Da wir bei strenger Setzung des Fehlers 1. Art eher die Nullhypothese annehmen, sollte der α-Fehler höher gesetzt werden als sonst üblich. Als Konvention ist $\alpha = .20$ eine gute Wahl. Auf keinen Fall sollte $\alpha = .10$ unterschritten werden.

4.2.1 Shapiro-Wilk-Test

Im NQ-Plot kann man den Grad der Abweichung der Datenpunkte von einer Geraden als Maß für die Güte der Anpassung an eine Normalverteilung heranziehen. Am einfachsten lässt sich diese Abweichung durch die Korrelation der Werte für die Quantile mit den sortierten beobachteten Werten ausdrücken. In diesem Fall wird lediglich ein Parameter benötigt, um die Passung der Normalverteilung zu beschreiben. Die quadrierte Korrelation zwischen den Werten für die erwarteten Quantile und den beobachteten Werten wird mit W bezeichnet und ist als *Shapiro-Wilk-Statistik* in die Literatur eingegangen. Dabei werden keine bestimmten Werte für μ und σ für die angenommene Normalverteilung vorausgesetzt. Shapiro-Wilk-Statistik

Aus historischen Gründen wird für die Berechnung der Quantile nicht die optimale Methode nach Hyndman und Fan (1996) genutzt, sondern die „klassische" Methode mit $p_i = \frac{i-0.5}{n}$.

Unter H_0 wird beim Shapiro-Wilk-Test angenommen, dass sich die beobachtete Variable in der Population durch eine Normalverteilung beschreiben lässt. Aufgrund von Stichprobenfehlern ist selbst unter Gültigkeit der Nullhypothese nicht eine Korrelation von 1, sondern nur nahe 1 zu erwarten.

Das Testproblem lässt sich nun wie folgt beschreiben:

Shapiro-Wilk-Test

Annahmen:
$Y_1, \ldots, Y_n$ i.i.d. mit stetiger Verteilungsfunktion F
Die theoretische Verteilung F_0 ist eine Normalverteilung mit unbekannten Parametern μ und σ
Berechnung von Q;
Q: Quantile der Standardnormalverteilung für die sortierten Daten $Y_{(i)}$

Testprobleme	*Teststatistik*	*Ablehnung der* H_0
$H_0: F_0(y) = F(y)$ $H_1: F_0(y) \neq F(y)$	$W = r^2(Q,Y)$	$w < w_{\alpha,n}$

Beispiel für den Shapiro-Wilk-Test

Wir nutzen wieder die Daten:

$$y_1 = 1,\ y_2 = 2,\ y_3 = 3,\ y_4 = 4,\ y_5 = 5,$$
$$y_6 = 21,\ y_7 = 22,\ y_8 = 23,\ y_9 = 24,\ y_{10} = 25$$

Im Streudiagramm erfolgt die Gegenüberstellung der theoretischen Quantile und der beobachteten Werte:

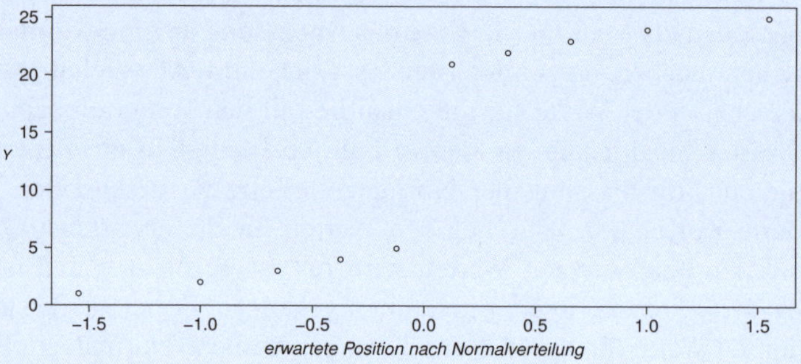

Gewählte Irrtumswahrscheinlichkeit: $\alpha = .20$

Teststatistik: $w = .7766$

Es gilt: $p(W \leq .7766|\mathrm{H}_0) = .0075 < .20$

Die Daten weichen somit signifikant von einer Normalverteilung ab.

Die Verteilung von W unter $\mathrm{H}_0 : F_0(y) = N(\mu, \sigma)$ wurde durch Simulationsstudien bestimmt und wird in einschlägigen Statistikpaketen verwendet. Eine Tabelle mit kritischen Werte für diesen Test findet sich im Anhang dieses Buches.

4.2.2 Kolmogorov-Smirnov-Test

Kolmogorov-Smirnov-Test
K-S-Test

Der *Kolmogorov-Smirnov-Test* (oder kurz *K-S-Test*) dient allgemeiner als der Shapiro-Wilk-Test der Fragestellung, ob die Realisationen einer Zufallsvariablen aus einer bestimmten vorgegebenen stetigen Wahrscheinlichkeitsverteilung stammen. Die Teststatistik beruht auf dem maximalen Abstand zwischen der empirischen Verteilungsfunktion $\hat{F}(y)$ und der angenommenen Verteilungsfunktion $F(y)$ (vgl. Abb. 4.4).

Lilliefors-Korrektur

Für die Durchführung des K-S-Tests ist die theoretische Verteilung vollständig zu spezifizieren. Lediglich bei der Annahme einer Normalverteilung können die Parameter auch geschätzt werden, dann ist aber eine korrigierte Version der Teststatistik zu verwenden. Diese Korrektur wird als *Lilliefors-Korrektur* bezeichnet.

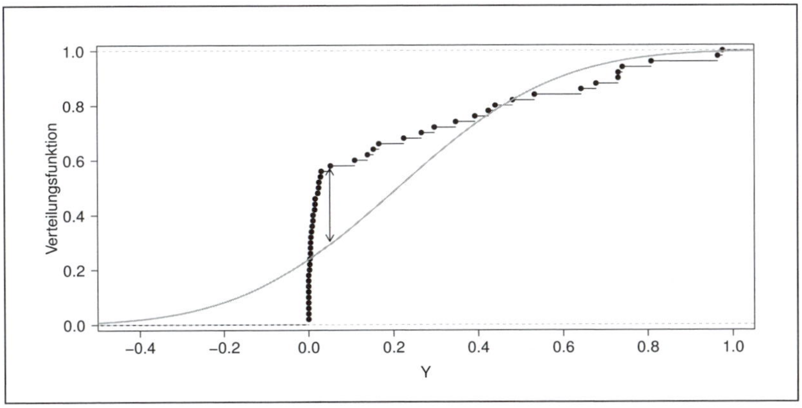

Abbildung 4.4: Empirische Verteilungsfunktion, Verteilungsfunktion einer Normalverteilung (grau) und maximaler Abstand (hier $d = 0.285$)

Der Kolmogorov-Smirnov-Test geht davon aus, dass $Y_1, \ldots, Y_n$ unabhängig und identisch verteilt sind und eine stetige Verteilungsfunktion $F(y)$ besitzen. Die Teststatistik des Kolmogorov-Smirnov-Tests ist definiert als:

$$D = sup|F_0(y) - \hat{F}(y)|$$

Die Funktion *sup* entspricht im Prinzip dem Maximum; sie berücksichtigt die Möglichkeit, dass der Abstand einen Grenzwert darstellt.

Das Testproblem lässt sich nun wie folgt beschreiben:

Kolmogorov-Smirnov-Test

Annahmen:
$Y_1, ..., Y_n$ i.i.d. mit stetiger Verteilungsfunktion
Die theoretische Verteilung F ist bekannt

Testprobleme	*Teststatistik*	*Ablehnung der* H_0
$H_0 : F_0(y) = F(y)$ $H_1 : F_0(y) \neq F(y)$	$D = sup|F_0(y) - \hat{F}(y)|$	$d > d_{\alpha,n}$

Die Werte $d_{\alpha,n}$ sind vertafelt. In der Praxis benutzt man den p-Wert aus den Ausgaben von Computerprogrammen.

Der K-S-Test ist für den Test gegen die Familie der Normalverteilungen dem Shapiro-Wilk-Test unterlegen, da der Shapiro-Wilk-Test gegenüber dem K-S-Test für dieses Testproblem in den meisten Fällen eine höhere Power besitzt.

4.3 χ^2-Anpassungstest

χ^2-Anpassungstest

Für den χ^2-*Anpassungstest* existieren zwei Varianten, in Abhängigkeit davon, ob ein „natürliches" kategoriales Merkmal, z. B. Konfession oder Augenfarbe, vorliegt oder ob die Ausprägungen eines metrischen Merkmal „künstlich" gruppiert wurden. Eine solche Gruppierung liegt z. B. vor, wenn man die Scores eines Intelligenztests in die drei Kategorien „niedrig", „mittel" und „hoch" unterteilt.

4.3.1 χ^2-Anpassungstest für ein kategoriales Merkmal

Der χ^2-Anpassungstest für ein „natürliches" kategoriales Merkmal findet Anwendung, wenn zu prüfen ist, ob für ein Merkmal mit endlich vielen Ausprägungen eine bestimmte Wahrscheinlichkeitsverteilung vorliegt. Damit wird die Nullhypothese durch die Angabe der Wahrscheinlichkeiten für die einzelnen Ausprägungen des Merkmals festgelegt. Die Festlegung der Wahrscheinlichkeiten ist aufgrund von inhaltlichen Hypothesen zu treffen. So mag man annehmen, dass eine diskrete Gleichverteilung vorliegt, d. h. dass alle Kategorien eine identische Wahrscheinlichkeit besitzen, wie beim Würfelwurf. Allgemein lassen sich all diese Wahrscheinlichkeitsverteilungen als eine Multinomialverteilung beschreiben.

Die Teststatistik wird üblicherweise mit χ^2 bezeichnet. Sie basiert auf einem Vergleich der Häufigkeiten der einzelnen Ausprägungen in einer Stichprobe mit den Häufigkeiten, die unter Gültigkeit der Nullhypothese zu erwarten wären.

Der χ^2-Anpassungstest für ein kategoriales Merkmal mit m Ausprägungen geht von folgenden Annahmen aus: $Y_1, \ldots, Y_n$ sind i.i.d. und multinomialverteilt $M(n, (\pi_1, \ldots, \pi_m))$ (vgl. Holling & Gediga, 2013, Kap. 4.1.6).

Die Teststatistik des χ^2-Anpassungstests ist gegeben durch:

$$\chi^2 = \sum_{i=1}^{m} \frac{(n_i - n\pi_i)^2}{n\pi_i}$$

Hierbei sind die Werte $\pi_1, \ldots, \pi_m$ vorgegeben, mit $\sum_{i=1}^{m} \pi_i = 1$.

Weiterhin bezeichnet n_i die Anzahl der Beobachtungen mit der Ausprägung i. Unter H_0 ist χ^2 approximativ $\chi^2(m-1)$-verteilt.

Damit ergibt sich das folgende Testtableau:

χ^2-Anpassungstest für ein kategoriales Merkmal

Annahmen:
$Y_1, ..., Y_n$ i.i.d. mit diskreter Verteilungsfunktion F
mit den Kategorien $1, ..., m$
Die theoretische Verteilung F_0 ist durch die Wahrscheinlichkeiten $\pi_1, ..., \pi_m$ vorgegeben

Testprobleme	*Teststatistik*	*Ablehnung der* H_0
$H_0 : Y \sim M(n, (\pi_1, ..., \pi_m))$ für $i = 1, ..., m$ $H_1 : P(Y = i) \neq \pi_i$ für mindestens ein i	$\chi^2 = \sum_{i=1}^{m} \frac{(n_i - n\pi_i)^2}{n\pi_i}$	$\chi^2 > \chi^2_{1-\alpha}(m-1)$

Für eine hinreichend gute Approximation der Verteilung der Teststatistik durch die χ^2-Verteilung müssen die folgenden Voraussetzungen für die Erwartungswerte der Häufigkeiten für die m Kategorien erfüllt sein:

- Alle Erwartungswerte müssen größer als 1 sein, also:

$$e_i = n\pi_i > 1 \text{ für alle } i.$$

- 80% der Erwartungswerte müssen größer als 5 sein.

Beispiel : χ^2-Anpassungstest für die Repräsentativität einer Stichprobe

Fragestellung: Eine Forscherin in den USA möchte sichergehen, dass ihre Stichprobe hinsichtlich der Berücksichtigung bestimmter Bevölkerungsgruppen repräsentativ ist für ihren Bundesstaat. In dem Bundesstaat gibt es 48% Weiße, 12% Afro-Amerikaner, 18% Latinos, 9% Asiaten und 13% Personen mit anderem Hintergrund.

Empirische Studie: Befragung von $n = 600$ Personen des Bundesstaates.

Ergebnisse und Berechnung der relevanten Größen:

Ethnische Gruppe	i	n_i	π_i	$n\pi_i$	$n_i - n\pi_i$	$(n_i - n\pi_i)^2$
Weiße	1	300	.48	288	12	144
Afro-Amerikaner	2	80	.12	72	8	64
Latinos	3	100	.18	108	−8	64
Asiaten	4	40	.09	54	−14	196
Andere	5	80	.13	78	2	4

Teststatistik:

$$\chi^2 = \frac{144}{288} + \frac{64}{72} + \frac{64}{108} + \frac{196}{54} + \frac{4}{78} = 5.662$$

Voraussetzungsprüfung: Jeder Erwartungswert ist größer als 1 und mehr als 80% aller Erwartungswerte sind größer als 5.

Kritischer Wert ($\alpha = .20$):

$$\chi^2_{.80}(4) = 5.989$$

H_0 wird beibehalten, da die Teststatistik kleiner ist als der kritische Wert. Die Forscherin kann davon ausgehen, dass die Stichprobe hinsichtlich der Berücksichtigung bestimmter Bevölkerungsgruppen repräsentativ für den Bundesstaat ist.

4.3.2 χ^2-Anpassungstest für gruppierte Daten

Der χ^2-Anpassungstest für gruppierte Daten dient – analog zum χ^2-Anpassungstest für kategoriale Merkmale – zur Überprüfung der Hypothese, dass bestimmte Wahrscheinlichkeiten für die gruppierten Ausprägungen eines stetigen Merkmals in der Population vorliegen. Zumeist geht es beim χ^2-Anpassungstest für gruppierte Daten um die spezielle Fragestellung, ob ein Merkmal einer bestimmten stetigen Verteilung folgt, z. B. einer Normalverteilung. Dazu wird der Wertebereich eines metrischen Merkmals in m Klassen unterteilt, so z. B. die Werte eines Intelligenztests in die folgenden sechs Klassen:

$$(-\infty, 70], (70, 85], (85, 100], (100, 115], (115, 130], (130, \infty)$$

Die Bestimmung der Wahrscheinlichkeiten π_i für jede Klasse wird anhand der angenommenen Wahrscheinlichkeitsverteilung für das stetige Merkmal vorgenommen. Dazu wird für den Wertebereich, der eine Klasse definiert, die Fläche unter der entsprechenden Dichtefunktion herangezogen. Dann erfolgt die Durchführung des Tests analog zum χ^2-Anpassungstest für ein kategoriales Merkmal unter Verwendung der Werte π_i und der aus einer Stichprobe stammenden Häufigkeiten n_i.

Im Prinzip wird also durch die Bildung der Klassen das stetige Merkmal zu einem diskreten Merkmal transformiert, für das der χ^2-Anpassungstest für ein kategoriales Merkmal durchgeführt wird.

Beim χ^2-Anpassungstest für gruppierte Daten geht man davon aus, dass $Y_1, \ldots, Y_n$ i.i.d.-verteilt sind wie die stetige Zufallsvariable Y, deren Verteilung vorgegeben ist. Als Prüfgröße wird hier wiederum die folgende Statistik verwendet:

$$\chi^2 = \sum_{i=1}^{m} \frac{(n_i - n\pi_i)^2}{n\pi_i}$$

Dabei entspricht n_i der Häufigkeit der Werte, die im i-ten Intervall liegen, n dem Stichprobenumfang und π_i den Wahrscheinlichkeiten für die i-te Klasse, die aus den Stichprobenelementen besteht, deren Werte sich im i-ten Intervall befinden.

Wenn die Parameter der unter H_0 spezifizierten stetigen Verteilung aus den Daten geschätzt werden, dann ist die Zahl der Freiheitsgrade bei der Prüfverteilung, der χ^2-Verteilung, um die Anzahl der geschätzten Parameter zu verringern.

Wenn also beim Test auf Normalverteilung beide Parameter μ und σ aus den Daten geschätzt werden, ist die Anzahl der Freiheitsgrade um 2 zu reduzieren.

Es ergibt sich damit das folgende Testtableau:

χ^2-Anpassungstest für gruppierte Daten

Annahmen:
$Y_1, \ldots, Y_n$ i.i.d. mit stetiger Verteilungsfunktion F
Die theoretische Verteilung F_0 ist durch die Wahrscheinlichkeiten $\pi_1, \ldots, \pi_m$ in festen Intervallen vorgegeben.

Teststatistik: χ^2-Statistik

Testprobleme	*Ablehnung der* H_0
$H_0 : Y_1, \ldots, Y_n$ i.i.d. wie Y mit stetiger Verteilungsfunktion bzw. $P(Y = i) = \pi_i$ für $i = 1, \ldots, m$.	$\chi^2 > \chi^2_{1-\alpha}(m-1)$ falls die Verteilung vollständig spezifiziert ist,
$H_1 : Y_1, \ldots, Y_n$ i.i.d. wie $X \neq Y$ mit stetiger Verteilungsfunktion bzw. $P(Y = i) \neq \pi_i$ für mindestens ein i	$\chi^2 > \chi^2_{1-\alpha}(m-l-1)$ falls die Verteilung nicht vollständig spezifiziert ist und l Parameter zu schätzen sind.

Beispiel: χ^2-Anpassungstest für gruppierte Daten

Fragestellung: Sind die Werte eines Intelligenztests normalverteilt mit $\mu = 100$ und $\sigma = 15$ bei $n = 1000$ untersuchten Personen?

IQ	n_i	π_i	$n \times \pi_i$	$n_i - n \cdot \pi_i$	$(n_i - n \cdot \pi_i)^2$
$(-\infty, 70)$	30	.023	23	7	49
$(70, 85]$	130	.136	136	−6	36
$(85, 100]$	320	.341	341	−21	441
$(100, 115]$	350	.341	341	9	81
$(115, 130]$	145	.136	136	9	81
$(130, \infty)$	25	.023	23	2	4

Berechnung der π_i:

$$\begin{aligned}
\pi_1 &= \Phi((70-100)/15) = \Phi(-2) = 1 - \Phi(2) &&= .023 \\
\pi_2 &= \Phi((85-100)/15) - \Phi((70-100)/15) &&= .136 \\
\pi_3 &= \Phi((100-100)/15) - \Phi((85-100)/15) &&= .341 \\
\pi_4 &= \Phi((115-100)/15) - \Phi((170-100)/15) &&= .341 \\
\pi_5 &= \Phi((130-100)/15) - \Phi((70-100)/15) &&= .136 \\
\pi_6 &= 1 - \Phi((130-100)/15) = \Phi(2) &&= .023
\end{aligned}$$

Die H_0 kann mit $\alpha = .20$ beibehalten werden, da gilt:

$$\chi^2 = 4.66 < \chi^2_{.80}(5) = 7.28$$

Angenommen, wir hätten mit $\bar{y} = 100$ und $s = 15$ Schätzungen aus der Stichprobe genutzt, dann wären zwei Freiheitsgrade „verloren“, sodass die $\chi^2(3)$-Verteilung als Prüfverteilung resultiert. In diesem Fall ist $\chi^2 = 4.66 > \chi^2_{.80}(3) = 4.64$ und H_0 müsste für $\alpha = .20$ verworfen werden.

Das Beispiel zeigt, dass wir je nach Kenntnis der Parameter der zu testenden Verteilung zu unterschiedlichen Entscheidungen kommen können.

Beim χ^2-Anpassungstest ist zu beachten, dass das Ergebnis von der Bildung der Klassen abhängt. Dafür kann dieser Test detailliertere Informationen als der K-S-Test liefern, in dem man die erwarteten und beobachteten Werte der einzelnen Klassen vergleicht und dabei Hinweise dazu bekommen kann, wo die Anpassung eventuell nicht hinreichend gut ist.

4.4 Vergleich der Anpassungstests

Der Shapiro-Wilk-Test wurde speziell für die Überprüfung auf eine Normalverteilung entwickelt. Er besitzt im Vergleich zum K-S-Test und zum χ^2-Anpassungstest die höchste Power (vgl. Keskin, 2006; Razali & Wha, 2011). Damit ist dieser Test das Verfahren der Wahl für diese Fragestellung.

Der K-S-Anpassungstest und der χ^2-Anpassungstest können allgemeiner für stetige Wahrscheinlichkeitsverteilungen eingesetzt werden und der χ^2-Anpassungstest darüber hinaus für diskrete Wahrscheinlichkeitsverteilungen.

Gegenüber dem χ^2-Anpassungstest hat der K-S-Test den Vorteil, dass er auch für kleine Stichproben eingesetzt werden kann. Darüber hinaus hat er bei Vorgabe einer Verteilung eine höhere Teststärke als der χ^2-Anpassungstest. Wird eine Verteilungsfamilie vorgegeben, müssen Parameter geschätzt werden. Hier ist eine Korrektur für den χ^2-Anpassungstest leicht möglich, während der K-S-Test nur in besonderen Fällen (etwa der Normalverteilungsfamilie) korrigiert und somit korrekt eingesetzt werden kann.

Beim K-S-Test gehen alle Beobachtungen unmittelbar ein, beim χ^2-Test muss erst eine Gruppierung vorgenommen werden, die immer eine gewisse Willkür impliziert.

Der K-S-Test hat jedoch auch Nachteile gegenüber dem χ^2-Test. Im Falle von Rangbindungen (viele identische Werte in der Stichprobe) sinkt die Teststärke des K-S-Tests massiv. Der K-S-Test wird dann konservativ, d. h. die Nullhypothese wird mit einer höheren Wahrscheinlichkeit als der durch das Signifikanzniveau α vorgegebenen Wahrscheinlichkeit beibehalten. Damit steigt die Gefahr, eine Verteilungsannahme fälschlicherweise beizubehalten.

4.5 Software

4.5.1 NQ-Plot, Shapiro-Wilk-Test und Kolmogorov-Smirnov-Test

Die folgenden Analysen können mit den Datendateien `gewicht.sav` (SPSS) bzw. `gewicht.R` (R) nachvollzogen werden.

SPSS

Mittels SPSS können der NQ-Plot, der Shapiro-Wilk-Test und der (korrigierte) Einstichproben-Kolmogorov-Smirnov-Test durchgeführt werden, um die Hypothese zu überprüfen, ob Beobachtungen aus einer normalverteilten Population stammen.

Analysieren
↓
Deskriptive Statistiken → Explorative Datenanalyse

Im Dialogfeld können Variablen und Optionen festgelegt werden. Für den Shapiro-Wilk-Test und den K-S-Test ist unter **Diagramme** die Option „Normalverteilungsdiagramm mit Tests" zu wählen.

Die entsprechende Syntax ist wie folgt:

Shapiro-Wilk-Statistik und K-S-Test:

```
EXAMINE
VARIABLES=X
/PLOT NPPLOT
/COMPARE GROUP
/STATISTICS NONE
/MISSING LISTWISE
/NOTOTAL.
```

R

Im Programmsystem R ist der Shapiro-Wilk-Test zur Überprüfung der Normalverteilungsannahme (für die Variable x) anhand des folgenden Kommandos vorzunehmen:

Funktion: `shapiro.test(x)`

Im R-Commander ist zum Aufruf des Shapiro-Wilk-Tests die folgende Menüabfolge erforderlich:

Statistik
↓
Deskriptive Statistik → Shapiro-Wilk-Test auf Normalverteilung

Im Dialogfeld können dann noch Variablen festgelegt werden.

Der K-S-Test zur Überprüfung der Annahme einer Normalverteilung ist mittels der folgenden Syntax aufzurufen:

Funktion: `ks.test(x, "pnorm")`

Statt `ks.test(x, "pnorm")` können auch andere in R verfügbare Verteilungsfunktionen (vgl. Holling & Gediga, 2013, S. 173f) angegeben werden. Das Paket `nortest` ist zu installieren, um den korrigierten K-S-Test anhand von `lillie.test(x)` durchzuführen.

Der NQ-Plot ist mittels der folgenden Syntax durchzuführen:

Funktion: `qqnorm(x)`

Während `qqnorm(x)` die Quantile der Daten mit den theoretischen Quantilen verbindet, kann man mit dem nachfolgenden Aufruf der Funktion `qqline(x)`, den Verlauf der theoretischen Verteilung (also hier der Normalverteilung) ausgeben.

Bei der allgemeinen Funktion `qqplot()` können zwei Variablen spezifiziert werden, wobei eine der beiden Variablen die Quantile einer (beliebigen) theoretischen Verteilung enthalten kann.

Funktion: `qqplot(x,y)`

4.5.2 χ^2-Anpassungstests

SPSS

Analysieren
↓
Nichtparametrische-Tests → *Alte Dialogfelder*
↓
Chi-Quadrat

Im Dialogfeld können die Variablen und Optionen festgelegt werden. Die erwarteten Werte können als gleichverteilt spezifiziert werden oder es können beliebige erwartete Werte eingegeben werden.

R

Nehmen wir an, die Variable x sei ein Vektor mit Häufigkeiten und die Variable *pwerte* ein weiterer Vektor mit den theoretischen Wahrscheinlichkeiten. In diesem Fall wird mit

```
pwerte=c(.1,.1,.1,.05,.05,.1,.1,.1,.1,.1,.1)
chisq.test(x, p = pwerte)
```

der χ^2-Test durchgeführt, der überprüft, ob die empirischen Häufigkeiten den vorgegebenen theoretischen Wahrscheinlichkeiten entsprechen (χ^2-Anpassungstest für ein kategoriales Merkmal).

Das oben erwähnte `nortest`-Paket führt auch eine Überprüfung gegen die Normalverteilung mittels der χ^2-Statistik durch. Der Aufruf heißt hier `pearson.test(x)` (χ^2-Anpassungstest für gruppierte Daten). Die Anzahl der Klassen und die Freiheitsgrade werden automatisch berechnet.

Zusammenfassung

In diesem Kapitel ging es um Methoden zur Überprüfung der Fragestellung, ob Beobachtungen aus einer bestimmten angenommenen Wahrscheinlichkeitsverteilung stammen. Dazu wurden der Quantil-Quantil-Plot (QQ-Plot) sowie verschiedene Testverfahren vorgestellt.

Mittels des QQ-Plots werden in der Regel die Quantile einer empirischen Verteilungsfunktion mit den Quantilen einer vorgegebenen theoretischen Verteilungsfunktion in einem Diagramm dargestellt. Liegen die Wertepaare annähernd auf einer Geraden, wobei die Abweichungen von der Geraden unsystematisch sind, ist davon auszugehen, dass die empirische Verteilung mit der theoretischen Verteilung übereinstimmt. Die Parameter der theoretischen Verteilung können dabei a priori festgesetzt oder aus den Daten geschätzt werden. Handelt es sich bei der theoretischen Verteilung um eine Normalverteilung, bezeichnet man den QQ-Plot als NQ-Plot.

Es wurden drei verschiedene Testverfahren vorgestellt:

- Shapiro-Wilk-Test,
- Kolmogorov-Smirnov-Test (K-S-Test),
- χ^2-Anpassungstest.

Bei diesen Anpassungstests wird unter der Nullhypothese angenommen, dass die Beobachtungen aus einer bestimmten Wahrscheinlichkeitsverteilung stammen. Zumeist dienen diese Tests zur Überprüfung von Verteilungsvoraussetzungen anderer Testverfahren, z. B. des t-Tests. Insofern ist man in der Regel daran interessiert, dass die Nullhypothese nicht verworfen wird. Um die Gefahr einer fälschlichen Beibehaltung der Nullhypothese bzw. einer bestimmten Verteilung zu mindern, sollte daher das Signifikanzniveau mit z. B. $\alpha = .20$ oder $\alpha = .10$ größer als üblich gewählt werden.

Beim Shapiro-Wilk-Test geht es um die Überprüfung der Hypothese, dass die Beobachtungen aus einer normalverteilten Population stammen. Dabei ist es unerheblich, ob bestimmte Werte für die Parameter angenommen werden oder ob sie aus den Daten geschätzt werden.

Der Kolmogorov-Smirnov-Test dient allgemeiner als der Shapiro-Wilk-Test zur Testung der Hypothese, dass die Beobachtungen aus einer bestimmten Wahrscheinlichkeitsverteilung mit einer stetigen Verteilungsfunktion stammen. Bei diesem Test sind die Werte der Parameter der theoretischen Verteilung a priori zu spezifizieren.

Speziell für die Überprüfung der Normalverteilungsannahme wurde die sogenannte Lilliefors-Korrektur entwickelt, die einen Einsatz dieses Tests erlaubt, wenn die Werte der Parameter einer Normalverteilung aus den Daten geschätzt werden. Dennoch ist – für die Überprüfung der Normalverteilungsannahme – der Shapiro-Wilk-Test diesem Test vorzuziehen, da er eine höhere Power besitzt.

Der allgemeinste der hier vorgestellten Tests ist der χ^2-Anpassungstest, der für diskrete wie stetige Wahrscheinlichkeitsverteilungen anwendbar ist. Als Prüfgröße wird die χ^2-Statistik verwendet. Die erwarteten Häufigkeiten werden dabei anhand der vorgegebenen theoretischen Verteilung bestimmt. Stetige Wahrscheinlichkeitsverteilungen müssen zu diskreten Wahrscheinlichkeitsverteilungen transformiert werden, indem der gesamte Wertebereich einer stetigen Verteilung in endlich viele, sich gegenseitig ausschließende Intervalle unterteilt wird. Werden die Parameter der unter H_0 angenommenen Verteilung aus den Daten geschätzt, sind die Freiheitsgrade der Teststatistik entsprechend zu korrigieren.

Zentrale Begriffe

Anpassungstest: Ein Test, der überprüft, ob eine Stichprobe von Beobachtungen aus einer bestimmten Population stammt bzw. ob die Beobachtungen mit einer bestimmten Verteilungsannahme kompatibel sind. Da man in der Regel an der Beibehaltung der Nullhypothese interessiert ist, sollte ein größeres Signifikanzniveau als üblich, z. B. $\alpha = .10$ oder $\alpha = .20$ gewählt werden.

Quantil-Quantil-Plot (QQ-Plot): Scatterplot der Quantile einer empirischen und einer vorgegebenen Verteilung. Liegen die Wertepaare annähernd auf einer Geraden, ist die Annahme der vorgegebenen Verteilung beizubehalten.

Normal-Quantil-Plot (NQ-Plot): QQ-Plot, bei dem die Normalverteilung als theoretische Verteilung angenommen wird.

Shapiro-Wilk-Test: Anpassungstest für die Normalverteilung. Die Werte für μ und σ können a priori bestimmt oder aus den Daten geschätzt werden.

Kolmogorov-Smirnov-Anpassungstest (K-S-Test): Test, ob ein Merkmal eine bestimmte stetige Verteilungsfunktion besitzt. Für den K-S-Test auf Normalverteilung wurde für geschätzte Werte der Parameter die Lilliefors-Korrektur entwickelt.

χ^2-Anpassungstest: Test, ob ein Merkmal eine bestimmte diskrete oder stetige Verteilungsfunktion besitzt. Zum Test auf eine bestimmte stetige Verteilungsfunktion sind die Werte der Variablen in Klassen zu unterteilen. Werden Parameter der Verteilungsfunktion geschätzt, ist die Anzahl

der Freiheitsgrade der χ^2-Verteilung um die Anzahl der geschätzten Parameter zu reduzieren.

Notation

Notation	Bedeutung
χ^2	Teststatistik für die Anpassung einer empirischen Häufigkeitsverteilung an eine Wahrscheinlichkeitsverteilung
W	Teststatistik des Shapiro-Wilk-Tests
D	Teststatistik des Kolmogorov-Smirnov-Tests

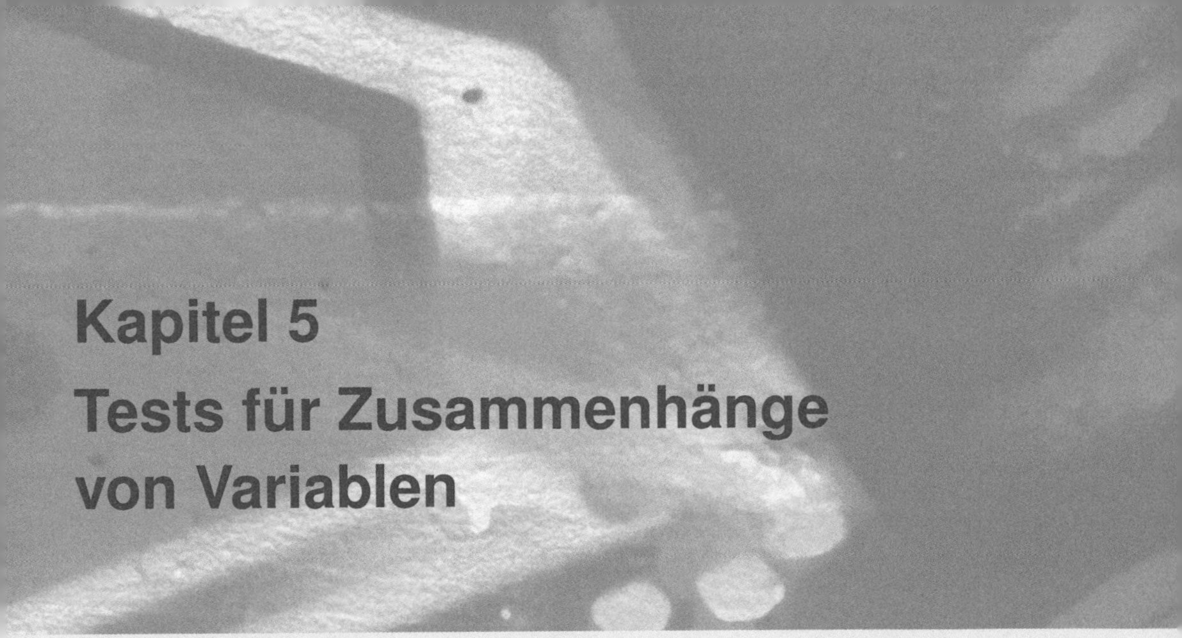

Kapitel 5
Tests für Zusammenhänge von Variablen

Inhaltsübersicht

In diesem Kapitel beschäftigen wir uns mit Signifikanztests für Assoziationsmaße. Dabei stellen wir die Tests zu wichtigen bzw. häufig genutzten Koeffizienten vor. Im Einzelnen geht es um die folgenden Zusammenhangsmaße:

- Produkt-Moment-Korrelationskoeffizient,
- Spearmans ρ,
- Kendalls τ_b,
- χ^2 und davon abgeleitete Assoziationsmaße,
- Odds Ratio.

Während der Produkt-Moment-Korrelationskoeffizient zwei metrische normalverteilte Merkmale voraussetzt, stellen Spearmans ρ und Kendalls τ_b nichtparametrische Maße dar und können für ordinalskalierte Merkmale angewendet werden. Die χ^2-Statistik und darauf basierende Koeffizienten, wie der Kontingenzkoeffizient und Cramers V, dienen zur Quantifizierung des Zusammenhangs von nominalskalierten Variablen, ebenso wie das Odds Ratio, das jedoch lediglich für binäre Variablen anzuwenden ist.

5.1 Tests für die Produkt-Moment-Korrelation

Der Produkt-Moment-Korrelationskoeffizient, im Folgenden kurz Korrelationskoeffizient genannt, dürfte das am häufigsten in den Sozialwissenschaften eingesetzte Zusammenhangsmaß sein. Dieser Koeffizient misst den Grad des Zusammenhangs von zwei intervallskalierten Variablen (vgl. Holling & Gediga, 2011, Kap. 8.4). Wir stellen zunächst zwei Tests für dieses Maß vor, denen die übliche Annahme einer bivariaten Normalverteilung für die beiden Variablen zugrunde liegt. Ist diese Annahmen nicht erfüllt, kann ein Permutationstest durchgeführt werden.

5.1.1 Tests auf der Basis der bivariaten Normalverteilung

Ausgangspunkt ist die Annahme, dass die Paare bzw. Tupel von Zufallsvariablen $(X_1,Y_1),\dots,(X_n,Y_n)$ i.i.d. und bivariat normalverteilt sind. Die Dichten zweier bivariater Standardnormalverteilungen mit einer Korrelation von $\rho_{XY} = -.3$ und $\rho_{XY} = -.7$ sind in Abbildung 5.1 dargestellt. Es sind zwei Arten von Testproblemen zu unterscheiden, ob die Korrelation gleich 0 ist oder ob die Korrelation einen bestimmten Wert ungleich 0 annimmt. Wir betrachten zunächst das Testproblem:

$$\mathrm{H}_0 : \rho_{XY} = 0 \qquad \mathrm{H}_1 : \rho_{XY} \neq 0$$

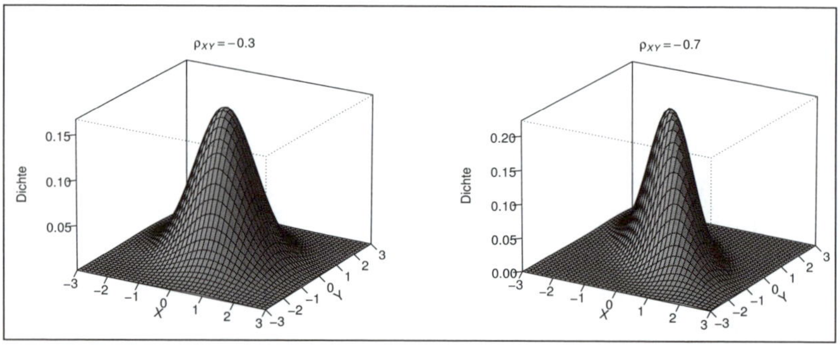

Abbildung 5.1: Beispiele für Dichten von bivariaten Standardnormalverteilungen

Bei einer bivariaten Normalverteilung der beiden Variablen X und Y folgt aus $\rho_{XY} = 0$ die statistische Unabhängigkeit von X und Y. Daher wird der diesem Testproblem zugeordnete Test auch *Test auf Unabhängigkeit* genannt. Die entsprechende Teststatistik ist:

Test auf Unabhängigkeit

$$T = \frac{r_{XY}}{\sqrt{1 - r_{XY}^2}} \sqrt{n-2}$$

Unter Geltung der H_0 folgt T einer $t(n-2)$-Verteilung (vgl. Holling & Gediga, 2013, Kap. 4.2.5). Dabei müssen die Erwartungswerte und Varianzen von X und Y nicht bekannt sein.

Somit lässt sich dieser Test wie folgt beschreiben:

Test für die Nullhypothese: $\rho_{XY} = 0$

Annahmen:
$(X_1, Y_1), ..., (X_n, Y_n)$ i.i.d. und bivariat normalverteilt mit $\rho_{XY} = 0$

Testprobleme	*Teststatistik*	*Ablehnung der* H_0
1. $H_0: \rho_{XY} = 0$ $H_1: \rho_{XY} \neq 0$		1. $\lvert t \rvert > t_{1-\alpha/2}(n-2)$
2. $H_0: \rho_{XY} \geq 0$ $H_1: \rho_{XY} < 0$	$T = \frac{r_{XY}}{\sqrt{1-r_{XY}^2}} \sqrt{n-2}$	2. $t < t_\alpha(n-2)$
3. $H_0: \rho_{XY} \leq 0$ $H_1: \rho_{XY} > 0$		3. $t > t_{1-\alpha}(n-2)$

Ist der Stichprobenumfang gering, d. h. $n \leq 25$, kann die Annahme einer bivariaten Normalverteilung nur unzureichend überprüft werden. Daher sollte zur Anwendung dieses Tests bei kleinen Stichprobenumfängen die Annahme einer bivariaten Normalverteilung gut begründet sein. Ansonsten sollte man besser auf alternative Testverfahren, die weiter unten vorgestellt werden, zurückgreifen.

Auch bei Stichprobengrößen von $n > 25$ ist die Überprüfung einer bivariaten Normalverteilung nicht so einfach wie im Fall der univariaten Normalverteilung. Eine notwendige, aber nicht hinreichende Voraussetzung für eine bivariate Normalverteilung ist, dass die beiden Variablen X und Y jeweils univariat normalverteilt sind. Dazu können der Shapiro-Wilk-Test oder Q-Q-Plots verwendet werden.

Um weiterhin die Voraussetzung der bivariaten Normalverteilung zu überprüfen, könnte analog zur Überprüfung der univariaten Normalverteilung der χ^2-Anpassungstest durchgeführt werden. Jedoch ist dieser Test für den Fall der bivariaten Normalverteilung recht aufwendig durchzuführen. So muss man sich mit einem einfacheren Verfahren begnügen, indem man in dem Scatterplot zusätzlich die Bereiche plottet, die einen bestimmten Anteil der Werte, z. B. 95%, enthalten. Diese sogenannten Konturplots beruhen auf der zweidimensionalen Dichtefunktion und kennzeichnen die Bereiche, innerhalb bzw. außerhalb derer vorher festgelegte Anteile der Daten liegen müssen (vgl. Beispielkasten). Im Falle bivariater Normalverteilungen sind diese Bereiche ellipsenförmig. Damit liegt eine „grobe“ Form der Überprüfung der bivariaten Normalverteilungsannahme vor, die wir weiter unten in einem Beispiel verwenden. Weitere Informationen zu dieser Voraussetzungsüberprüfung und anderen Testverfahren, deren Einführung hier zu viel Raum einnehmen würde, werden im Internetsupplement behandelt.

Das folgende Beispiel basiert auf einer Untersuchung, die ausführlicher in Holling und Gediga (2011, S. 65) dargestellt ist.

Beispiel: Einseitiger Test einer Produkt-Moment-Korrelation

Inhaltliche Hypothese: Es gibt einen positiven Zusammenhang zwischen Intelligenz und der schulischen Leistung.

Operationalisierung: An einer Stichprobe von $n = 598$ Kindern werden die Intelligenz (X) mittels des Tests CFT 20 und die Schulleistung (Y) anhand des Mittelwerts der Schulnoten erhoben. Da Schulnoten und Intelligenz gegensinnig kodiert sind, bedeutet hier ein positiver Zusammenhang eine negative Korrelation.

Überprüfung der Annahmen:

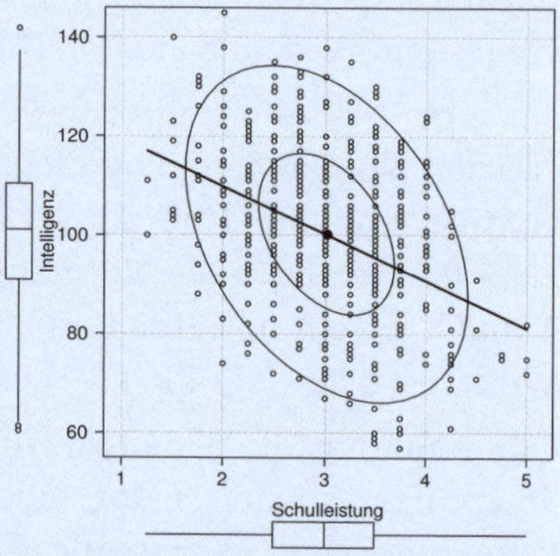

Da die Scores des Intelligenztests und die Schulleistung durch Bildung des Mittelwertes mehrerer Noten bzw. Aufgaben gebildet wurden, können deren Verteilungen jeweils als univariat normalverteilt angenommen werden, wie auch (die hier nicht dargestellten) QQ-Plots belegen. Auch der bivariate Plot der beiden Variablen ist annähernd ellipsoid. Innerhalb der dargestellten äußeren Ellipse sollten ca. 95% der Beobachtungen liegen und keine der Beobachtungen weit von der äußeren Ellipse entfernt sein. Beides ist der Fall.

Testproblem (Statistische Hypothesen):

$$\mathrm{H}_0 : \rho_{XY} \geq 0 \quad \text{gegen} \quad \mathrm{H}_1 : \rho_{XY} < 0$$

Ergebnisse der Untersuchung:

$$r_{XY} = -.389$$

Berechnung der Teststatistik:

$$t = \frac{-.389}{\sqrt{1-(-.389)^2}} \cdot \sqrt{596} = -10.31$$

Bestimmung des kritischen Wertes:

$$t_{.05}(596) = z_{.05} = -1.645$$

Testentscheidung: Ablehnung der H_0, da $-10.31 < -1.645$

Die Hypothese: „Die Schulleistung hängt positiv mit der Intelligenz zusammen“ wird somit durch diese Studie gestützt.

Aufwendiger als das oben dargestellte Verfahren ist die Testung von Hypothesen der Form

$$\mathrm{H}_0 : \rho_{XY} = \rho_0$$

mit $\rho_0 \neq 0$.

Fisher (1915) konnte zeigen, dass die Stichprobenverteilung der Statistik

$$\frac{1}{2}\ln\left(\frac{1+r_{XY}}{1-r_{XY}}\right)$$

für $n > 25$ näherungsweise normalverteilt ist mit der Varianz $\hat{\sigma}_\rho = 1/(n-3)$. Diese Transformation wird allgemein *Fisher-Z-Transformation* genannt.

Fisher-Z-Transformation

Wendet man diese Transformation auf den Populationsparameter ρ_{XY} und die anhand einer Stichprobe gewonnene Korrelation r_{XY} an und bildet die Statistik

$$Z = \frac{1}{2}\left(\ln\left(\frac{1+r_{XY}}{1-r_{XY}}\right) - \ln\left(\frac{1+\rho_0}{1-\rho_0}\right)\right)\sqrt{n-3},$$

resultiert eine Zufallsvariable, die unter Geltung der H_0 ($\rho_{XY} = \rho_0$) approximativ $N(0,1)$-verteilt ist, wenn für den Stichprobenumfang $n > 25$ gilt.

Damit kann das Tableau des allgemeinen Signifikanztests für Korrelationskoeffizienten wie folgt dargestellt werden.

Test für die Nullhypothese: $\rho_{XY} = \rho_0$

Annahmen:
$(X_1,Y_1),\ldots,(X_n,Y_n)$ i.i.d. und bivariat normalverteilt mit $\rho_{XY} = \rho_0$

Testprobleme	*Teststatistik*	*Ablehnung der* H_0
1. $H_0: \rho_{XY} = \rho_0$, $H_1: \rho_{XY} \neq \rho_0$	$Z = \frac{1}{2}\left(\ln\left(\frac{1+r_{XY}}{1-r_{XY}}\right) - \ln\left(\frac{1+\rho_0}{1-\rho_0}\right)\right) \cdot\sqrt{n-3}$	1. $\lvert z\rvert > z_{1-\alpha/2}$
2. $H_0: \rho_{XY} \geq \rho_0$, $H_1: \rho_{XY} < \rho_0$		2. $z < z_\alpha$
3. $H_0: \rho_{XY} \leq \rho_0$, $H_1: \rho_{XY} > \rho_0$		3. $z > z_{1-\alpha}$

Beispiel: Test der Alternativhypothese: $\rho_{XY} < -.30$

Ausgangspunkt ist die Studie, die im letzten Beispiel dargestellt wurde. *Inhaltliche Hypothese:* Je höher die Intelligenz ausgeprägt ist, umso besser sind die schulischen Leistungen.

Operationalisierung: Wir setzen einen substanziellen Zusammenhang mit einer Korrelation von kleiner $-.30$ gleich. Nach Cohen (1988) ist ein Korrelationskoeffizient mit einem absoluten Wert von .30 als mittlerer Effekt zu werten.

Testproblem (Statistische Hypothesen):

$$H_0 : \rho_{XY} \geq -.30 \quad \text{gegen} \quad H_1 : \rho_{XY} < -.30$$

Ergebnis der Untersuchung: $r_{XY} = -.389$

Berechnung der Teststatistik:

$$\begin{aligned} z &= \frac{1}{2}\left(\ln\left(\frac{1+r_{XY}}{1-r_{XY}}\right) - \ln\left(\frac{1+\rho_0}{1-\rho_0}\right)\right) \cdot \sqrt{n-3} \\ &= 0.5\left(\ln\left(\frac{0.611}{1.389}\right) - \ln\left(\frac{0.7}{1.3}\right)\right) \cdot \sqrt{595} \\ &= 0.5\,(\ln(0.4399) - \ln(0.5385)) \cdot \sqrt{595} \\ &= 0.5(-0.8212 - (-0.6190)) \cdot 24.39 \\ &= -2.467 \end{aligned}$$

Bestimmung des kritischen Wertes:

$$z_{.05} = -1.645$$

Testentscheidung: Ablehnung der H_0, da $-2.467 < -1.645$. Der Zusammenhang zwischen Intelligenz und Schulnote ist vom Betrag her ein mittlerer Effekt mit $|\rho_{XY}| = .30$.

Für die Nullhypothese $\rho_{XY} = 0$ können beide oben dargestellten Testverfahren angewendet werden. Dabei ist jedoch die zunächst dargestellte Variante mit der t-Statistik die bessere Wahl, da die Testverteilung im Falle der Fisher-Z-Transformation lediglich approximativ normalverteilt ist, während die t-Verteilung unter Gültigkeit der Voraussetzungen die exakte Verteilung der Teststatistik darstellt.

5.2 Permutationstest

Liegt die Voraussetzung einer bivariaten Normalverteilung nicht vor, kann man den nun folgenden Permutationstest für die Produkt-Moment-Korrelation anwenden. Dieser Test geht von den vorliegenden Daten aus und ist damit ein bedingter Test. Durch die Anwendung des Permutationsprinzips wird eine diskrete Testverteilung für die Korrelationskoeffizienten erstellt. Damit liegt ein *exakter Test* vor (vgl. Kap. 3.3.1).

exakter Test

Wir nehmen jetzt an, dass die beiden Variablen X und Y jeweils eine nicht spezifizierte stetige Verteilungsfunktion besitzen, statistisch unabhängig sind und somit jede Kombination der Werte von X und Y mit gleicher Wahrscheinlichkeit auftreten kann. Unter Gültigkeit der Nullhypothese und ausgehend von den beobachteten Werten ist dann z. B. das Auftreten von (x_1, y_1) genauso wahrscheinlich wie das Auftreten von (x_1, y_2), (x_1, y_3), ..., (x_1, y_n).

Wir können insgesamt $n!$ unterschiedliche Reihenfolgen der Positionen 1 bis n erzeugen, die wir mit p_l $(1 \leq l \leq n!)$ bezeichnen und erhalten damit $n!$ gleichwahrscheinliche Datensätze der Form

$$(x_1, y_{p_l(1)}), (x_2, y_{p_l(2)}), \ldots, (x_n, y_{p_l(n)})$$

Für jeden dieser Datensätze wird der Korrelationskoeffizient berechnet. Damit erhalten wir die Verteilung des Korrelationskoeffizienten bei statistischer Unabhängigkeit von X und Y und können die Position der ermittelten Korrelation in dieser Verteilung bestimmen.

Beispiel: Permutationstest einer Produkt-Moment-Korrelation

Gegeben sind die mittleren Zensuren von 4 Schülern zum Ende der 8. und der 10. Klasse. Wir überprüfen anhand eines Permutationstests, ob die Zensuren zu beiden Zeitpunkten signifikant positiv korrelieren.

Daten:

Schüler	A	B	C	D
8. Klasse	1.5	1.9	2.5	3.2
10. Klasse	2.2	2.6	2.9	3.4

Ableitung der Verteilung der Produkt-Moment-Korrelation

Unter Annahme der statistischen Unabhängigkeit der Noten zu den beiden Zeitpunkten erhalten wir folgende 24 gleichwahrscheinliche Resultate:

Schüler	A	B	C	D	
8. Klasse (X)	1.5	1.9	2.5	3.2	r
$l = 1$; beobachtet	2.2	2.6	2.9	3.4	.994
$l = 2$	2.2	2.6	3.4	2.9	.683
$l = 3$	2.2	2.9	2.6	3.4	.834
$l = 4$	2.2	2.9	3.4	2.6	.336
$l = 5$	2.2	3.4	2.6	2.9	.256
$l = 6$	2.2	3.4	2.9	2.6	.069
$l = 7$	2.6	2.2	2.9	3.4	.852
$l = 8$	2.6	2.2	3.4	2.9	.540
$l = 9$	2.6	2.9	2.2	3.4	.478
$l = 10$	2.6	2.9	3.4	2.2	-.269
$l = 11$	2.6	3.4	2.2	2.9	-.100
$l = 12$	2.6	3.4	2.9	2.2	-.536
$l = 13$	2.9	2.2	2.6	3.4	.585
$l = 14$	2.9	2.2	3.4	2.6	.087
$l = 15$	2.9	2.6	2.2	3.4	.371
$l = 16$	2.9	2.6	3.4	2.2	-.376
$l = 17$	2.9	3.4	2.2	2.6	-.554
$l = 18$	2.9	3.4	2.6	2.2	-.803
$l = 19$	3.4	2.2	2.6	2.9	-.171
$l = 20$	3.4	2.2	2.9	2.6	-.358
$l = 21$	3.4	2.6	2.2	2.9	-.385
$l = 22$	3.4	2.6	2.9	2.2	-.820
$l = 23$	3.4	2.9	2.2	2.6	-.731
$l = 24$	3.4	2.9	2.6	2.2	-.980

Die Wahrscheinlichkeit für jeden Korrelationskoeffizienten entspricht $1/16 = .0625$. Unter Gültigkeit der H_0 ist die Wahrscheinlichkeit, eine Korrelation größer oder gleich der beobachteten Korrelation von $r = .994$ zu beobachten, $p = 1/24 = .0417 < .05 = \alpha$. Damit liegt eine für $\alpha = .05$ signifikante positive Korrelation der Noten zu den beiden Zeitpunkten vor.

Monte-Carlo-Verfahren

Bei Stichprobenumfängen von $n > 10$ wird die Berechnung der Testverteilung sehr aufwendig, da die Fakultätsfunktion hier sehr große Werte annimmt. In diesem Fall ist das sogenannte *Monte-Carlo-Verfahren* anzuwenden. Hier werden nicht alle Permutationen erzeugt, sondern eine hinreichend große repräsentative Teilmenge, die dann die Grundlage für die Testverteilung bildet (vgl. Internetsupplement).

Bei der Anwendung des hier dargestellten Permutationstests bzw. exakten Tests für Produkt-Moment-Korrelationskoeffizienten ist zu beachten, dass insbesondere bei geringen Stichprobenumfängen Ausreißer das Ergebnis sehr stark beeinflussen können. Bei dem Vorliegen von Ausreißern ist daher die Signifikanztestung anhand ordinaler Korrelationskoeffizienten zu empfehlen. Diese basieren zwar ebenfalls auf der Idee der Randomisierung, jedoch besteht durch die Bildung von Rängen ein erheblich geringeres Problem durch Ausreißer.

5.3 Tests für ordinale Korrelationskoeffizienten

Für die Berechnung des Zusammenhangs von ordinalskalierten Variablen wurden zahlreiche Koeffizienten entwickelt. Wir stellen hier die Signifikanzprüfung für die Spearmansche Rangkorrelation dar, da diese Methode sehr häufig in der Literatur eingesetzt wird. Weiterhin behandeln wir die Signifikanztestung von Kendalls τ_b, das sich wohl am besten als Zusammenhangsmaß für ordinalskalierte Variablen eignet (vgl. Holling & Gediga, 2011, Kap. 8.5).

Für intervallskalierte Daten sind Rangkorrelationen dann anzuwenden, wenn man nicht davon ausgehen kann, dass die Verteilung der zu korrelierenden Variablen bivariat normalverteilt ist.

5.3.1 Spearmans Rangkorrelation

Spearmans Rangkorrelation auf Stichprobenebene

$$r_S = \frac{\sum_{i=1}^{n}(rg(x_i)-\overline{rg}(x))(rg(y_i)-\overline{rg}(y))}{\sqrt{\sum_{i=1}^{n}(rg(x_i)-\overline{rg}(x))^2}\sqrt{\sum_{i=1}^{n}(rg(y_i)-\overline{rg}(y))^2}}$$

entspricht der Produkt-Moment-Korrelation für rangtransformierte Daten. Die Berechnung der Spearmanschen Rangkorrelation auf Populationsebene, hier mit ρ_S bezeichnet, ist in mathematischer Hinsicht recht anspruchsvoll. Wir verweisen hierzu auf Schweizer und Wolf (1981).

Spearman (1904) konnte zeigen, dass für einen Stichprobenumfang von $n > 25$ unter der Nullhypothese der Unabhängigkeit von zwei Zufallsvariablen die Stichprobenverteilung der folgenden Statistik T, die von r_S abhängt, approximativ $t(n-2)$-verteilt ist:

$$T = \frac{r_S\sqrt{n-2}}{\sqrt{1-r_S^2}}$$

Test für Spearmans Rangkorrelation

Damit können wir den approximativen *Test für Spearmans Rangkorrelation* wie folgt beschreiben:

Test für Spearmans Rangkorrelation

Annahmen:
$X_1, \ldots, X_n$ i.i.d. mit stetiger Verteilungsfunktion
$Y_1, \ldots, Y_n$ i.i.d. mit stetiger Verteilungsfunktion
(X_i, Y_i) i.i.d.

Testprobleme	*Teststatistik*	*Ablehnung der* H_0
1. $H_0: \rho_S = 0$ $H_1: \rho_S \neq 0$		1. $\lvert t\rvert > t_{1-\alpha/2}(n-2)$
2. $H_0: \rho_S \geq 0$ $H_1: \rho_S < 0$	$T = \frac{r_S\sqrt{n-2}}{\sqrt{1-r_S^2}}$	2. $t < t_\alpha(n-2)$
3. $H_0: \rho_S \leq 0$ $H_1: \rho_s > 0$		3. $t > t_{1-\alpha}(n-2)$

Für einen Stichprobenumfang von $n \leq 25$ können wir den exakten Test für die Spearmansche Rangkorrelation verwenden. Dieser Test wird analog zum exakten Test für die Produkt-Moment-Korrelation (vgl. Kap. 5.2) durchgeführt. Hierbei werden anstelle der ursprünglichen Werte der Variablen deren Ränge verwendet. Da hier für die Erstellung der Testverteilung nicht die ursprünglichen Daten verwendet werden, sondern lediglich Ränge, kann die Testverteilung für einen gegebenen Stichprobenumfang unabhängig von den Daten erstellt werden. Die kritischen Werte für den Test zur Spearmanschen Rangkorrelation für $n \leq 25$ können dem Anhang entnommen werden.

Beispiel: Spearmans Rangkorrelation

Es wird die Übereinstimmung der Beurteilung der sozialen Kompetenz von acht Mitarbeitern einer Abteilung durch zwei langjährige Kunden untersucht. Beide Kunden stellen jeweils eine Rangreihe der Mitarbeiter hinsichtlich ihrer sozialen Kompetenz auf.

Dabei erhält der Mitarbeiter mit der höchsten sozialen Kompetenz den Rangplatz 1, der Mitarbeiter mit der zweithöchsten sozialen Kompetenz den Rangplatz 2 etc.

Es resultieren die folgenden Angaben:

Mitarbeiter	A	B	C	D	E	F	G	H
Kunde 1 (X)	5	7	1	3	4	6	2	8
Kunde 2 (Y)	3	6	1	2	4	7	5	8

Berechnung der Teststatistik: $r_S = .8095$

Aufgrund des Stichprobenumfangs von $n = 8$ ist ein exakter Signifikanztest erforderlich. Anhand des Befehls

```
cor.test(X, Y, method="spearman", exact=TRUE)
```

von R resultiert ein p-Wert von .022. Die Nullhypothese eines fehlenden Zusammenhangs zwischen den beiden Kundenurteilen ist damit zurückzuweisen.

5.3.2 Kendalls Rangkorrelation

In Holling und Gediga (2011, S. 179f) wurden weitere Formen der Rangkorrelation vorgestellt: Goodman-Kruskals γ, Kendalls τ_b und Stuarts τ_c. Diese drei Koeffizienten basieren auf der Differenz der Anzahl konkordanter (C) und diskordanter Paare (D) von X und Y. Des Weiteren werden Rangbindungen in unterschiedlicher Weise berücksichtigt. Liegen keine Rangbindungen vor, stimmen die drei Koeffizienten überein. Von den verschiedenen Koeffizienten für eine Rangkorrelation ist im Fall von Rangbindungen die Anwendung von τ_b zu empfehlen (vgl. Holling & Gediga, 2011, S. 179ff.). Auf Stichprobenebene ist dieser Koeffizient wie folgt definiert:

$$\tau_b = \frac{C-D}{\sqrt{(C+D+T_X)(C+D+T_Y)}}$$

Daher stellen wir im Folgenden einen Signifikanztest für diesen Koeffizienten vor, der auch für die anderen genannten Koeffizienten, γ und τ_c, anzuwenden ist, falls keine Rangbindungen vorliegen. Auch die Berechnung von Kendalls τ auf Populationsebene, hier mit τ_b^P bezeichnet, ist recht kompliziert, daher verweisen wir wiederum auf Schweizer und Wolf (1981).

Kendall (1970) konnte zeigen, dass die Stichprobenverteilung von τ_b unter Gültigkeit der Nullhypothese (Unabhängigkeit der stetigen Zufallsvariablen X und Y), approximativ normalverteilt ist und dass diese Approximation für $n > 8$ schon sehr gut ist. Liegen keine Rangbindungen vor, kann für die Testung die Normalverteilung mit $\mu = 0$ und $\sigma^2 = \frac{2(2n+5)}{9n(n-1)}$ als Prüfverteilung genutzt werden. Die Teststatistik für den Test einer τ_b-Korrelation ist in diesem Fall:

$$Z = \tau_b \sqrt{\frac{9n(n-1)}{2(2n+5)}}$$

Damit kann das Testtableau für die approximative Signifikanztestung von Kendalls τ_b erstellt werden:

Test für Kendalls τ_b

Annahmen:
$X_1, \ldots, X_n$ i.i.d. mit stetiger Verteilungsfunktion
$Y_1, \ldots, Y_n$ i.i.d. mit stetiger Verteilungsfunktion
(X_i, Y_j) unabhängig
$n > 8$, es liegen keine Rangbindungen vor

Testprobleme	*Teststatistik*	*Ablehnung der* H_0
1. $H_0: \tau_b^P = 0$ $H_1: \tau_b^P \neq 0$		1. $\lvert z \rvert > z_{1-\alpha/2}$
2. $H_0: \tau_b^P \geq 0$ $H_1: \tau_b^P < 0$	$Z = \tau_b \sqrt{\frac{9n(n-1)}{2(2n+5)}}$	2. $z < z_\alpha$
3. $H_0: \tau_b^P \leq 0$ $H_1: \tau_b^P > 0$		3. $z > z_{1-\alpha}$

Im Falle von Rangbindungen ist die Berechnung der näherungsweise normalverteilten Teststatistik erheblich komplizierter und wir verweisen auf das Internetsupplement. Der ohne Berücksichtigung von Rangbindungen berechnete Z-Wert ist betragsmäßig kleiner, d.h. der Test basierend auf der unkorrigierten Teststatistik ist weiter zulässig, aber konservativer und mit geringerer Power ausgestattet als der Test, der die korrigierte Teststatistik nutzt.

Liegt ein Stichprobenumfang von $n \leq 8$ vor, ist der exakte Test für Spearmans Rangkorrelation zu verwenden (vgl. Anhang). Dieser Test wird wiederum analog zum exakten Test für die Produkt-Moment-Korrelation konstruiert (vgl. Kap. 5.2). Da für diesen Test nicht die ursprünglichen Daten verwendet werden, sondern die Anzahl der konkordanten und diskordanten Paare, hängt die Testverteilung nicht von den ursprünglichen Daten ab, womit kein konditionaler Test gegeben ist.

Beispiel: Kendalls Rangkorrelation

Wir greifen auf das Beispiel zur Spearmanschen Rangkorrelation zurück und berechnen anhand der dort verwendeten Daten Kendalls τ_b.

Berechnung der Teststatistik: $\tau_b = .643$ (C=23; D=5; Nenner=28).

Die exakte Testung mit R

`cor.test(X, Y, method="kendall", exact=TRUE)` ergibt einen p-Wert von $p = .031$. Die Nullhypothese, es bestehe kein

Zusammenhang zwischen den beiden Kundenurteilen, ist damit zurückzuweisen.

Der approximative Test für Kendalls τ_b ergibt die Teststatistik

$$z = 0.643\sqrt{\frac{9 \cdot 8 \cdot 7}{2 \cdot (2 \cdot 8 + 5)}} = 2.227$$

Der kritische Wert ist $z_{krit} = z_{1-.05/2} = 1.96$. Da $z > z_{krit}$, ist hier ebenfalls die Nullhypothese abzulehnen.

5.3.3 Power für die Tests zur Korrelation

Die Powerberechnung für die Tests zur Produkt-Moment-Korrelation und zu den Maßen für die Rangkorrelation ist komplizierter als für die bisher dargestellten Tests, da den Tests hier eine bivariate Verteilung zugrunde liegt. Zur Powerberechnung verweisen wir auf die Software G*Power (Faul, Erdfelder, Buchner & Lang, 2009) sowie die einschlägige Literatur, wie z. B. Borkowf (2002) oder Croux und Dehon (2010).

Die notwendigen Stichprobenumfänge für einige wichtige Ausprägungen des Produkt-Moment-Korrelationskoeffizienten unter der Nullhypothese $\rho_{XY} = 0$ sind in Tabelle 5.1 dargestellt.

Tabelle 5.1: Notwendige Stichprobenumfänge für den Test des Produkt-Moment-Korrelationskoeffizienten unter $H_0 : \rho_{XY} = 0$, $\alpha = .05$ und konventionelle β-Fehler

		einseitiger Test		zweiseitiger Test	
		$\beta = .2$	$\beta = .05$	$\beta = .2$	$\beta = .05$
Effekt-	|r|=.1	616	1077	782	1293
stärke	|r|=.3	67	115	84	138
	|r|=.5	23	38	29	46
	|r|=.8	8	11	9	13
	|r|=.9	5	8	6	9

5.4 Tests für Zusammenhangsmaße für nominalskalierte Variablen

In diesem Kapitel stellen wir Tests für wichtige Zusammenhangsmaße nominalskalierter Variablen vor. Dazu gehen wir zunächst auf die Signifikanztestung der χ^2-Statistik ein, die die Basis für Zusammenhangsmaße wie dem Kontingenzkoeffizienten oder Cramers V bildet (Holling

& Gediga, 2011, S. 191). Danach behandeln wir spezielle Testverfahren für die Analyse von 2×2-Kontingenztabellen, den exakten Test von Fisher und Yates sowie die Signifikanztestung des Odds Ratios.

Zunächst gehen wir auf unterschiedliche Modellannahmen ein, die eine wichtige Grundlage der Signifikanztestung von nominalskalierten Variablen darstellen.

5.4.1 Modellannahmen

Ausgangspunkt für die Analyse des Zusammenhangs nominalskalierter Variablen sind Häufigkeitstabellen. Betrachten wir als Beispiel eine Häufigkeitstabelle zum Zusammenhang der Arbeitszufriedenheit mit dem beruflichen Status (vgl. Tab. 5.2).

Tabelle 5.2: Daten zum Zusammenhang von Arbeitszufriedenheit und beruflichem Status (fiktive Daten)

	unzufrieden	zufrieden	Gesamt
Arbeiter	31	19	50
Beamte	13	40	53
Angestellte	19	28	47
Gesamt	63	87	150

Allgemein wählen wir die in der Tabelle 5.3 abgebildete Notation für die Darstellung einer Häufigkeitstabelle.

Tabelle 5.3: $k \times m$-Tabelle für Variable X mit k Ausprägungen und Variable Y mit m Ausprägungen

	X				
Y	b_1	b_2	...	b_m	Gesamt
a_1	n_{11}	n_{12}	...	n_{1m}	$n_{1\bullet}$
a_2	n_{21}	n_{22}	...	n_{2m}	$n_{2\bullet}$
...	...	...	...	...	...
a_k	n_{k1}	n_{k2}	...	n_{km}	$n_{k\bullet}$
Gesamt	$n_{\bullet 1}$	$n_{\bullet 2}$	...	$n_{\bullet m}$	n

Die statistische Häufigkeitsanalyse kann auf der Basis von drei unterschiedlichen Modellannahmen über das Zustandekommen der Stichproben durchgeführt werden. Diese Modellannahmen entsprechen der Form der Stichprobenziehung, die sich auf die Randhäufigkeiten der Kontingenztabelle auswirkt. Die wesentliche Unterscheidung ist dabei, welche der Randsummen feste Größen und welche der Randsummen Zufallsvariablen darstellen.

Ausgehend von dem Beispiel in Tabelle 5.2 können die Annahmen wie folgt dargestellt werden:

1. Wir gehen von einer Population aus, bestehend aus allen Arbeitern, Angestellten und Beamten und ziehen eine Zufallsstichprobe von 150 Personen. Wir stellen dann fest, ob sie mit ihrer Arbeit zufrieden oder unzufrieden sind. Nun geht es um die Frage, ob die beiden Variablen beruflicher Status und Arbeitszufriedenheit zusammenhängen. Hier ist nur der Stichprobenumfang bekannt, aber keine der Randverteilungen. Zufällig variieren können im Beispiel nur fünf der gemeinsamen Häufigkeiten; eine gemeinsame Häufigkeit ergibt sich aus dem Gesamtumfang abzüglich der drei gemeinsamen Häufigkeiten. Die Häufigkeiten werden als Realisationen einer multinomialverteilten Zufallsvariablen betrachtet. Deshalb spricht man auch von einem *multinomialen Sampling*. Der hier einschlägige Test ist der χ^2-Unabhängigkeitstest.

multinomiales Sampling

2. Wir gehen von drei Populationen, den drei Berufsgruppen, aus. Wir legen für jede der drei Stichproben, die wir aus der entsprechenden Population ziehen, die Stichprobengröße fest. Die Fragestellung lautet dann: Ist die Verteilung der Zufriedenheit bei den drei Populationen gleich oder ungleich? Hier wird für jede der drei Populationen jeweils eine Multinomialverteilung bzw. im vorliegenden Beispiel als Spezialfall eine Binomialverteilung mit identischen Parametern angenommen. Nimmt man eine identische Verteilung für die drei Populationen an, ergeben sich die Parameter der Multinomialverteilung unter der Nullhypothese als Produkt. Daher spricht man auch von einem *produkt-multinomialen Sampling*. Die Verteilung der Häufigkeiten wird entsprechend Produkt-Multinomialverteilung genannt. Da man die Homogenität der Verteilungen über die verschiedenen Populationen überprüft, nennt man den hier adäquaten Signifikanztest auch χ^2-Homogenitätstest. Bei diesem Test handelt es sich dann nicht um einen Test zur Assoziation von zwei Merkmalen, sondern um einen Test zur Unterschiedlichkeit von kategorialen Merkmalen über verschiedene Populationen hinweg. Im Falle von zwei Populationen entspricht dieser Test einem Zweistichprobentest. Wir behandeln diesen Test jedoch hier, da er analog zum χ^2-Assoziationstest durchgeführt wird (s. u).

produkt-multinomiales Sampling

hypergeometrisches Sampling

3. Für den letzten Fall, das sogenannte *hypergeometrische Sampling*, betrachten wir ein anderes Beispiel. In einem Experiment zur Schwellenwahrnehmung werden 15 Töne unterhalb der Hörschwelle und 15 Töne, die gerade wahrzunehmen sind, dargeboten. Eine Versuchsperson muss jeweils angeben, ob sie den Ton wahrgenommen hat oder nicht. Dabei wird der Person gesagt, dass 15 Töne wahrgenommen werden können und 15 nicht, d. h. sie muss 15 Töne als wahrnehmbar und 15 Töne als nicht wahrnehmbar angeben. In diesem Fall sind beide Randverteilungen bekannt. Gehen wir davon aus, dass 13 der wahrnehmbaren richtig erkannt wurden, resultiert die folgende Kreuztabelle (vgl. Tab. 5.4).

Tabelle 5.4: Kontingenztabelle für ein Hörschwellenexperiment

	Ton nicht wahrnehmbar	Ton wahrnehmbar	Gesamt
Reaktion: kein Ton	$n_{11} = 13$	$n_{12} = 2$	$n_{1\bullet} = 15$
Reaktion: Ton	$n_{21} = 2$	$n_{22} = 13$	$n_{2\bullet} = 15$
Gesamt	$n_{\bullet 1} = 15$	$n_{\bullet 2} = 15$	$n = 30$

Bei diesem Sampling sind beide Randverteilungen vorgegeben. Daher sind die Häufigkeiten mittels der hypergeometrischen Verteilung zu modellieren und man spricht dementsprechend von einem hypergeometrischen Sampling.

In den folgenden drei Teilkapiteln werden diese drei Testmodelle genauer beschrieben.

5.4.2 χ^2-Unabhängigkeitstest

Für kategoriale Merkmale X mit k Ausprägungen $a_1, ..., a_k$ und Y mit m Ausprägungen $b_1, ..., b_m$ soll geprüft werden, ob ein Zusammenhang zwischen den Merkmalen besteht.

Wir gehen von einem multinomialen Sampling aus, d. h. lediglich der Gesamtstichprobenumfang n liegt vor der Untersuchung fest und ist damit eine Konstante. Die Merkmale werden an den gleichen Beobachtungseinheiten erhoben.

Gemäß der Nullhypothese besteht kein Zusammenhang zwischen X und Y, das heißt, X und Y sind unabhängige Zufallsvariablen. Damit entspricht die gemeinsame Auftretenswahrscheinlichkeit der Ausprägungen (a_i, b_j) dem Produkt der Auftretenswahrscheinlichkeiten von a_i und b_j:

$$\mathrm{H}_0: P(X = a_i, Y = b_j) = P(X = a_i)P(Y = b_j)$$
$$\text{für alle: } 1 \leq i \leq k \text{ und } 1 \leq j \leq m$$

Die hier verwendete Teststatistik beruht auf dem Vergleich der beobachteten Häufigkeiten für alle Kombinationen der Ausprägungen (a_i, b_j) von X und Y mit den bei Unabhängigkeit der Merkmale zu erwartenden Häufigkeiten der Kombinationen. Dazu wird die aus der deskriptiven Statistik bekannte χ^2-Statistik verwendet. Diese Statistik bewertet den Abstand der beobachteten Häufigkeiten n_{ij} von den Häufigkeiten, die unter Gültigkeit der Nullhypothese (statistische Unabhängigkeit) zu erwarten wären. Die Erwartungswerte e_{ij}, auch Indifferenzwerte genannt, lassen sich durch

$$e_{ij} = \frac{n_{i\bullet} \times n_{\bullet j}}{n}$$

bestimmen. Die Teststatistik χ^2 ist wie folgt definiert:

χ^2-Statistik

$$\chi^2 = \sum_{i=1}^{k} \sum_{j=1}^{m} \frac{\left(n_{ij} - \frac{n_{i\bullet} \times n_{\bullet j}}{n}\right)^2}{\frac{n_{i\bullet} \times n_{\bullet j}}{n}}$$

Der χ^2-Unabhängigkeitstest macht die Annahme, dass die Stichprobenvariablenpaare $(X_i, Y_i), i = 1, ..., m \cdot n$ unabhängig sind. Unter der Nullhypothese sind die resultierenden Häufigkeiten in der Kontingenztabelle n_{ij} damit Realisierungen einer Multinomialverteilung $M(n, \pi_{11}, ..., \pi_{km})$ mit

$$\pi_{ij} = P(X = a_i, Y = b_j) = P(X = a_i)P(Y = b_j) = \pi_{i\bullet} \cdot \pi_{\bullet j}$$

Für die Berechnung der Teststatistik werden diese Parameter aus den Randverteilungen unter der Annahme der Unabhängigkeit von X und Y geschätzt: $\hat{\pi}_{ij} = (n_{i\bullet}/n) \cdot (n_{\bullet j}/n)$. Damit folgt für die unter Nullhypothese erwarteten Häufigkeiten $e_{ij} = \hat{\pi}_{ij}n$.

Es kann gezeigt werden (Fisher, 1922), dass unter H_0 die χ^2-Statistik approximativ $\chi^2((k-1) \cdot (m-1))$-verteilt ist. Die Güte der Approximation hängt von der Größe der Erwartungswerte in den einzelnen Zellen ab. Es gibt die folgenden Daumenregeln für die notwendige Größe der Erwartungswerte:

- Alle Erwartungswerte müssen größer als 1 sein.
- 80% der Erwartungswerte müssen größer als 5 sein.

Sollten diese Voraussetzungen nicht erfüllt sein, können für kleine Stichproben exakte Tests eingesetzt werden (s. u.).

Da der Test nur zweiseitig formuliert werden kann, enthält das folgende Testtableau auch nur diese Hypothese.

χ^2-Unabhängigkeitstest für zweidimensionale Häufigkeitstabellen

Annahmen:
X diskrete ZV mit k Ausprägungen
Y diskret mit m Ausprägungen
(X, Y) multinomialverteilt mit $M(n, \pi_{11}, ..., \pi_{k \cdot m})$

Testproblem	*Teststatistik*	*Ablehnung der* H_0
$H_0 : \pi_{ij} = P(X = a_i, Y = b_j) = P(X = a_i)P(Y = b_j)$ für alle i, j	χ^2-Statistik	$\chi^2 > \chi^2_{1-\alpha}((k-1) \cdot (m-1))$
$H_1 : \pi_{ij} = P(X = a_i, Y = b_j) \neq P(X = a_i)P(Y = b_j)$ für mindestens ein Paar i, j		

Bei einem signifikanten Ausgang des χ^2-Unabhängigkeitstests weiß man zunächst nur, dass die beiden Variablen abhängig sind. Man weiß aber nicht, welche Zellen der Kontingenztabelle für die Abweichung von der Unabhängigkeit verantwortlich sein könnten. Für eine solche Analyse dienen sogenannte Post-hoc-Tests, die im Internetsupplement dargestellt werden.

Beispiel: χ^2-Unabhängigkeitstest

Fragestellung: Hängt die Arbeitszufriedenheit mit dem beruflichen Status zusammen?

Ergebnisse der (fiktiven) Studie:

	unzufrieden	zufrieden	Gesamt
Arbeiter	31	19	50
Beamte	13	40	53
Angestellte	19	28	47
Gesamt	63	87	150

Wert der Teststatistik:

$$\chi^2 = 4.76 + 3.85 + 0.03 + 3.45 + 2.79 + 0.02 = 14.9$$

Kritischer Wert:

$$\chi^2_{.95}(2) = 5.99$$

Testentscheidung: Es erfolgt die Ablehnung der H_0 und die Annahme der H_1: „Die Arbeitszufriedenheit hängt mit dem beruflichen Status zusammen.“

5.4.3 χ^2-Homogenitätstest

Der χ^2-Homogenitätstest wird rechnerisch analog zum χ^2-Unabhängigkeitstest durchgeführt. Es werden lediglich andere Annahmen getroffen. Für ein kategoriales Merkmal Y mit m Ausprägungen $b_1, ..., b_m$ soll hier geprüft werden, ob dieses Merkmal in k Populationen X_k eine identische Verteilung aufweist, d. h. ob die Daten in den k Populationen durch eine Multinomialverteilung mit den gleichen Parametern $\pi_1, \ldots, \pi_m$ beschrieben werden können.

Ausgangspunkt ist hier ein produkt-multinomiales Sampling, d. h. die Stichprobenumfänge $n_i, i = 1, ..., k$ für die k Populationen liegen vor der Untersuchung fest. Die Häufigkeitstabelle ist damit etwas anders strukturiert (vgl. Tab. 5.5). Unter Gültigkeit der Nullhypothese wird angenommen, dass die Parameter $\pi_1, \ldots, \pi_m$ der Multinomialverteilung des Merkmals Y in allen k Populationen identisch sind. Damit resultieren unter H_0 die erwarteten Werte $e_{ij} = \pi_i n_j$.

Tabelle 5.5: $k \times m$-Tabelle für die Variable Y mit m Ausprägungen in k Populationen

	Population(Y)				
	b_1	b_2	...	b_m	Gesamt (feste Werte)
1	n_{11}	n_{12}	...	n_{1m}	n_1
2	n_{21}	n_{22}	...	n_{2m}	n_2
...	...	...	...	...	...
k	n_{k1}	n_{k2}	...	n_{km}	n_k
Gesamt	$n_{\bullet 1}$	$n_{\bullet 2}$	...	$n_{\bullet m}$	n

Als Teststatistik wird wiederum die oben angegebene χ^2-Statistik mit $(m-1)(k-1)$ Freiheitsgraden verwendet. Auch dieser Test ist nur zweiseitig formuliert und es resultiert das folgende Testtableau.

χ^2-Homogenitätstest für zweidimensionale Häufigkeitstabellen

Annahmen:
Y_i, $i = 1, \ldots \ldots, k$ multinomialverteilt mit der Verteilung $M(n_i, \pi_{i1}, \ldots, \pi_{im})$

Testproblem	*Teststatistik*	*Ablehnung der* H_0
$H_0 : \pi_{ij} = \pi_{ik}$ für alle j $H_1 : \pi_{ij} \neq \pi_{ik}$ für mindestens ein Paar i, j	χ^2-Statistik	$\chi^2 > \chi^2_{1-\alpha}((k-1) \cdot (m-1))$

5.4.4 Exakter Test von Fisher-Yates

Fisher-Yates-Test

Der *exakte Test von Fisher-Yates* ist für die Analyse von 2×2-Kontingenztabellen geeignet, die auf einem hypergeometrischen Sampling beruhen, d. h. der Annahme, dass die Randhäufigkeiten einer Kontingenztabelle feste Größen sind. Als Beispiel betrachten wir hier das im Kapitel 5.4.1 dargestellte (fiktive) Wahrnehmungsexperiment. Hier wird als Teststatistik die Häufigkeit n_{11} betrachtet, die als Realisation einer Zufallsvariablen N_{11} angesehen wird. (Anstelle von n_{11} können wir auch eine der drei anderen gemeinsamen Häufigkeiten betrachten.)

Bei gegebenen festen Randhäufigkeiten kann nun N_{11} – bei Annahme der Unabhängigkeit der beiden Variablen – durch ein Urnenmodell mit Ziehen ohne Zurücklegen modelliert werden. Dieser Zufallsprozess entspricht dann einer hypergeometrischen Verteilung (vgl. Holling & Gediga, 2013, Kap. 4.1.2):

$$P(N_{11} = n_{11}) = H(n_{11}|n_{1\bullet}, n_{\bullet 1}, n) = \frac{n_{\bullet 1}!n_{\bullet 2}!n_{1\bullet}!n_{2\bullet}!}{n!n_{11}!n_{12}!n_{21}!n_{22}!}$$

Eine ausführliche Ableitung dieses Zusammenhangs findet sich im Internetsupplement.

Für einen einseitigen Test der Hypothese, dass der richtige Ton überzufällig oft erkannt wird, addiert man nun die Wahrscheinlichkeiten der möglichen Ergebnisse, die noch extremer wären als das beobachtete Ergebnis. Die entsprechenden (noch extremer ausgeprägten) Tabellen sind:

Tabelle 5.6: Extremere Kontingenztabellen für ein Hörschwellenexperiment

	Ton nicht wahrnehmbar	Ton wahrnehmbar	Gesamt
Reaktion: kein Ton	$n_{11} = 14$	$n_{12} = 1$	$n_{1\bullet} = 15$
Reaktion: Ton	$n_{21} = 1$	$n_{22} = 14$	$n_{2\bullet} = 15$
Gesamt	$n_{\bullet 1} = 15$	$n_{\bullet 2} = 15$	$n = 30$

und

	Ton nicht wahrnehmbar	Ton wahrnehmbar	Gesamt
Reaktion: kein Ton	$n_{11} = 15$	$n_{12} = 0$	$n_{1\bullet} = 15$
Reaktion: Ton	$n_{21} = 0$	$n_{22} = 15$	$n_{2\bullet} = 15$
Gesamt	$n_{\bullet 1} = 15$	$n_{\bullet 2} = 15$	$n = 30$

Die Wahrscheinlichkeit, die Häufigkeit n_{11} oder einen höheren Wert durch Zufall zu erreichen, ist damit:

$$\begin{aligned} p(N_{22} = 13|\mathrm{H}_0) + p(N_{22} = 14|\mathrm{H}_0) + p(\mathrm{H}_{22} = 15|\mathrm{H}_0) &= \\ \frac{15!15!15!15!}{30!}\left(\frac{1}{13!2!2!13!} + \frac{1}{14!1!1!14!} + \frac{1}{15!0!0!15!}\right) &= \\ .00007108 + .00000145 + .00000001 &\approx .00007 \end{aligned}$$

Zum Testen einer zweiseitigen Hypothese müssen die Wahrscheinlichkeiten der dann extremen Beobachtungen zusammengefasst werden, d. h. hinzukommen die Wahrscheinlichkeiten für die Häufigkeit $N_{22} = 0$, $N_{22} = 1$ und $N_{22} = 2$:

$$\begin{aligned} & p(N_{22} = 13|\mathrm{H}_0) + p(N_{22} = 14|\mathrm{H}_0) + p(N_{22} = 15|\mathrm{H}_0) \\ & \quad + p(N_{22} = 2|\mathrm{H}_0) + p(N_{22} = 1|\mathrm{H}_0) + p(N_{11} = 0|\mathrm{H}_0) \\ = \; & 2 \cdot (.0000711 + .0000014 + .0000000) = .0001451 \end{aligned}$$

Der exakte Fisher-Yates-Test lässt sich auch auf Kontingenztabellen mit mehr als zwei Ausprägungen für eine der beiden oder beide Variablen verallgemeinern. Damit liegt ein exakter Test für $k \times m$-Kontingenztabellen vor. Diesem Test liegt die verallgemeinerte hypergeometrische Verteilung zugrunde. Dabei kann der rechnerische Aufwand sehr stark ansteigen (vgl. Freeman & Halton, 1951; Metha & Patel, 1986). Oftmals ist es nötig, die Verteilung der Teststatistik anhand von Monte-Carlo-Studien zu ermitteln. Weitere Informationen zu exakten Tests für $k \times m$-Kontingenztabellen finden sich im Internetsupplement.

Solche exakten Tests für Kontingenztabellen, im Falle von 2×2-Kontingenztabellen der exakte Fisher-Yates-Tests werden als bedingte Tests auch für das multinomiale und das produkt-multinomiale Sampling eingesetzt, wenn die Zellenbesetzungen für den χ^2-Unabhängigkeitstest zu klein sind. In diesen Fällen reagieren exakte Tests wegen der diskreten Verteilung der Statistik zumeist konservativ (vgl. Agresti, 2013, S. 62–66).

5.4.5 Test für das Odds Ratio

Das *Odds Ratio* (oder Chancenverhältnis) wird oft zur Assoziationsanalyse in epidemiologischen und klinischen Daten genutzt. Anhand der folgenden (fiktiven) Beispieldaten wird der Zusammenhang zwischen Arbeitslosigkeit und Depression mittels des Odds Ratios analysiert: Odds Ratio

Tabelle 5.7: Beispieldaten zur Berechnung eines Odds Ratios

	Depression	keine Depression	Gesamt
Arbeitslos	$n_{11} = 120$	$n_{12} = 390$	$n_{1\bullet} = 510$
Erwerbstätig	$n_{21} = 60$	$n_{22} = 540$	$n_{2\bullet} = 600$
Gesamt	$n_{\bullet 1} = 180$	$n_{\bullet 2} = 930$	$n = 1110$

Das Verhältnis der Chancen, als Arbeitsloser zu erkranken vs. als erwerbstätige Personen zu erkranken, beträgt für das Beispiel:

$$\widehat{OR} = \frac{n_{11}}{n_{12}} \frac{n_{21}}{n_{22}} = \frac{n_{11}n_{22}}{n_{21}n_{12}} = \frac{120 \cdot 540}{390 \cdot 6} = 2.1$$

Im Beispiel interessiert die Frage, ob die Chance, zu erkranken, für Arbeitslose und Erwerbstätige identisch ist, d. h. ob ein Chancenverhältnis von 1:1 bzw. ein logarithmiertes Odds Ratio (*LOR*) von 0 in der Population vorliegt. Dabei ist *LOR* definiert als das Verhältnis der entsprechenden Chancen in der Population bzw. der Wahrscheinlichkeiten π_{ij}, $(i, j = 1, 2)$;

$$LOR = \ln\left(\frac{\pi_{11}}{\pi_{12}} \frac{\pi_{21}}{\pi_{22}}\right)$$

Man kann nun zeigen (vgl. Agresti, 2013, S. 70), dass die Statistik $\widehat{LOR} = \ln(\widehat{OR})$ im multinomialen oder produkt-multinomialen Modell für hinreichend großes n näherungsweise normalverteilt ist mit dem Varianzschätzer (vgl. Internetsupplement):

$$\hat{\sigma}^2_{\widehat{LOR}} = \frac{1}{n_{11}} + \frac{1}{n_{12}} + \frac{1}{n_{21}} + \frac{1}{n_{22}}$$

Um zu testen, ob der Parameter *LOR* einen bestimmten Wert annimmt, kann die folgende approximativ standardnormalverteilte Z-Statistik als Prüfgröße verwendet werden:

$$Z = \frac{\widehat{LOR} - LOR_0}{\hat{\sigma}_{\widehat{LOR}}}$$

Damit resultiert das folgende Tableau für den Test für das Odds Ratio:

Test für das Odds Ratio

Annahmen:
(X,Y) multinomialverteilt mit $M(n,\pi_{11},\pi_{12},\pi_{21},\pi_{22})$
$\hat{\pi}_{ij} \cdot n \geq 9$ ($i = 1,2$ und $j = 1,2$)

Testprobleme	*Teststatistik*	*Ablehnung der* H_0
1. $H_0: LOR = LOR_0$ $H_1: LOR \neq LOR_0$		1. $\lvert z\rvert > z_{1-\alpha/2}$
2. $H_0: LOR \geq LOR_0$ $H_1: LOR < LOR_0$	$Z = \frac{\widehat{LOR}-LOR_0}{\hat{\sigma}_{\widehat{LOR}}}$	2. $z < z_\alpha$
3. $H_0: LOR \leq LOR_0$ $H_1: LOR > LOR_0$		3. $z > z_{1-\alpha}$

Beispiel: Zweiseitiger Test für das Odds Ratio

Es wird untersucht, ob sich die Chance, an einer Depression zu erkranken, bei arbeitslosen und erwerbstätigen Personen unterscheidet (vgl. Holling & Gediga, 2011, S. 201). Die Nullhypothese ist $H_0: LOR = 0$ und die Alternativhypothese $H_0: LOR \neq 0$.

Ergebnisse der (fiktiven) Studie:

$$n_{11} = 120, n_{12} = 390, n_{21} = 60, n_{22} = 540$$

Damit resultiert $\widehat{OR} = 2.770$ und $\widehat{LOR} = \ln(\widehat{OR}) = 1.019$

Die geschätzte Varianz des Schätzers $\widehat{LOR}$ ist:

$$\hat{\sigma}^2_{\widehat{LOR}} = \frac{1}{120} + \frac{1}{390} + \frac{1}{60} + \frac{1}{540} = 0.029$$

bzw. $\hat{\sigma}_{\widehat{LOR}} = 0.172$. Wir erhalten damit

$$z = \frac{1.0186 - 0}{0.172} = 5.922$$

Da $|z| = 5.922 > 1.96 = z_{.975}$ ist, können wir die Nullhypothese ablehnen.

Wir hatten hier das Odds Ratio als Zusammenhangsmaß basierend auf einem multinomialen Sampling dargestellt. Die obigen Ausführungen gelten analog für das Odds Ratio als Zweistichprobentest auf der Grundlage des produkt-multinomialen Samplings (vgl. Agresti, 2013, Kap. 3).

5.5 Software

5.5.1 Tests für den Zusammenhang von intervall- und ordinalskalierten Variablen

Für die Berechnung der Zusammenhangsmaße für intervall- und ordinalskalierte Variablen nutzen wir den Testdatensatz *cft* und korrelieren die Durchschnittsnote mit den Variablen zur Motivation für die Schulfächer.

SPSS

```
CORRELATIONS VARIABLES= Durchschnittsnote WITH
MotivMathematik, MotivPhysik, MotivDeutsch, MotivEnglisch
/MISSING=PAIRWISE.
```

Die Option `/MISSING=PAIRWISE` (=Ausschluss von fehlenden Werten in jedem Variablenpaar) ist voreingestellt und braucht daher nicht angegeben werden. Die Option `/MISSING=LISTWISE` schließt Fälle mit fehlenden Werten bei einer oder mehreren Variablen grundsätzlich aus.

Die Rangkorrelationen werden über das Kennwort NONPAR CORR angefordert:

```
NONPAR CORR VARIABLES= Durchschnittsnote
MotivMathematik, MotivPhysik, MotivDeutsch, MotivEnglisch
/PRINT KENDALL
/MISSING=PAIRWISE.
```

Mit `/PRINT SPEARMAN` wird Spearmans Rangkorrelation durchgeführt.

R

```
cor( x=cft$Durchschnittsnote,
     y= cbind(cft$MotivMathematik, cft$MotivPhysik,
              cft$MotivDeutsch, cft$MotivEnglisch),
     use = "pairwise.complete.obs",
     method = "kendall"
   )
```

Es können die Koeffizienten „pearson“, „spearman“ und „kendall“ spezifiziert werden. Ein Signifikanztest wird für die angegebenen Koeffizienten nicht durchgeführt. Er kann für einzelne Koeffizienten mit der Funktion `cor.test()` berechnet werden.

```
cor.test( x=cft$Durchschnittsnote,
          y=cft$MotivMathematik,
          method = "kendall"
        )
```

Im `Hmisc`-Paket gibt es zusätzlich die Funktion `rcorr()`, die für Matrizen von Korrelationskoeffizienten eine Signifikanzprüfung durchführt.

Der im Text dargestellte Konturplot (s. S. 125) ist mithilfe der Funktion `scatterplot()` aus dem `car`-Paket erzeugt worden. Die Funktion besitzt eine Vielzahl an Parametern. Für den Konturplot reicht der folgende Aufruf:

```
scatterplot(cft$Durchschnittsnote~cft$MotivMathematik,
            ellipse=TRUE
           )
```

5.5.2 Tests für den Zusammenhang von nominalskalierten Variablen

In den folgenden Beispielen wird wiederum der Testdatensatz *cft* verwendet, um zu überprüfen, ob es einen Zusammenhang zwischen dem Geschlecht und dem Besuch eines Gymnasiums gibt.

SPSS

```
CROSSTABS
/TABLES=Geschlecht BY Schultyp_Gymnasium
/STATISTIC=CHISQ CC PHI
/CELLS= COUNT.
```

Mit der Statistik `CHISQ` wird die χ^2-Statistik angefordert, `CC` ruft die Kontingenzkoeffizienten K und K^* ab und `PHI` die ϕ-Korrelation bzw. Cramers V.

R

Mittels R lässt sich eine Kreuztabelle wie folgt erstellen:

```
# Erstelle eine Häufigkeitstabelle ...
tab = table(cft$Geschlecht, cft$Schultyp_Gymnasium)
chisq.test(tab)  # Chi-Quadrattest
fisher.test(tab) # Fishers exakter Test für 2x2-Tafeln
```

Für die deskriptiven Statistiken wird das Paket `vcd` benötigt. Die Funktion `assocstats(tab)` liefert die ϕ-Korrelation bzw. Cramers V und den Kontingenzkoeffizienten K.

5.5.3 Test für das Odds Ratio

SPSS

Im SPSS-System lässt sich die Analyse des Odd-Ratios ebenfalls in der `CROSSTABS`-Umgebung abrufen. Man wählt hier dann das Schlagwort `RISK` aus.

```
CROSSTABS
/TABLES=Geschlecht BY Schultyp_Gymnasium
/STATISTIC=RISK
/CELLS= COUNT.
```

R

Eine Funktion für die Analyse von Odds Ratios in 2×2-Tabellen wird für R nur in sehr spezialisierten Paketen (z.B. abd, ein Analysepaket für Biologen) angeboten. Die folgende Funktion kann hierfür genutzt werden:

```
oddsratio <- function(tab, alpha = 0.05){
  n00<-tab[1,1]; n01<-tab[1,2]
  n10<-tab[2,1]; n11<-tab[2,2]
  OR <- (n00 * n11)/(n01 * n10)
  s  <- sqrt((1/n00) + (1/n01) + (1/n10) + (1/n11))
  z  <- qnorm(1 - alpha/2)
  LOR <- log(OR)
  LORu <- LOR - z * s;    ORu <- exp(LORu)
  LORo <- LOR + z * s;    ORo <- exp(LORo)
  p = pchisq(1,(LOR/s)^2)
  dframe <- data.frame(p=p, LowerCI = ORu, OR = OR,
                        UpperCI = ORo, alpha = alpha)
  dframe
}
```

Die Nutzung der Funktion oddsratio zeigt folgendes Beispiel:

```
# Erstelle eine Häufigkeitstabelle ...
tab = table(cft$Geschlecht, cft$Schultyp_Gymnasium)
oddsratio(tab)
```

Zusammenfassung

In diesem Kapitel wurden Tests für Hypothesen zum Zusammenhang von zwei Variablen vorgestellt. Für den Zusammenhang von intervallskalierten Variablen wird in der Regel der Produkt-Moment-Korrelationskoeffizient eingesetzt. Zur Signifikanztestung dieses Koeffizienten ist zu unterscheiden, ob unter der Nullhypothese gilt: $\mathrm{H}_0 : \rho_{XY} = 0$ oder $\mathrm{H}_0 : \rho_{XY} = \rho_0 \neq 0$. Im ersten Fall wird eine t-verteilte Teststatistik verwendet, im zweiten Fall eine z-Statistik basierend auf der sogenannten Fisher-Z-Transformation. Beide Testverfahren nehmen an, dass die Variablen X und Y bivariat normalverteilt sind.

Ist die Voraussetzung der bivariaten Normalverteilung nicht gegeben, kann man einen exakten Test einsetzen. Dieser Test wurde sehr ausführlich dargestellt, da auch weitere in diesem und in späteren Kapiteln dargestellte Signifikanztests exakte Testverfahren darstellen.

Der Zusammenhang von ordinalskalierten Variablen wird häufig mittels der Rangkorrelationen Spearmans ρ_S und Kendalls τ_b ermittelt. Für beide Koeffizienten wurden Signifikanztests für die Nullhypothese, dass diese Koeffizienten in der Population den Wert 0 annehmen, vorgestellt. Für kleine Stichprobenumfänge sind exakte Tests anzuwenden, für umfangreichere Stichproben liegen approximativ Verteilungen der Teststatistiken unter Gültigkeit der Nullhypothese vor.

Für die Testung des Zusammenhangs von nominalskalierten Variablen kann die χ^2-Statistik verwendet werden. Hier unterscheiden wir zwischen einem multinomialen Sampling (alle Randsummen sind Zufallsvariablen), einem produkt-multinomialen Sampling (die Randsumme für X ist festgelegt und für Y zufällig oder umgekehrt) und einem hypergeometrischen Sampling (alle Randsummen sind festgelegt). In allen drei Fällen kann die Verteilung der χ^2-Statistik asymptotisch durch die gleiche χ^2-Verteilung approximiert werden.

Die Bedingungen für die Approximation sind, dass kein Erwartungswert kleiner als 1 ausfällt und dass mindestens 80% der Erwartungswerte größer als 5 sind.

Speziell für den Zusammenhang von binären Variablen wurden der exakte Test von Fisher-Yates und ein Signifikanztest für das Odds Ratio vorgestellt.

Zentrale Begriffe

Signifikanztest für die Produkt-Moment-Korrelation: Für bivariate Normalverteilungen überprüft man anhand der Testgröße $T = \frac{r\sqrt{n-2}}{\sqrt{1-r^2}}$, ob die Korrelation r von 0 verschieden ist oder nicht. Die Prüfverteilung ist eine t-Verteilung mit $n-2$ Freiheitsgraden.

Fisher-Z-Transformation für eine Produkt-Moment-Korrelation: Durch Anwendung der Fisher-Z-Transformation wird eine Teststatistik erzeugt, die approximativ normalverteilt ist mit der Varianz $1/(n-3)$. Damit kann man überprüfen, ob die Korrelation r einen bestimmten, auch von 0 verschiedenen, Wert annimmt.

Signifikanztest für Spearmans Rangkorrelation r_S: Nach Durchführung von Rangtransformationen für X und Y wird die Produkt-Moment-Korrelation der transformierten Daten durchgeführt und der entsprechende Signifikanztest anhand der t-Statistik berechnet, wenn ein Stichprobenumfang von $n > 25$ vorliegt. Für ein kleineres n wählt man den exakten Test, dessen kritische Werte tabellarisch vorliegen.

Signifikanztest für Kendalls τ_b-Korrelation: Ist $n > 8$, kann mit $Z = \tau_b\sqrt{\frac{9n(n-1)}{2(2n+5)}}$ eine approximativ standardnormalverteilte Teststatistik für Kendalls τ_b genutzt werden. Für ein kleineres n wählt man den exakten Test, dessen kritische Werte tabelliert sind.

χ^2-Unabhängigkeitstest: Test für den Zusammenhang zweier nominalskalierter Variablen anhand der χ^2-Statistik.

χ^2-Homogenitätstest: Test, ob in verschiedenen Populationen eine kategoriale Variable eine identische Multinomialverteilung aufweist.

Exakter Fisher-Yates-Test: Test für die Überprüfung, ob Unabhängigkeit in einer 2×2-Kontingenztabelle, die anhand eines hypergeometrischen Samplings erhoben wurde, vorliegt. Als bedingter Test kann er auch für das multinomiale und produkt-multinomiale Sampling eingesetzt werden.

Signifikanztest für das Odds Ratio: Die Stichprobenverteilung des logarithmierten Odds Ratios ist näherungsweise normalverteilt, wobei die Varianz der Stichprobenverteilung des logarithmierten Odds Ratios durch die Summe der Kehrwerte der Zellenbesetzungen gegeben ist. Hiermit lässt sich ein Z-Test aufbauen, der die Größe eines Odds Ratios überprüft.

Notation

Notation	Bedeutung
$H(a,A,B,n)$	Hypergeometrische Verteilung mit a Beobachtungen, den Randsummen A und B, sowie der Gesamtanzahl n
X^2	Empirischer χ^2-Abstand, dessen Wert mit der χ^2-Verteilung verglichen wird
OR	Odds Ratio (Chancenverhältnis) ermittelt aus einer 2×2-Tabelle
LOR	Logarithmiertes Odds Ratio
χ^2	Teststatistik zum gleichnamigen Test
n_{ij}	Zellenhäufigkeiten in einer Kontingenztabelle
$n_{i\bullet}, n_{\bullet i}$	Randhäufigkeiten in einer Kontingenztabelle
e_{ij}	Erwartete Häufigkeiten in einer Kontingenztabelle

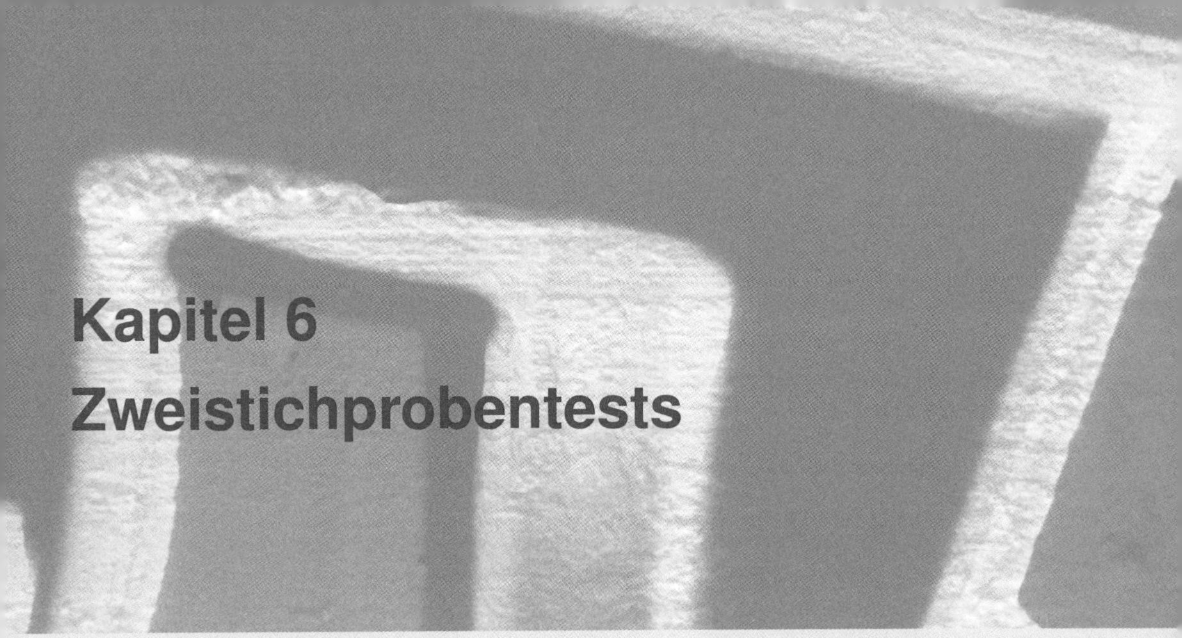

Kapitel 6
Zweistichprobentests

Inhaltsübersicht

In diesem Kapitel stellen wir Testverfahren für Hypothesen über Unterschiede der Verteilungen von zwei Populationen vor. Dazu wird aus jeder der beiden Populationen eine Stichprobe gezogen und anhand der Daten der zwei Stichproben wird eine Entscheidung über die vorliegende Hypothese getroffen. Daher heißen diese Tests auch Zweistichprobentests. Es gibt eine Vielzahl von solchen Testverfahren und es ist oft nicht einfach, einen adäquaten Test für eine bestimmte Hypothese auszuwählen. Anhand des folgenden Beispiels sei die grundlegende Problematik erläutert.

Beispiel: Problem für einen Zweigruppenvergleich

Wir betrachten folgende experimentell zu untersuchende Hypothese:

Hypothese: Mittels eines Trainings zu Intelligenztestaufgaben lassen sich die Leistungen in einem Intelligenztest verbessern.

Operationalisierung: Es werden zufällig Personen ausgewählt, die einer von zwei Gruppen, der Experimental- und Kontrollgruppe, randomisiert zugeordnet werden. Die Mitglieder der Experimentalgruppe erhalten ein Training für ein effizientes Vorgehen bei der Durchführung von Intelligenztests, die Mitglieder der Kontrollgruppe ein Training zur Verbesserung der sozialen Kompetenz. Nach den Trainings führen die Mitglieder beider Gruppen einen Intelligenztest durch.

Nun können verschiedene Fragestellungen über mögliche Unterschiede in den Verteilungen der Intelligenztestwerte für die beiden Gruppen untersucht werden. So kann die Ausgangsfrage lauten, ob sich die Populationen z. B. hinsichtlich des Mittelwerts (Erwartungswerts), Medians oder der Varianz unterscheiden. Um solche Unterschiede aufgrund von Stichprobendaten statistisch zu testen, sind Annahmen über die Verteilung der IQ-Werte in den beiden Populationen festzulegen.

In Abbildung 6.1 auf der Folgeseite sind einige mögliche Verteilungen der abhängigen Variablen in den unterschiedlichen Populationen dargestellt. In der ersten Abbildung (oben links) liegen für beide Populationen Normalverteilungen mit gleicher Varianz, aber einem unterschiedlichen Erwartungswert vor, während in der zweiten Abbildung (oben rechts) bei den beiden Normalverteilungen ein unterschiedlicher Erwartungswert und eine unterschiedliche Varianz gegeben sind. In der Abbildung unten links besitzen beide Verteilungen die gleiche Form, gehören aber keiner bekannten Familie, wie der Normalverteilung, t- oder F-Verteilung an. Sie unterscheiden sich aber hinsichtlich ihres Erwartungswertes.

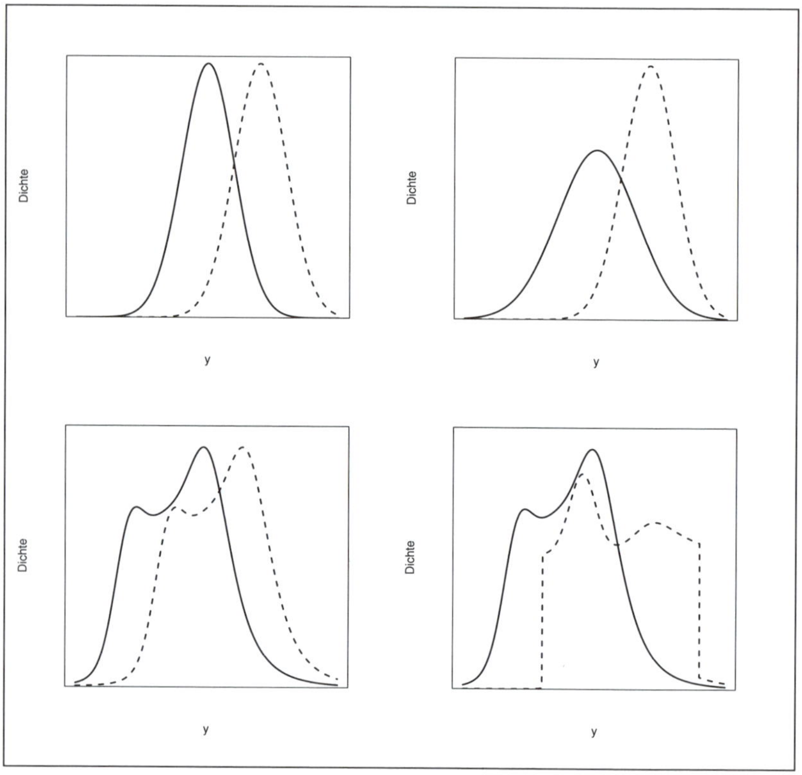

Abbildung 6.1: Mögliche Verteilungen beim Vergleich zweier Stichproben

Schließlich gehören die beiden Verteilungen in der vierten Abbildung (unten rechts) ebenfalls keiner bekannten Verteilungsfamilie an und unterscheiden sich hinsichtlich ihrer Form und dabei auch hinsichtlich ihres Erwartungswerts und ihrer Varianz.

Die Auswahl eines Tests hängt ganz wesentlich von der Verteilung eines Merkmals ab. Aufgrund der zahlreichen unterschiedlichen Verteilungen existieren dementsprechend viele unterschiedliche Testverfahren.

Zur Auswahl von Zweistichprobentests ist weiterhin zu beachten, ob die Beobachtungen der beiden Stichproben statistisch unabhängig oder abhängig sind. Bei den bisher vorgestellten Testverfahren wurde zwischen allen Mitgliedern der Stichprobe jeweils statistische Unabhängigkeit gefordert. Eine solche Unabhängigkeit kann dadurch erzielt werden, dass die Elemente der Stichprobe zufällig aus einer Population gezogen werden und weiterhin nach dem Zufallsprinzip einer der Gruppen zugeordnet werden. Geht es z. B. um das Körpergewicht von Personen, so ist bei einer solchen Zufallsauswahl das Gewicht einer jeden Person unabhängig von dem Gewicht aller anderen Personen, d. h. auch, dass das

Gewicht irgendeiner Person nicht durch das Gewicht irgendeiner anderen Person vorhergesagt werden kann.

Eine solche Unabhängigkeit liegt auch zwischen allen Mitgliedern zweier Stichproben vor, wenn die Mitglieder der beiden Stichproben jeweils unabhängig voneinander aus ihren Populationen gezogen werden. Ein einfaches Beispiel soll diese Situation verdeutlichen.

Soll der Erfolg einer Diät untersucht werden, kann man Zufallsstichproben aus zwei Populationen ziehen, wobei eine Stichprobe (Experimentalgruppe) aus einer Population von Personen besteht, die eine Diät durchgeführt haben, und eine andere Stichprobe (Kontrollgruppe) aus einer Population von Personen stammt, die keine Diät durchgeführt haben. Angenommen, die Personen der Experimentalgruppe hätten im Mittel durch die Diät 5 kg abgenommen und das mittlere Gewicht der Personen der Kontrollgruppe wäre unverändert geblieben, dann ließe sich das Gewicht irgendeiner Person nicht durch das Gewicht einer anderen Person vorhersagen.

Man kann den Erfolg einer Diät auch untersuchen, indem man bei einer Gruppe von unabhängig gezogenen Personen aus einer Population vor einer Diät das Gewicht misst und weiterhin nach der Diät. Wir nehmen nun zunächst an, dass jede Person genau 5 kg abgenommen hat. Die Vorhermessung bildet hier die Kontrollbedingung (keine Diät), während die Nachhermessung der Messung in einer Experimentalgruppe entspricht. Bei diesem Vorgehen kann man ebenfalls nicht das Gewicht einer Person aus dem Gewicht einer anderen Person vorhersagen, jedoch das Gewicht einer Person nach der Diät durch ihr Gewicht vor der Diät. Das Gewicht aus der Vorhermessung korreliert unter diesen Bedingungen mit dem Gewicht aus der Nachhermessung mit $r = 1$.

Im Allgemeinen wird nicht jede Person genau den gleichen Gewichtsverlust erzielen und insofern beträgt die Korrelation nicht genau 1, aber sie dürfte in jedem Fall verschieden von $r = 0$ sein. Damit liegen hier abhängige Stichproben bzw. Abhängigkeiten zwischen einzelnen Stichprobenvariablen vor, die es bei der statistischen Modellierung zu berücksichtigen gilt. Die Abhängigkeit wirkt sich insbesondere auf die Berechnung von Varianz bzw. Standardfehler aus. Deshalb ist bei der Auswahl von Testverfahren zunächst zu beachten, ob sogenannte abhängige Stichproben vorliegen.

Abhängigkeiten zwischen Stichprobenvariablen entstehen nicht nur durch die Verwendung der gleichen Stichprobenelemente zu verschiedenen Zeitpunkten, sondern auch durch das sogenannte *Matching* von Stichproben. Dabei wird jeder Person aus der Kontrollgruppe eine be- Matching züglich ausgewählter Kriterien passende Person in der Experimentalgruppe zugeordnet. Bezogen auf das obige Beispiel zur Diät könnte man zu jeder Person der Kontrollgruppe eine solche Person für die Experimentalgruppe auswählen, die das gleiche Gewicht (vor der Diät) besitzt. Abhängigkeiten zwischen Stichprobenvariablen liegen auch in Zwillingsstudien vor, wenn jeder Zwilling einer der beiden Gruppen zugeteilt wird.

Sehr häufig geht es in empirischen Studien um Hypothesen zu Unterschieden hinsichtlich des Erwartungswertes zweier Populationen. Daher stellen wir für diese Fragestellung die meisten Testverfahren vor. Weiterhin behandeln wir Testverfahren zur Überprüfung von Unterschieden des Medians, der Varianz, von Anteilswerten sowie der gesamten Verteilung eines Merkmals. Abschließend stellen wir einen Test vor, der es erlaubt, Unterschiede von Korrelationskoeffizienten in zwei Populationen zu überprüfen.

6.1 Zweistichprobentests für Lageunterschiede für unabhängige Stichproben

In vielen empirischen Studien ist es von Interesse, ob sich zwei Populationen hinsichtlich der Lage eines interessierenden Merkmals unterscheiden. Die hier aufgestellten Hypothesen richten sich dabei zumeist auf die Gleichheit bzw. Unterschiedlichkeit der Erwartungswerte.

Wir greifen auf das Beispiel des Intelligenztrainings zurück.

Beispiel: Lageunterschiede von zwei Verteilungen

Wir betrachten wieder die *Hypothese:* Mittels eines Intelligenztrainings lassen sich die Leistungen in einem Intelligenztest verbessern.

Versuchsgruppen (UV): Experimentalgruppe (mit Intelligenztesttraining) und Kontrollgruppe (mit Training der sozialen Kompetenz)

Abhängige Variable: IQ-Wert nach den durchgeführten Trainings.

Es wird ein Experiment durchgeführt, in dem die Probanden zufällig einer der zwei Gruppen zugeordnet werden.

Es resultieren die folgenden IQ-Scores:

Stichprobe 1 (Experimentalgruppe)	Stichprobe 2 (Kontrollgruppe)
$y_{11} = 95$	$y_{21} = 90$
$y_{12} = 100$	$y_{22} = 95$
$y_{13} = 105$	$y_{23} = 100$
$y_{14} = 110$	$y_{24} = 105$
$y_{15} = 115$	$y_{25} = 110$

Es gibt nun zahlreiche Testverfahren zur Überprüfung, ob die aufgestellte Hypothese zutrifft.

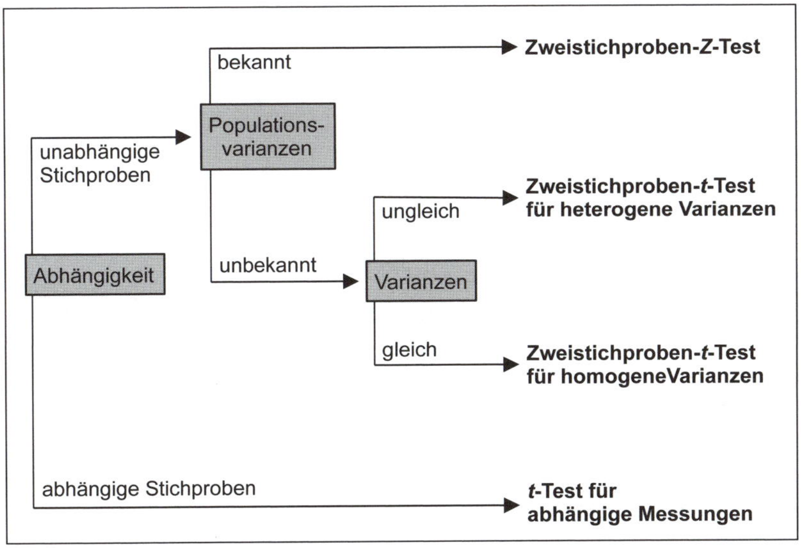

Abbildung 6.2: Auswahl des adäquaten Tests bei normalverteiltem Merkmal

Für eine Entscheidungsfindung kann zunächst der in Abbildung 6.2 dargestellte Entscheidungsbaum zur Auswahl eines geeigneten Tests genutzt werden. Gemäß dieses Entscheidungsbaums ist zunächst zu beachten, ob die Stichproben abhängig sind oder nicht. Im Falle abhängiger Stichproben ist der t-Test für abhängige Stichproben adäquat. Hier wird vorausgesetzt, dass der Mittelwert der Differenzen der Beobachtungen normalverteilt ist.

Auch für unabhängige Stichproben muss die Differenz der Mittelwerte der beiden Stichproben normalverteilt sein. Ist das Merkmal in beiden Populationen normalverteilt, gilt dies auch für die Verteilung der Mittelwertdifferenzen. Weiterhin stellt sich für unabhängige Stichproben analog zum entsprechenden Einstichprobentest zunächst die Frage, ob die Varianzen des normalverteilten Merkmals für die beiden Gruppen bekannt sind oder nicht. Falls die Varianzen bekannt sind, kann der Zweistichproben-Z-Test durchgeführt werden, ansonsten kommt ein t-Test in Frage. Bei der Auswahl des t-Tests ist zu entscheiden, ob die Varianzen als gleich oder unterschiedlich anzusehen sind. Auf diese Frage werden wir ausführlicher eingehen (s. u.).

Die oben vorausgesetzte Normalverteilung für die Differenz der Mittelwerte ist immer gegeben, wenn die Ausgangsvariablen in den beiden Populationen normalverteilt sind. Auch wenn das Merkmal nicht normalverteilt ist, kann die Differenz der Mittelwerte durchaus (näherungsweise) normalverteilt sein, wenn die Voraussetzungen des zentralen Grenzwertsatzes für das Merkmal in beiden Stichproben erfüllt sind. Für ausführlichere Erläuterungen zu dieser Thematik sei auf das Internetsupplement verwiesen.

Hier seien wesentliche Voraussetzungen des zentralen Grenzwertsatzes noch einmal kurz aufgeführt:

- Beide Stichproben haben einen Stichprobenumfang von $n \geq 30$.
- Ausreißer sind in beiden Stichproben zu vernachlässigen.
- Die Verteilung der Daten in beiden Stichproben ist nicht zu schief.

Sind die Voraussetzungen des zentralen Grenzwertsatzes jedoch nicht erfüllt, kommen Testverfahren infrage, die wir im Anschluss an die in Abbildung 6.2 berichteten Verfahren darstellen. Hierzu zählen der Randomisierungstest für Mittelwertdifferenzen, sowie der Wilcoxon-Rangsummentest und der Kolmogorov-Smirnov-Test für zwei Stichproben.

6.1.1 Zweistichproben-Z-Test für unabhängige Stichproben

Zweistichproben-Z-Test
Zweistichproben-Gauß-Test

Beim *Zweistichproben-Z-Test*, manchmal auch *Zweistichproben-Gauß-Test* genannt, werden zwei unabhängige Stichproben aus zwei normalverteilten Populationen mit bekannten, aber nicht unbedingt gleichen Varianzen gezogen. Dabei geht es um die Frage, ob die Erwartungswerte der Populationen übereinstimmen.

Formal geht man von den folgenden Voraussetzungen aus: Die Stichprobenvariablen $X_1, \ldots, X_{n_X}$, die zur ersten Population zugeordnet werden, sind i.i.d. normalverteilt mit Erwartungswert μ_X und Standardabweichung σ_X. Die zu der anderen Population gehörenden Stichprobenvariablen $Y_1, \ldots, Y_{n_Y}$ sind ebenfalls i.i.d. normalverteilt mit Erwartungswert

μ_Y und Standardabweichung σ_Y. Weiterhin sind alle Stichprobenvariablen $X_1, \ldots, X_{n_X}, Y_1, \ldots, Y_{n_Y}$ unabhängig und die Standardabweichungen σ_X und σ_Y sind bekannt.

Unter Gültigkeit der Nullhypothese nimmt man in der Praxis – hier entsprechend des Namens dieser Hypothese – sehr häufig an, dass die Differenz der beiden Erwartungswerte gleich 0 ist.

Allgemeiner kann unter Gültigkeit der Nullhypothese der Wert ζ_0 als Differenz angenommen werden.

Unter den oben dargestellten Voraussetzungen gilt nun, dass die Statistik der Mittelwertdifferenz unter Geltung der Nullhypothese $\mu_X - \mu_Y = \zeta_0$ normalverteilt ist mit dem Erwartungswert ζ_0 und der Standardabweichung $\sigma_{\bar{X}-\bar{Y}}$:

$$\bar{X} - \bar{Y} \sim N(\zeta_0, \sigma_{\bar{X}-\bar{Y}})$$

Die Standardabweichung bzw. Varianz der Mittelwertdifferenz wird wie folgt berechnet (vgl. Holling & Gediga, 2013, S. 118ff):

$$\sigma^2_{\bar{X}-\bar{Y}} = Var(\bar{X} - \bar{Y}) = Var(\bar{X}) + Var(\bar{Y}) = \frac{\sigma_x^2}{n_X} + \frac{\sigma_Y^2}{n_Y}$$

Damit erhalten wir als Teststatistik die Zufallsvariable

$$Z = \frac{(\bar{X} - \bar{Y}) - \zeta_0}{\sqrt{\frac{\sigma_X^2}{n_X} + \frac{\sigma_Y^2}{n_Y}}}$$

Diese Teststatistik ist unter Gültigkeit der Nullhypothese standardnormalverteilt, es gilt also $Z \sim N(0,1)$.

Die Testprobleme, die Teststatistik und die Ablehnungsbereiche für den Zweistichproben-Z-Test können nun wie folgt bestimmt werden:

Zweistichproben-Z-Test

Annahmen:
$X_1, \ldots, X_{n_X}$ i.i.d. $N(\mu_X, \sigma_X)$-verteilt
$Y_1, \ldots, Y_{n_Y}$ i.i.d. $N(\mu_Y, \sigma_Y)$-verteilt
$X_1, \ldots, X_{n_X}, Y_1, \ldots, Y_{n_Y}$ unabhängig
σ_X, σ_Y bekannt

Testprobleme	Teststatistik	Ablehnung der H_0
1. $H_0: \mu_X - \mu_Y = \zeta_0$ $H_1: \mu_X - \mu_Y \neq \zeta_0$		1. $\lvert z\rvert > z_{1-\alpha/2}$
2. $H_0: \mu_X - \mu_Y \leq \zeta_0$ $H_1: \mu_X - \mu_Y > \zeta_0$	$Z = \frac{\bar{X}-\bar{Y}-\zeta_0}{\sigma_{\bar{X}-\bar{Y}}}$	2. $z > z_{1-\alpha}$
3. $H_0: \mu_X - \mu_Y \geq \zeta_0$ $H_1: \mu_X - \mu_Y < \zeta_0$		3. $z < -z_{1-\alpha}$

Beispiel: Zweistichproben-Z-Test (einseitiger Test)

Fragestellung: Lässt sich durch ein geeignetes Training die Leistung in einem Intelligenztest verbessern?

Inhaltliche Hypothese: Trainierte Personen weisen höhere Intelligenztestwerte auf als untrainierte Personen.

Operationalisierung: Die Intelligenz wird anhand eines normierten Intelligenztests ermittelt. Die trainierten Personen haben die Werte $x_1, \ldots, x_{n_X}$ geliefert. Von den untrainierten Personen sind die Testwerte $y_1, \ldots, y_{n_Y}$ ebenfalls bekannt.

Es sei weiter bekannt, dass die Variablen X und Y jeweils einer Normalverteilung mit $\sigma = 10$ folgen. Die trainierte wie untrainierte Gruppe besteht nun aus $n_X = n_Y = 5$ Personen. Es gilt damit:

$$X_i \sim N(\mu_X, 10) \quad i = 1, ..., 5$$

$$Y_j \sim N(\mu_Y, 10) \quad j = 1, ..., 5$$

Statistische Hypothesen:

$$H_0: \mu_X - \mu_Y \leq 0 \quad \text{vs.} \quad H_1: \mu_X - \mu_Y > 0$$

Ergebnisse der Untersuchung:

$$\bar{x} = 105$$

$$\bar{y} = 100$$

Wert der Teststatistik:

$$z = \frac{105 - 100}{\sqrt{\frac{100}{5} + \frac{100}{5}}} = 0.79$$

Kritischer Wert (mit $\alpha = .05$): $z_{.95} = 1.645$

Entscheidung: Beibehalten der H_0, d. h. es ist nicht davon auszugehen, dass sich die Intelligenztestleistung durch ein entsprechendes Training verbessern lässt.

Fällt der Shapiro-Wilk-Test für beide Gruppen nicht signifikant aus, kann auf jeden Fall die Normalverteilungsapproximation der Mittelwertdifferenzen genutzt werden.

Ist die Annahme der Normalverteilung für die Differenz der Mittelwerte nicht gegeben, so ist die Teststatistik $T = \frac{\bar{X}-\bar{Y}-\zeta_0}{\sigma_{\bar{X}-\bar{Y}}}$ approximativ t-verteilt, wenn die Voraussetzungen des zentralen Grenzwertsatzes (ZGWS) erfüllt sind.

Approximativer Zweistichproben-Z-Test

Annahmen:
$X_1,\ldots,X_{n_X}$ i.i.d., Voraussetzungen des ZGWS sind erfüllt
$Y_1,\ldots,Y_{n_Y}$ i.i.d., Voraussetzungen des ZGWS sind erfüllt
$X_1,\ldots,X_{n_X}, Y_1,\ldots,Y_{n_Y}$ unabhängig
σ_X, σ_Y bekannt

Testprobleme	*Teststatistik*	*Ablehnung der* H_0
1. $H_0: \mu_X - \mu_Y = \zeta_0$ $H_1: \mu_X - \mu_Y \neq \zeta_0$		1. $\lvert z \rvert > z_{1-\alpha/2}$
2. $H_0: \mu_X - \mu_Y \leq \zeta_0$ $H_1: \mu_X - \mu_Y > \zeta_0$	$T = \frac{\bar{X}-\bar{Y}-\zeta_0}{\sigma_{\bar{X}-\bar{Y}}}$	2. $z > z_{1-\alpha}$
3. $H_0: \mu_X - \mu_Y \geq \zeta_0$ $H_1: \mu_X - \mu_Y < \zeta_0$		3. $z < -z_{1-\alpha}$

Power des Zweistichproben-Z-Tests

Abbildung 6.3 verdeutlicht die Berechnung der Power für den Zweistichproben-Z-Test. Bei der Powerberechnung wird meist angenommen, dass die Erwartungswerte unter Gültigkeit der Nullhypothese identisch sind, d. h., dass in diesem Fall $\mu_X - \mu_Y = 0$ bzw. $\zeta_0 = 0$ gilt.

Ist ζ_1 der angenommene Unterschied zwischen μ_X und μ_Y, dann sind unter Gültigkeit der Alternativhypothese die Mittelwertdifferenzen $N(\zeta_1, \sigma_{\bar{X}-\bar{Y}})$-verteilt.

Unter Gültigkeit der Nullhypothese $\mu_X - \mu_Y = 0$ liegt der kritische Wert (bei einseitiger Testung) bei $z_{1-\alpha} \cdot \sigma_{\bar{X}-\bar{Y}}$.

Damit berechnet sich die Power durch

$$1 - \beta = 1 - \Phi\left(z_{1-\alpha} - \frac{\zeta_1}{\sigma_{\bar{X}-\bar{Y}}}\right)$$

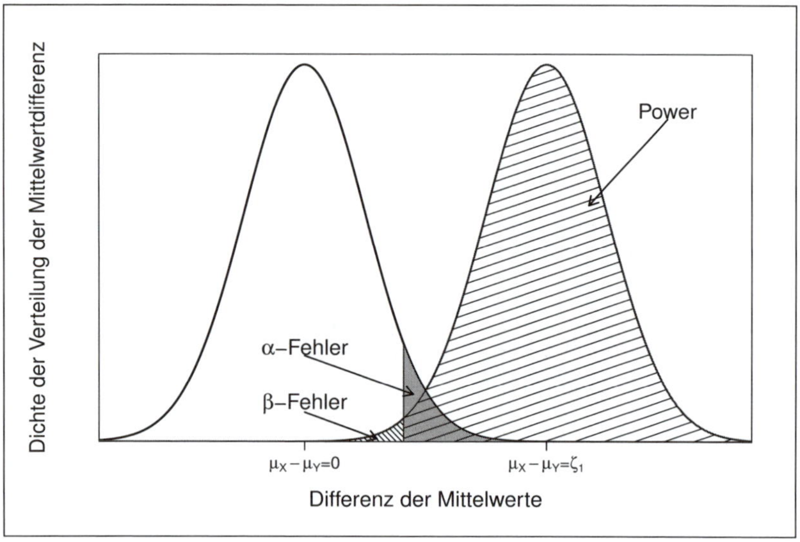

Abbildung 6.3: Power des Zweistichproben-Z-Tests

Anhand dieser Formel ist zu erkennen, dass die Power von $\sigma_{\bar{X}-\bar{Y}}$ abhängt. Je kleiner dieser Term ausfällt, desto größer wird die Power (s. u). Der Wert $\sigma_{\bar{X}-\bar{Y}}$ hängt von den Stichprobengrößen n_X und n_Y ab. Es kann gezeigt werden, dass bei festem $n = n_X + n_Y$ der Standardfehler $\sigma_{\bar{X}-\bar{Y}}$ dann am geringsten ausfällt, wenn $n_X = n_Y = n/2$ (vgl. Holling & Schwabe, 2013). Daher empfiehlt es sich, für den *Z*-Test bei gleich großen Varianzen möglichst gleich große Gruppen in empirischen Studien zu verwenden. Weiter unten gehen wir ausführlicher auf diese Thematik ein, zunächst sei die Bestimmung des Stichprobenumfangs unter Annahme einer gleich großen Varianz in beiden Populationen dargelegt.

Bei gleicher Varianz in den beiden Populationen und gleich großen Gruppen $(n = n_X = n_Y)$ gilt:

$$\sigma^2_{\bar{X}-\bar{Y}} = \frac{\sigma^2_X}{n_X} + \frac{\sigma^2_Y}{n_Y} = \frac{2\sigma^2}{n} = \frac{\sigma^2}{n/2}$$

Wird jetzt die normierte Effektgröße $\delta = \frac{\zeta_1}{\sigma}$ vorgegeben, folgt

$$\frac{\zeta_1}{\sigma_{\bar{X}-\bar{Y}}} = \delta\sqrt{n/2}$$

und damit gilt:

$$\begin{aligned}
\beta &= \Phi(z_{1-\alpha} - \delta\sqrt{n/2}) \\
z_\beta &= z_{1-\alpha} - \delta\sqrt{n/2} \\
\delta\sqrt{n/2} &= z_{1-\alpha} - z_\beta \\
\sqrt{n/2} &= \frac{z_{1-\alpha} - z_\beta}{\delta} \\
n/2 &= \left(\frac{z_{1-\alpha} - z_\beta}{\delta}\right)^2 \\
n &= 2\left(\frac{z_{1-\alpha} - z_\beta}{\delta}\right)^2
\end{aligned}$$

Die notwendige Stichprobengröße für den Zweistichproben-Z-Test (vgl. Tab. 6.1) ist somit bei gleichen Forderungen für α, β und δ viermal so hoch wie beim Einstichproben-Gauß-Test (2 Gruppen mit jeweils doppelter Stichprobengröße).

Tabelle 6.1: Notwendige Gesamtstichprobenumfänge für den Zweistichproben-Z-Test ($\alpha = .05$, konventionelle β-Fehler und gleiche Gruppengrößen). Die Funktion $\lceil x \rceil$ symbolisiert das Aufrunden auf die nächste ganze Zahl.

		einseitiger Test	
		$\beta = .2$	$\beta = .05$
Effekt-	δ=.2	620	1084
stärke	δ=.5	100	174
	δ=.8	40	68
	δ	$2 \cdot \lceil 12.365/\delta^2 \rceil$	$2 \cdot \lceil 21.644/\delta^2 \rceil$

		zweiseitiger Test	
		$\beta = .2$	$\beta = .05$
Effekt-	δ=.2	786	1300
stärke	δ=.5	126	208
	δ=.8	50	82
	δ	$2 \cdot \lceil 15.698/\delta^2 \rceil$	$2 \cdot \lceil 25.989/\delta^2 \rceil$

Optimale Versuchsplanung

Wir haben oben gesehen, dass die Power von dem Standardfehler $\sigma_{\bar{X}-\bar{Y}}$ abhängt und dieser Standardfehler wiederum von dem relativen Anteil der Personen in einer der beiden Gruppen. Optimal ist ein prozentualer Anteil von 50%, ansonsten ist zur Erzielung der gleichen Power ein höherer Gesamtstichprobenumfang erforderlich (vgl. Holling & Schwabe,

2013). Die Festlegung des Stichprobenumfangs erfolgt aber schon vor einer Untersuchung und dient damit der Einsparung des Untersuchungsaufwandes. Den Mehraufwand an Versuchspersonen im Vergleich zu dem optimalen Anteil der Versuchspersonen in einer der beiden Gruppen kann man anhand der sogenannten Defizienz messen.

Die Defizienz gibt die Vergrößerung des Stichprobenumfangs im Vergleich zum optimalen Wert an. Im Fall des Z-Tests mit gleicher Varianz für die beiden Populationen ist, wie oben bemerkt, die optimale Aufteilung der Stichproben auf die Gruppen ein 50:50-Verhältnis. Die Defizienz gibt nun für andere prozentuale Anteile der Probanden in einer der beiden Gruppen den prozentualen Mehraufwand für den Stichprobenumfang an.

Abbildung 6.4 zeigt die Defizienz für den Z-Test bei gleichen Varianzen. Aus dieser Abbildung ist der Mehraufwand unmittelbar ersichtlich. Sind z. B. 20% der Versuchspersonen auf eine Gruppe und 80% der Personen auf die andere Gruppe verteilt, so beträgt die Defizienz 1.56, d. h., dass 56% Versuchspersonen zusätzlich erforderlich sind, um die Power zu erzielen, die bei gleich großen Gruppen gegeben wäre.

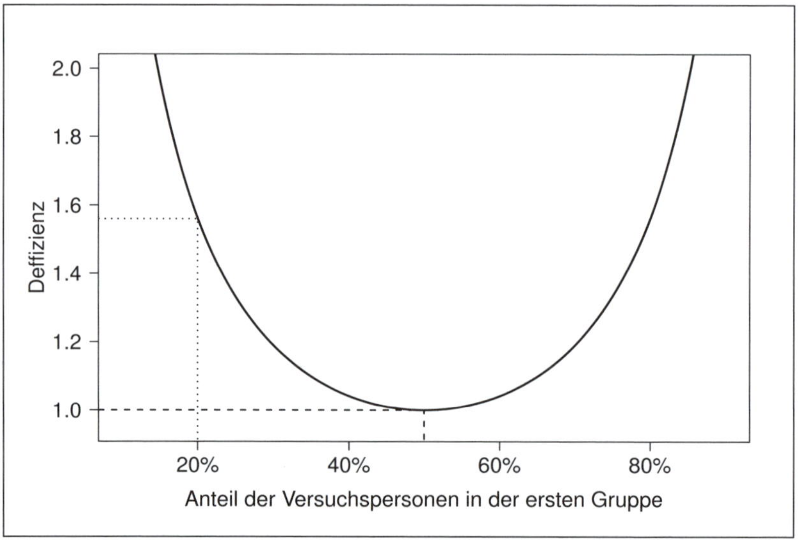

Abbildung 6.4: Defizienz für den Z-Test bei gleichen Varianzen

Die obigen Ausführungen zur Defizienz gelten für den Fall gleicher Varianzen. Ist das Verhältnis der Varianzen σ_x^2/σ_y^2 ungleich 1, hängt das Minimum für die Defizienz vom Quotienten der beiden Varianzen s_X^2 und s_Y^2 ab. Weitere Ausführungen hierzu finden sich im Internetsupplement.

6.1.2 Zweistichproben-t-Test für homogene Varianzen

In der Praxis sind die Varianzen σ_X^2 und σ_Y^2 zumeist unbekannt. Bei der Teststatistik Z des Zweistichproben-Z-Tests ersetzt man in so einem Fall die Standardabweichung $\sigma_{\bar{X}-\bar{Y}}$ durch einen geeigneten Schätzer $\hat{\sigma}_{\bar{X}-\bar{Y}}$. In Abhängigkeit davon, ob die unbekannten Varianzen als gleich (homogen) oder ungleich (heterogen) vorausgesetzt werden, sind unterschiedliche Schätzer für $\sigma_{\bar{X}-\bar{Y}}$ zu verwenden. Daraus resultieren zwei verschiedene Tests, der Zweistichproben-t-Test für homogene Varianzen und der Zweistichproben-t-Test für heterogene Varianzen.

Bei der Bestimmung eines Schätzers für die Varianz der Mittelwertdifferenz $\sigma_{\bar{X}-\bar{Y}}$ ist demnach zu unterscheiden, ob heterogene oder homogene Varianzen vorliegen. Es werden die folgenden Schätzer genutzt:

Homogene Varianzen:

$$\hat{\sigma}^2_{\bar{X}-\bar{Y}} = S^2_{hom} \quad = \quad \left(\frac{1}{n_X} + \frac{1}{n_Y}\right) \frac{(n_X - 1)S_X^2 + (n_Y - 1)S_Y^2}{n_X + n_Y - 2}$$

Heterogene Varianzen (Schätzung der Varianz nach Welch):

$$\hat{\sigma}^2_{\bar{X}-\bar{Y}} = S^2_{het} \quad = \quad \frac{S_x^2}{n_X} + \frac{S_Y^2}{n_Y}$$

Für die Schätzung der Varianz im heterogenen Fall gibt es weitere Ansätze: Ein sehr leistungsfähiges Verfahren, die sogenannte White-Korrektur, wird im Kapitel 6.1.4 behandelt.

Als Schätzer für den Standardfehler der Mittelwertdifferenz wird immer die Wurzel aus der Varianz verwendet:

$$\hat{\sigma}_{\bar{X}-\bar{Y}} \quad = \quad \sqrt{\hat{\sigma}^2_{\bar{X}-\bar{Y}}}$$

Im Folgenden stellen wir zunächst den Zweistichproben-t-Test für homogene Varianzen dar. Im anschließenden Kapitel behandeln wir dann den entsprechenden Test für heterogene Varianzen, der auch Welch-Test genannt wird.

Die Annahmen für den *Zweistichproben-t-Test für homogene Varianzen*, manchmal auch kurz als t_{hom}*-Test* bezeichnet, sind: $X_1, \ldots, X_{n_X}$ i.i.d. normalverteilt mit Erwartungswert μ_X und Standardabweichung σ_X, $Y_1, \ldots, Y_{n_Y}$ i.i.d. normalverteilt mit Erwartungswert μ_Y und Standardabweichung σ_Y. Weiterhin sind $X_1, \ldots, X_{n_X}, Y_1, \ldots, Y_{n_Y}$ unabhängig.

Zweistichproben-t-Test für homogene Varianzen

t_{hom}-Test

Darüber hinaus sind σ_X und σ_Y unbekannt und werden als gleich angenommen.

Wir nutzen

$$T = \frac{\overline{X} - \overline{Y} - \zeta_0}{S_{hom}}$$

als Teststatistik, die unter der Nullhypothese

$$H_0 : \mu_X - \mu_Y = \zeta_0$$

einer $t(n_X + n_Y - 2)$-Verteilung folgt (vgl. Holling & Gediga, 2013, Kap. 4.2.5).

Damit resultiert das folgende Tableau für den Zweistichproben-t-Test für homogene Varianzen.

Zweistichproben-t-Test für homogene Varianzen

Annahmen:
$X_1, \ldots, X_{n_X}$ i.i.d. $N(\mu_X, \sigma_X)$-verteilt
$Y_1, \ldots, Y_{n_Y}$ i.i.d. $N(\mu_Y, \sigma_Y)$-verteilt
$X_1, \ldots, X_{n_X}, Y_1, \ldots, Y_{n_Y}$ unabhängig
σ_X, σ_Y unbekannt und identisch

Testprobleme	*Teststatistik*	*Ablehnung der* H_0
1. $H_0 : \mu_X - \mu_Y = \zeta_0$ $H_1 : \mu_X - \mu_Y \neq \zeta_0$		1. $\lvert t \rvert > t_{1-\alpha/2}(n_X + n_Y - 2)$
2. $H_0 : \mu_X - \mu_Y \leq \zeta_0$ $H_1 : \mu_X - \mu_Y > \zeta_0$	$T = \frac{\overline{X} - \overline{Y} - \zeta_0}{S_{hom}}$	2. $t > t_{1-\alpha}(n_X + n_Y - 2)$
3. $H_0 : \mu_X - \mu_Y \geq \zeta_0$ $H_1 : \mu_X - \mu_Y < \zeta_0$		3. $t < -t_{1-\alpha}(n_X + n_Y - 2)$

Der Zweistichproben-t-Test für homogene Varianzen ist der optimale Test zum Vergleich von Erwartungswerten, wenn die Gleichheit der Varianzen in den Populationen angenommen werden kann. Ist das Verhältnis der geschätzten Varianzen nahe 1 oder fällt ein statistischer Test zur Überprüfung der Varianzhomogenität nicht signifikant aus, kann der t-Test für homogene Varianzen durchgeführt werden. Unter welchen weiteren Bedingungen dieser Test benutzt werden kann, wird im Kapitel 6.1.8 diskutiert.

Beispiel: Zweistichproben-t-Test für homogene Varianzen (einseitige Testung)

In einer aufwendigen Evaluationsstudie, die im Auftrag des Innenministeriums des Landes NRW durchgeführt wurde, ging es um die

Effektivität eines einwöchigen polizeilichen Verhaltenstrainings, die sogenannte „Integrierte Fortbildung“. Im Einzelnen wurde überprüft, ob das Training zu einer langfristigen Verbesserung von wichtigen Verhaltensweisen der Polizeibeamten, wie Eigen- und Fremdsicherung, Kommunikation und Konfliktverhalten, führt. In einem Feldexperiment wurden fünf realitätsnahe Rollenspiele durchgeführt, an denen 18 Einsatzpaare von trainierten Beamten (Experimentalgruppe), deren Training mindestens ein Jahr zurücklag, und 12 Einsatzpaare von untrainierten Beamten (Kontrollgruppe) teilnahmen (Holling, 1999). Mehrere geschulte Beobachter bewerteten das Verhalten in den Rollenspielen anhand der oben dargestellten Kriterien. Wir betrachten hier die als am wichtigsten erachtete abhängige Variable, das Sicherheitsverhalten der Beamten.

Fragestellung: Führt das Training zu einer höheren Sicherheit für Bürger und Polizeibeamte bei polizeilichen Einsätzen?

Inhaltliche Hypothese: Trainierte Beamte weisen ein besseres Sicherheitsverhalten auf als nicht trainierte Beamte.

Operationalisierung: Die Messung der Sicherheit erfolgte aus den Mittelwerten von 10 Bewertungen anhand der folgenden Ratingskala:

Sicherheit				
sehr schlecht	schlecht	mittelmäßig	gut	sehr gut
1	2	3	4	5

Daten

Experimentalgruppe ($X; n_X = 18$)	3.16, 3.58, 3.42, 4.00, 3.79, 4.21, 3.38, 3.29, 4.29, 3.58, 3.00, 2.87, 4.13, 4.17, 3.83, 3.67, 3.62, 4.21
Kontrollgruppe ($Y; n_Y = 12$)	3.04, 2.79, 3.42, 2.83, 2.79, 2.63, 2.58, 2.21, 3.10, 2.44, 2.42, 2.62

Statistische Hypothesen:

$$\mathrm{H}_0 : \mu_X - \mu_Y \leq 0 \quad \text{gegen} \quad \mathrm{H}_1 : \mu_X - \mu_Y > 0$$

Ergebnisse der Untersuchung:

$$\bar{x} = 3.68, \; s_X = 0.43 \quad (n_X = 18)$$
$$\bar{y} = 2.74, \; s_Y = 0.33 \quad (n_Y = 12)$$

Voraussetzungsprüfung zur Testauswahl: Der Shapiro-Wilk-Test ergibt für beide Gruppen keine signifikanten Abweichungen ($\alpha = .10$)

von einer Normalverteilung (Experimentalgruppe: $W = .95, p = .45$; Kontrollgruppe: $W = .97, p = .94$). Neben diesen Ergebnissen, die bei diesen Stichprobenumfängen auf einem Test mit einer geringeren Power beruhen, sprechen auch theoretische Gründe für eine Normalverteilung, da das Kriterium hier aus der gemittelten Summe von 10 Variablen besteht.

Ein Signifikanztest (Levene-Test, vgl. Kap. 6.3.2) ergibt weiterhin keinen signifikanten Unterschied der Varianzen ($p = .24$). Ein solcher Test hat zwar eine recht geringe Power (vgl. Kap. 6.3.2), jedoch sprechen im vorliegenden Fall theoretische und empirische Befunde dafür, dass kein nennenswerter Unterschied der Varianz des Kriteriums in den beiden Gruppen vorliegt.

Auch die Annahme, dass das Training möglicherweise zu einem standardisierteren Verhalten und damit zu einer verminderten Varianz des Verhaltens führt, wird hier deskriptiv nicht bestätigt, da die Varianz in der Experimentalgruppe größer ist als in der Kontrollgruppe.

Somit sind alle Voraussetzungen für t_{hom} erfüllt und der Test kann genutzt werden.

Teststatistik:

$$t = \frac{3.68 - 2.74}{\sqrt{\left(\frac{1}{18} + \frac{1}{12}\right) \frac{(18-1)\times 0.42^2 + (12-1)\times 0.33^2}{18+12-2}}} = 6.33$$

Kritischer Wert (α=.05):

$$t_{.95}(18 + 12 - 2) = 1.70$$

Entscheidung: Ablehnung von H_0, da $6.33 > 1.70$ ist.

Interpretation: Die inhaltliche Hypothese, dass das Training zu einer Verbesserung der Sicherheit von Bürgern und Polizeibeamten bei polizeilichen Einsätzen führt, wird gestützt.

Wenn die Normalverteilungsannahme nicht erfüllt ist, die Stichprobenvariablen aber i.i.d. Zufallsvariablen darstellen und die Bedingungen für den zentralen Grenzwertsatz erfüllt sind, kann der approximative t-Test für homogene Varianzen angewendet werden, da dann die Teststatistik $T = \frac{\overline{X} - \overline{Y} - \zeta_0}{S_{hom}}$ approximativ t-verteilt ist.

Approximativer Zweistichproben-t-Test für homogene Varianzen

Annahmen:
$X_1,\ldots,X_{n_X}$ i.i.d., Voraussetzungen des ZGWS sind erfüllt
$Y_1,\ldots,Y_{n_Y}$ i.i.d., Voraussetzungen des ZGWS sind erfüllt
$X_1,\ldots,X_{n_X},Y_1,\ldots,Y_{n_Y}$ unabhängig
σ_X, σ_Y unbekannt und identisch

Testprobleme	*Teststatistik*	*Ablehnung der* H_0
1. $H_0: \mu_X-\mu_Y=\zeta_0$ $H_1: \mu_X-\mu_Y\neq\zeta_0$		1. $\lvert t\rvert > t_{1-\alpha/2}$
2. $H_0: \mu_X-\mu_Y\leq\zeta_0$ $H_1: \mu_X-\mu_Y>\zeta_0$	$T=\frac{\overline{X}-\overline{Y}-\zeta_0}{S_{hom}}$	2. $t > t_{1-\alpha}$
3. $H_0: \mu_X-\mu_Y\geq\zeta_0$ $H_1: \mu_X-\mu_Y<\zeta_0$		3. $t < -t_{1-\alpha}$

6.1.3 Zweistichproben-t-Test für heterogene Varianzen

Zweistichproben-t-Test für heterogene Varianzen

t_{het}-Test

Welch-Test

Für den nun folgenden *Zweistichproben-t-Test für heterogene Varianzen*, auch als t_{het}*-Test* oder nach dem Entwickler *Welch-Test* bezeichnet, gelten die gleichen Voraussetzungen wie für den t-Test für homogene Varianzen. Lediglich die Varianzhomogenität wird nicht gefordert, d. h. die Varianzen σ_X und σ_Y können unterschiedlich sein.

Wie oben schon ausgeführt, lässt sich der Standardfehler der Differenz in diesem Fall durch

$$\hat{\sigma}_{\overline{X}-\overline{Y}}=\sqrt{\frac{S_X^2}{n_X}+\frac{S_Y^2}{n_Y}}$$

schätzen. Die Teststatistik ist dann wieder eine T-Statistik:

$$T=\frac{\bar{X}-\bar{Y}-\zeta_0}{\sqrt{\frac{S_X^2}{n_X}+\frac{S_Y^2}{n_Y}}}$$

Die Verteilung von T unter der Nullhypothese ist sehr kompliziert, jedoch gelang es Welch (1938), die Testverteilung durch eine t-Verteilung zu approximieren, wobei die Freiheitsgrade der t-Verteilung neben den Stichprobenumfängen auch vom Verhältnis der beiden Stichprobenvarianzen abhängen. Bezeichnen wir mit k die folgendermaßen zu berechnende Anzahl der Freiheitsgrade, so gilt:

$$k=\frac{\left(\frac{s_X^2}{n_X}+\frac{s_Y^2}{n_Y}\right)^2}{\frac{1}{n_X-1}\left(\frac{s_X^2}{n_X}\right)^2+\frac{1}{n_Y-1}\left(\frac{s_Y^2}{n_Y}\right)^2}$$

Nach Welch kann die tatsächliche Verteilung von T am besten durch eine t-Verteilung mit k Freiheitsgraden approximiert werden. Dabei kann k nie kleiner werden als $min(n_X - 1, n_Y - 1)$.

Der Wert k ist in der Regel keine natürliche Zahl sondern reellwertig. Während computergestützte Auswertungen die t-Verteilung auch mit einer gebrochenen Zahl bei den Freiheitsgraden berechnen können, muss man k bei der Nutzung von Tabellen auf die nächste ganze Zahl abrunden, um adäquat zu testen.

Der Zweistichproben-t-Test für heterogene Varianzen kann im Überblick wie folgt dargestellt werden.

Zweistichproben-t-Test für heterogene Varianzen

Annahmen:

$X_1, \ldots, X_{n_X}$ i.i.d. $N(\mu_X, \sigma_X)$-verteilt
$Y_1, \ldots, Y_{n_Y}$ i.i.d. $N(\mu_Y, \sigma_Y)$-verteilt
$X_1, \ldots, X_{n_X}, Y_1, \ldots, Y_{n_Y}$ unabhängig
σ_X, σ_Y unbekannt und unterschiedlich

Für die Freiheitsgrade k gilt:

$$k = \frac{\left(\frac{s_X^2}{n_X} + \frac{s_Y^2}{n_Y}\right)^2}{\frac{1}{n_X - 1}\left(\frac{s_X^2}{n_X}\right)^2 + \frac{1}{n_Y - 1}\left(\frac{s_Y^2}{n_Y}\right)^2}$$

Testprobleme	*Teststatistik*	*Ablehnung der* H_0
1. $H_0: \mu_X - \mu_Y = \zeta_0$ $H_1: \mu_X - \mu_Y \neq \zeta_0$		1. $\lvert t \rvert > t_{1-\alpha/2}(k)$
2. $H_0: \mu_X - \mu_Y \leq \zeta_0$ $H_1: \mu_X - \mu_Y > \zeta_0$	$T = \frac{\bar{X} - \bar{Y} - \zeta_0}{\sqrt{\frac{s_X^2}{n_X} + \frac{s_Y^2}{n_Y}}}$	2. $t > t_{1-\alpha}(k)$
3. $H_0: \mu_X - \mu_Y \geq \zeta_0$ $H_1: \mu_X - \mu_Y < \zeta_0$		3. $t < -t_{1-\alpha}(k)$

Beispiel: Zweistichproben-t-Test für heterogene Varianzen

Fragestellung: Führt eine neue Lehrmethode im Fach Mathematik zu besseren Leistungen?

Inhaltliche Hypothese: Schüler, die anhand der neuen Lehrmethode in Mathematik unterrichtet wurden, zeigen eine höhere Leistung in Mathematik als herkömmlich unterrichtete Schüler.

Operationalisierung: Die Messung der Leistung erfolgt durch einen normierten Schulleistungstest für Mathematik. Wegen der Nutzung normierter Tests wird für die Testwerte eine Normalverteilung angenommen. Diese Annahme wird anhand der Daten geprüft. Von der Annahme gleicher Varianzen für die beiden Gruppen (Experimentalgruppe vs. Kontrollgruppe) ist nicht auszugehen.

Testproblem (statistische Hypothesen):

$$\mathrm{H}_0 : \mu_X - \mu_Y \leq 0 \quad \text{gegen} \quad \mathrm{H}_1 : \mu_X - \mu_Y > 0$$

Ergebnisse der Untersuchung:

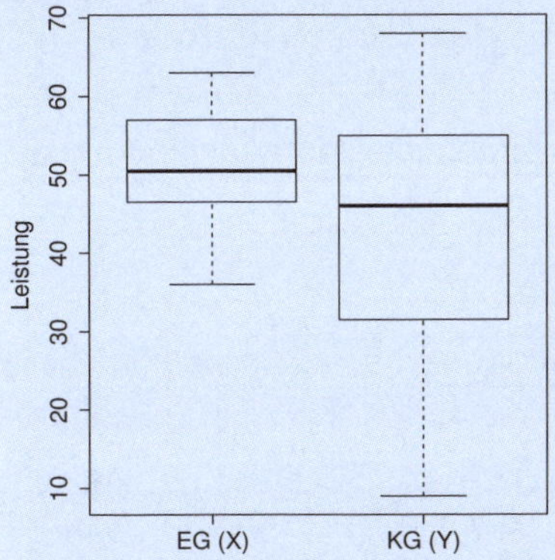

$$\bar{x} = 50.33, \; s_X^2 = \;\; 71.33, \; n_X = 12$$
$$\bar{y} = 41.60, \; s_Y^2 = 310.57, \; n_Y = 20$$

Testauswahl: Der Shapiro-Wilk-Test ergibt für beide Gruppen keine Hinweise auf eine Verletzung der Normalverteilungsannahme (Gruppe X: $W = .976$, $p = .962$; Gruppe Y: $W = .934$, $p = .182$). Die Stichprobenvarianzen fallen allerdings numerisch stark unterschiedlich aus. Ein Test auf Varianzhomogenität (Levene-Test; Kap. 6.3.2) ergibt auch ein signifikantes Resultat ($F(1,30) = 6.80$; $p = .014$).

Dementsprechend wird der Welch-Test durchgeführt.

Berechnung der *Teststatistik* für heterogene Varianzen:

$$t = \frac{50.33 - 41.60}{\sqrt{\frac{71.33}{12} + \frac{310.57}{20}}} = 1.88$$

Berechnung der korrigierten *Freiheitsgrade* nach Welch:

$$k = \frac{\left(\frac{71.33}{12} + \frac{310.57}{20}\right)^2}{\frac{1}{12-1}\left(\frac{71.33}{12}\right)^2 + \frac{1}{20-1}\left(\frac{310.57}{20}\right)^2} = 28.99, \quad df = 28 \text{ abgerundet}$$

Kritischer Wert: $t_{.95}(28) = 1.70$

Testentscheidung: Ablehnung von H_0, da $1.88 > 1.70$. Damit ist davon auszugehen, dass Schüler, die anhand der neuen Lehrmethode in Mathematik unterrichtet wurden, eine höhere Leistung erzielen als herkömmlich unterrichtete Schüler.

Beispiel: Unzulässige Anwendung des Zweistichproben-t-Test für homogene Varianzen

Fragestellung: Was geschieht bei einer unzulässigen Anwendung des t-Tests für homogene Varianzen?

Wir berechnen

$$t = \frac{53.33 - 41.60}{\sqrt{\frac{(12-1)71.33+(20-1)310.57}{12+20-2}}} = 1.60$$

und erhalten damit einen t-Wert, der kleiner ausfällt als der kritische Wert von $t_{.95}(12+20-2) = 1.697$. Die *fehlerhafte Testentscheidung* führt in diesem Beispiel zur Beibehaltung der Nullhypothese.

Generell gilt, dass bei unterschiedlichen Gruppengrößen Varianzunterschiede einen starken Einfluss auf die Teststatistik des t-Tests für homogene Varianzen – und damit auf die Testentscheidung – haben. Weist, wie im obigen Beispiel, die größere Gruppe auch eine größere Varianz auf, wird bei der Anwendung des t-Tests für homogene Varianzen die Nullhypothese zu häufig beibehalten, d. h. dieser Test ist konservativ. Ist hingegen die Varianz in der kleineren Gruppe größer als die in der größeren Gruppe, lehnt der t-Test für homogene Varianzen die Nullhypothese zu häufig ab.

Für größere Stichproben kann auf der Basis des zentralen Grenzwertsatzes die approximative Variante des Welch-Tests benutzt werden. Der approximative Test ist – wie beim t_{hom} – rechnerisch identisch mit der Variante mit normalverteilten Zufallsvariablen. Wichtig ist, dass die Voraussetzungen der Approximation der Stichprobenmittelwerte durch die Normalverteilung in beiden Gruppen gegeben ist.

Die Implementation der t-Test-Varianten ist in jeder Statistik-Software etwas unterschiedlich realisiert:

- Nutzt man R, ist der t-Test für heterogene Varianzen voreingestellt.

- Nutzt man SPSS, so werden gleichzeitig der t-Test für den Fall homogener Varianzen, der t-Test für den Fall heterogener Varianzen und weiterhin ein Test auf Varianzhomogenität (vgl. Kap. 6.3) durchgeführt.

Der von den Programmen ausgegebene p-Wert bezieht sich, wenn die Voreinstellungen genutzt werden, auf den jeweils benutzten zweiseitigen Test.

6.1.4 Zweistichproben-t-Test für heterogene Varianzen mit White-Korrektur

Nach einer Idee von White (vgl. White, 1980; McKinnon & White, 1985; Long & Ervin, 2000) sollten im allgemeinen linearen Modell die Standardfehler der einzelnen Parameter auch bei vorliegender Heteroskedastizität asymptotisch (also für große Stichproben) konsistent aus den Daten geschätzt werden. Diese Eigenschaft bedeutet, dass als Prüfverteilung asymptotisch wieder die normale t-Verteilung genutzt werden kann (zum Begriff der Konsistenz vgl. Holling & Gediga, 2013, Kap. 6.2.2).

Die Ableitung und Berechnung der White-Korrektur ist ohne Matrizenrechnung nicht darstellbar. Daher verzichten wir an dieser Stelle auf eine Abhandlung dieser Korrektur und verweisen auf das Internetsupplement. Dort findet sich die allgemeine Ableitung der White-Korrektur für das allgemeine lineare Modell ebenso wie für die konkrete Berechnung für den Zweistichproben-t-Test.

Die Wirkung der White-Korrektur soll hier jedoch an Beispielen demonstriert werden. Sie wirkt sich auf die Schätzung des Standardfehlers aus, im vorliegenden Fall auf den Standardfehler der Differenz der Mittelwerte. Für den Fall des t_{hom} berechnet sich der Standardfehler durch

$$\hat{\sigma}_{\bar{x}-\bar{y}} = \sqrt{\left(\frac{1}{n_x} + \frac{1}{n_y}\right)\left(\frac{n_x - 1}{n_x + n_y - 2}\hat{\sigma}_x^2 + \frac{n_y - 1}{n_x + n_y - 2}\hat{\sigma}_y^2\right)}.$$

In diese Berechnung gehen die geschätzten Varianzen $\hat{\sigma}_x^2$ und $\hat{\sigma}_y^2$ mit Gewichten ein, die lediglich von den Stichprobengrößen abhängen. Die Gewichte sind so gewählt, dass bei der Annahme der Varianzhomogenität, also $\sigma_x^2 = \sigma_y^2$, der Standardfehler der Mittelwertdifferenzen optimal ist. Ist Varianzhomogenität nicht gegeben, müssen die Gewichte geändert werden. Aus diesem Grunde betrachten wir in den folgenden Beispielen diese unterschiedlichen Gewichtungen. Dabei gehen wir davon aus, dass jeweils Stichproben aus normalverteilten Grundgesamtheiten gezogen wurden und dass die p-Werte zweiseitig berechnet werden.

Das erste Beispiel zeigt, dass bei einer größeren Varianz für die kleinere Gruppe der Standardfehler durch die White-Korrektur gegenüber dem Standardfehler beim t_{hom} größer wird. Damit wird, wie im Beispiel zu sehen, der Gefahr falscher Entscheidungen vorgebeugt. Legen wir $\alpha = .05$ fest, so resultiert aus der Anwendung des t_{hom} fälschlicherweise eine Entscheidung zugunsten der H_1, d. h. eines Unterschieds der beiden Parameter. Damit lehnt der Test t_{hom} die Nullhypothese zu häufig ab, wenn die Testvoraussetzung in der oben beschriebenen Weise nicht erfüllt ist.

Beispiel: Größerer Standardfehler nach White-Korrektur

Im ersten Beispiel seien zwei Stichproben gegeben mit $n_x = 4$, $n_y = 2$, $\hat{\sigma}_x^2 = 5/3$, $\hat{\sigma}_y^2 = 50$ und einer Mittelwertdifferenz von $\bar{y} - \bar{x} = 11$. In diesem Fall resultiert für die kleinere Stichprobe ein größerer Wert für die Varianz.

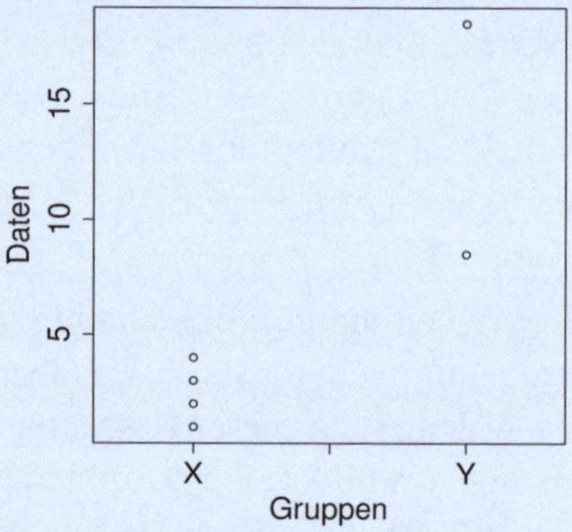

Modell	Gewicht $\hat{\sigma}_x^2$	Gewicht $\hat{\sigma}_y^2$	t-Wert	p-Wert
t_{hom}	.750	.250	3.425	.027
White-korrigiert	.333	.667	2.182	.095

Resultiert für die kleinere Gruppe die geringere Schätzung für die Varianz, kann der Test t_{hom} ebenfalls zu einer falschen Entscheidung führen. Im folgenden Beispiel (nächste Seite) liegt für $\alpha = .05$ bei Nutzung eines adäquaten Tests ein signifikanter Unterschied vor, der aber durch die Anwendung von t_{hom} nicht erkannt wird. Die Anwendung von t_{hom} führt in diesem Fall zu einer konservativen Testung.

Sind die Varianzen in den Stichproben gleich groß, sind t_{hom} und der White-korrigierte Test identisch. In diesem Fall spielt die unterschiedliche Gewichtung keine Rolle. Es lässt sich jedoch auch zeigen, dass bei gleichen Stichprobengrößen die Teststatistiken für t_{hom} und für den White-korrigierten t-Test übereinstimmen. Daraus folgt, dass der t-Test für homogene Varianzen auch im Falle heterogener Varianzen

Beispiel: Kleinerer Standardfehler nach White-Korrektur

Gegeben seien in diesem Beispiel zwei Stichproben mit $n_x = 4$, $n_y = 2$, $\hat{\sigma}_x^2 = 50$, $\hat{\sigma}_y^2 = 5/3$ und einer Mittelwertdifferenz von $\bar{y} - \bar{x} = 11$. In diesem Fall besitzt die kleinere Stichprobe auch eine kleinere Schätzung für die Varianz.

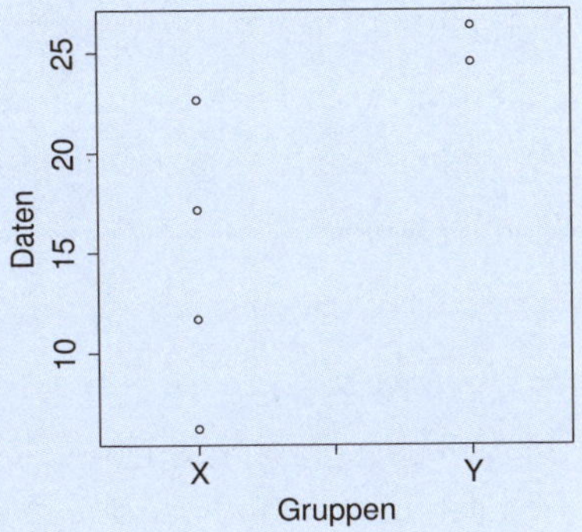

Modell	Gewicht $\hat{\sigma}_x^2$	Gewicht $\hat{\sigma}_y^2$	t-Wert	p-Wert
t_{hom}	.750	.250	2.064	.108
White-korrigiert	.667	.333	3.014	.039

angewendet werden darf, wenn gleich große Stichproben vorliegen, da die Varianz für die Teststatistik asymptotisch konsistent geschätzt wird. Die Anwendung des t_{hom} ist somit nur dann problematisch, wenn sich sowohl die Stichprobengrößen als auch die Populationsvarianzen für die beiden Gruppen unterscheiden. Diese Eigenschaft des t_{hom} ist ein Grund dafür, weshalb der t-Test für homogene Varianzen als „robust" gegenüber Verletzungen der Annahmen bezeichnet wird.

Im Folgenden soll die Auswirkung der White-Korrektur auf das oben bereits benutzte Beispiel zur Einführung einer neuen Lehrmethode demonstriert werden.

Beispiel: Zweistichproben-t-Test mit White-Korrektur

Fragestellung: Führt eine neue Lehrmethode zu besseren Leistungen?

Inhaltliche Hypothese: Schüler, die anhand der neuen Lehrmethode unterrichtet wurden, zeigen eine höhere Leistung als herkömmlich unterrichtete Schüler.

Die Operationalisierung, das Testproblem und die Daten werden aus dem vorgehenden Beispiel übernommen.

Ergebnisse der Untersuchung:

$$\bar{x} = 50.33,\ s_X^2 = \ \ 71.33,\ n_X = 12$$
$$\bar{y} = 41.60,\ s_Y^2 = 310.57,\ n_Y = 20$$

Testauswahl: Wegen der starken Varianzunterschiede wird ein t-Test mit White-Korrektur durchgeführt.

Berechnung der *Teststatistik* für heterogene Varianzen:

Differenz der beiden Gruppen: $\bar{x}-\bar{y}=50.33-41.60=8.73$

White-korrigierter Standardfehler: $\hat{\sigma}_{\bar{X}-\bar{Y}}=4.778$

Damit resultiert

$$t=\frac{\bar{x}-\bar{y}}{\hat{\sigma}_{\bar{X}-\bar{Y}}}=\frac{8.73}{4.778}=1.83$$

Kritischer Wert: $t_{.95}(31)=1.697$

Testentscheidung: Ablehnung von H_0, da $1.83>1.697$. Damit zeigen Schüler, die anhand der neuen Lehrmethode unterrichtet wurden, eine höhere Leistung als herkömmlich unterrichtete Schüler.

Im Beispiel folgen aus der Anwendung des t-Tests mit White-Korrektur und dem Welch-Test die gleichen Entscheidungen. Tatsächlich unterscheiden sich die Testgütefunktionen dieser beiden Tests nur unwesentlich. Der wesentliche Vorteil der White-Korrektur liegt darin, dass dieses Verfahren generell im allgemeinen linearen Modell im Fall von Varianzheterogenität angewendet werden kann und nicht, wie der Welch-Test, nur für Zweigruppenvergleiche, bzw. in verallgemeinerter Form für Mehrgruppenvergleiche.

Power des Zweistichproben-t-Tests

Im Falle von normalverteilten Zufallsvariablen mit homogener Varianz ist die Power des Zweistichproben-t-Tests vergleichbar mit der Power des Zweistichproben-Z-Tests. In allen praktisch relevanten Fällen benötigt der t-Test maximal zwei Stichprobenelemente mehr als der Z-Test, um die gleiche Power zu erreichen (vgl. in Tab. 6.2 für den t-Test und Tab. 6.1 für den Z-Test). Der geringe Verlust der Power gegenüber dem Z-Test resultiert aus der Schätzung der Varianzen.

Wird ein approximativer t-Test genutzt, wird an die Variablen lediglich die Bedingung geknüpft, dass sie i.i.d. Zufallsvariablen sind. Ohne Kenntnis der Verteilungsfunktion kann man aber wenig über die Testgüte des t-Tests aussagen. Es gilt jedoch: Je schiefer die Verteilung ist, desto problematischer kann die Anwendung des t-Tests sein, wenn man nicht entsprechende Stichprobenumfänge erhebt.

Tabelle 6.2: Notwendige Gesamtstichprobenumfänge für den Zweistichproben-t-Test für homogene Varianzen und Normalverteilung der Variablen ($\alpha = .05$ und konventionelle β-Fehler)

		einseitiger Test		zweiseitiger Test	
		$\beta = .2$	$\beta = .05$	$\beta = .2$	$\beta = .05$
Effekt-	δ=0.2	620	1084	788	1302
stärke	δ=0.5	102	176	128	210
	δ=0.8	42	70	52	84

Verletzung der Voraussetzungen des Zweistichproben-t-Tests für unabhängige Stichproben

Liegen Daten vor, die lediglich ordinalskaliert sind, muss man nach Alternativen zum t-Test suchen. Aber auch wenn metrische Daten vorliegen, ist nicht in jedem Fall der t-Test anzuwenden. Es sollte eine Alternative zum t-Test genutzt werden, wenn

- kleine Stichproben ($n < 30$) vorliegen und es keine Hinweise auf eine zugrunde liegende Normalverteilung gibt,
- zwar mehr als 30 Fälle pro Gruppe vorliegen, aber
  - übermäßig viele Ausreißer in den Daten vorliegen
  - oder die Verteilungen sehr schief sind.

Liegt jedoch lediglich Varianzheterogenität vor, ist das kein Grund, eine Alternative zum t-Test zu suchen, da mit dem Welch-Test bzw. der White-Korrektur adäquate Testverfahren zur Verfügung stehen.

Im Folgenden werden wir wieder nichtparametrische exakte Tests ableiten (vgl. Kap. 5.2), die sich als Alternative für kleine Stichproben anbieten.

6.1.5 Randomisierungstest für Mittelwertdifferenzen

Für kleine Stichproben und intervallskalierten Messungen wurde als Alternative ein sogenannter *Randomisierungstest* vorgeschlagen (Pitman, 1937; Edgington & Onghena, 2007). Hier wird keine Normalverteilung angenommen. Vorausgesetzt werden für den *Randomisierungstest für Mittelwertdifferenzen* beliebige stetige Verteilungsfunktionen F (für Gruppe X) und G (für Gruppe Y) mit identischer Form und existierenden Erwartungswerten μ_X bzw. μ_Y, die um einen konstanten Wert d verschoben sind (vgl. Abb. 6.5). Der Abstand d zwischen korrespondierenden Werten der Verteilungsfunktionen bzw. der Dichtefunktionen ist somit immer gleich groß.

Randomisierungstest

Randomisierungstest für Mittelwertdifferenzen

Die Idee für die Bestimmung der Prüfverteilungen kann am besten anhand eines Beispiels veranschaulicht werden. Gegeben seien eine Experimentalgruppe X und eine Kontrollgruppe Y, die jeweils aus drei Personen bestehen. In Tabelle 6.3 sind die Daten für die Personen $P1$, $P2$ und $P3$ (Gruppe X) und $P4$, $P5$ und $P6$ (Gruppe Y) dargestellt.

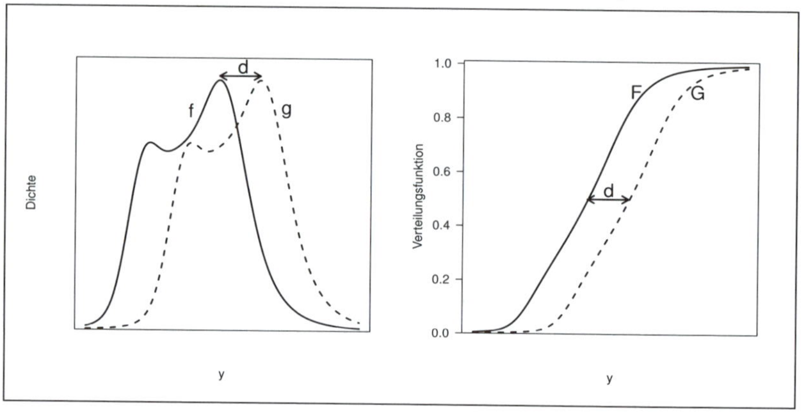

Abbildung 6.5: Beispiel für verschobene Dichtefunktionen (links) bzw. Verteilungsfunktionen (rechts)

Tabelle 6.3: Beispieldaten für einen Randomisierungstest

$P1$	$P2$	$P3$	$\bar{X}$	$P4$	$P5$	$P6$	$\bar{Y}$	$\bar{X}-\bar{Y}$
6	8	10	8	3	5	7	5	3

Als Schätzung für den Populationsunterschied $\mu_X - \mu_Y$ wird die Stichprobenmittelwertdifferenz $\bar{x} - \bar{y}$ verwendet. Es soll die Hypothese $\mathrm{H}_1 : \mu_X > \mu_Y$ gegen die Nullhypothese $\mathrm{H}_0 : \mu_X \leq \mu_Y$ getestet werden. Unter H_0 sind die Verteilungen in X und Y identisch und die Beobachtungen Realisationen einer gemeinsamen Zufallsvariablen. Dies bedeutet, dass z. B. das Ergebnis der Person $P1$ genauso gut in Gruppe X wie in Gruppe Y auftauchen kann, d. h., dass unter Gültigkeit der Nullhypothese alle beobachteten Ergebnisse zwischen den beiden Gruppen austauschbar sind. Dies ist die sogenannte *Randomisierungsannahme*. Wir können somit unter Gültigkeit der Nullhypothese jeder Person eines der beobachteten Ergebnisse per Zufall zuordnen oder alternativ jedem Testergebnis eine beliebige Person. Es ergeben sich für das Beispiel insgesamt

Randomisierungsannahme

$$\frac{6!}{3! \cdot 3!} = \frac{720}{36} = 20$$

verschiedene Zuordnungen der Ergebnisse zu den Gruppen X und Y. Um die $\mathrm{H}_1 : \mu_X - \mu_Y > 0$ zu überprüfen, berechnet man nun für jede mögliche Zuordnung (t) die Differenz $\bar{X}(t) - \bar{Y}(t)$.

Tabelle 6.4 zeigt die (diskrete) Testverteilung der Mittelwertdifferenzen unter der Randomisierungsannahme.

Tabelle 6.4: Durchführung eines exakten Randomisierungstests mit den Daten aus Tabelle 6.3 sortiert nach der Größe der Mittelwertdifferenzen

t	Gruppe X	$\bar{X}$	Gruppe Y	$\bar{Y}$	$\bar{X}-\bar{Y}$	Quantil
17	P1, P4, P5	4.667	P2, P3, P6	8.333	-3.667	.050
20	P4, P5, P6	5.000	P1, P2, P3	8.000	-3.000	.100
14	P4, P2, P5	5.333	P1, P3, P6	7.667	-2.333	.200
18	P1, P4, P6	5.333	P2, P5, P3	7.667	-2.333	.200
8	P1, P2, P4	5.667	P3, P5, P6	7.333	-1.667	.250
11	P4, P5, P3	6.000	P1, P2, P6	7.000	-1.000	.400
15	P4, P2, P6	6.000	P1, P5, P3	7.000	-1.000	.400
19	P1, P5, P6	6.000	P4, P2, P3	7.000	-1.000	.400
5	P1, P4, P3	6.333	P2, P5, P6	6.667	-0.333	.600
9	P1, P2, P5	6.333	P4, P3, P6	6.667	-0.333	.600
16	P5, P2, P6	6.667	P4, P1, P3	6.333	0.333	.600
12	P4, P6, P3	6.667	P1, P5, P2	6.333	0.333	.600
2	P4, P2, P3	7.000	P1, P5, P6	6.000	1.000	.750
6	P1, P5, P3	7.000	P4, P2, P6	6.000	1.000	.750
10	P1, P2, P6	7.000	P4, P5, P3	6.000	1.000	.750
13	P5, P6, P3	7.333	P4, P1, P2	5.667	1.667	.800
3	P5, P2, P3	7.667	P4, P1, P6	5.333	2.333	.900
7	P1, P6, P3	7.667	P4, P5, P2	5.333	2.333	.900
1	P1, P2, P3	8.000	P4, P5, P6	5.000	3.000	.950
4	P6, P2, P3	8.333	P4, P5, P1	4.667	3.667	1.000

Wie bei allen diskreten Tests (vgl. z. B. Kap. 3.3.1) besteht der kritische Wert bei vorgegebenem α (und einseitiger Hypothese) aus dem Wert der Testverteilung, oberhalb dessen mindestens $100 \cdot \alpha$ % der Werte liegen. Bei der Verteilungsfunktion ist das der Wert, bei dem der Wert α der entsprechenden Verteilungsfunktion erstmals überschritten wird. Wählen wir etwa $\alpha = .10$, ist der kritische Wert 3.000. Dies bedeutet, dass ein beobachteter Wert größer als dieser kritische Wert signifikant auf dem 10%-Niveau wäre.

Im obigen Beispiel wurde der Wert 3 beobachtet, d. h., dass dieser Unterschied für $\alpha = .10$ nicht signifikant ist. Tatsächlich ergeben auch genau 10% (=2 aus 20) der möglichen Permutationen einen Wert, der größer oder gleich dem beobachteten Wert ist. Mit Computerprogrammen wird meist dieser p-Wert angegeben, den wir dann mit α vergleichen können. Mit diesen p-Werten kann jetzt ein Tableau für den Test erstellt werden (vgl. Tab. 6.4).

Randomisierungstest für Mittelwertdifferenzen

Annahmen:
$X_1, \ldots, X_{n_X}$ i.i.d. mit stetiger Verteilung F, Erwartungswert μ_X
$Y_1, \ldots, Y_{n_Y}$ i.i.d. mit stetiger Verteilung $G(y) = F(x-d)$
$X_1, \ldots, X_{n_X}, Y_1, \ldots, Y_{n_Y}$ unabhängig

Testprobleme	*Teststatistik*	*Ablehnung der* H_0
1. $H_0: \mu_X = \mu_Y$ $H_1: \mu_X \neq \mu_Y$		1. $p_{\neq} < \alpha$
2. $H_0: \mu_X \geq \mu_Y$ $H_1: \mu_X < \mu_Y$	$\bar{X} - \bar{Y}$	2. $p_{<} < \alpha$
3. $H_0: \mu_X \leq \mu_Y$ $H_1: \mu_X > \mu_Y$		3. $p_{>} < \alpha$

Für die Darstellung des Testtableaus ist noch anzumerken, dass wir mit 3 p-Werten arbeiten können. Der Wert $p_{>}$ ergibt sich aus der Summe der Wahrscheinlichkeit der Permutationsverteilung, für die $\bar{X} - \bar{Y} \geq$ *beobachtete Differenz* gilt. Die Werte $p_{<}$ und $p_{\neq}$ sind die entsprechenden p-Werte für die beiden anderen Hypothesen.

Der vorgestellte Test macht wenige Annahmen über die zugrunde gelegten Verteilungen und ist deshalb auch für kleine Stichprobengrößen und nicht normalverteilte Zufallsvariablen anwendbar. Für große Stichproben (also $n > 30$ in den Gruppen) unterscheidet sich dieser Test nur unwesentlich vom t-Test für homogene Varianzen (Pitman, 1937). In diesem Fall unterscheiden sich auch die Gütefunktionen dieser beiden Tests kaum. Da die Verschiebungsannahme bei Vorlage der Varianzheterogenität verletzt ist, ist der Randomisierungstest für Mittelwertdifferenzen in diesem Fall nicht zu empfehlen.

6.1.6 Wilcoxon-Rangsummentest

Wilcoxon-Rangsummentest

U-Test

Der *Wilcoxon-Rangsummentest* ist ein Verfahren auf Rangbasis zum Vergleich zweier Erwartungswerte. Es gibt einen weiteren Test, den sogenannten *U-Test* von Mann-Whitney, der ebenfalls nur die ordinale Information der Daten für den Zweigruppenvergleich nutzt. Da beide Tests zu identischen Entscheidungen kommen, stellen wir mit dem Wilcoxon-Rangsummentest die etwas einfachere Variante dar. Für den Wilcoxon-Rangsummentest gelten die gleichen Voraussetzungen wie für den im Kapitel 6.1.5 dargestellten Randomisierungstest für Mittelwertdifferenzen, mit dem einzigen Unterschied, dass der Wilcoxon-Rangsummentest auch dann durchgeführt werden kann, wenn die Erwartungswerte der

Zufallsvariablen nicht berechnet werden können. Dieser für die Praxis unbedeutende Unterschied (vgl. Internetsupplement) ist der Grund dafür, dass bei diesem Test die Hypothesen zu den Lokationsunterschieden der beiden Populationen als Unterschiede der Mediane X_{med} und Y_{med} spezifiziert werden. Wenn jedoch die Erwartungswerte existieren, liegen die gleichen Voraussetzungen und Testprobleme wie beim Randomisierungstest für Mittelwertdifferenzen vor – es werden also in diesem Fall Erwartungswertunterschiede getestet. Weiterhin liegt dem Wilcoxon-Rangsummentest ebenfalls ein Randomisierungskonzept zugrunde.

Unter Gültigkeit der Nullhypothese sind die Populationsverteilungen der beiden Gruppen identisch. Deshalb ist es zulässig, sämtliche Beobachtungen $X_1, \ldots, X_{n_X}, Y_1, \ldots, Y_{n_Y}$ als eine Stichprobe aufzufassen und davon ausgehend jeder Beobachtung einen Rang mittels Rangtransformation (vgl. Holling & Gediga, 2011, S. 174) zuzuordnen. Damit resultieren die Ränge $rg(X_1), \ldots, rg(X_{n_X}), rg(Y_1), \ldots, rg(Y_{n_Y})$.

Nehmen wir im Fall ungleich großer Gruppen der Einfachheit halber an, dass die Gruppe Y immer die größere Gruppe darstellt, d. h., dass also $n_Y > n_X$ gilt. Nach der Berechnung der Ränge wird die Summe der gewonnenen Ränge aller Beobachtungen aus der kleineren Stichprobe $X_1, \ldots, X_{n_X}$ gebildet, die die *Teststatistik* für den Wilcoxon-Rangsummentest darstellt:

$$T_w = \sum_{i=1}^{n_X} rg(X_i)$$

Die Verteilung der Teststatistik unter Gültigkeit der Nullhypothese wird aufgrund aller möglichen Permutationen der Rangplätze gebildet. Für jede Permutation wird die Summe der Rangplätze für die Gruppe X berechnet und daraus die Verteilungsfunktion der Summe der Rangplätze in Gruppe X (unter Gültigkeit der Nullhypothese) erstellt. Im Unterschied zum Randomisierungstest für Mittelwertunterschiede kann diese Verteilungsfunktion bzw. Verteilung der Teststatistik unabhängig von den Daten gebildet werden, d. h. für bestimmte Stichprobenumfänge der beiden Gruppen kann unabhängig von bestimmten Daten die Testverteilung schon vor der Testung festgelegt werden. Im Anhang wird gezeigt, wie die kritischen Werte der Teststatistik für den Wilcoxon-Rangsummentest bestimmt werden.

Unter Gültigkeit der Nullhypothese müssten sich die Ränge gleichmäßig auf die beiden Stichproben verteilen. Damit resultiert für den Erwartungswert T_w

$$E(T_w) = n_X \cdot \overline{rg}$$

mit $\overline{rg} = \frac{n_X+n_Y+1}{2}$ als mittleren Rang.

Die Testprobleme, die Teststatistik und die Ablehnungsbereiche sind für den Wilcoxon-Rangsummentest wie folgt festgelegt:

Wilcoxon-Rangsummentest

Annahmen:
$X_1, \ldots, X_{n_X}$ i.i.d. mit stetiger Verteilung F
$Y_1, \ldots, Y_{n_Y}$ i.i.d. mit stetiger Verteilung $G(y) = F(x-d)$
$X_1, \ldots, X_{n_X}, Y_1, \ldots, Y_{n_Y}$ unabhängig

Vergabe der Ränge $rg(X_1), \ldots, rg(X_{n_X}), rg(Y_1), \ldots, rg(Y_{n_Y})$ von 1 bis $n_X + n_Y$

Teststatistik: $$T_w = \sum_{i=1}^{n_X} rg(X_i)$$

Testprobleme	*Ablehnung der* H_0
1. $H_0 : F(x) = G(x)$ für alle x $H_1 : F(x) = G(x-d)$ für alle x, $d \neq 0$	1. $t_w > w_{1-\alpha/2}(n_X, n_Y)$ oder $t_w < w_{\alpha/2}(n_X, n_Y)$
2. $H_0 : F(x) = G(x)$ für alle x $H_1 : F(x) = G(x-d)$ für alle x, $d < 0$	2. $t_w < w_{\alpha}(n_X, n_Y)$
3. $H_0 : F(x) = G(x)$ für alle x $H_1 : F(x) = G(x-d)$ für alle x, $d > 0$	3. $t_w > w_{1-\alpha}(n_X, n_Y)$

Liegen keine Rangbindungen vor, lassen sich die kritischen Werte $w_\alpha(n_X, n_Y)$ mittels R über die Funktion *qwilcox* für $n_X < n_Y$ wie folgt exakt bestimmen:

$$w_\alpha(n_X, n_Y) = qwilcox(\alpha, n_X, n_Y) + \frac{n_X \times (n_X + 1)}{2}$$

Für Stichproben der Größe $n_X = 5$, $n_Y = 7$ und $\alpha = .05$ resultiert:

$$w_{.05}(5,7) = qwilcox(.05, 5, 7) + \frac{5 \times 6}{2} = 22$$

Für große Stichproben ($n_X > 25$, $n_Y > 25$) kann eine Approximation der Verteilung der Teststatistik durch $N\left(\frac{n_X(n_X+n_Y+1)}{2}, \frac{n_X n_Y (n_X+n_Y+1)}{12}\right)$ genutzt werden. Bei Rangbindungen ist die Formel komplizierter (vgl. Internet-supplement).

Beispiel: Wilcoxon-Rangsummentest

Hypothese: Die Herzrate von Jungen (X) ist während einer Prüfung geringer als die von Mädchen (Y).

Die Verteilung der Herzrate für die Jungen wird mit F und die Herzrate der Mädchen mit G bezeichnet.

Von einer Normalverteilung der Herzraten ist nicht auszugehen, wohl aber von einer gleichen Verteilungsform.

Testproblem:

$$H_0 : F(x) = G(x) \text{ gegen } H_1 : F(x) = G(x-d) \text{ für alle } x, d < 0$$

Ergebnisse der (fiktiven) Studie:

Herzrate	Geschlecht	Rang	Herzrate	Geschlecht	Rang
90	M	1	98	W	8
92	M	2	96	W	6
95	M	5	100	W	10
94	M	4	99	W	9
97	M	7	93	W	3
			102	W	11
			105	W	12

Signifikanzniveau: $\alpha = .05$

Wert der Teststatistik: $t_w = 1+2+5+4+7 = 19$

Kritischer Wert: $w_{.05}(5,7) = 22$

Es erfolgt die Ablehnung der Nullhypothese, da der kritische Wert unterschritten wurde. Damit ist davon auszugehen, dass die Herzrate der Jungen während der Prüfung niedriger ist als die der Mädchen.

Conover und Iman (1981) konnten zeigen, dass sich die Teststatistik des Wilcoxon-Rangsummentests durch die t_{hom}-Statistik berechnen lässt, wenn man von den Mittelwerten und Varianzen der rangtransformierten Variablen ausgeht. Da für die rangtransformierten Variablen natürlich auch der zentrale Grenzwertsatz gilt, kann man für Gruppengrößen von $n_X > 30$ bzw. $n_Y > 30$ den t-Test für homogene Varianzen auf die rangtransformierten Variablen anwenden. In diesem Fall stimmen die Ergebnisse des t-Tests sehr gut mit den Ergebnissen des Wilcoxon-Rangsummentests überein. Die Unterschiede zwischen den beiden Tests sind so klein, dass man vom gleichen Test sprechen kann. Diese Übereinstimmung gilt auch noch für Stichprobengrößen, die erheblich kleiner sind als 30.

Power des Wilcoxon-Rangsummentests

Da der Wilcoxon-Rangsummentest verteilungsfrei ist, muss die Power für jede zugrunde liegende Verteilung des Merkmals in der Population gesondert untersucht werden. Bei Gültigkeit der Normalverteilung und der Varianzhomogenität spart der t-Test nur knapp 4.5% der Stichprobengröße gegenüber dem Wilcoxon-Rangsummentest ein, um die gleiche Power zu erzielen. Auf der anderen Seite gibt es Verteilungen (z. B. χ^2-Verteilungen mit geringen Freiheitsgraden), bei denen der Wilcoxon-Rangsummentest erheblich geringere Stichprobengrößen benötigt, um die gleiche Power zu erreichen wie der t-Test (Hodges & Lehmann, 1956).

6.1.7 Zweistichproben-Kolmogorov-Smirnov-Test

Im Kapitel 4.2.2 wurde der Einstichproben-Kolmogorov-Smirnov-Test dargestellt. Dieser Test erlaubt die Untersuchung der Hypothese, dass empirische Daten aus einer bestimmten vorgegebenen Populationsverteilung stammen. Als Teststatistik wird der maximale Abstand zwischen der empirischen und der theoretischen Verteilungsfunktion benutzt.

Zweistichproben-Kolmogorov-Smirnov-Test

Liegen zwei Gruppen vor, kann man den maximalen Abstand zwischen den beiden empirischen Verteilungsfunktionen als Teststatistik benutzen. Der auf diesem Abstand basierende Test wird *Zweistichproben-Kolmogorov-Smirnov-Test* oder kurz *Zweistichproben-K-S-Test* genannt.

Im Falle eines zweiseitigen Tests wird der Abstand $D = \max_x(|F(x) - G(x)|)$ benutzt, für die einseitigen Tests werden gemäß der Richtung der Fragestellung die Abstände $D^+ = \max_x(F(x) - G(x))$ bzw. $D^- = -\max_x(G(x) - F(x))$ betrachtet. Weiterhin sind bei einseitiger Fragestellung die Alternativhypothesen entsprechend zu spezifizieren.

Will man positive Unterschiede (ausgehend von F) nachweisen, nutzt man D^+ als Statistik und es ist zusätzlich anzunehmen, dass es unter Gültigkeit der H_1 keinen Wert $x \in \mathbb{R}$ gibt mit $F(x) < G(x)$.

Die kritischen Werte $d_{1-\alpha}$ entnimmt man für $n_X, n_Y \leq 35$ der Tabelle im Anhang dieses Buches. Für größere Stichproben betrachtet man die kritischen Werte

$$d_{krit} = c(\alpha)\sqrt{\frac{n_X + n_y}{n_X \cdot n_Y}}$$

mit den Werten für $c(\alpha)$ aus Tabelle 6.5.

Tabelle 6.5: Konstante für den kritischen Wert des asymptotischen Zweistichproben-K-S-Tests

α (einseitig)	.10	.05	.025	.01	.005
α (zweiseitig)	.20	.10	.05	.02	.01
$c(\alpha)$	1.07	1.22	1.36	1.52	1.63

Zweistichproben-Kolmogorov-Smirnov-Test

Annahmen:

$X_1, \ldots, X_{n_X}$ i.i.d. mit stetiger Verteilungsfunktion F

$Y_1, \ldots, Y_{n_Y}$ i.i.d. mit stetiger Verteilungsfunktion G

$X_1, \ldots, X_{n_X}, Y_1, \ldots, Y_{n_Y}$ unabhängig

Testprobleme	*Teststatistik*	*Ablehnung der* H_0
1. $H_0: F(x) = G(x)$ für alle $x \in \mathbb{R}$ $H_1: F(x) \neq G(x)$ für mindestens ein $x \in \mathbb{R}$	1. $D = \max_x(\lvert F(x) - G(x)\rvert)$	1. $d \geq d_{1-\alpha/2}$
2. $H_0: F(x) \leq G(x)$ für alle $x \in \mathbb{R}$ $H_1: F(x) > G(x)$ für mindestens ein $x \in \mathbb{R}$ und $F(x) \geq G(x)$ für alle $x \in \mathbb{R}$	2. $D^+ = \max_x(F(x) - G(x))$	2. $d^+ \geq d_{1-\alpha}$
3. $H_0: F(x) \geq G(x)$ für alle $x \in \mathbb{R}$ $H_1: F(x) < G(x)$ für mindestens ein $x \in \mathbb{R}$ und $F(x) \leq G(x)$ für alle $x \in \mathbb{R}$	3. $D^- = -\max_x(G(x) - F(x))$	3. $d^- \leq -d_{1-\alpha}$

Beispiel: Test von Verteilungsunterschieden

Fragestellung: Gibt es Unterschiede zwischen Kindern mit bzw. ohne Migrationshintergrund in einem Wissenstest?

Hypothese: Die Verteilungen der Scores des Wissenstests sind für Kinder mit und ohne Migrationshintergrund unterschiedlich.

Empirische Verteilungsfunktionen der Wissenstestscores:

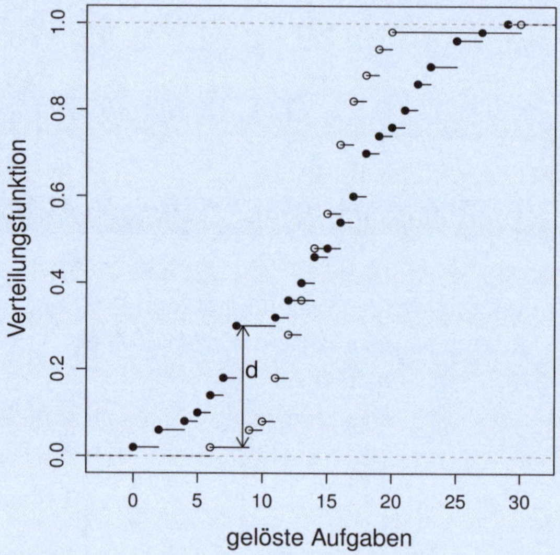

Empirische Verteilungsfunktionen der Wissenstestscores von jeweils 50 Kindern. Der Pfeil zeigt die Größe und Position des maximalen Abstandes an.

Der maximale Abstand zwischen den beiden Verteilungen beträgt $d = .28$. Der kritische Wert bei zweiseitiger Testung ($\alpha = .05$) ist:

$$d_{1-.025} = 1.36\sqrt{\frac{50+50}{50 \cdot 50}} = .272$$

Bei einem Signifikanzniveau $\alpha = .05$ folgt, dass sich die Verteilungen der Kinder mit und ohne Migrationshintergund unterscheiden.

Der hier vorgestellte Zweistichproben-K-S-Test ist sehr allgemein und benötigt im zweiseitigen Fall bis auf die Stetigkeit der Verteilungsfunktionen keine Annahmen über die Verteilungsform in den beiden Populationen oder Restriktionen zur Verteilungsform, wie beispielsweise die gleichen Verteilungsformen in beiden Gruppen. Das folgende Beispiel wurde so konstruiert, dass die Problemlöseleistung in den beiden Populationen den gleichen Erwartungswert aufweist, jedoch eine unterschiedliche Varianz. Allgemein können die Unterschiede auf Differenzen in der Lage, Varianz oder anderen Merkmalen der Verteilung zwischen den Populationen beruhen.

Für einseitige Testprobleme setzt der K-S-Test weiterhin voraus, dass unter Gültigkeit der Alternativhypothese eine der beiden Verteilungen die andere dominiert, d. h. dass die Verteilungsfunktionen sich nicht überschneiden. Für große Stichproben lässt sich diese Voraussetzung leicht überprüfen, indem wir die Differenz der empirischen Verteilungsfunktionen $\hat{F}(x) - \hat{G}(x)$ betrachten. Nutzen wir D^+ als Teststatistik, sollte $\hat{F}(x) - \hat{G}(x) \geq 0$ für alle x gelten. Im Falle der Nutzung von D^- als Teststatistik, sollte entsprechend $\hat{F}(x) - \hat{G}(x) \leq 0$ für alle x gelten. H_0 ist nur dann abzulehnen, wenn bei einer signifikanten Teststatistik diese Bedingung zusätzlich erfüllt ist.

Die Hypothesen sind beim Zweistichproben-K-S-Test sehr allgemein formuliert. Andere Testverfahren, z. B. zur Testung von Lageunterschieden, haben restriktivere Voraussetzungen. Daher weisen sie im Vergleich zum Zweistichproben-K-S-Test auch eine größere Power auf (vgl. z. B. Lehmann, 2006, S. 39).

6.1.8 Testauswahl

Für die Testung von Lagealternativen gibt es eine Reihe von Testverfahren und es stellt sich die Frage, welcher Test in welcher Situation die beste Alternative ist. Dazu kann man sich an den folgenden Richtlinien orientieren.

- Sind die Zufallsvariablen X und Y normalverteilt und liegt Varianzhomogenität vor, dann ist der t_{hom} der Test der Wahl.
- Sind die Zufallsvariablen X und Y normalverteilt und liegt Varianzheterogenität vor, kann der t_{hom} bei gleichen Stichprobengrößen ebenfalls genutzt werden, anderenfalls ist der Welch-Test zu nutzen. Der t-Test mit White-Korrektur kann ebenfalls angewendet werden.
- Sind die Voraussetzungen für den zentralen Grenzwertsatz erfüllt, kann ein approximativer t-Test durchgeführt werden. Die Entscheidungsgrundlage für die Wahl des adäquaten approximativen t-Tests entspricht der Situation der t-Tests im Falle normalverteilter Zufallsvariablen.
- Bei kleinen Stichproben, unbekannter Verteilung und homogenen Varianzen in den Gruppen kann entweder der Randomisierungstest für Mittelwertdifferenzen oder der Wilcoxon-Rangsummentest (bzw. der U-Test) genutzt werden. Dabei hat der Wilcoxon-Rangsummentest den Vorteil, dass die Verteilung der Teststatistik (unter der Nullhypothese) unabhängig von den vorliegenden Daten ableitbar ist.
- Bei Vorliegen von Ausreißern oder sehr schiefen Verteilungen und großem n ist der Wilcoxon-Rangsummentest dann nutzbar, wenn nach Rangtransformation Varianzhomogenität anzunehmen ist. Ist das nicht der Fall, kann entweder der Welch-Test mit den rangtransformierten Daten durchgeführt werden oder der für diesen Fall speziell entwickelte Fligner-Policello-Test (Fligner & Policello, 1981), den wir hier nicht näher erläutert haben. Details hierzu sind im Internetsupplement

dargestellt. Weiterhin kann dann der Zweistichproben-K-S-Test eingesetzt werden. Er dient generell zur Testung jeglicher Unterschiede in den Verteilungen. Liegt das Augenmerk auf dem Lokationsvergleich, besitzt dieser Test eine geringere Power als die anderen vorgestellten Testverfahren.

Eine genaue Inspektion der Daten vor der Anwendung eines Tests ist offensichtlich sehr wichtig. Varianzheterogenität, große Schiefe der Verteilung oder Ausreißer können die Ergebnisse erheblich verfälschen. Datentransformationen – wie die Rangtransformation – können helfen, fehlerhafte Ergebnisse zu vermeiden.

Häufig wird die Entscheidung zwischen dem t_{hom}-Test und dem Welch-Test von einem vorgeschalteten Test auf Gleichheit der Varianzen abhängig gemacht. Der t_{hom}-Test wird gewählt, falls der Test auf Gleichheit der Varianzen nicht signifikant ausfällt, andernfalls der Welch-Test. Hier gilt es jedoch zu bedenken, dass gerade bei geringen Stichprobenumfängen Tests auf Gleichheit der Varianzen eine geringe Power aufweisen. Daher ist eine solchermaßen bedingte Testentscheidung nicht unproblematisch. Das Fazit aus einer Reihe von Simulationsstudien (vgl. Hayes & Cai 2007; Rasch, Kubinger & Moder 2011; Kellermann et al. 2013) zu diesem Thema ist, dass in allen Fällen der Welch-Test der beschriebenen Kombination von Tests vorzuziehen ist. Gleiches dürfte auch für die White-Korrektur gelten. Sinnvoll scheint es zu sein, wenn man nicht davon ausgehen kann, dass Varianzhomogenität vorliegt, als Standard (wie etwa in R vorgesehen) den Welch-Test (oder einen t-Test mit White-Korrektur) zu nutzen, wenn die Stichprobengröße es erlaubt und die Mittelwertverteilung durch die Normalverteilung hinreichend approximiert werden kann.

Kann die Normalverteilung der Messwerte in der Population nicht garantiert werden erscheint der Wilcoxon-Rangsummentest bei kleinen Stichproben die beste Option zu sein. Im Gegensatz zum Randomisierungstest für Mittelwerte, der die gleichen Verteilungsvoraussetzungen besitzt wie der Wilcoxon-Rangsummentest, wird der Wilcoxon-Rangsummentest erheblich weniger von Ausreißern beeinflusst.

6.2 Zweistichprobentests für Lageunterschiede für abhängige Stichproben

6.2.1 t-Test für abhängige Stichproben

Will man nachweisen, dass sich Messwerte aus einem Nachtest X gegenüber den Messwerten aus dem Vortest Y verändert haben, ist ein Test für abhängige Stichproben anzuwenden. Im Falle von metrischen Variablen kann man dazu die Differenz der Messwerte $D = X - Y$ benutzen. Da die Varianz einer Differenz von Zufallsvariablen auch von der Korrelation der Zufallsvariablen abhängt, ist bei abhängigen (verbundenen) Stichproben die Korrelation zwischen den Zufallsvariablen zu berücksichtigen. Zumeist besteht eine positive Korrelation, daher wird die Varianz bzw. Standardabweichung der Differenzen hier geringer ausfallen (s. u.).

Ausgangspunkt des t-Tests für abhängige Stichproben sind die Differenzen $D_i = X_i - Y_i$ $(i = 1, ..., n)$. Mittels dieses Tests wird überprüft, ob sich diese Differenzen auf Populationsebene von einem bestimmten Wert, z. B. 0, unterscheiden. Dieser Test entspricht dem t-Test im Einstichproben-Fall, indem mit den Differenzen $D_1, \ldots, D_n$ der t-Test für den Einstichproben-Fall durchgeführt wird.

Dieses Verfahren beruht auf der Annahme, dass die Differenzen $D_1, \ldots, D_n$ i.i.d. normalverteilt sind mit Erwartungswert $\overline{D} = \mu_X - \mu_Y$ und der unbekannten Standardabweichung σ_D.

Unter Geltung der $H_0 : \mu_X - \mu_Y = \zeta_0$ ergibt sich somit ein Einstichproben-t-Test für die Differenzen. Aus den Voraussetzungen folgt, dass wir das Testproblem auf den Einstichproben-t-Test zurückführen können und somit

$$T = \frac{\overline{D} - \zeta_0}{S_D/\sqrt{n}}$$

einer $t(n-1)$-Verteilung folgt. Damit resultiert das folgende Tableau für den *t-Test für abhängige Stichproben.*

t-Test für abhängige Stichproben

t-Test für abhängige Stichproben

Annahmen:
$X_1, \ldots, X_n$ Stichprobenvariablen für die Gruppe X
$Y_1, \ldots, Y_n$ Stichprobenvariablen für die Gruppe Y
$D_i = X_i - Y_i$ i.i.d. normalverteilt mit $D_i \sim N(\mu_X - \mu_Y, \sigma_D)$
σ_D unbekannt

Testprobleme	*Teststatistik*	*Ablehnung der* H_0
1. $H_0 : \mu_X - \mu_Y = \zeta_0$ $H_1 : \mu_X - \mu_Y \neq \zeta_0$		1. $\lvert t\rvert > t_{1-\alpha/2}(n-1)$
2. $H_0 : \mu_X - \mu_Y \leq \zeta_0$ $H_1 : \mu_X - \mu_Y > \zeta_0$	$T = \frac{\overline{D}-\zeta_0}{S_D/\sqrt{n}}$	2. $t > t_{1-\alpha}(n-1)$
3. $H_0 : \mu_X - \mu_Y \geq \zeta_0$ $H_1 : \mu_X - \mu_Y < \zeta_0$		3. $t < -t_{1-\alpha}(n-1)$

Wie im Fall der unabhängigen t-Tests existiert ein approximativer t-Test für abhängige Stichproben. Dabei müssen die Stichprobenvariablen D_i lediglich die Voraussetzungen für den zentralen Grenzwertsatz erfüllen.

Liegen nur Kennwerte der Daten, jedoch nicht die Daten selbst vor, so kann auch dann die Berechnung des t-Tests für abhängige Stichproben durchgeführt werden, wenn die folgenden Informationen vorliegen:

- n, $\bar{d}$, s_D oder
- n, $\bar{x}, \bar{y}$, s_X, s_Y und r_{XY} bzw. s_{XY}

Im ersten Fall kann die Teststatistik aus den angegebenen Informationen direkt berechnet werden. Für den zweiten Fall kann man die folgenden Zusammenhänge nutzen:

$$\bar{D} = \bar{X} - \bar{Y}$$

und

$$S_D = \sqrt{S_X^2 + S_Y^2 - 2 \cdot S_{XY}} = \sqrt{S_X^2 + S_Y^2 - 2 \cdot S_X \cdot S_Y \cdot r_{XY}}$$

An dieser Formel sieht man, dass der Standardfehler mit steigender positiver Korrelation der Messwerte geringer und damit die Teststatistik größer wird. Damit hat der t-Test für abhängige Stichproben eine höhere Power als der entsprechende Test für unabhängige Stichproben.

Beispiel: t-Test für abhängige Stichproben

Fragestellung: Ist eine bestimmte Diät wirksam?

Inhaltliche Hypothese: Die Diät führt zu einer Reduktion des Gewichts.

Operationalisierung: Messung der Variable *Körpergewicht* bei $n = 11$ Probanden vor (Y) und nach (X) der Diät. Es wird vorausgesetzt, dass die Differenz des Körpergewichts einer Normalverteilung folgt.

Testproblem (Statistische Hypothesen):

$$\mathrm{H}_0 : \mu_X - \mu_Y \geq 0 \quad \text{gegen} \quad \mathrm{H}_1 : \mu_X - \mu_Y < 0$$

Ergebnisse der (fiktiven) Studie:

$$\begin{aligned} \bar{y} &= 88.09, & s_y &= 6.16 \\ \bar{x} &= 86.45, & s_x &= 6.59 \\ \bar{d} &= -1.64, & s_D &= 2.25 \\ & & r_{XY} &= .94 \end{aligned}$$

Berechnung der Teststatistik:

$$t = \frac{-1.64}{2.25/\sqrt{11}} = \frac{-1.64}{.678} = -2.41$$

Bestimmung des kritischen Wertes:

$$t_{.05}(10) = -1.81$$

Testentscheidung: Ablehnung der H_0, da $-2.41 < -1.81$

Damit ist davon auszugehen, dass das Körpergewicht von Personen, die die Diät durchgeführt haben, nach der Diät geringer ist.

6.2.2 Vorzeichentest für abhängige Stichproben

Analog zum t-Test für abhängige Stichproben, der auf den Einstichproben-t-Test zurückgeführt wurde, kann der Vorzeichentest für abhängige Stichproben mithilfe des Einstichproben-Vorzeichentests durchgeführt werden. Ausgangspunkt sind n Paare von Zufallsvariablen (X_i, Y_i) mit stetiger Verteilungsfunktion, wobei jedes Paar (X_i, Y_i) unabhängig von den anderen Paaren realisiert wird. Die Zufallsvariablen X_i und Y_i hingegen dürfen Abhängigkeiten aufweisen. Es werden die Differenzen $Y_i - X_i$ gebildet und für jede Differenz wird geprüft, ob sie positiv, 0 oder negativ ist.

Analog kann man bei jedem Paar (X_i, Y_i) prüfen, ob X_i größer, gleich oder kleiner Y_i ist.

Die Paare (X_i, Y_i), die exakt den gleichen Wert aufweisen, werden aus der Stichprobe entfernt. Wir erhalten dann eine eventuell kleinere Stichprobengröße n^* für die weiteren Berechnungen.

Um zu prüfen, ob bei der zweiten Stichprobe, z. B. der Nachhermessung, ein Zuwachs bei der Variablen um ζ_0 erfolgt ist, wird Paaren, für die $X_i + \zeta_0 < Y_i$ bzw. $Y_i - X_i > \zeta_0$ gilt, eine 1 zugewiesen, ansonsten wird dem Messwertpaar eine 0 zugewiesen. Die Teststatistik U besteht aus der Anzahl der Paare, die eine 1 erhalten.

Unter der Nullhypothese wird angenommen, dass die Wahrscheinlichkeiten $P(X + \zeta_0 < Y)$ und $P(X + \zeta_0 > Y)$ identisch sind; d. h., dass $P(Y - X > \zeta_0) = .5$ gilt. Die Nullhypothese besagt damit, dass ein Zuwachs um den Effekt ζ_0 erfolgt bzw. dass der Median der Differenz der beiden Zufallsvariablen $Y - X$ gleich ζ_0 ist.

Die Teststatistik U ist unter Gültigkeit der Nullhypothese für die – möglicherweise reduzierte – Stichprobe mit der Größe n^* binomialverteilt mit $\pi = .5$. Wir haben damit das Testproblem für den *Vorzeichentest* für abhängige Stichproben auf den Einstichproben-Vorzeichentest bzw. Vorzeichentest

Einstichproben-Binomialtest zurückgeführt.

Wir definieren mit

$$Z_i = \begin{cases} 1, \text{ wenn } Y_i > X_i + \zeta_0 \\ 0, \text{ sonst} \end{cases}$$

einen Indikator für den Fall, dass die erste Messung kleiner ist als die zweite. Damit lassen sich nun Testprobleme, Teststatistik und Ablehnungsregeln zusammenstellen.

Als Teststatistik nutzen wir hier die Summe der Beobachtungen, in denen $Y_i > X_i + \zeta_0$ ist:

$$U = \sum_{i=1}^{n^*} Z_i$$

Wir erhalten damit die folgende Beschreibung für unseren Test.

Vorzeichentest für abhängige Stichproben

Annahmen:
$(X_1, Y_1), \ldots, (X_n, Y_n)$ i.i.d. Paare von Zufallsvariablen
$Y_1 - X_1, \ldots, Y_n - X_n$ i.i.d. mit stetiger Verteilungsfunktion.
Berechnung von Z_i:

$$Z_i = \begin{cases} 1, \text{ wenn } Y_i > X_i + \zeta_0 \\ 0, \text{ sonst} \end{cases}$$

Testprobleme	*Teststatistik*	*Ablehnung der* H_0
1. $H_0 : P(X + \zeta_0 < Y) = .5$ $H_1 : P(X + \zeta_0 < Y) \neq .5$		1. $u < b_{u,\alpha/2}(n^*, .5)$ oder $u > b_{0,1-\alpha/2}(n^*, .5)$
2. $H_0 : P(X + \zeta_0 < Y) \geq .5$ $H_1 : P(X + \zeta_0 < Y) < .5$	$U = \sum_{i=1}^{n^*} Z_i$	2. $u < b_{u,\alpha}(n^*, .5)$
3. $H_0 : P(X + \zeta_0 < Y) \leq .5$ $H_1 : P(X + \zeta_0 < Y) > .5$		3. $u > b_{o,1-\alpha}(n^*, .5)$

Für $n^* \leq 18$ nutzen wir die diskrete Binomialverteilung mit $\pi = .5$. Die Berechnung des approximativen Tests über die Normalverteilungsapproximation der Binomialverteilung erfolgt dann entsprechend den Überlegungen aus Kapitel 3.3.2. Als approximative Prüfverteilung für $n^* > 18$ erhalten wir $U \sim N(.5 \times n^*, .5\sqrt{n^*})$.

Es seien hier noch drei Anmerkungen zu diesem Test gemacht. Betrachtet man die Voraussetzungen dieses Tests (s. o.) genau, sieht man, dass die Differenzen $Y_i - X_i$ nicht i.i.d. Zufallsvariablen darstellen müssen. Eine solche liberale Voraussetzung ist sehr selten bei statistischen Tests anzutreffen.

Der Median der Differenz $Y - X$ entspricht im Allgemeinen nicht der Differenz der Mediane der beiden Variablen. Es gilt also nicht generell: $(Y - X)_{med} = Y_{med} - X_{med}$.

Die folgende Erweiterung dieses Tests erweitert den Anwendungsbereich für die Praxis in bedeutsamer Weise. Macht man die zusätzliche Annahme, dass der Erwartungswert für die Differenz $X - Y$ existiert und dass weiterhin die Verteilung dieser Variablen symmetrisch ist, dann richten sich Hypothesen nicht nur auf den Median, sondern zugleich auch auf den Erwartungswert, da bei symmetrischen Verteilungen Median und Erwartungswert übereinstimmen.

Dann kann dieser Test in Situationen eingesetzt werden, in denen der t-Test für abhängige Stichproben angemessen wäre, aber aufgrund der vorliegenden Daten nicht anzuwenden ist. Das ist z. B. für normalverteilte Daten der Fall, wenn die Daten unten bzw. oben „abgeschnitten“ sind. Ein Beispiel ist die Variable „monatliches Einkommen”, wenn das Monatseinkommen exakt anzugeben ist, jedoch lediglich für extreme Einkommen die Kategorien „unter 500 Euro“ bzw. „über 10 000 Euro“ verwendet werden.

Für Tests zu Unterschieden des Erwartungswerts ist in diesem Fall der t-Test für abhängige Stichproben nicht zu verwenden, da keine Mittelwerte berechnet werden können. Hingegen kann hier der Vorzeichentest für abhängige Stichproben eingesetzt werden.

Beispiel: Vorzeichentest für abhängige Stichproben

Inhaltliche Hypothese: Die Depression verringert sich nach Einnahme von Tranquilizern (Hollander & Wolfe 1973, S. 29f).

Operationalisierung: Messung der Depression bei 9 Patienten auf einer Depressionsskala vor (Variable X) und nach (Variable Y) der Behandlung mit Tranquilizern.

Testauswahl: Mit $n = 9$ liegen kleine Stichproben vor. Für die Verteilung der Differenzen werden keine Annahmen getroffen. In diesem Fall kann der Vorzeichentest genutzt werden, um eine Lokationsveränderung im Median zu überprüfen.

Testproblem (Statistische Hypothesen):

$$H_0 : P(X < Y) \geq .5 \quad \text{gegen} \quad H_1 : P(X < Y) < .5$$

Ergebnisse der Untersuchung:

Vorhermessung (x_i)	1.83	0.50	1.62	2.48	1.68	1.88	1.55	3.06	1.30
Nachhermessung (y_i)	0.88	0.65	0.60	2.05	1.06	1.29	1.06	3.14	1.29
$y_i - x_i$	-0.95	0.15	-1.02	-0.43	-0.62	-0.59	-0.49	0.08	-0.01

Berechnung der Teststatistik: Es treten 2 positive Vorzeichen, 7 negative Vorzeichen und keine Nulldifferenzen auf. Damit resultiert für die Teststatistik: $u = 2$.

Kritischer Wert: $B_{.05}(n = 9, p = .5) = 1$

Testentscheidung: Keine Ablehnung der H_0, da $u = 2 > 1$. Damit wird nahegelegt, dass Tranquilizer nicht zu einer Verminderung der Depression führen.

Da beim Vorzeichentest lediglich die Kleiner/Größer-Relation betrachtet wird und somit viel Information „verschenkt" wird, dürfte unmittelbar einleuchten, dass dieser Test eine sehr geringe Power aufweist (Hodges & Lehmann, 1956).

6.2.3 Wilcoxon-Vorzeichen-Rangtest für abhängige Stichproben

Wilcoxon-Vorzeichen-Rangtest

Der *Wilcoxon-Vorzeichen-Rangtest* als Test für Lokationsunterschiede bei abhängigen Stichproben entspricht analog zu den beiden zuvor dargestellten Tests der Anwendung des entsprechenden Tests für den Einstichprobenfall auf die Differenzwerte der beiden Stichproben. Da dieser Test auf den Rängen der Differenzwerte der beiden gepaarten Stichproben basiert, verwendet er mehr Informationen und besitzt deshalb eine erheblich höhere Power als der Vorzeichentest. Dafür erfordert dieser Test als weitere Voraussetzung eine symmetrische Verteilung der Teststatistik.

Um die Teststatistik V des Wilcoxon-Vorzeichen-Rangtests zu berechnen, werden zunächst die Differenzen der Werte $(Y_i - X_i - \zeta_0)$ bestimmt, wobei ζ_0 den unter der Nullhypothese angenommenen Effekt darstellt bzw. den Median der Differenz $Y - X$. Danach werden die Absolutbeträge der Differenzen in Ränge überführt. Schließlich werden die Rangwerte der Differenzen summiert, die ein positives Vorzeichen haben.

Formal erhalten wir damit für V die folgende Berechnungsvorschrift:

$$V = \sum_{i=1}^{n} rg(|Y_i - X_i - \zeta_0|)Z_i \quad \text{mit} \quad Z_i = \begin{cases} 1, \text{ wenn } Y_i > X_i \\ 0, \text{ sonst} \end{cases}$$

Der minimale Wert von V ist 0 und der maximale Wert von V entspricht $n(n+1)/2$. Unter der Nullhypothese $P(X + \zeta_0 < Y) = .5$ ist der Erwartungswert $E[V] = n(n+1)/4$ und die Varianz entspricht $\sigma^2(V) =$

$n(n+1)(2n+1)/24$. Für $n \leq 20$ liegen die kritischen Werte für V tabelliert vor. Für größeres n kann die Normalverteilungsapproximation

$$Z(V) = \frac{V - \frac{n(n+1)}{4}}{\sqrt{\frac{n(n+1)(2n+1)}{24}}}$$

benutzt werden (vgl. Internetsupplement).

Bei kleineren Werten kann man die kritischen Werte des exakten Tests aus Tabellenwerken oder mittels R über die Funktion *qsignrank(p, n)* bestimmen. So ist

$$qsignrank(.05, 9) = 9$$

der kritische Wert für einen einseitigen Test mit der Annahme $\mathrm{H}_1 : P(X < Y) < .5$ für eine Stichprobengröße von $n = 9$.

Die Testprobleme sind identisch mit den Testproblemen des Vorzeichentests. Es wird lediglich die Forderung einer symmetrischen Verteilung der Differenzen hinzugefügt.

Wilcoxon-Vorzeichen-Rangtest für abhängige Stichproben

Annahmen:
$(X_1, Y_1), \ldots, (X_n, Y_n)$ unabhängige Paare von ZV
$Y_1 - X_1, \ldots, Y_n - X_n$ unabhängig mit stetiger, symmetrischer Verteilungsfunktion

Berechnung von Z_i:

$$Z_i = \begin{cases} 1, \text{ wenn } Y_i > X_i + \zeta_0 \\ 0, \text{ sonst} \end{cases}$$

Testprobleme	*Teststatistik*	*Ablehnung der* H_0
1. $\mathrm{H}_0 : P(X + \zeta_0 < Y) = .5$ $\mathrm{H}_1 : P(X + \zeta_0 < Y) \neq .5$		1. $v < v_{\alpha/2}(n)$ oder $v > v_{1-\alpha/2}(n)$
2. $\mathrm{H}_0 : P(X + \zeta_0 < Y) \geq .5$ $\mathrm{H}_1 : P(X + \zeta_0 < Y) < .5$	$V = \sum_{i=1}^{n} rg(\lvert Y_i - X_i \rvert) Z_i$	2. $v < v_{\alpha}(n)$
3. $\mathrm{H}_0 : P(X + \zeta_0 < Y) \leq .5$ $\mathrm{H}_1 : P(X + \zeta_0 < Y) > .5$		3. $v > v_{1-\alpha}(n)$

Beispiel: Wilcoxon-Vorzeichen-Rangtest für abhängige Stichproben

Wir verwenden hier der Einfachheit halber das gleiche Beispiel wie oben beim Vorzeichentest für abhängige Stichproben. Für die Berechnung der Teststatistik gehen wir wiederum von den Differenzwerten $y_i - x_i$ und den Rängen der Absolutbeträge dieser Differenzen aus.

$y_i - x_i$	-0.95	0.15	-1.02	-0.43	-0.62	-0.59	-0.49	0.08	-0.01
$rg(\|y_i - x_i\|)$	8	3	9	4	7	6	5	2	1

Teststatistik: $v = 3 + 2 = 5$

Kritischer Wert: $v_{.05}(9) = 9$, bzw. $p = .0195$

Testentscheidung: Ablehnung der H_0, da $v = 5 < 9$ ist. Damit ist davon auszugehen, dass nach der Einnahme von Tranquilizern eine Reduktion der Depression erfolgt.

Ausgehend vom gleichen Datensatz erhalten wir unterschiedliche Testentscheidungen: Während beim Vorzeichentest die H_0 nicht abgelehnt wird, führt die Anwendung des Wilcoxon-Vorzeichen-Rangtests zu einer Ablehnung der Nullhypothese. Eine solche Situation kommt zuweilen vor. Welchem Test ist nun zu trauen?

Zum einen ist zu berücksichtigen, dass der Wilcoxon-Vorzeichen-Rangtest mehr Informationen berücksichtigt und damit eine höhere Power besitzt. Somit führt er eher zu einer Ablehnung der Nullhypothese. Entscheidend ist hier aber, ob die Annahme der Symmetrie sinnvoll ist. Dazu sollte man im Zweifelsfall ein Histogramm der Daten bzw. einen Boxplot inspizieren oder besser einen Test auf Symmetrie durchführen. Für R liefert das Paket `lawstat` mit der Funktion `symmetry.test` einen solchen Test (den sogenannten MGG-Test), der im Internetsupplement dargestellt wird.

Für das obige Beispiel resultiert keine signifikante Abweichung von der Symmetrie (p=.57) und die Anwendung des Wilcoxon-Vorzeichen-Rangtests ist somit gerechtfertigt.

Power und Testauswahl

Da die Lokationstests für abhängige Stichproben auf den jeweiligen Einstichproben-Lokationstest zurückgeführt werden, sind die notwendigen Stichprobenumfänge exakt die gleichen wie beim Einstichproben-Lokationstest (vgl. Tab. 6.6).

Tabelle 6.6: Notwendige Stichprobenumfänge für den t-Test für abhängige Stichproben ($\alpha = .05$ und konventionelle β-Fehler)

		einseitiger Test		zweiseitiger Test	
		$\beta = .2$	$\beta = .05$	$\beta = .2$	$\beta = .05$
Effekt-	δ=0.2	156	272	199	327
stärke	δ=0.5	27	45	34	54
	δ=0.8	12	19	15	23

Ist die Normalverteilungsannahme gerechtfertigt, kann der t-Test genutzt werden. Ist davon auszugehen, dass die Voraussetzungen des zentralen Grenzwertsatzes gelten, kann der t-Test für Stichprobenumfänge $n > 30$ genutzt werden. Bei kleinem n und symmetrischen Verteilungen der Differenzen ist der Wilcoxon-Vorzeichen-Rangtest anzuwenden. In allen anderen Fällen ist der Vorzeichentest zu nutzen.

6.3 Zweistichprobentests für Varianzen

In diesem Kapitel geht es um den Vergleich von zwei Varianzen aus zwei unabhängigen Stichproben. Dazu stellen wir zwei Testverfahren vor, den F-Test für Varianzen aus normalverteilten Populationen und den voraussetzungsärmeren Levene-Test.

6.3.1 F-Test für Varianzen

F-Test für Varianzen

Für den *F-Test für Varianzen* gehen wir davon aus, dass die Stichprobenvariablen der einen Stichprobe $X_1, \ldots, X_n$ i.i.d. normalverteilt sind mit Erwartungswert μ_X und Standardabweichung σ_X und die Stichprobenvariablen der anderen Stichprobe $Y_1, \ldots, Y_m$ i.i.d. normalverteilt sind mit Erwartungswert μ_Y und Standardabweichung σ_Y. Weiterhin sind $X_1, \ldots, X_{n_X}$, $Y_1, \ldots, Y_{n_Y}$ unabhängig. Die Erwartungswerte μ_X und μ_Y können bekannt oder unbekannt sein. Sind sie bekannt, ändern sich die Freiheitsgrade bei der Teststatistik (s. u.). Da die Erwartungswerte in der Regel unbekannt sind, gehen wir im Folgenden von dieser Annahme aus.

Im Falle gleicher Varianzen in der Population nehmen wir an, dass gilt:

$$\sigma_X^2 = \sigma_Y^2 = \sigma^2$$

Unter dieser Annahme ist (vgl. Kap. 3.2)

$$V_X = \frac{(n_X - 1)S_X^2}{\sigma^2}$$

χ^2-verteilt mit $n-1$ Freiheitsgraden und entsprechend folgt

$$V_Y = \frac{(n_Y - 1)S_Y^2}{\sigma^2}$$

einer χ^2-Verteilung mit $m-1$ Freiheitsgraden. Als Teststatistik verwenden wir

$$F = \frac{V_X/(n_X - 1)}{V_Y/(n_Y - 1)} = \frac{S_X^2}{S_Y^2}.$$

Unter Geltung der H_0, $\sigma_X^2 = \sigma_Y^2$, besitzt F eine $F(n_X - 1, n_Y - 1)$-Verteilung (vgl. Anhang und Holling & Gediga, 2013, S. 165f).

Damit ist der F-Test für Varianzen vollständig beschrieben.

F-Test für Varianzen

Annahmen:
$X_1, \ldots, X_{n_X}$ i.i.d. $N(\mu_X, \sigma_X)$-verteilt
$Y_1, \ldots, Y_{n_Y}$ i.i.d. $N(\mu_Y, \sigma_Y)$-verteilt
$X_1, \ldots, X_{n_X}, Y_1, \ldots, Y_{n_Y}$ unabhängig
σ_X, σ_Y unbekannt

Testprobleme	*Teststatistik*	*Ablehnung der* H_0
1. $H_0 : \sigma_X^2 = \sigma_Y^2$ $H_1 : \sigma_X^2 \neq \sigma_Y^2$	$F = \frac{S_X^2}{S_Y^2}$	1. $s_X^2/s_Y^2 > f_{1-\alpha/2}(n_X - 1, n_Y - 1)$ oder $s_X^2/s_Y^2 < f_{\alpha/2}(n_X - 1, n_Y - 1)$
2. $H_0 : \sigma_X^2 \geq \sigma_Y^2$ $H_1 : \sigma_X^2 < \sigma_Y^2$		2. $s_X^2/s_Y^2 < f_\alpha(n_X - 1, n_Y - 1)$
3. $H_0 : \sigma_X^2 \leq \sigma_Y^2$ $H_1 : \sigma_X^2 > \sigma_Y^2$		3. $s_X^2/s_Y^2 > f_{1-\alpha}(n_X - 1, n_Y - 1)$

Beispiel: F-Test für Varianzen

Fragestellung: Führt eine neue Unterrichtsmethode für Mathematik zu einer Angleichung (Homogenisierung) der Leistungen im Fach Mathematik?

Inhaltliche Hypothese: Die Varianz der Mathematikleistung ist bei Anwendung der neuen Lehrmethode (X) geringer als die Varianz der Mathematikleistung bei der herkömmlichen Lehrmethode (Y).

Testproblem (statistische Hypothesen):

$$H_0 : \sigma_X^2 \geq \sigma_Y^2 \quad \text{gegen} \quad H_1 : \sigma_X^2 < \sigma_Y^2$$

Ergebnisse der (fiktiven) Untersuchung:

$$\bar{x} = 50.25,\ s_X^2 = 71.11,\ n_X = 12$$
$$\bar{y} = 41.6,\ s_Y^2 = 310.15,\ n_Y = 20$$

Berechnung der Teststatistik:

$$f = \frac{71.11}{310.15} = .229$$

Bestimmung des kritischen Wertes:

$$f_{.05}(11, 19) = .376$$

Testentscheidung: Ablehnung der H_0, da $.229 < .376$.
Die Varianz der Mathematikleistung infolge der neuen Lehrmethode ist somit geringer als die Varianz der Leistung aufgrund der herkömmlichen Lehrmethode. Damit ist eine Homogenisierung der Leistungen im Fach Mathematik durch die neue Lehrmethode erfolgt.

Im Gegensatz zu den t-Tests für Lokationsunterschiede ist für die Durchführung des F-Tests für Varianzen die Normalverteilungsannahme auch für größere Stichproben mit dem Umfang $n_X > 30, n_Y > 30$ notwendig.

6.3.2 Zweistichproben-Levene-Test

Der *Levene-Test* besitzt gegenüber dem F-Test den Vorteil, dass er in der Regel bei größeren Stichproben mit dem Umfang $n > 30$ für beliebige Zufallsvariablen mit stetiger Verteilungsfunktion anwendbar ist. Levene-Test

Im Zweistichproben-Fall entspricht der Levene-Test einem zweiseitigen t-Test für homogene Varianzen, wobei als Daten die absoluten Abweichungen der Werte einer Variablen von dem Mittelwert ihrer Gruppe fungieren. Liegen also z. B. für zwei Gruppen die Daten $1, 2, 3, 4, 5$ ($\bar{x} = 3$) und $6, 7, 9, 11, 12$ ($\bar{y} = 9$) vor, so werden die Daten wie folgt transformiert:

Gruppe X:
$1, 2, 3, 4, 5 \rightarrow |1-3|, |2-3], |3-3|, |4-3|, |5-3] = 2, 1, 0, 1, 2$

sowie

Gruppe Y:
$6, 7, 9, 11, 12 \rightarrow |6-9|, |7-9], |9-9|, |11-9|, |12-9] = 3, 2, 0, 2, 3$

Es ist unmittelbar ersichtlich, dass die Streuung in der zweiten Gruppe größer ausfällt. Der Mittelwert der mittleren absoluten Abweichungen beträgt in der zweiten Gruppe 2.0 und ist größer als der entsprechende

Mittelwert in der ersten Gruppe, der 1.2 beträgt. Durch die Transformation der ursprünglichen Daten zu absoluten Abweichungen vom Gruppenmittelwert kann die Testung der Gleichheit von Varianzen mittels eines Tests auf Lokationsunterschiede durchgeführt werden. Als entsprechender Test wird dann der t-Test für homogene Varianzen verwendet.

Beispiel: Zweistichproben-Levene-Test

Fragestellung: Führt eine neue Lehrmethode zu einer Angleichung (Homogenisierung) der Leistungen im Fach Mathematik?

Inhaltliche Hypothese: Die Varianz der Leistung ist für Schüler, die anhand der neuen Lehrmethode (X) unterrichtet werden, geringer als die Varianz der Leistung der Schüler mit der herkömmlichen Lehrmethode (Y).

Testproblem (statistische Hypothesen):

$$\mathrm{H}_0 : \sigma_X^2 \geq \sigma_Y^2 \quad \text{gegen} \quad \mathrm{H}_1 : \sigma_X^2 < \sigma_Y^2$$

Ergebnisse der Untersuchung:
Wir nutzen die Absolutbeträge der Abstände vom Mittelwert der jeweiligen Gruppe und erhalten:

$$\bar{x} = 6.75, \; s_X^2 = 21.41, \; n = 12$$
$$\bar{y} = 14.84, \; s_Y^2 = 78.33, \; m = 20$$

Berechnung der Teststatistik: $t = -2.923$
Bestimmung des kritischen Wertes: $t_{.05}(30) = -1.697$

Testentscheidung: Ablehnung der H_0, da $-2.923 < -1.697$. Damit ist die Varianz der Leistung bei Anwendung der neuen Lehrmethode geringer als die Varianz der Leistung bei Anwendung der herkömmlichen Lehrmethode.

Im Unterschied zum vorherigen F-Test ist bei der Anwendung des Levene-Tests keine Annahme normalverteilter Zufallsvariablen erforderlich.

Für die Berechnung des Levene-Tests werden die absoluten Abweichungen der Messwerte von den Gruppenmittelwerten genutzt. Alternativ gibt es eine Version dieses Tests, den sogenannten Brown-Forsythe-Test, bei der die absoluten Abweichungen der Messwerte von den Gruppenmedianen als Ausgangspunkt herangezogen werden. Für diese Abweichungswerte wird dann wiederum der t-Test für homogene Varianzen durchgeführt. Nach Olejnik und Algina (1987) führt diese Modifikation dazu, dass das α-Niveau auch bei starken Abweichungen von der Normalverteilung noch eingehalten wird. SPSS bietet den Levene-Test auf der Basis von Mittelwerten an. Nutzt man R, findet man im Paket ez den Levene-Test auf der Basis der Gruppenmediane.

Streng genommen sind auch beim Levene-Test für Stichprobenumfänge bis $n = 30$ normalverteilte Abweichungswerte sowie Varianzhomogenität zu fordern. Bei größeren Stichprobenumfängen kann der Levene-Test als approximativer Test genutzt werden, da auch hier der zentrale Grenzwertsatz anwendbar ist.

Ist von einer Normalverteilung der Ausgangsvariablen auszugehen, dann ist der F-Test zu wählen. Er ist dann der beste unverfälschte Test. Ist diese Annahme jedoch verletzt, sollte der Levene-Test zum Einsatz kommen. Es ist anzumerken, dass der Levene-Test bei Verletzungen der Voraussetzungen eine sehr geringe Power besitzen kann.

6.4 Zweistichprobentest für Anteilswerte

In diesem Kapitel wird ein Test zum Vergleich der Anteilswerte aus zwei unabhängigen Stichproben dargestellt. Dieser Test nutzt die Normalverteilungsapproximation der Stichprobenverteilung. Zur Testung des Unterschieds von Anteilswerten aus unabhängigen Stichproben ohne diese Annahme, die insbesondere bei kleinen Stichproben nicht erfüllt ist, verweisen wir auf Klemm (2002) und für Tests zu Unterschieden der Anteilswerte abhängiger Stichproben auf Bortz und Schuster (2010).

Ausgangspunkt des Zweistichprobentests für Anteilswerte sind zwei unabhängige Stichproben bestehend aus i.i.d. Bernoulli-verteilten Zufallsvariablen $X_1, \ldots, X_{n_X}$ mit Parameter π_X sowie i.i.d. Bernoulli-verteilten Zufallsvariablen $Y_1, \ldots, Y_{n_Y}$ mit Parameter π_Y. Dabei sind alle Stichprobenvariablen $X_1, \ldots, X_{n_X}, Y_1, \ldots, Y_{n_Y}$ statistisch unabhängig.

Gegenstand des Tests ist die Differenz $\pi_X - \pi_Y$, wobei bei Gültigkeit der Nullhypothese $\pi_X = \pi_Y = \pi$ angenommen wird. Für die Schätzung der Differenz $\pi_X - \pi_Y$ werden die Schätzer $\hat{\pi}_X = \bar{X}$ und $\hat{\pi}_Y = \bar{Y}$ verwendet und als Schätzer für π unter Gültigkeit der Nullhypothese das gewichtete Mittel

$$\hat{\pi} = \frac{n_X \bar{X} + n_Y \bar{Y}}{n_X + n_Y}$$

Unter Gültigkeit der Nullhypothese können die Verteilungen von $\hat{\pi}$ für $n_X \hat{\pi} > 9$ und $n_X(1-\hat{\pi}) > 9$ durch die Normalverteilung mit Erwartungswert π und Varianz $\hat{\pi}(1-\hat{\pi})/n_X$ approximiert werden wie auch $\hat{\pi}_Y$ durch $N\left(\pi, \sqrt{\hat{\pi}(1-\hat{\pi})/n_Y}\right)$. Die Verteilung der Differenz der Schätzungen ist damit ebenfalls approximativ normalverteilt mit Varianz $\hat{\pi}(1-\hat{\pi})(1/n_X + 1/n_Y)$ und Erwartungswert $\bar{X} - \bar{Y}$.

Damit lässt sich folgende Teststatistik bestimmen:

$$Z = \frac{\bar{X} - \bar{Y}}{\sqrt{\hat{\pi}(1-\hat{\pi})\left(\frac{1}{n_X} + \frac{1}{n_Y}\right)}}$$

Zweistichprobentest für Anteilswerte

Zusammenfassend resultiert damit das folgende Tableau für den *Zweistichprobentest für Anteilswerte*:

Zweistichprobentest für Anteilswerte

Annahmen:

$X_1, \ldots, X_{n_X}$ i.i.d., $B(1, \pi_X)$-verteilt
$Y_1, \ldots, Y_{n_Y}$ i.i.d., $B(1, \pi_Y)$-verteilt
$X_1, \ldots, X_{n_X}, Y_1, \ldots, Y_{n_Y}$ unabhängig
$(n_X + n_Y) \cdot \hat{\pi} \geq 9$ und $(n_X + n_Y) \cdot (1 - \hat{\pi}) \geq 9$

Testprobleme	*Teststatistik*	*Ablehnung der* H_0
1. $H_0: \pi_X - \pi_Y = 0$ $H_1: \pi_X - \pi_Y \neq 0$		1. $\|z\| > z_{1-\alpha/2}$
2. $H_0: \pi_X - \pi_Y \leq 0$ $H_1: \pi_X - \pi_Y > 0$	$Z = \frac{\bar{X}-\bar{Y}}{\sqrt{\hat{\pi}(1-\hat{\pi})\left(\frac{1}{n_X}+\frac{1}{n_Y}\right)}}$	2. $z > z_{1-\alpha}$
3. $H_0: \pi_X - \pi_Y \geq 0$ $H_1: \pi_X - \pi_Y < 0$		3. $z < -z_{1-\alpha}$

Beispiel: Zweistichprobentest für Anteilswerte

Fragestellung: Wirkt Johanniskrautextrakt gegen Depression?

In einer randomisierten Doppelblindstudie, in der die Versuchspersonen der Kontrollgruppe ein Placebo erhielten, untersuchten Shelton et al. (2001), ob Johanniskrautextrakt ein wirksames Mittel gegen Depression darstellt.

Inhaltliche Hypothese: Johanniskrautextrakt ist ein wirksames Mittel gegen Depression.

Untersuchungsablauf: Nach 8 Wochen wurde der Anteil der Patienten mit verminderter Depression in der Untersuchungsgruppe (X) verglichen mit dem entsprechenden Anteil der Personen in der Kontrollgruppe (Y).

Testproblem (statistische Hypothesen):

$$H_0: \pi_X - \pi_Y \leq 0 \quad \text{gegen} \quad H_1: \pi_X - \pi_Y > 0$$

Ergebnisse der Untersuchung: Bei 27 von 98 Personen in der Behandlungsgruppe trat nach 8 Wochen eine Verbesserung auf und in der Kontrollgruppe bei 19 von 102 Personen.

Damit resultieren:
$\hat{\pi}_X = 27/98 = .2755$, $\hat{\pi}_Y = 19/102 = .1862$ und
$\hat{\pi} = (27+19)/200 = .23$

Berechnung der Teststatistik:

$$z = \frac{.2755 - .1862}{\sqrt{.23(1-.23)\left(\frac{1}{98}+\frac{1}{102}\right)}} = 1.4993$$

Bestimmung des kritischen Wertes ($\alpha = .05$): $z_{.95} = 1.645$

Testentscheidung: Beibehaltung der H_0, da $1.4993 < 1.645$ ist.

Es konnte somit keine Wirkung von Johanniskrautextrakt auf Depression nachgewiesen werden.

6.5 Zweistichprobentest für Produkt-Moment-Korrelationen

Zur Testung von Unterschieden von Produkt-Moment-Korrelationskoeffizienten aus zwei unabhängigen Stichproben kann die Fisher-Z-Transformation genutzt werden, durch die die Korrelationskoeffizienten in normalverteilte Zufallsvariablen mit der Varianz $1/(n-3)$ transformiert werden (vgl. Kap. 5.1). Damit kann die Verteilung der Differenzen von Korrelationskoeffizienten aus unabhängigen Stichproben bestimmt werden, da die Varianz der Differenz von unabhängigen Zufallsvariablen durch $\sigma^2(X-Y) = \sigma^2(X) + \sigma^2(Y)$ gegeben ist (vgl. Holling & Gediga, 2013, S. 119). Liegen also zwei unabhängige Stichproben der Größen n_A und n_B vor, ist der Standardfehler der Differenz der Fisher-Z-transformierten Korrelationen aus diesen beiden Stichproben gegeben durch

$$\sqrt{\frac{1}{n_A-3}+\frac{1}{n_B-3}}.$$

Damit kann der *Zweistichprobentest für Korrelationen* wie folgt beschrieben werden.

Zweistichprobentest für Korrelationen

Zweistichprobentest für Korrelationen

Annahmen:
$(X_1,Y_1),\ldots,(X_{n_A},Y_{n_A})$ i.i.d. bivariat normalverteilt mit ρ_A
$(V_1,W_1),\ldots,(V_{n_B},W_{n_B})$ bivariat normalverteilt mit ρ_B
$(X_i,Y_i),(V_j,W_j)$ $(1 \leq i \leq n_A;\ 1 \leq j \leq n_B)$ unabhängig

Teststatistik:

$$Z = \frac{1}{\sqrt{1/(n_A-3)+1/(n_B-3)}}\left(\frac{1}{2}ln\left(\frac{1+\hat{\rho}_A}{1-\hat{\rho}_A}\right)-\frac{1}{2}ln\left(\frac{1+\hat{\rho}_B}{1-\hat{\rho}_B}\right)\right)$$

Testprobleme	*Ablehnung der* H_0
1. $H_0: \rho_A = \rho_B$	1. $z > \lvert z \rvert_{1-\alpha/2}$
$H_1: \rho_A \neq \rho_B$	
2. $H_0: \rho_A \leq \rho_B$	2. $z > z_{1-\alpha}$
$H_1: \rho_A > \rho_B$	
3. $H_0: \rho_A \geq \rho_B$	3. $z < -z_{1-\alpha}$
$H_1: \rho_A < \rho_B$	

Beispiel: Zweistichprobentest für Korrelationen

Fragestellung: Unterscheidet sich die Korrelation von Intelligenz und beruflichem Erfolg zwischen den Ländern Finnland und Deutschland?

Testproblem (statistische Hypothesen):

$$H_0: \rho_F = \rho_D \quad \text{gegen} \quad H_1: \rho_F \neq \rho_D$$

Ergebnisse der (hypothetischen) Studie: In Deutschland resultiert in einer Studie an 340 Personen eine Korrelation von $r_D = .3$ für Intelligenz und beruflichem Erfolg und in Finnland an einer Studie von 420 Personen eine Korrelation von $r_F = .4$.

Berechnung der Teststatistik:

Bestimmung der Fisher-Z-transformierten Werte von r_D und r_F:

$z_D = 0.3095$ und $z_F = 0.4236$

Bestimmung der Standardfehler der Differenz $\hat{\sigma}(Z_{Diff})$:

$$\hat{\sigma}(Z_{Diff}) = \sqrt{1/337+1/417} = 0.0732$$

Die Teststatistik ist somit:

$$z = \frac{Z_{Diff}}{\hat{\sigma}(Z_{Diff})} = \frac{0.3095 - 0.4236}{0.0732} = -1.56$$

Bestimmung des kritischen Wertes ($\alpha = .05$): $z_{.975} = 1.96$

Testentscheidung: Beibehalten der H_0, da $|-1.56| \leq 1.96$ ist. Es wird damit nahegelegt, dass sich die Korrelation zwischen Intelligenz und beruflichem Erfolg in den Ländern Finnland und Deutschland nicht unterscheidet.

6.6 Software

6.6.1 Zweistichproben-t-Test und Levene-Test

SPSS

Wir nutzen Variablen aus der Datei `schule.sav`, um die Eingaben für SPSS darzustellen. SPSS stellt immer die Ergebnisse des Levene-Tests, t_{hom}-Tests und des Welch-Tests gleichzeitig dar.

Der Zweistichproben-t-Test ist in SPSS über folgenden Menüaufruf zu berechnen:

Analysieren
↓
Mittelwerte vergleichen → T-Test bei unabhängigen Stichproben

Im Dialogfeld können Variablen und Optionen festgelegt werden. Die Gruppen sind entweder durch zwei Kodierungen (im Beispiel 1 und 2) oder durch einen Trennwert festzulegen.

Alternativ kann auch die Syntax von SPSS genutzt werden.

```
T-TEST
GROUPS = geschlecht(1,2)
/VARIABLES=pangst
/CRITERIA=CI(.95).
```

R

Wir verwenden Variablen aus der Datei `schule.RData`.

Berechnung mittels R (R-Commander)

Statistik
↓
Mittelwerte vergleichen → t-Test für unabhängige Stichproben

Es folgt ein Menü, in dem die Variable, die die Gruppen beschreibt, und die Variable, für die der Unterschied in den Erwartungswerten getestet werden soll (AV), zu bestimmen sind. Außerdem kann festgelegt werden, ob einseitig oder zweiseitig getestet werden soll, ob der Welch-Test oder t-Test für homogene Varianzen zu verwenden ist und welche Sicherheitswahrscheinlichkeit $(1 - \alpha)$ für das Konfidenzintervall der Mittelwertdifferenz genutzt werden soll.

Alternativ kann der Test auch über die folgenden Befehle durchgeführt werden:

Aufruf des t-Tests für homogene Varianzen:

Berechnung anhand von R-Befehlen

```
t.test(pangst~geschlecht, var.equal=TRUE, data=Schule)
```

Weitere Angaben sind optional, z. B. die Richtung des Tests `alternative="less"` bzw. `alternative="greater"` oder die Sicherheitswahrscheinlichkeit für Konfidenzintervalle, z. B. `conf.level=.95`.

Aufruf des Welch-Tests:

Berechnung anhand von R-Befehlen

```
t.test(pangst~geschlecht, data=Schule)
```

Weitere Angaben sind optional, z. B. die Richtung des Tests `alternative="less"` bzw. `alternative="greater"` oder die Sicherheitswahrscheinlichkeit für Konfidenzintervalle, z. B. `conf.level=.95`.

Für die Berechnung der White-Korrektur kann man (bisher nur syntaxbasiert) zwei unterschiedliche Wege nutzen.

Möglichkeit 1: White-Korrektur mittels des Paketes `ez`

```
library("ez")
ezANOVA(data=Schule, dv=pangst, between=geschlecht,
        wid=vpnr, white.adjust=TRUE)
```

Möglichkeit 2: White-Korrektur im allgemeinen linearen Modell

```
library("car")
library("lmtest")
LinMod <- lm (pangst ~ geschlecht, data=Schule)
coeftest (LinMod, vcov = hccm)
```

Ein Test auf Varianzhomogenität wird in R – im Gegensatz zum SPSS-System – nicht automatisch in der t-Test-Prozedur durchgeführt. Hierfür gibt es zusätzliche Befehle.

Aufruf des Levene-Tests aus dem R-Commander:

Statistik
↓
Varianzen → Levene-Test

Es folgt ein Menü, in dem die Gruppenvariablen und die Auswertungsvariable(n) bestimmt werden müssen.

Die Berechnung des Levene-Tests mittels R-Befehlen kann nach Laden des Paketes `car` wie folgt durchgeführt werden:

Levene-Test

```
library("car")
leveneTest(Schule$pangst, Schule$geschlecht)
```

6.6.2 Randomisierungs- und Rangtests für zwei unabhängige Stichproben

SPSS

SPSS bietet für sehr viele statistische Tests eine Randomisierungsoption an, d. h. dass der gewählte Test dann als Randomisierungstest durchgeführt wird. Des Weiteren haben viele Tests auch eine Bootstrap-Option: Hier würde dann der statistische Test mit Testverteilungen durchgeführt, die auf der Bootstrap-Technologie beruhen.

Der Wilcoxon-Rangsummentest wird in SPSS nicht berechnet. Stattdessen kann der äquivalente Mann-Whitney-U-Test abgerufen werden:

Analysieren
↓
Nichtparametrische Tests → unabhängige Stichproben

Im Dialogfeld können das Testverfahren (Mann-Whitney-U-Test), Variablen und Optionen festgelegt werden. Die Gruppen sind entweder durch zwei Kodierungen (im Beispiel 1 und 2) oder durch einen Trennwert festzulegen.

Aufruf mittels Syntax in SPSS:

```
NPTESTS
/INDEPENDENT TEST(pangst) GROUP(geschlecht)
             MANN_WHITNEY
/MISSING SCOPE= ANALYSIS USERMISSING= EXCLUDE
/CRITERIA ALPHA=0.05 CILEVEL=95.
```

Der Zweistichproben Kolmogorov-Smirnov-Test kann wie folgt aufgerufen werden:

Analysieren
↓
Nichtparametrische Tests → unabhängige Stichproben

Im Dialogfeld können das Testverfahren (Kolmogorov-Smirnov-2-Stichprobentest), Variablen und Optionen festgelegt werden. Die Gruppen sind entweder durch zwei Kodierungen (im Beispiel 1 und 2) oder durch einen Trennwert festzulegen.

Aufruf mittels Syntax in SPSS

```
NPTESTS
/INDEPENDENT TEST(pangst) GROUP(geschlecht)
             KOLMOGOROV_SMIRNOV
/MISSING SCOPE= ANALYSIS USERMISSING= EXCLUDE
/CRITERIA ALPHA=0.05 CILEVEL=95.
```

R

Der Randomisierungstest für Mittelwertdifferenzen kann mithilfe des Paketes `ez` durchgeführt werden. Es wird lediglich zweiseitig getestet. Bei einseitiger Testung muss der p-Wert entsprechend halbiert werden.

Randomisierungstest für Mittelwertdifferenzen (1000 simulierte Punkte der Testverteilung)

```
library ("ez")
ezPerm (data = Schule, dv = pangst, wid=vpnr,
        between = geschlecht, perms = 1000)
```

Wilcoxon-Rangsummentest für unabhängige Stichproben:

Berechnung mittels R (R-Commander)

Statistik
↓
Nichtparametrische Tests → Wilcoxon Test für unabhängige Stichproben

Es folgt ein Menü, in dem die Variable, die die Gruppen beschreibt, und die Variable, für die der Unterschied in den Erwartungswerten getestet werden soll (AV), zu bestimmen sind. Unter dem Menüpunkt Optionen kann festgelegt werden, ob einseitig oder zweiseitig getestet werden soll und welche Art des Tests genutzt werden soll.

Berechnung anhand von R-Befehlen:

```
wilcox.test(pangst~geschlecht, paired=FALSE,
            data=Schule)
```

Bei einseitiger Testung wird das Argument `alternative= "less"` bzw. `alternative="greater"` gesetzt.

Die Verteilung der Teststatistik für den Wilcoxon Rangsummentest ist mit `dwilcox (x, m, n)` abrufbar. Hier ist `x` der Wert der Teststatistik, `m` die Größe der ersten Stichprobe und `n` die Größe der zweiten Stichprobe.

Der Zweistichproben-Kolmogorov-Smirnov-Test kann syntaxbasiert wie folgt aufgerufen werden:

```
ks.test (Schule$geschlecht, Schule$pangst)
```

Bei einseitiger Testung wird das Argument `alternative="less"` bzw. `alternative="greater"` gesetzt.

Der Fligner-Policello-Test ist bisher (nach unserem Wissen) noch nicht in R implementiert. Den Algorithmus stellen wir deshalb im Internetsupplement zur Verfügung.

6.6.3 t-Test für abhängige Stichproben

SPSS

In der Datei `gewicht.sav` befinden sich für $n = 11$ Personen die Werte der Variablen X „(Gewicht vorher)" und Y „(Gewicht nachher)" .

Der t-Test für abhängige Stichproben ist in SPSS über folgenden Menüaufruf durchzuführen:

Analysieren
↓
Mittelwerte vergleichen → t-Test bei verbundenen Stichproben

Im Dialogfeld können Variablen und Optionen festgelegt werden.

Alternativ kann auch die Syntax von SPSS genutzt werden (Datensatz: `gewicht.sav`).

```
T-TEST
PAIRS = X WITH Y (PAIRED)
/MISSING=ANALYSIS
/CRITERIA=CI(.95).
```

R

Der t-Test für abhängige Stichproben lässt sich im R-Commander über das Menü wie folgt durchführen:

Berechnung mittels R (R-Commander)
Statistik
↓
Mittelwerte vergleichen → t-Test für gepaarte Stichproben

Es folgt ein Menü, in dem die zu analysierenden Variablen bestimmt werden können.

Alternativ kann der Test auch anhand der folgenden Befehle durchgeführt werden:

Berechnung mit R-Befehlen (Datensatz `gewicht.R`).

```
t.test(x, y, paired=TRUE, data=gewicht)
```

Weitere Angaben sind optional, z. B. die Richtung des Tests `alternative="less"` bzw. `alternative="greater"` oder die Sicherheitswahrscheinlichkeit für Konfidenzintervalle, z. B. `conf.level=.95`.

6.6.4 Nichtparametrische Tests für zwei abhängige Stichproben

SPSS

Vorzeichentest und Wilcoxon-Rangvorzeichentest:

Analysieren
↓
Nichtparametrische Tests → verbundene Stichproben

Im Dialogfeld können (u. a.) der Vorzeichentest (2 Stichproben) und/ oder der Wilcoxon- Test mit zugeordneten Paaren (2 Stichproben) ausgewählt werden.

Aufruf mittels Syntax in SPSS

```
NPTESTS
/RELATED TEST (X Y) SIGN WILCOXON
/MISSING SCOPE= ANALYSIS USERMISSING=EXCLUDE
/CRITERIA ALPHA=0.05 CILEVEL=95.
```

R

Der Wilcoxon-Rangvorzeichentest ist wie folgt aufzurufen:

Berechnung mittels R (R-Commander)
Statistik
↓
Nichtparametrische Tests → gepaarter Wilcoxon Test

Es folgt ein Menü, in dem (neben weiteren Optionen) die Variablen für die Berechnung der Differenz zu bestimmen sind.

```
wilcox.test (x, y, paired = TRUE, data=gewicht)
```

Weitere Angaben sind optional, z. B. die Richtung des Tests `alternative="less"` bzw. `alternative="greater"` oder die Sicherheitswahrscheinlichkeit für Konfidenzintervalle, z. B. `conf.level=.95`.

6.6.5 F-Test für Varianzen

R

Berechnung mittels R (R-Commander)
Statistik
↓
Varianzen → F-Test zweier Varianzen

Es folgt ein Menü, in dem die unabhängige Variable und die abhängige Variable bestimmt werden müssen. Unter dem Menüpunkt Optionen kann festgelegt werden, ob einseitig oder zweiseitig getestet werden soll und welche Sicherheitswahrscheinlichkeit für das Konfidenzintervall genutzt werden soll.

Berechnung anhand von R-Befehlen

```
var.test (data = Schule, pangst ~ geschlecht)
```

Bei einseitiger Testung wird das Argument `alternative="less"` bzw. `alternative="greater"` gesetzt.

Zusammenfassung

Gegenstand dieses Kapitels waren Zweistichprobentests. Diese Testverfahren werden in der Praxis sehr häufig eingesetzt. Daher wurden sie relativ ausführlich behandelt.

Bei Zweistichprobentests geht es um die Überprüfung der Gleichheit bzw. Unterschiedlichkeit der Verteilungen von zwei Populationen. Dabei kann es sich um Unterschiede der gesamten Verteilung bzw. Verteilungsform oder lediglich von bestimmten Kennwerten handeln. Es wurden Tests zu den folgenden Kennwerten vorgestellt:

- Erwartungswert,
- Median,
- Varianz,
- Anteil,
- Korrelationskoeffizient.

Es sind zwei grundsätzliche Formen von Zweistichprobentests zu unterscheiden: Tests für unabhängige Stichproben und Tests für abhängige (verbundene) Stichproben. Bei unabhängigen Stichproben sind alle Mitglieder der beiden Stichproben voneinander unabhängig. Abhängige Stichproben bestehen aus Paaren von Beobachtungen, die jeweils zu einer der beiden Stichproben gehören. Solche Paare entstehen z. B. bei Messwiederholungen oder bei gematchten Beobachtungen. Während die beiden zu Paaren zusammengefassten Beobachtungen jeweils abhängig sein können, wird zwischen Beobachtungen aus unterschiedlichen Paaren in der Regel Unabhängigkeit vorausgesetzt.

Zunächst wurden Testverfahren für Lokationsunterschiede von unabhängigen Stichproben dargestellt. Dazu sind dann bestimmte Annahmen zur Verteilungsform erforderlich. Eine große Rolle spielen Zweistichprobentests zum Vergleich der Erwartungswerte. Diese Tests setzen für Stichprobenumfänge von $n \leq 30$ normalverteilte Zufallsvariablen für die beiden Populationen voraus. Für größere Stichprobenumfänge werden lediglich i.i.d. Zufallsvariablen vorausgesetzt, für die die Voraussetzungen des zentralen Grenzwertsatzes erfüllt sind.

Sind die Varianzen bekannt, ist der sogenannte Z-Test einzusetzen. Bei unbekannten Varianzen sind t-Tests die adäquaten Testverfahren. Dabei ist zu unterscheiden, ob die Varianzen in den Gruppen als gleich oder ungleich angenommen werden. Im Fall gleicher Varianzen ist der t-Test für homogene Varianzen anzuwenden, im Fall unterschiedlicher Varianzen der Welch-Test. Als Alternative bietet sich der t-Test mit White-Korrektur an.

Sind zur Testung von Lokationsunterschieden die Voraussetzungen für die oben genannten Tests nicht erfüllt, kommen der Randomisierungstest für Mittelwertunterschiede, der Rangsummentest oder der Vorzeichentest in Frage. Dabei setzen, was häufig übersehen wird, der Randomisierungstest für Mittelwertunterschiede und der Rangsummentest symmetrische Verteilungen voraus.

Ganz allgemein kann man zwei unabhängige Verteilungen mit dem Zweistichproben-K-S-Test vergleichen. Hier dient die maximale Differenz zwischen den beiden empirischen Verteilungsfunktionen als Teststatistik. Damit wird jegliche Art von Unterschied, wie z. B. hinsichtlich des Erwartungswerts, der Varianz, Schiefe oder Kurtosis, überprüft. Aufgrund dieser Allgemeinheit besitzt der K-S-Test eine geringe Power. Somit erfordert dieser Test in der Regel einen hohen Stichprobenumfang.

Zur Überprüfung von Lokationsunterschieden zweier abhängiger Stichproben wurden der t-Test, der Wilcoxon-Vorzeichen-Rangtest und der Vorzeichentest vorgestellt. Ausgehend von den Differenzen der Messwerte sind diese Tests jeweils auf die entsprechenden Einstichprobentests zurückzuführen.

Für den Vergleich zweier Varianzen für unabhängige Stichproben wurden der F-Test und der Levene-Test vorgestellt. Der F-Test setzt normalverteilte Variablen voraus, während der Levene-Test – basierend auf den Absolutbeträgen der Abstände der Daten vom

Mittelwert (oder Median) der Gruppe – lediglich die Annahme von i.i.d. Zufallsvariablen erfordert.

Schließlich wurden noch Zweistichprobentests zum Vergleich von Anteilswerten und Korrelationskoeffizienten, jeweils für unabhängige Stichproben, behandelt.

Zentrale Begriffe

Zweistichprobentest: Ein Test basierend auf zwei Stichproben, um Unterschiede in Verteilungen zweier Populationen zu untersuchen.

Zweistichproben-Z-Test: Test für die Unterschiedlichkeit der Erwartungswerte einer normalverteilten Variablen in zwei unabhängigen Stichproben. Die Populationsvarianzen werden dabei als bekannt vorausgesetzt. Beim approximativen Zweistichproben-Z-Test werden lediglich i.i.d. Zufallsvariablen vorausgesetzt, für die die Voraussetzungen für den zentralen Grenzwertsatz erfüllt sein müssen.

Zweistichproben-t-Test für unabhängige Stichproben und homogene Varianzen: Test für die Unterschiedlichkeit der Erwartungswerte einer normalverteilten Variablen in zwei unabhängigen Stichproben. Die Varianzen in den Populationen sind unbekannt, werden aber als identisch angenommen. Als Teststatistik dient die standardisierte Differenz der beiden Mittelwerte, die normalverteilt sein muss. Dazu müssen entweder die Ursprungsvariablen normalverteilt sein oder beim approximativen Zweistichproben-t-Test i.i.d. Zufallsvariablen vorliegen, für die die Voraussetzungen des zentralen Grenzwertsatzes erfüllt sind.

Zweistichproben-t-Test für unabhängige Stichproben und heterogene Varianzen (Welch-Test): Test für die Unterschiedlichkeit der Erwartungswerte einer normalverteilten Variablen in zwei unabhängigen Stichproben. Die Varianzen in den Populationen sind unbekannt und können unterschiedlich sein. Als Teststatistik dient die standardisierte Differenz der beiden Mittelwerte, die normalverteilt sein muss. Dazu müssen entweder die Ursprungsvariablen normalverteilt sein oder beim approximativen Welch-Test i.i.d. Zufallsvariablen vorliegen, für die die Voraussetzungen des zentralen Grenzwertsatzes erfüllt sind.

Zweistichproben-t-Test mit White-Korrektur: Ein alternatives Testverfahren zum Welch-Test mit gleichen Voraussetzungen und ähnlicher Testgüte. Tests mit White-Korrektur sind – im Gegensatz zum Welch-Test – generell im allgemeinen linearen Modell einsetzbar.

Randomisierungstest für Mittelwertunterschiede: Nichtparametrischer Test für die Unterschiedlichkeit der Erwartungswerte auf der Basis unabhängiger Stichproben. Die Verteilung der Teststatistik, die Mittelwertdifferenz, basiert auf den Permutationen der Beobachtungen. Dieser Test bietet sich für kleine Stichprobenumfänge an und setzt Varianzhomogenität voraus. Für große Stichproben sind der Randomisierungstest und der t-Test für homogene Varianzen identisch.

Wilcoxon-Rangsummentest: Nichtparametrischer Test für die Unterschiedlichkeit des Erwartungswerts oder zumindest des Medians zweier Populationen auf der Basis unabhängiger Stichproben. Die Teststatistik basiert auf der Summe von Rängen. Dieser Test bietet sich für kleine Stichprobenumfänge an. Vorausgesetzt sind symmetrische Verteilungen des Merkmals.

Zweistichproben-K-S-Test: Mit dem Zweistichproben-Kolmogorov-Smirnov-Test (K-S-Test) werden jegliche Unterschiede der Verteilungen zweier Populationen untersucht. Als Teststatistik dient der maximale Abstand zwischen den beiden empirischen Verteilungsfunktionen.

Zweistichproben-t-Test für abhängige Stichproben: Test für die Unterschiedlichkeit der Erwartungswerte zweier Populationen auf der Basis abhängiger Stichproben. Dieser Test basiert auf den Differenzen der korrespondierenden Messwerte und stellt eine Anwendung des Einstichproben-t-Tests dar.

Wilcoxon-Vorzeichen-Rangtest für abhängige Stichproben: Test für die Unterschiedlichkeit des Erwartungswerts oder zumindest des Medians zweier Populationen auf der Basis abhängiger Stichproben. Dieser Test basiert auf den Rängen der Differenzen der korrespondierenden Messwerte und stellt eine Anwendung des entsprechenden Einstichprobentests dar. Vorausgesetzt ist dabei eine symmetrische Verteilung der Differenzen.

Vorzeichen-Test für abhängige Stichproben: Test für die Unterschiedlichkeit der Mediane zweier Populationen auf der Basis abhängiger Stichproben. Dieser Test basiert auf den Vorzeichen der Differenzen der korrespondierenden Messwerte und stellt eine Anwendung des entsprechenden Einstichprobentests dar.

Zweistichproben-F-Test für Varianzen: Test für die Unterschiedlichkeit der Varianzen zweier Populationen auf der Basis unabhängiger Stichproben. Vorausgesetzt sind normalverteilte Populationen.

Zweistichproben-Levene-Test: Test für die Unterschiedlichkeit der Varianzen zweier Populationen auf der Basis unabhängiger Stichproben. Dieser Test stellt eine Anwendung des Zweistichproben-t-Tests (für homogene Varianzen) auf die Absolutbeträge der Abstände der Messwerte vom Mittelwert oder Median ihrer Gruppe dar.

Zweistichprobentest für Anteilswerte für unabhängige Stichproben: Test für die Unterschiedlichkeit der Anteilswerte zweier Populationen auf der Basis unabhängiger Stichproben. Bei hinreichend großem Stichprobenumfang kann die Normalverteilungsapproximation zur Ableitung der Verteilung der Teststatistik genutzt werden.

Zweistichprobentest für Produkt-Moment-Korrelationen: Test für die Unterschiedlichkeit der Produkt-Moment- Korrelationen zweier Populationen auf der Basis unabhängiger Stichproben. Dieser Test beruht auf den Fisher-Z-transformierten Korrelationen.

Notation

Notation	**Bedeutung**
$\lceil x \rceil$	Funktion, die den Wert x auf die nächste ganze Zahl aufrundet (z. B. $\lceil 10.1 \rceil = 11$)
δ	Effektgröße für Mittelwertunterschiede
t_{hom}	Testgröße für den t-Test für homogene Varianzen
t_{het}	Testgröße für den t-Test für heterogene Varianzen
k	Korrigierte Freiheitsgrade im Welch-Test $$k = \left(\frac{s_X^2}{n_X} + \frac{s_Y^2}{n_Y}\right)^2 \cdot \left[\frac{1}{n-1}\left(\frac{s_X^2}{n}\right)^2 + \frac{1}{m-1}\left(\frac{s_Y^2}{m}\right)^2\right]^{-1}$$
T_W	Testgröße des Wilcoxon-Rangsummentests
D, D^+, D^-	Testgrößen des Kolmogorov-Smirnov-Tests
U	Testgröße des Vorzeichentests
V	Testgröße des Wilcoxon-Vorzeichen-Rangtests
F	Testgröße des F-Tests für Varianzen

Kapitel 7
Varianzanalyse ohne Messwiederholung

Inhaltsübersicht

In diesem Kapitel geht es im Wesentlichen um statistische Tests zur Analyse des Einflusses einer nominalskalierten Variablen auf eine intervallskalierte Variable. Dieses Testverfahren wird im Allgemeinen *Varianzanalyse* genannt oder auch als *ANOVA* bezeichnet, einem Akronym für ANalysis Of VAriance. Wir haben im ersten Band dieser Lehrbuchreihe gezeigt (vgl. Holling & Gediga, 2011, Kap. 10), dass Varianzanalysen spezielle Verfahren im Rahmen der Familie linearer Modelle darstellen. Wir werden später bei der Darstellung der Tests zu den linearen Modellen die hier behandelte Thematik in einen generelleren Kontext einbetten. Die Varianzanalyse wird hier dennoch separat behandelt, da für sie – historisch bedingt – eine eigene Terminologie und spezifische Vorgehensweise entwickelt wurde. Diese Terminologie wird noch sehr häufig bei der Darstellung varianzanalytischer Ergebnisse verwendet.

Varianzanalyse

ANOVA

Zunächst wird die einfaktorielle Varianzanalyse vorgestellt, die zur Signifikanzprüfung auf Unterschiede zwischen Erwartungswerten mehrerer normalverteilter Populationen mit gleicher Varianz dient. Die nominalskalierte Variable, die diese Populationen benennt, wird als *Faktor* bezeichnet. Weiterhin werden sogenannte Kontraste vorgestellt, die es erlauben, gezielte Unterschiede zwischen Erwartungswerten oder allgemeiner deren Linearkombinationen zu überprüfen, so z. B., ob es Unterschiede zwischen dem mittleren Effekt zweier Treatments und eines Placebos gibt.

Faktor

Will man spezifischer wissen, welche Paare von Populationen unterschiedliche Erwartungswerte aufweisen, führt man Paarvergleiche von mehreren Mittelwerten durch. In diesem Zusammenhang taucht die Problematik der sogenannten α-Fehler-Adjustierung auf. Werden mehrere Tests durchgeführt und möchte man gemeinsam für alle Tests die Einhaltung des Signifikanzniveaus gewährleisten, sind spezielle Verfahren erforderlich, die wir im Einzelnen darstellen.

Als Alternative zur einfaktoriellen Varianzanalyse – insbesondere wenn die Voraussetzungen für dieses Verfahren nicht erfüllt sind – kommt der Kruskal-Wallis-Test in Frage, den wir im Anschluss behandeln. Weiterhin stellen wir den Mehrstichproben-Levene-Test dar, der es erlaubt, Hypothesen zur Gleichheit bzw. Unterschiedlichkeit von Varianzen auf der Basis von mehr als zwei Stichproben zu prüfen. Die Homogenität von Varianzen ist eine wesentliche Voraussetzung für die Varianzanalyse.

zweifaktorielle Varianzanalyse

Two-Way ANOVA

Anschließend behandeln wir die *zweifaktorielle Varianzanalyse* (oder *Two-Way ANOVA*). Sie erlaubt es, gleichzeitig den Effekt von zwei Faktoren auf eine stetige abhängige Variable zu analysieren. Wie in der einfaktoriellen ANOVA geht es um Unterschiede der Erwartungswerte von Populationen. Dabei sind die Populationen durch die Kombination der Stufen von zwei Faktoren definiert. Zusätzlich zum separaten Einfluss eines jeden Faktors können Einflüsse untersucht werden, die durch das Zusammenwirken bzw. die *Interaktion* der beiden Faktoren entstehen.

Interaktion

Bei der hier dargestellten Form der Varianzanalyse handelt es sich um Modelle ohne Messwiederholung. Sie sind dadurch gekennzeichnet, dass jeder Stufe eines Faktors bzw. jeder Kombination von Stufen zweier Faktoren mehrere unterschiedliche statistische Einheiten, hier in der Regel Versuchspersonen, zugeordnet werden. Damit beruhen diese Modelle auf unabhängigen Zufallsvariablen.

Im Rahmen von Varianzanalysen mit Messwiederholungen, die wir im nächsten Kapitel behandeln, werden mehrere Treatmenteffekte an denselben Versuchspersonen untersucht, d. h. es liegen Messwiederholungen vor. Damit liegen abhängige Messungen vor, die eine besondere Modellierung bekommen. Diese varianzanalytischen Modelle benötigen in der Regel geringere Stichprobenumfänge, dafür aber stärkere Voraussetzungen, die aus der Abhängigkeit der Messungen resultieren.

7.1 Einfaktorielle Varianzanalyse ohne Messwiederholung

Bei der einfaktoriellen ANOVA wird der Einfluss eines Faktors auf die abhängige Variable analysiert. Jede Ausprägung eines Faktors entspricht einer Population bzw. auf Stichprobenebene einer Stichprobe oder Gruppe. Diese Ausprägungen werden *Faktorstufen (levels)* genannt. In Abhängigkeit von der Anzahl der Faktoren unterscheidet man *einfaktorielle (One-Way ANOVA)*, *zweifaktorielle (Two-Way ANOVA)* und allgemein *mehrfaktorielle* Varianzanalysen.

Faktorstufen

7.1.1 Modell

Der einfaktoriellen ANOVA liegt die Annahme zugrunde, dass die Beobachtungen in jeder Population normalverteilt sind und die einzelnen Populationen eine identische Varianz besitzen. Unter der Nullhypothese gilt, dass die Erwartungswerte identisch sind, während sich unter der Alternativhypothese mindestens zwei Erwartungswerte unterscheiden. Liegen nur zwei Stufen und damit zwei Populationen vor, entspricht die Varianzanalyse dem Zweistichproben-t-Test für homogene Varianzen (vgl. Kap. 6.1.2). Der Zweistichproben-t-Test für homogene Varianzen ist zwar ein Spezialfall der einfaktoriellen Varianzanalyse und führt damit zu identischen Ergebnissen, das konzeptuelle Vorgehen der beiden Verfahren ist jedoch unterschiedlich.

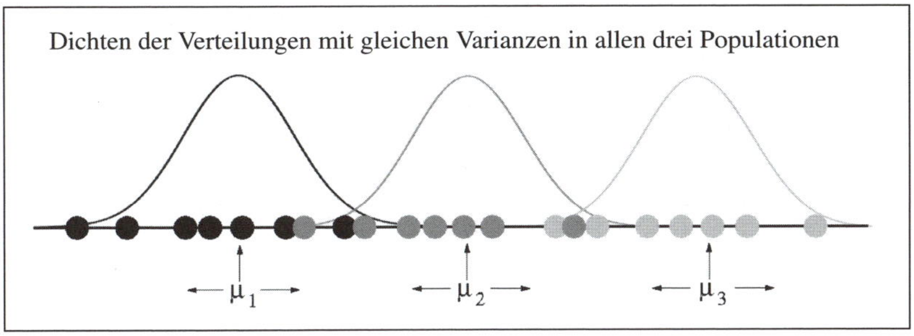

Abbildung 7.1: Illustration der Populationen einer einfaktoriellen Varianzanalyse mit drei Stufen

Abbildung 7.1 zeigt das statistische Modell einer ANOVA mit drei unterschiedlichen Populationen, die eine identische Varianz, aber unterschiedliche Erwartungswerte besitzen. Eine solche Situation entsteht unter Gültigkeit der H_1, während unter H_0 für alle Beobachtungen nur eine normalverteilte Population für alle Beobachtungen vorliegen würde.

Als Beispiel für eine einfaktorielle Varianzanalyse mit drei Stufen betrachten wir ein Experiment, in dem die drei Populationen drei experimentellen Bedingungen entsprechen.

Beispiel: Einfaktorielle Varianzanalyse

Wir betrachten die folgende experimentell zu untersuchende Hypothese:

Hypothese: „Trainings für Intelligenztests führen zu einer Erhöhung des Scores in einem Intelligenztest."

Es wurde vielfach gezeigt, dass Trainings für Leistungstests zu besseren Ergebnissen in solchen Tests führen. Solche Trainings sind z. B. sehr weit verbreitet für die Verbesserung der Leistung in Hochschuleingangstests, wie dem Scholastic Aptitute Test (SAT), und führen zu einer nicht unbedeutenden Leistungssteigerung.

Auch für Intelligenztests im engeren Sinne wurde häufig gezeigt, dass deutliche Leistungszuwächse infolge von Trainings entstehen. Jedoch hängen solche Leistungszuwächse von der Art der Trainings und den verwendeten Intelligenztests ab. Im Folgenden geht es um die Ergebnisse einer hypothetischen Studie zu den Auswirkungen zweier Trainings auf figurale Intelligenztestaufgaben. Solche Aufgaben sind zumeist nach bestimmten Regeln aufgebaut, die man trainieren kann.

Wir gehen hier von zwei Trainingsmaßnahmen aus. In einem „einfachen“ Training können sich die Versuchspersonen über eine gewisse Zeit mit typischen Aufgaben eines figuralen Intelligenztests vertraut machen. In diesem Training, kurz mit „Übung“ oder „TrÜ“ bezeichnet, erhalten die Versuchspersonen dabei auch die Angabe, welche Lösung richtig ist. Im anderen Training wird den Versuchspersonen darüber hinaus die Struktur typischer figuraler Aufgaben erklärt, zudem werden den Personen Strategien und Lösungsprinzipien für solche Aufgaben vermittelt sowie Hinweise für ein effizientes Zeitmanagement. Dieses Training nennen wir kurz „Strategie“ oder „TrS“.

Operationalisierung: Es wird ein Vergleich von zwei Experimentalgruppen mit den Trainings TrÜ und TrS und einer Kontrollgruppe (ohne Training, KG) durchgeführt. Hierfür werden die Personen zufällig aus einer Population ausgewählt und einer der drei Gruppen zufällig zugeordnet. Vergleicht man die Personen nach durchgeführtem Training, repräsentieren die drei Gruppen Stichproben aus drei unterschiedlichen Populationen.

Faktor (UV): Art des Trainings mit drei Stufen: KG, TrÜ und TrS

Die *abhängige Variable* (AV) ist der IQ-Wert nach dem Training (in den Experimentalgruppen) bzw. der parallel dazu getesteten Kontrollgruppe.

Ergebnisse (der hypothetischen Studie):

Stichprobe 1 (KG)	Stichprobe 2 (TrÜ)	Stichprobe 3 (TrS)
$y_{11} = 90$	$y_{12} = 95$	$y_{13} = 105$
$y_{21} = 95$	$y_{22} = 100$	$y_{23} = 110$
$y_{31} = 100$	$y_{32} = 105$	$y_{33} = 115$
$y_{41} = 105$	$y_{42} = 110$	$y_{43} = 120$
$y_{51} = 110$	$y_{52} = 115$	$y_{53} = 125$

Um die Nullhypothese zu testen, dass sich mindestens zwei der Erwartungswerte in dem obigen Beispiel unterscheiden, liegt es nahe, drei verschiedene t-Tests durchzuführen, jeweils einen t-Test zwischen einer Experimentalgruppe und der Kontrollgruppe sowie einen t-Test zwischen den beiden Experimentalgruppen. Solche multiplen Testverfahren halten aber, wie wir weiter unten zeigen, nicht das vorgegebene Signifikanzniveau ein. Die hier auftauchende Problematik verhält sich analog zu dem Unterschied zwischen der Wahrscheinlichkeit beim einmaligen Würfeln, eine Sechs zu erhalten und der Wahrscheinlichkeiten beim dreimaligen Würfeln, eine Sechs zu erzielen.

Als weitere Idee könnte man die beiden Gruppenmittelwerte, die am weitesten voneinander entfernt liegen, mittels eines t-Tests auf Signifikanz testen. Auch bei diesem Vorgehen tritt das obige Problem auf, in diesem Fall deshalb, weil man bereits Informationen aus den Stichprobendaten nutzt.

Während die Teststatistik bei den Zweistichprobentests für Erwartungswerte auf Mittelwertdifferenzen basiert, die durch ihre Standardfehler dividiert werden, liegt der Prüfstatistik in der Varianzanalyse ein anderes Prinzip zugrunde. Hier wird eine F-verteilte Statistik abgeleitet, bei der die Variation der Gruppenmittelwerte in Beziehung gesetzt wird zur Variation der Beobachtungen innerhalb ihrer Gruppen.

Wenn sich die Erwartungswerte einer Teilmenge der Populationen unterscheiden, entstehen zwei Quellen der Variabilität:

- systematische Unterschiede zwischen den Populationen, d. h. Unterschiede zwischen den Erwartungswerten der durch die Faktorstufen definierten Populationen,
- bestehende Unterschiede zwischen den Mitgliedern einer Population, auch zufällige Unterschiede genannt.

Diese Unterschiede sind auch auf der Stichprobenebene zu erwarten. Bei der einfaktoriellen Varianzanalyse wird nun die Gesamtvariation der Beobachtungen in zwei Teile zerlegt, die diese beiden Varianzquellen widerspiegeln. Mit einem Test wird dann geprüft, ob der auf den Faktor zurückzuführende Anteil zufälliger oder systematischer Natur ist, d. h. ob die Erwartungswerte der Populationen identisch oder unterschiedlich sind.

In der einfaktoriellen Varianzanalyse wird die Anzahl der Stufen des Faktors bzw. der damit korrespondierenden Gruppen mit J bezeichnet. Für die Stichprobenumfänge der J Gruppen verwenden wir die Bezeichnungen $n_1, \ldots, n_J$. Der Gesamtstichprobenumfang ergibt sich somit durch $n = n_1 + \ldots + n_J$. Die Werte der abhängigen Variablen y_{ij} werden mit zwei Indizes versehen, wobei der Index j für die Stufe des Faktors bzw. für die Gruppe steht, während der Index i die Person innerhalb der Gruppe kennzeichnet. Zufallsvariablen werden entsprechend bezeichnet, also mit Y_{ij}. Die Abweichung einer Beobachtung vom Erwartungswert ihrer Population wird mit $\varepsilon_{ij} = Y_{ij} - \mu_j$ bezeichnet, damit gilt:

$$Y_{ij} = \mu_j + \varepsilon_{ij}$$

Unter der Nullhypothese wird angenommen, dass alle Erwartungswerte μ_j, $j = 1,..,J$ identisch sind, unter der Alternativhypothese hingegen, dass mindestens zwei Erwartungswerte μ_j und μ_k unterschiedlich ausfallen.

Alternativ können das Modell der einfaktoriellen Varianzanalyse und die zugehörigen Hypothesen folgendermaßen bestimmt werden. Bezeichnen wir mit μ den Mittelwert aller Erwartungswerte (Gesamterwartungswert), d. h. $\mu = (\sum_{j=1}^{J} \mu_j)/J$, dann gilt bei Gleichheit aller Erwartungswerte $\mu_j = \mu$ für alle $j = 1,...,J$. Die Abweichung der Gruppenerwartungswerte vom Gesamterwartungswert definiert den sogenannten *Effekt* α_j

Effekt α_j

$$\alpha_j = \mu_j - \mu$$

Aus $\mu = (\sum_{j=1}^{J} \mu_j)/J$ folgt

$$\sum_{j=1}^{J} \alpha_j = 0$$

Unter Verwendung dieser Randbedingung kann das Modell der einfaktoriellen Varianzanalyse äquivalent zur obigen Darstellung auch folgendermaßen dargestellt werden:

$$Y_{ij} = \mu + \alpha_j + \varepsilon_{ij}$$

Unter der Nullhypothese gilt dann, dass alle Effekte α_j gleich 0 sind, während unter der Alternativhypothese mindestens ein Effekt als ungleich 0 angenommen wird, was zugleich impliziert, dass mindestens zwei Effekte ungleich 0 sind.

Die hier gewählte Form der Bestimmung der Effekte korrespondiert mit der sehr häufig verwendeten Effektkodierung im linearen Modell, wie wir im Kapitel 9.5.2 zeigen. Es sei jedoch schon hier angemerkt, dass Effekte auch anders definiert werden können, wie ebenfalls später im Kapitel 9.5.2 ausführlicher dargestellt wird.

Bei der einfaktoriellen Varianzanalyse werden für die Zufallsvariablen $Y_{11},\ldots,Y_{n_1 1}$, $Y_{12},\ldots,Y_{n_2 2},\ldots$, $Y_{1J},\ldots,Y_{n_J J}$ folgende Verteilungsannahmen getroffen:

$$Y_{ij} \sim N(\mu_j, \sigma), \text{ für alle } i = 1,\ldots,n_j \text{ und } j = 1,\ldots,J$$

Äquivalent dazu gilt:

$$Y_{ij} \sim N(\mu + \alpha_j, \sigma), \text{ für alle } i = 1, \ldots, n_j \text{ und } j = 1, \ldots, J$$

Die Beobachtungen in jeder Faktorstufe j werden somit als *normalverteilt* mit Erwartungswert μ_j bzw. $\mu + \alpha_j$ und identischer Varianz σ^2 angenommen.

Die Fehler ε_{ij} sind damit statistisch unabhängig und folgen einer $N(0, \sigma)$-Verteilung. Damit besitzen alle Fehlervariablen ε_{ij} die gleiche Verteilung, d. h.:

$$\varepsilon_{ij} \sim N(0, \sigma)$$

7.1.2 Hypothesen

Um in der einfaktoriellen Varianzanalyse zu prüfen, ob der Faktor einen Einfluss auf die Erwartungswerte der abhängigen Variablen hat, wird die Nullhypothese, dass keine Unterschiede zwischen den Erwartungswerten bestehen, gegen die Alternativhypothese, dass irgendwelche Unterschiede bestehen, getestet. Somit liegt das folgende Testproblem vor:

$$\begin{aligned} \mathrm{H}_0 &: \mu_1 = \mu_2 = \ldots = \mu_J \\ \mathrm{H}_1 &: \mu_j \neq \mu_k \text{ für mindestens zwei Faktorstufen } j \text{ und } k \end{aligned}$$

Alternativ lässt sich das Hypothesenpaar auch über die Effekte α_j wie folgt beschreiben:

$$\begin{aligned} \mathrm{H}_0 &: \alpha_1 = \alpha_2 = \ldots = \alpha_J = 0 \\ \mathrm{H}_1 &: \alpha_j \neq 0 \text{ für mindestens eine Faktorstufe } j \end{aligned}$$

7.1.3 Hypothesentest

Die Schätzung der Parameter wird in der einfaktoriellen Varianzanalyse ohne Messwiederholung wie folgt vorgenommen:

$$\begin{aligned} \hat{\mu}_j &= \bar{Y}_{\bullet j} \qquad \text{mit} \qquad \bar{Y}_{\bullet j} = \frac{1}{n_j} \sum_{i=1}^{n_j} Y_{ij} \\ \hat{\mu} &= \frac{1}{J} \sum_{j=1}^{J} \hat{\mu}_j = \frac{1}{J} \sum_{j=1}^{J} Y_{\bullet j} \\ \hat{\alpha}_j &= \hat{\mu}_j - \hat{\mu} \end{aligned}$$

Die zur Prüfung der Nullhypothese verwendete Teststatistik basiert auf dem Vergleich von zwei Summen von Abweichungsquadraten, die die

Variation innerhalb und zwischen den Gruppen repräsentieren. Die Addition dieser beiden Quadratsummen ergibt die Gesamtvariation der Beobachtungen, die wir mit SS_T (total sum of squares) bezeichnen:

$$SS_T = \sum_{j=1}^{J} \sum_{i=1}^{n_j} (Y_{ij} - \overline{Y}_{\bullet\bullet})^2$$

Hierbei bezeichnet $\overline{Y}_{\bullet\bullet}$ den Mittelwert aller Beobachtungen, d. h. $\bar{Y}_{\bullet\bullet} = \frac{1}{n}\sum_{j=1}^{J}\sum_{i=1}^{n_j} Y_{ij}$. Im Fall gleicher Gruppengrößen gilt $\bar{Y}_{\bullet\bullet} = \frac{1}{J}\sum_{j=1}^{J} Y_{\bullet j}$ (vgl. Internetsupplement).

SS_T

Die Quadratsumme SS_T stimmt bis auf den Faktor $1/(n-1)$ mit der nach der üblichen Formel berechneten Stichprobenvarianz für alle Beobachtungen überein, wobei n den Gesamtstichprobenumfang bezeichnet (vgl. Holling & Gediga, 2011, S. 111).

Die Quadratsumme SS_T kann in zwei weitere Quadratsummen zerlegt werden, die den Einfluss des Faktors sowie die zufälligen Einflüsse erfassen:

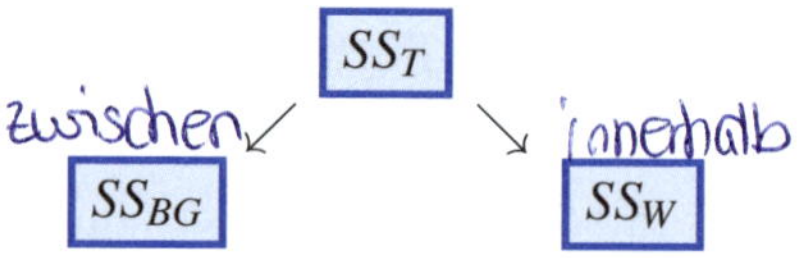

SS_{BG}

Die Quadratsumme SS_{BG} (between sum of squares) repräsentiert die auf den Faktor zurückzuführenden Unterschiede zwischen den Gruppen bzw. Treatments. Diese Quadratsumme basiert auf den Unterschieden der Gruppenmittelwerte vom Gesamtmittelwert:

$$\overline{Y}_{\bullet j} - \overline{Y}_{\bullet\bullet}$$

SS_W

Die Quadratsumme SS_W (within sum of squares) erfasst die Variation innerhalb der Gruppen, also die Streuung der Y_{ij} um $\overline{Y}_{\bullet j}$.

Streuungszerlegung

Für die *Streuungszerlegung* gilt also:

$$SS_T = SS_{BG} + SS_W$$

Die Quadratsummen SS_{BG} und SS_W lassen sich folgendermaßen bestimmen:

$$SS_{BG} = \sum_{j=1}^{J} n_j(\overline{Y}_{\bullet j} - \overline{Y}_{\bullet\bullet})^2$$

$$SS_W = \sum_{j=1}^{J}\sum_{i=1}^{n_j} (Y_{ij} - \overline{Y}_{\bullet j})^2 = \sum_{j=1}^{J} (n_j - 1)S_j^2$$

Hierbei bezeichnet $\overline{Y}_{\bullet j}$ den Mittelwert in der j-ten Gruppe sowie S_j^2 die Varianz in dieser Gruppe. Die Erwartungswerte werden jeweils durch die Mittelwerte geschätzt. Weiterhin folgt die oben zuletzt aufgeführte Gleichung aus der Definition der Varianz:

$$S_j^2 = \frac{1}{n_j - 1} \sum_{i=1}^{n_j} (Y_{ij} - \overline{Y}_{\bullet j})^2$$

Als Teststatistik F für die Überprüfung der Nullhypothese dient das Verhältnis der beiden Abweichungsquadratsummen SS_B und SS_W, die jeweils durch die Anzahl ihrer Freiheitsgrade dividiert werden.

$$F = \frac{SS_{BG}/(J-1)}{SS_W/(n-J)}$$

Wir bezeichnen den mittleren systematischen bzw. auf den Faktor zurückgehenden Effekt mit MS_{BG}: MS_{BG}

$$MS_{BG} = \frac{SS_{BG}}{J-1}$$

Das mittlere within-Abweichungsquadrat, das eine Schätzung der Fehlervarianz σ darstellt, wird als MS_W bezeichnet: MS_W

$$\hat{\sigma}^2 = MS_W = \frac{SS_W}{n-J}$$

Dass die Teststatistik F unter Gültigkeit der H_0 einer zentralen F-Verteilung folgt, kann folgendermaßen gezeigt werden. SS_w/σ^2 entspricht der Summe von quadrierten standardnormalverteilten Variablen und ist insofern χ^2-verteilt mit $n-J$ Freiheitsgraden. Wie im Internetsupplement gezeigt wird, ist SS_{BG}/σ^2 unter der Nullhypothese ebenfalls χ^2-verteilt mit $J-1$ Freiheitsgraden. Teilen wir diese beiden χ^2-verteilten Zufallsvariablen jeweils durch ihre Freiheitsgrade und setzen sie zueinander ins Verhältnis, resultiert damit die oben definierte F-verteilte Zufallsvariable $F = \frac{SS_B/(J-1)}{SS_W/(n-J)}$ mit $J-1$ Zähler- und $n-J$ Nennerfreiheitsgraden. Wie diese Formel zeigt, wird die unbekannte Varianz σ^2 herausgekürzt. In der F-Statistik wird die durch den Faktor bedingte bzw. systematische Varianz mit der Fehlervarianz verglichen. Je größer die systematische Varianz im Vergleich zur Fehlervarianz ausfällt, umso größer wird die F-Statistik und umso eher wird die Nullhypothese abgelehnt. Damit kann die F-Statistik auch kurz dargestellt werden als:

$$F = \frac{MS_{BG}}{MS_W}$$

Zusammenfassend kann die einfaktorielle Varianzanalyse wie folgt beschrieben werden.

Einfaktorielle Varianzanalyse

Annahmen:
$Y_{ij} = \mu_j + \varepsilon_{ij}$
$\varepsilon_{ij} \sim N(0, \sigma)$ und unabhängig
$i = 1, \ldots, n_j,\ j = 1, \ldots, J$

Teststatistik:

$$F = \frac{SS_{BG}/(J-1)}{SS_W/(n-J)}$$

Testproblem	*Ablehnung der* H_0
$H_0: \mu_1 = \mu_2 = \ldots = \mu_J$	
$H_1: \mu_j \neq \mu_k$ für mindestens zwei Faktorstufen j und k	$f > f_{1-\alpha}(J-1, n-J)$

Die ANOVA-Tabelle der einfaktoriellen Varianzanalyse ist wie folgt aufgebaut:

Streuungs-ursache	Quadrat-summe	Freiheits-grade	Mittel der Quadrate	F
Zwischen	SS_{BG}	$J-1$	$MS_{BG} = \frac{SS_{BG}}{J-1}$	$\frac{MS_{BG}}{MS_W}$
Innerhalb	SS_W	$n-J$	$MS_W = \frac{SS_W}{n-J}$	
Gesamt	SS_T	$n-1$		

Der F-Test prüft nur, ob es Unterschiede zwischen den Erwartungswerten der Gruppen gibt. Ein signifikanter F-Test sagt daher noch nichts darüber aus, zwischen welchen Gruppen Unterschiede bestehen.

Zur differenzierteren Prüfung von Unterschieden zwischen den Erwartungswerten können sogenannte Kontraste bzw. allgemeine Linearkombinationen von Erwartungswerten auf Signifikanz untersucht werden oder sogenannte multiple Vergleiche durchgeführt werden. Diese beiden Möglichkeiten stellen wir weiter unten dar (Kap. 7.1.7 und 7.2), nachdem wir auf die Power und Voraussetzungen der einfaktoriellen Varianzanalyse eingegangen sind.

Beispiel zur einfaktoriellen Varianzanalyse ohne Messwiederholung

Wir betrachten die Ergebnisse aus dem obigen Beispiel (S. 225) zum Intelligenztraining.

	Stichprobe 1 (KG)	Stichprobe 2 (TrÜ)	Stichprobe 3 (TrS)	
	$y_{11} = 90$	$y_{12} = 95$	$y_{13} = 105$	
	$y_{21} = 95$	$y_{22} = 100$	$y_{23} = 110$	
	$y_{31} = 100$	$y_{32} = 105$	$y_{33} = 115$	
	$y_{41} = 105$	$y_{42} = 110$	$y_{43} = 120$	
	$y_{51} = 110$	$y_{52} = 115$	$y_{53} = 125$	
Summe	$y_{\bullet 1} = 500$	$y_{\bullet 2} = 525$	$y_{\bullet 3} = 575$	*Gesamtmittel:*
Mittelwert	$\bar{y}_{\bullet 1} = 100$	$\bar{y}_{\bullet 2} = 105$	$\bar{y}_{\bullet 3} = 115$	$\bar{y}_{\bullet\bullet} = 106.67$
Effekt α	$\hat{\alpha}_1 = -6.67$	$\hat{\alpha}_2 = -1.67$	$\hat{\alpha}_3 = 8.33$	
Varianz	$s_1^2 = 62.5$	$s_2^2 = 62.5$	$s_3^2 = 62.5$	

Berechnung der Quadratsummen:

$$SS_{BG} = 5 \cdot (100 - 106.67)^2 + 5 \cdot (105 - 106.67)^2 + 5 \cdot (115 - 106.67)^2 = 583.33$$

$$SS_W = (5-1) \cdot 62.5 + (5-1) \cdot 62.5 + (5-1) \cdot 62.5 = 750$$

Ergebnisse (ANOVA-Tabelle):

Streuungs-ursache	Quadrat-summe	Freiheits-grade	Mittel der Quadrate	F
Zwischen	583.33	2	291.67	4.67
Innerhalb	750.00	12	62.50	
Gesamt	1333.33	14		

Testentscheidung: Ablehnung der H_0 zum Niveau $\alpha = .05$, da $f > f_{.95}(2,12) = 3.89$.

Damit folgt aus dieser Studie, dass es einen Effekt eines der beiden oder beider Intelligenztrainings auf die nachher gemessene Testleistung gibt.

7.1.4 Effektstärke

Für die einfaktorielle Varianzanalyse wurden verschiedene Effektmaße entwickelt. Ein beliebtes und sehr häufig verwendetes Maß stellt der Anteil bzw. Prozentsatz der aufgeklärten Variation dar, der mit η^2 *(Eta-Quadrat)* bezeichnet wird. Dieses Maß ist definiert als: η^2 (Eta-Quadrat)

$$\eta^2 = \frac{\sigma_\alpha^2}{\sigma_\alpha^2 + \sigma^2}$$

Dabei stellt $\sigma_\alpha^2 = \sum_{j=1}^{J} \frac{n_j}{n}(\mu_j - \mu)_j^2/(J-1)$ die durch den Faktor bedingte Varianz dar. (Es sei angemerkt, dass es sich strenggenommen nicht um ein Maß für die Varianz handelt, da die Varianz nicht für feste Werte, hier die Stufen der Faktoren, sondern für Zufallsvariablen definiert ist.) Der Schätzer von η^2, der bereits ausführlich im Rahmen der deskriptiven Statistik behandelt wurde (vgl. Holling & Gediga, 2011, S. 205–210), wird berechnet durch:

$$\hat{\eta}^2 = \frac{SS_{BG}}{SS_T}$$

Hier wird der mittlere quadrierte Abstand der Gruppenmittelwerte vom Gesamtmittelwert verglichen mit dem durchschnittlichen quadrierten Abstand der Beobachtungen vom Gesamtmittelwert.

η Anstelle von η^2 wird auch die Wurzel aus diesem Wert (η) betrachtet. Es gilt $0 \leq \eta^2 \leq 1$ bzw. $0 \leq \eta \leq 1$

f^2 Statt η^2 wird oftmals auch das Maß f^2 für die Effektstärke verwendet bzw. das Maß f als Wurzel aus f^2. (Das Maß f ist nicht zu verwechseln mit dem Wert der F-Statistik.) f^2 bzw. f werden auch als ϕ^2 bzw. ϕ bezeichnet.

Das Maß f^2 ist definiert als:

$$f^2 = \frac{\sigma_\alpha^2}{\sigma^2}$$

Während η^2 das Verhältnis der systematischen Varianz zur Gesamtvarianz beschreibt, wird hier die systematische Varianz zur Fehlervarianz in Beziehung gesetzt. Damit reicht der Wertebereich dieses Effektmaßes von 0 bis ∞.

η^2 und f^2 lassen sich wie folgt ineinander überführen:

$$f^2 = \frac{\eta^2}{1-\eta^2}$$

$$\eta^2 = \frac{f^2}{1+f^2}$$

Für den Fall von zwei Gruppen gibt es einen direkten Zusammenhang von f^2 bzw. der Wurzel daraus mit dem bereits eingeführten Effektmaß δ (vgl. Kap. 2.8):

$$\sqrt{f^2} = f = 1/2\delta$$

Weiterhin gilt der für die Poweranalyse interessante Zusammenhang von f^2 mit dem oben definierten Nichtzentralitätsparameter λ:

$$\lambda = nf^2$$

Daraus folgt:

$$\lambda = n\frac{\eta^2}{1-\eta^2}$$

Beispiel zur Berechnung von $\hat{\eta}^2$

Für die Ergebnisse aus dem obigen Beispiel zum Intelligenztraining können wir die folgenden Werte für SS_{BG} und SS_T aus der Varianzanalysetabelle entnehmen: $SS_{BG} = 585.33$ und $SS_T = 1333.33$

Damit folgt

$$\hat{\eta}^2 = \frac{SS_{BG}}{SS_T} = \frac{585.33}{1333.33} = .4375$$

Somit liegt nach den Angaben von Cohen (1988) ein großer Effekt vor.

Die Statistik $\hat{\eta}^2$ ist kein erwartungstreuer Schätzer der aufgeklärten Variation in der Population. Deshalb wurde eine korrigierte Version von $\hat{\eta}^2$, die sogenannte Statistik ω^2 *(Omega-Quadrat)* entwickelt, die wie folgt berechnet wird: ω^2 (Omega-Quadrat)

$$\omega^2 = \frac{SS_{BG} - df_{BG} \cdot MS_W}{SS_T + MS_W}$$

Hierbei bezeichnet df_{BG} die Freiheitsgrade für die Variation zwischen den Gruppen, d. h. $J-1$.

Beispiel zur Berechnung von ω^2

Ausgangspunkt sind wieder die Ergebnisse aus dem Beispiel zum Intelligenztraining.

$SS_B = 585.33$, $MS_W = 62.5$, $df_B = 2$ und $SS_T = 1333.33$

Damit folgt

$$\omega^2 = \frac{585.33 - 2 \cdot 62.5}{1333.33 + 62.5} = .3283$$

In der Population ist somit eine aufgeklärte Variation von 32.83% zu erwarten.

7.1.5 Power

Für die Poweranalyse gilt es, eine bestimmte Effektstärke vorzugeben. Weiterhin hängt die Power von den Stichprobenumfängen der Gruppen ab. Wie in der optimalen Versuchsplanung gezeigt wird, erzielt man die höchste Power für gleich große Stichprobenumfänge. Im Internetsupplement finden sich dazu weitere Ausführungen.

Tabelle 7.1 enthält einige Beispiele für die Power in der einfaktoriellen Varianzanalyse. Dabei wird davon ausgegangen, dass die Größen für die Gruppen jeweils identisch sind. Im Fall ungleich großer Gruppen kann der erforderliche Gesamtstichprobenumfang bedeutend größer ausfallen, wie im Internetsupplement gezeigt wird.

Tabelle 7.1: Notwendige Stichprobenumfänge für den F-Test für eine einfaktorielle Varianzanalyse ($\alpha = .05$, $\beta = .20$ unter der Annahme gleich großer Gruppen)

Gruppenanzahl	kleiner Effekt	mittlerer Effekt	großer Effekt
2	788	128	52
3	969	159	66
4	1096	180	76
5	1200	200	80
6	1290	216	90
11	1639	275	121
101	4141	808	404

7.1.6 Überprüfung der Voraussetzungen

Als Voraussetzung für die einfaktorielle Varianzanalyse müssen unabhängige, identisch normalverteilte Beobachtungen innerhalb jeder Gruppe vorliegen, wobei weiterhin die Varianzen über die Gruppen hinweg identisch sein müssen. Äquivalent dazu ist die Annahme identisch normalverteilter Fehler über alle Gruppen hinweg.

Zur Überprüfung der Normalverteilungsannahme (jeweils für die einzelnen Gruppen) bieten sich N-Q-Plots an sowie Shapiro-Wilk-Tests (vgl. Kap. 4). Ergeben diese Analysen gravierende Verletzungen der Normalverteilungsannahme, kann als Alternative der Kruskal-Wallis-Test durchgeführt werden, die weiter unten (vgl. Kap. 7.5) beschrieben wird.

Die Voraussetzung der Varianzhomogenität lässt sich mit einer erweiterten Form des Levene-Tests überprüfen, den wir in Kapitel 7.6 vorstellen. Wenn Varianzheterogenität vorliegt, kann ein asymptotisch konsistenter F-Test mittels der White-Korrektur durchgeführt werden. Diese Korrektur, die z. B. vom R-Paket `ez` angeboten wird, ist dann in jedem Fall angebracht, auch wenn häufig die Behauptung anzutreffen ist, dass die Varianzanalyse insbesondere im Fall gleich großer Gruppe sehr robust gegenüber Verletzungen der Varianzheterogenität sei.

So zeigte bereits Box (1954), dass bei drei oder mehr Gruppen schon bei Varianzverhältnissen von 3:1 (größte Varianz gegen kleinste Varianz) die Varianzanalyse die Nullhypothese zu häufig ablehnt. Im Gegensatz zum t-Test kann man sich bei der Varianzanalyse nicht immer auf ein „robustes Verhalten“ verlassen.

Da die einfaktorielle Varianzanalyse ein Spezialfall des allgemeinen linearen Modells ist und damit die Ausführungen zu Voraussetzungen dieses Modells auch hier einschlägig sind, verweisen wir weiterhin auf das entsprechende Kapitel 9.7, in dem auch die White-Korrektur ausführlicher behandelt wird.

7.1.7 Kontraste

Anstelle der Überprüfung, ob es Unterschiede zwischen den Erwartungswerten von Populationen gibt, kann man auch überprüfen, ob sich bestimmte Kombinationen von Erwartungswerten unterscheiden. Nicht selten liegen solche Hypothesen vor. Betrachten wir dazu das Beispiel zu den Intelligenztrainings.

Nehmen wir an, wir möchten wissen, ob die Intelligenztrainings überhaupt wirken, ohne dass zwischen den unterschiedlichen Arten von Trainings unterschieden wird. Dann würden wir nicht zwischen den beiden Trainings unterscheiden, sondern die beiden Experimentalgruppen als eine Gruppe betrachten und mit der Kontrollgruppe vergleichen. Weiterhin könnte man überprüfen, ob es Unterschiede zwischen der Wirkung der beiden Trainings gibt. Damit liegen zwei Fragestellungen bzw. Hypothesen vor, die sich nicht anhand der Varianzanalyse überprüfen lassen.

Für die erste Fragestellung ist zu überprüfen, ob die Leistung in den beiden Trainingsgruppen höher ist als die Leistung der Kontrollgruppe. In diesem Fall unterscheidet sich der mittlere Erwartungswert der beiden Trainingsgruppen von dem Erwartungswert der Kontrollgruppe. Für die zweite Hypothese gilt es zu überprüfen, ob sich die Erwartungswerte der beiden Trainingsgruppen unterscheiden.

Die entsprechenden Testprobleme lauten:

$$\begin{array}{rcl} 0.5\mu_{Tr\ddot{U}} + 0.5\mu_{TrS} \leq \mu_{Kg} & \text{gegen} & 0.5\mu_{Tr\ddot{U}} + 0.5\mu_{TrS} > \mu_{Kg} \\ \mu_{Tr\ddot{U}} = \mu_{TrS} & \text{gegen} & \mu_{Tr\ddot{U}} \neq \mu_{TrS} \end{array}$$

Die beiden Testprobleme können äquivalent auch folgendermaßen dargestellt werden:

$$\begin{array}{rcl} 0.5\mu_{Tr\ddot{U}} + 0.5\mu_{TrS} - \mu_{Kg} \leq 0 & \text{gegen} & 0.5\mu_{Tr\ddot{U}} + 0.5\mu_{TrS} - \mu_{Kg} > 0 \\ \mu_{Tr\ddot{U}} - \mu_{TrS} = 0 & \text{gegen} & \mu_{Tr\ddot{U}} - \mu_{TrS} \neq 0 \end{array}$$

Bei den *Kontrasten* handelt es sich allgemein um den Vergleich von gewichteten Erwartungswerten, wobei sich die Gewichte sowie die gewichteten Erwartungswerte unter der Nullhypothese zu 0 addieren. Diese Restriktion gilt nicht für das allgemeinere Konzept der Bildung von Linearkombinationen von Erwartungswerten, wie etwa Kontraste

$$\begin{array}{rcl} \mu_{TrS} - 1.1\mu_{Kg} & = & 0 \\ \mu_{TrS} - \mu_{Kg} & = & 5 \end{array}$$

Die erste Linearkombination korrespondiert mit der Hypothese, dass das Strategietraining gegenüber der Kontrollgruppe um 10% erhöht ist. Die zweite Linearkombination besagt, dass sich die Erwartungswerte der Population mit Strategietraining und der Population mit der Kontrollbedingung um 5 IQ-Punkte unterscheiden. Linearkombinationen erlauben sehr flexible Möglichkeiten zur Hypothesenerstellung und werden ausführlicher bei der Überprüfung allgemeiner linearer Hypothesen im Rahmen linearer Modelle behandelt. Jedoch sind Kontraste als spezielle Linearkombinationen im Rahmen von Varianzanalysen sehr verbreitet, so dass wir hier kurz auf sie eingehen.

Allgemein ist ein Kontrast L definiert als:

$$L = c_1\mu_1 + c_2\mu_2 + \ldots + c_J\mu_J = \sum_{j=1}^{J} c_j\mu_j$$

wobei die $c_1, \ldots, c_J$ Konstanten sind, die folgender Restriktion genügen:

$$\sum_{j=1}^{J} c_j = 0$$

Der Vergleich zweier Erwartungswerte stellt einen Spezialfall eines Kontrastes dar, so ist der Vergleich $\mu_1 - \mu_2$ ein Kontrast mit den Gewichten 1 und -1.

Als Schätzer für die in einem Kontrast L spezifizierte Linearkombination von Erwartungswerten dient:

$$\hat{L} = \sum_{j=1}^{J} c_j\bar{Y}_{\bullet j}$$

Da die Schätzer $\bar{Y}_{\bullet j}$ statistisch unabhängig sind, gilt für die Varianz von $\hat{L}$:

$$Var(\hat{L}) = Var(\sum_{j=1}^{J} c_j\bar{Y}_{\bullet j}) = \sum_{j=1}^{J} c_j^2 Var(\bar{Y}_{\bullet j}) = \sum_{j=1}^{J} c_j^2 \frac{\sigma^2}{n_j} = \sigma^2 \sum_{j=1}^{J} \frac{c_j^2}{n_j}$$

Als Schätzer für diese Varianz im Modell der Varianzanalyse dient, wegen $MS_W = \hat{\sigma}^2$:

$$\widehat{Var}(\hat{L}) = MS_W \cdot \sum_{j=1}^{J} \frac{c_j^2}{n_j}$$

Es folgt (vgl. Internetsupplement), dass die Teststatistik

$$\frac{\hat{L} - L}{\sqrt{\widehat{Var}(\hat{L}))}}$$

t-verteilt ist mit $n-J$ Freiheitsgraden. Damit ist ein Test für die Hypothese „$H_0 : L = 0$ *gegen* $H_1 : L \neq 0$" gegeben. Analog können einseitig formulierte Hypothesen zu Kontrasten überprüft werden.

Werden mehrere Kontraste gebildet und sind sie unkorreliert, spricht man von orthogonalen Kontrasten. Hier addieren sich – analog zur Situation unkorrelierter Prädiktoren in der multiplen Regression (vgl. Holling & Gediga, 2011, Kap. 10.3) – die durch die einzelnen Kontraste aufgeklärten Variationsanteile zu der gesamten aufgeklärten Variation, wenn die Maximalanzahl von $J-1$ orthogonalen Konstrasten untersucht wird.

Formal sind zwei Kontraste

$$\begin{aligned} L_1 &= c_{11}\mu_1 + c_{12}\mu_2 + \ldots + c_{1J}\mu_J \\ L_2 &= c_{21}\mu_1 + c_{22}\mu_2 + \ldots + c_{2J}\mu_J \end{aligned}$$

orthogonal, wenn für ihre Gewichte gilt:

$$\sum_{j=1}^{J} c_{1j}c_{2j} = 0$$

So sind die beiden Kontraste für unser Beispiel

$$\begin{aligned} L_1 &= 0.5\mu_{Tr} + 0.5\mu_{TrS} - 1\mu_{Kg} \\ L_2 &= 1\mu_{Tr} - 1\mu_{TrG} - 0\mu_{Kg} \end{aligned}$$

orthogonal, da $0.5 \cdot 1 + 0.5 \cdot (-1) + 1 \cdot 0 = 0$ ist.

Häufig werden mehrere Kontraste überprüft. Damit liegen multiple Tests vor, die eine spezielle Problematik darstellen, wie wir weiter unten ausführen.

7.2 Multiples Testen

Multiples Testen ist eine generelle Thematik in der Testtheorie, sie wird dennoch häufig insbesondere im Zusammenhang mit der Varianzanalyse thematisiert. Der Grund dafür ist, dass ein signifikantes Ergebnis bei einer Varianzanalyse lediglich besagt, dass sich irgendwelche Erwartungswerte unterscheiden, aber nicht, welche Erwartungswerte. Nun kann man von vornherein mehrere ausgewählte Mittelwertvergleiche durchführen, so z. B. die Erwartungswerte aller Experimentalgruppen mit dem Erwartungswert einer Kontrollgruppe vergleichen. Liegen k Experimentalgruppen vor und eine Kontrollgruppe, sind k Tests durchzuführen. Legt man diese Tests fest, bevor man relevante Informationen über die Daten besitzt, spricht man von A-priori-Tests. multiples Testen

Bei A-posteriori-Tests, häufig Post-hoc-Tests genannt, verwendet man hingegen bereits Wissen über die bisherigen Analysen für die Auswahl der Vergleiche. Weiß man beispielsweise, dass eine einfaktorielle Varianzanalyse zu einem signifikanten Resultat geführt hat, und vergleicht dann z. B. eine Experimentalgruppe mit der Kontrollgruppe, so liegt ein A-posteriori-Test vor. Ebenfalls ist ein A-posteriori-Test gegeben, wenn man die beiden Gruppen mit dem geringsten und größten Mittelwert anhand eines t-Tests vergleicht. Hier legt man die Hypothese nach Kenntnis der Mittelwerte fest.

A-priori-Tests sind allgemeiner durchzuführen als A-posteriori-Tests, da A-priori-Tests im Allgemeinen gleichermaßen für unterschiedliche Verfahren, z. B. die Varianzanalyse, die Berechnung mehrerer Korrelationen oder die multiple Regression, eingesetzt werden. A-posteriori-Tests sind häufig spezifisch auf bestimmte Verfahren zugeschnitten. Sie spielen eine besondere Rolle bei der Varianzanalyse, weshalb wir ausführlicher auf sie eingehen.

Zunächst stellen wir jedoch drei Verfahren zur Überprüfung multipler A-priori-Tests, in denen von vornherein Hypothesen aufgestellt werden, vor. Es handelt sich um die

- Šidák-Methode,
- Bonferroni-Methode und
- Bonferroni-Holm-Methode.

7.3 Multiples Testen für a priori aufgestellte Hypothesen

7.3.1 Alpha-Fehler-Adjustierungen

Beim einmaligen Testen wird durch die Spezifikation des Signifikanzniveaus α der Fehler 1. Art, d. h. die Wahrscheinlichkeit der irrtümlichen Ablehnung der Nullhypothese, kontrolliert. Die Wahrscheinlichkeit, die Nullhypothese zu Recht beizubehalten, beträgt dementsprechend $1 - \alpha$.

Betrachten wir diesen Fehler bei drei Tests, so kann beim ersten, zweiten und/oder dritten Test der Fehler 1. Art auftreten. Der Fehler 1. Art kann einmal, zweimal oder dreimal auftreten. Die Wahrscheinlichkeit, dass der Fehler 1. Art keinmal auftritt bzw. die Nullhypothese in allen drei Fällen zu Recht beibehalten wird, beträgt bei drei unabhängigen Tests $(1 - \alpha)^3$. Die Wahrscheinlichkeit, einmal, zweimal oder dreimal bzw. mindestens einmal einen Fehler 1. Art zu begehen, entspricht damit $1 - (1 - \alpha)^3$. Das für einen einzelnen Test vorgegebene α-Niveau nennt man in der englischsprachigen Literatur *experimentwise α-level* und das α-Niveau, das für mehrere Tests bzw. für eine Familie von Tests gilt, auch *familywise α-level*. Das für eine Familie von Tests einzuhal-

experimentwise α-level

familywise α-level

tende α kennzeichnen wir mit α_f im Unterschied zum α, das für einen einzelnen Test einzuhalten ist und hier weiterhin mit α bezeichnet wird.

Für $\alpha = .05$ resultiert bei drei unabhängigen Tests ein $\alpha_f = 1-(1-.05)^3 = 1-.857 = .143$. Für vier unabhängige Tests folgt für $\alpha = .05$ ein $\alpha_f = .185$. Man nennt diese Erhöhung des Fehlers 1. Art auch *α-Fehler-Kumulierung*.

α-Fehler-Kumulierung

Um den Fehler 1. Art simultan bei mehrmaligen Tests zu kontrollieren, ist es notwendig, von vornherein das Signifikanzniveau für die Menge bzw. Familie von Tests festzusetzen. Im obigen Fall haben wir die Transformation des für einen Test festgelegten α-Niveaus auf das für eine Familie von Tests gültige α-Niveau, man spricht auch von einer α-Adjustierung, anhand elementarer Regeln der Wahrscheinlichkeitsrechnung vorgenommen. Dabei haben wir die vereinfachende Annahme gemacht, dass die Tests unabhängig sind. Es gibt aber zahlreiche weitere Verfahren der α-Adjustierung für andere Situationen, auf die wir im Einzelnen eingehen.

Šidák-Adjustierung

Ein Verfahren zur α-Adjustierung, das für unabhängige Tests adäquat ist, stellt die nach seinem Autor benannte *Šidák-Adjustierung* dar (vgl. Šidák, 1967). Die Bestimmung von α_f besteht hier darin, die oben abgeleitete Gleichung $\alpha = 1-(1-\alpha_f)^3$ nach α_f aufzulösen. Damit folgt für m Tests $\alpha = 1-(1-\alpha_f)^{1/m}$.

Šidák-Adjustierung

Diesem Verfahren liegt, wie angemerkt, die Annahme zugrunde, dass die durchgeführten Tests unabhängig voneinander sind. Jedoch können auch Tests auftreten, die voneinander abhängig sind.

Bonferroni-Adjustierung

Für den allgemeineren Fall mehrerer abhängiger Tests bietet sich die seit langem bekannte, aber erstmals von Dunn (1961) formalisierte Adjustierung an, die auf der Bonferroni-Ungleichung beruht und insofern im Allgemeinen als Bonferroni-Adjustierung bezeichnet wird.

Die Bonferroni-Ungleichung besagt:

Seien $E_1, E_2, \ldots, E_i, \ldots, E_m$ Ereignisse, dann gilt

$$P(E_1 \cup E_2 \ldots \cup E_i \ldots \cup E_m) \leq \sum_{i=1}^{m} P(E_i)$$

Bezogen auf die Durchführung mehrerer Tests resultiert aus dieser Ungleichung $\alpha = \alpha_f/m$. Die *Bonferroni-Adjustierung* führt zu unwesentlich größeren Werten für α_f als die Šidák-Adjustierung. Für $\alpha = .05$ treten die Unterschiede erst ab der vierten Stelle hinter dem Komma auf. Damit stimmen hier beide Verfahren praktisch überein. In der Praxis wird, auch wenn unabhängige Tests vorliegen, zumeist das allgemeinere Verfahren, die Bonferroni-Adjustierung, eingesetzt.

Bo

Die Bonferroni-Methode stellt ein sehr konservatives Verfahren dar. Ein etwas aufwendigeres Verfahren, das auch das vorgegebene α_f-Niveau einhält, aber eine größere Power besitzt, ist die sogenannte *Korrektur nach Holm* (Holm, 1979), auch Bonferroni-Holm-Adjustierung genannt.

Korrektur nach Holm

Bonferroni-Holm-Adjustierung

Holm (1979) konnte zeigen, dass bei dem folgenden Vorgehen bei der Durchführung von mehreren Tests das α-Niveau eingehalten wird:

- Ordne die m geplanten Tests anhand der Größe der Beträge ihrer Teststatistiken.
- Starte mit der betragsmäßig größten Teststatistik und teste diese anhand des Signifikanzniveaus α/m.
- Fällt dieser Test signifikant aus, führe dann den Test mit der betragsmäßig zweitgrößten Teststatistik anhand des Signifikanzniveaus $\alpha/(m-1)$ durch, ansonsten wird die Testung beendet und lediglich der erste Vergleich ergibt ein signifikantes Resultat.
- Führe dann den Test mit der betragsmäßig drittgrößten Teststatistik anhand des Signifikanzniveaus $\alpha/(m-2)$ durch. Ist das Ergebnis nicht signifikant, wird die Testung beendet und lediglich die beiden ersten Vergleiche ergeben ein signifikantes Resultat.
- Fahre in dieser Weise fort, bis die Testung vorzeitig gestoppt wird oder der letzte mögliche Vergleich durchgeführt wird.

Wie die Bonferroni-Methode kann auch die Bonferroni-Holm-Methode generell für multiple Testprobleme angewendet werden. So entspricht die Bonferroni-Holm-Methode angewendet auf die Testung mehrerer Korrelationskoeffizienten dem Lazelere/Mulaik-Test (vgl. Lazelere & Mulaik, 1977).

Im nächsten Kapitel verdeutlichen wir anhand multipler Vergleiche von Mittelwerten die Bonferroni- und die Bonferroni-Holm-Methode.

7.3.2 A-priori-Tests für den Vergleich von Erwartungswerten

Werden mehrere Erwartungswerte von normalverteilten Populationen verglichen, stellt sich zunächst die Frage nach der Varianzhomogenität. Liegen unterschiedliche Varianzen vor, kann eine α-Adjustierung für mehrere Welch-Tests erfolgen. Sind für alle Populationen gleiche Varianzen gegeben, verwendet man anstelle des t-Tests für homogene Varianzen eine etwas veränderte t-Statistik. Die Schätzung der Varianzen innerhalb der Gruppen kann nun aufgrund der Stichprobenvarianzen aller Gruppen erfolgen und damit auf der Basis des aus der einfaktoriellen Varianzanalyse bekannten Terms MS_W. Damit liegt eine genauere Schätzung des Standardfehlers für die t-Statistik vor (vgl. Internetsupplement). In der t-Statistik für den t-Test für homogene Varianzen

$$t = \frac{\overline{Y}_{j\bullet} - \overline{Y}_{k\bullet}}{\sqrt{\left(\frac{1}{n_j} + \frac{1}{n_k}\right)\hat{\sigma}^2}}$$

wird nun für $\hat{\sigma}^2$ der Term MS_W verwendet und somit folgt:

$$T_{jk} = \frac{\overline{Y}_{j\bullet} - \overline{Y}_{k\bullet}}{\sqrt{\left(\frac{1}{n_j} + \frac{1}{n_k}\right)MS_W}}$$

Planen wir bei dem Beispiel zum Intelligenztraining a priori einen Vergleich der drei Faktorstufen, so bieten sich die Bonferrroni- und die Bonferroni-Holm-Adjustierung an.

Beispiel: Durchführung der Bonferroni-Methode

Wir demonstrieren die Bonferroni-Methode anhand des Beispiels zum Intelligenztraining, wobei alle drei möglichen paarweisen Vergleiche der Faktorstufen vorgenommen werden. Als globales Signifikanzniveau, das für alle Vergleiche zusammen eingehalten werden soll, wird $\alpha = .05$ gewählt.

Werden bei J Stufen eines Faktors alle paarweisen Vergleiche durchgeführt, resultiert $m = J(J-1)/2$. Für m ungerichtete Tests wählt man bei der Bonferroni-Adjustierung als adjustiertes Signifikanzniveau α/m. Der kritische Wert bei der Bonferroni-Methode ist damit durch $t_{1-\alpha/(2m)}(n-J)$ festgelegt.

Als Teststatistik für den Vergleich der j-ten mit der k-ten Stufe verwenden wir (s. o.):

$$T_{jk} = \frac{\overline{Y}_{j\bullet} - \overline{Y}_{k\bullet}}{\sqrt{\left(\frac{1}{n_j} + \frac{1}{n_k}\right) MS_W}}$$

Berechnung der *Teststatistiken* für die drei Tests:

$$n_1 = 5 \quad \bar{y}_{1\bullet} = 100 \quad \hat{\sigma}^2 = 62.5$$
$$n_2 = 5 \quad \bar{y}_{2\bullet} = 105$$
$$n_3 = 5 \quad \bar{y}_{3\bullet} = 115$$

$$t_{12} = \frac{100-105}{\sqrt{62.5 \cdot \left(\frac{1}{5} + \frac{1}{5}\right)}} = -1 \quad \text{(Kg vs. TrÜ)}$$

$$t_{13} = \frac{100-115}{\sqrt{62.5 \cdot \left(\frac{1}{5} + \frac{1}{5}\right)}} = -3 \quad \text{(Kg vs. TrS)}$$

$$t_{23} = \frac{105-115}{\sqrt{62.5 \cdot \left(\frac{1}{5} + \frac{1}{5}\right)}} = -2 \quad \text{(TrÜ vs. TrS)}$$

Nur $|t_{13}|$ ist betragsmäßig größer als der kritische Wert $t_{1-\alpha/(2m)}(12) = 2.78$. Damit geht lediglich vom Strategietraining (TrS) eine signifikante Wirkung aus.

Die Durchführung der Bonferroni-Holm-Methode sei ebenfalls anhand der Daten zum Intelligenztraining erläutert.

Beispiel: Durchführung der Bonferroni-Holm-Methode

Wir demonstrieren die Bonferroni-Holm-Methode anhand des Beispiels zum Intelligenztraining mit den *Teststatistiken*:

$t_{13} = -3$ (Kg vs. TrS)
$t_{23} = -2$ (TrÜ vs. TrS)
$t_{12} = -1$ (Kg vs. TrS)

Der größte betragsmäßige Wert resultiert für die Teststatistik $|t_{13}| = 3$. Der entsprechende kritische Wert für $m = 3$ Tests beträgt: $t_{1-\alpha/(2\cdot 3)}(12) = 2.78$. Damit resultiert ein signifikanter Unterschied zwischen den Gruppen 1 und 3.

Der betragsmäßig zweitgrößte Wert ergibt sich für die Teststatistik $|t_{23}| = 2$, der mit dem kritischen Wert $t_{1-\alpha/(2\cdot 2)}(12) = 2.56$ zu vergleichen ist. Der Unterschied zwischen den Gruppen 2 und 3 ist somit nicht signifikant. Das Testverfahren endet hier.

Damit führt die Anwendung der Bonferroni-Holm-Prozedur in diesem Beispiel zur gleichen Entscheidung wie die Anwendung der Bonferroni-Methode.

Häufig werden jedoch aufgrund der höheren Power bei der Bonferroni-Holm-Methode mehr Mittelwertvergleiche signifikant als bei der Bonferroni-Methode.

7.4 Post-hoc-Tests für den Vergleich von Erwartungswerten

Zunächst muss man bei der Kontrolle des Fehlers 1. Art für eine Familie von Tests zwei Fälle unterscheiden:

- Bei der *schwachen Kontrolle des Fehlers 1. Art* liegt die aus der Varianzanalyse bekannte Nullhypothese $\mu_1 = \mu_2 = ... = \mu_J$ zugrunde, die in diesem Zusammenhang auch komplette Nullhypothese genannt wird.
- Nicht immer ist diese Hypothese Gegenstand einer Untersuchung, es könnte auch genauso gut eine sogenannte *partielle Nullhypothese* von Interesse sein, d. h. eine Nullhypothese, bei der nur Teilmengen der Erwartungswerte gleich sind. Ein Beispiel für eine solche partielle Nullhypothese ist die Annahme $\mu_1 = \mu_2 \neq \mu_3 = \mu_4 \neq \mu_5 = ... = \mu_J$. Bei der *starken Kontrolle des Fehlers 1. Art* für eine Familie von Tests gilt die α-Adjustierung für alle möglichen partiellen Nullhypothesen. Damit liegt eine umfassendere Kontrolle des Fehlers 1. Art vor. Die bisher vorgestellten Verfahren der α-Adjustierung für a priori aufgestellte Hypothesen, die Šidák-, Bonferroni- und Bonferroni-Holm-Adjustierung, gewährleisten eine starke Kontrolle des Fehlers 1. Art beim multiplen Testen.

partielle Nullhypothese

Für die multiple Testung von Mittelwertunterschieden a posteriori gehen wir auf die folgenden Verfahren ein:

- Fisher's „Least Significant Difference"-Test,
- Tukey-Kramer-Test,
- Newman-Keuls-Verfahren,
- REGWQ-Verfahren,
- Dunnett-Test,
- Scheffè-Test.

Fisher's „Least Significant Difference"-Test

Least Significant Difference-Test

Der älteste Post-hoc-Test wurde von Fisher (1935) vorgeschlagen. Sein *„Least Significant Difference"-Test* erlaubt aber nur für drei Mittelwertvergleiche eine starke familienweise Kontrolle des Fehlers 1. Art, ansonsten eine schwache Kontrolle dieses Fehlers. Dieser Test erfolgt zweistufig; zunächst wird anhand einer einfaktoriellen Varianzanalyse die Nullhypothese $\mu_1 = \mu_2 = ... = \mu_J$ überprüft. Falls diese Nullhypothese abgelehnt wird, werden dann in einem zweiten Schritt t-Tests (unter Verwendung von MS_W) für alle Paare von Erwartungswerten durchgeführt. Fallen diese t-Tests signifikant aus, wird die entsprechende Alternativhypothese angenommen. Da dieses Verfahren für mehr als drei Mittelwertvergleiche lediglich eine schwache Kontrolle des Fehlers 1. Art gewährleistet, wurde es vielfach kritisiert.

Das im Folgenden dargestellte Verfahren – der Tukey-Kramer-Test – erlaubt eine starke Kontrolle des Fehlers 1. Art für eine Familie von Tests. Die Teststatistik dieser wie weiterer Verfahren basiert auf der Spannweite (range) von m normalverteilten Zufallsvariablen, d. h. der Differenz zwischen dem Maximum und Minimum einer Menge von m normalverteilten Zufallsvariablen. Diese Statistik wird auch *studentisierte Range-Statistik* (studentized range) genannt.

studentisierte Range-Statistik

Tukey-Kramer-Test

Tukey-Kramer-Test

Der *Tukey-Kramer-Test* basiert auf der Verteilung des normierten Ranges (maximalen Abstands) von m normalverteilten Zufallsvariablen mit Erwartungswert μ und Varianz σ^2. Dabei wird der Range

$$R = \max(Y_1, ..., Y_m) - \min(Y_1, ..., Y_m)$$

anhand der Standardabweichung normiert, die geschätzt wird durch $\hat{\sigma} = S = \sqrt{MS_W}$. Damit fungiert die Verteilung von R/S als Testverteilung.

Benutzt wird die Teststatistik

$$Q = \frac{\sqrt{2}(\overline{Y}_j - \overline{Y}_k)}{\sqrt{MS_W\,(1/n_j + 1/n_k)}}$$

Die kritischen Werte $q_{1-\alpha}(m, n-m)$ sind vertafelt (vgl. Anhang). Das 95%-Quantil beträgt z. B. für $q_{.95}(2,20) = 2.95$, $q_{.95}(5,20) = 4.65$ bzw. $q_{.95}(10,20) = 5.01$.

Die Nullhypothese $\mu_j = \mu_k$ für $j,k = 1,...,J$ und $j \neq k$ wird abgelehnt, falls $|q| > q_{1-\alpha}(m, n-m)$.

Tukey-Test

Der Tukey-Kramer-Test ist eine Verallgemeinerung des *Tukey-Tests*, der gleiche Stichprobenumfänge für die Gruppen voraussetzt.

Newman-Keuls-Verfahren

Newman-Keuls -Verfahren

Das Verfahren nach Tukey-Kramer basiert für alle Paarvergleiche auf dem Range, d. h. der Differenz zwischen dem größten und dem kleinsten Wert der m Zufallsvariablen. Aufgrund der Range-Statistik ist dieser Test insbesondere für die Differenz zwischen dem größten und kleinsten Mittelwert angemessen, für die zweitgrößte betragsmäßige Differenz der Mittelwerte erscheint die entsprechende Statistik für den Range von $m-1$ Zufallsvariablen adäquater, d. h. $Q(m-1, n-m)$, und weiterhin für den Vergleich der drittgrößten betragsmäßigen Differenz der Mittelwerte die Statistik $Q(m-2, n-m)$, etc.

Anhand dieser Logik geht der *Newman-Keuls-Test* vor, der ein sehr beliebtes Verfahren in der Praxis darstellt. Jedoch konnte gezeigt werden (vgl. Howell, 2007), dass dieses Verfahren nicht die starke Kontrolle des α-Fehlers für eine Familie von Tests einhält und damit nicht zu empfehlen ist.

REGWQ-Verfahren

Ein Verfahren, das die Kontrolle des α-Fehlers für eine Familie von Tests einhält, ist die Ryan/Einot/Gabriele/Welch-Methode. Diese analog zum Newman-Keuls-Verfahren sequenziell erfolgende Methode besitzt eine höhere Power als der Tukey-Kramer-Test und wird auch Verfahren nach Ryan oder auch *REGWQ-Methode* genannt, wobei die zuletzt aufgeführte Bezeichnung auf den Initialen der Autoren basiert sowie aus dem Buchstaben Q, der von der verwendeten Q-Statistik abgeleitet ist.

REGWQ-Methode

Bei diesem Verfahren werden alle Teilmengen p von Mittelwerten auf Unterschiedlichkeit getestet ($p = 2, \ldots, m$). Dabei wird für die Teilmenge $p = 2, \ldots, m-2$ das Signifikanzniveau $\alpha_p = 1 - (1-\alpha)^{\frac{p}{m}}$ verwendet und für $p = m-1, m$ das Signifikanzniveau α. Zunächst wird die komplette Nullhypothese der Gleichheit aller m Mittelwerte getestet. Fällt dieser Test signifikant aus, fährt man fort mit der Testung der Teilmengen mit $m-1$ Mittelwerten, $m-2$ Mittelwerten, etc. Wird bei einer bestimmten Teilmenge von Mittelwerten die Nullhypothese beibehalten, werden aus dieser Menge keine weiteren Teilmengen auf Signifikanz getestet. Anhand eines Beispiels wird dieses Verfahren ausführlicher im Internetsupplement erläutert.

Dunnett-Test

Dunnett-Test

Führt man nicht alle Paarvergleiche durch, sondern lediglich die Vergleiche einer Kontrollgruppe mit $J-1$ Experimentalgruppen, resultieren $J-1$ Vergleiche. In diesem Fall ist der *Test von Dunnett* (1955) einschlägig.

Hier wird die übliche T-Statistik

$$T = \frac{\overline{Y}_1 - \overline{Y}_j}{\sqrt{\left(\frac{1}{n_1} + \frac{1}{n_j}\right) MS_W}}$$

verwendet, wobei angenommen wird, dass die Gruppe 1 die Kontrollgruppe bildet. Die kritischen Werte der von Dunnett abgeleiteten Verteilung dieser Teststatistik kann man dann für die $J-1$ Mittelwertvergleiche nutzen (vgl. Anhang).

Scheffè-Test

Scheffè-Test

Für einen a posteriori α-adjustierten Vergleich von mehreren Kontrasten wurde speziell der sogenannte *Scheffè-Test* entwickelt. Dieser Test baut auf einer einfachen Idee auf und ermöglicht die Kontrolle des α-Fehlers für beliebig viele Paarvergleiche von Kontrasten. Wie in Holling und Gediga (2013, Kap. 4.2.6) ausgeführt, entspricht ein quadrierter t-Wert einem F-Wert. Beim Scheffè-Test wird die quadrierte t-Teststatistik, die aus einem Gruppenvergleich resultiert, mit dem kritischen Wert der F-Verteilung aus der Varianzanalyse verglichen, d. h. es wird geprüft, ob der untersuchte Gruppenunterschied schon allein ausreichen würde, um einen signifikanten F-Wert in der Varianzanalyse zu erzielen.

Dieser Test ist in der Praxis sehr beliebt und wird häufig insbesondere für die α-Adjustierung einfacher Mittelwertvergleiche eingesetzt. Dabei ist eine starke Kontrolle des Fehlers 1. Art gegeben, jedoch ist die Power dieses Tests sehr gering und für einfache Paarvergleiche nicht zu empfehlen.

Verfahrensauswahl

Welches der oben dargestellten Verfahren sollte nun angewendet werden? Diese Frage lässt sich wie folgt beantworten: Im Falle von a priori aufgestellten Hypothesen empfiehlt sich generell die Bonferroni-Holm-Adjustierung. Für eine A-posteriori-Testung im Fall von drei Gruppen ist der einfach durchzuführende Fisher's „Least Significant Difference"-Test eine Option, generell ist das REGWQ-Verfahren zu empfehlen.

Werden verschiedene Experimentalgruppen mit einer Kontrollgruppe verglichen, sollte der Dunnett-Test verwendet werden und im Fall einer Post-hoc-Testung von Kontrasten der eigens dafür entwickelte Scheffè-Test.

Die obigen Empfehlungen gelten für den Fall, dass die Varianzhomogenität gegeben ist. Für diese Situation sind weitere Verfahren der α-Adjustierung vorgeschlagen worden. Einen kurzen Überblick über diese Verfahren geben z. B. Keselman, Holland und Cribbie (2005).

7.5 Kruskal-Wallis-Test

Bei der Modellgleichung der einfaktoriellen Varianzanalyse

$$Y_{ij} = \mu + \alpha_j + \varepsilon_{ij}$$

wird angenommen, dass ε_{ij} unabhängige, identisch normalverteilte Zufallsvariablen sind. Sind die Voraussetzungen dieses Modell nicht hinreichend erfüllt, ist der *Kruskal-Wallis-Test* eine Alternative. Dieser Test basiert auf Rängen und ist eine Verallgemeinerung des Wilcoxon-Rangsummentests für Hypothesen zu Lageunterschieden von mehr als zwei Populationen (vgl. Kap. 6). Im Fall von zwei Gruppen sind der zweiseitige Wilcoxon-Rangsummentest und der Kruskal-Wallis-Test äquivalent (vgl. Internetsupplement).

Kruskal-Wallis-Test

Der Kruskal-Wallis-Test basiert ebenfalls auf dem Modell

$$Y_{ij} = \mu + \alpha_j + \varepsilon_{ij}$$

Hierbei wird angenommen, dass die Fehler ε_{ij} identisch verteilt sind, wobei die Verteilungsfunktionen der Zufallsvariablen Y_{ij} stetig sind. Eine bestimmte Verteilungsfamilie ist nicht vorausgesetzt. Wir gehen damit davon aus, dass für die Verteilungen G_j der Populationen $j = 1, \ldots, J$ gilt:

$$G_j(x) = F(x + \alpha_j),$$

mit F als einer beliebigen stetigen Verteilungsfunktion.

Diese Annahme stellt eine Verallgemeinerung der Verschiebungsannahme bei Zweistichprobentests dar (vgl. Kap. 6.1.5).

Wenn die Verteilungsfunktion F einen Erwartungswert besitzt, was in der Regel der Fall ist, dann entsprechen die Effekte α_j auch den Unterschieden in den Erwartungswerten, d. h. der Kruskal-Wallis-Test testet dann auch Unterschiede zwischen den Erwartungswerten.

Wie beim Wilcoxon-Rangsummentest (vgl. Kap. 6.1.6) wird über alle Daten eine Rangtransformation durchgeführt. Bei dieser Transformation bleibt die Unterteilung der Daten in die einzelnen Gruppen unberücksichtigt. Die transformierten Zufallsvariablen, die Ränge repräsentieren, bezeichnen wir mit R_{ij}.

Unter der Nullhypothese

$$\alpha_1 = \alpha_2 = \ldots \alpha_J = 0$$

ist der Erwartungswert jeder Zufallsvariablen R_{ij} gegeben als der Mittelwert der Ränge 1 bis n:

$$E(R_{ij}) = \frac{n+1}{2}$$

Der Erwartungswert für den mittleren Rang in einer Gruppe j bei Gültigkeit der Nullhypothese ist damit ebenfalls gegeben durch:

$$E(\bar{R}_{\bullet}j) = \frac{n+1}{2}$$

Die mit H bezeichnete Teststatistik basiert auf dem Vergleich der beobachteten mittleren Ränge $\bar{R}_{\bullet j}$ mit ihren Erwartungswerten. Liegen keine Rangbindungen vor, wird die Teststatistik berechnet als

$$H = \frac{12}{n(n+1)} \sum_{j=1}^{J} n_j \left(\bar{R}_{\bullet j} - \frac{n+1}{2} \right)^2$$

oder vereinfacht durch die Summe der Ränge in den Gruppen $R_{\bullet j}$ mittels

$$H = \frac{12}{n(n+1)} \sum_{j=1}^{J} \frac{R_{\bullet j}^2}{n_j} - 3(n+1).$$

Im Falle von Rangbindungen wird H folgendermaßen bestimmt:

$$H = \frac{1}{s_R^2} \left(\sum_{j=1}^{J} \frac{R_{\bullet j}^2}{n_j} - \frac{n(n+1)^2}{4} \right)$$

Hierbei ist s_R^2 die Schätzung der Gesamtvarianz basierend auf den Rängen der Daten.

Unter Gültigkeit der Nullhypothese ist H approximativ χ^2-verteilt mit $J-1$ Freiheitsgraden. Die Approximation durch die χ^2-Verteilung darf genutzt werden, wenn

- $J = 3$ und $n_j \geq 6$ für alle Gruppen gilt oder
- $J > 3$ und $n_j \geq 5$ für alle Gruppen gilt.

Sind die Gruppengrößen kleiner als in den angegebenen Bedingungen, werden die kritischen Werte über die Anwendung exakter Tests bestimmt. Hier sei auf die Tabelle zum Kruskal-Wallis-Test im Anhang verwiesen.

Kruskal-Wallis-Test

Annahmen:

$Y_{11},\ldots,Y_{n_1 1},Y_{12},\ldots,Y_{n_2 1},\ldots,Y_{1J},\ldots,Y_{n_J J}$ unabhängig mit stetiger Verteilungsfunktion

Für jede Faktorstufe j gilt: Y_{ij} besitzt die Verteilungsfunktion $F(x+\alpha_j)$, für alle $i = 1,\ldots,n_j$

Teststatistik auf Basis der rangtransformierten Daten R_{ij}:

$$H = \frac{12}{n(n+1)} \sum_{j=1}^{J} \frac{R_{\bullet j}^2}{n_j} - 3(n+1)$$

Testproblem	*Ablehnung der* H_0
$H_0: \alpha_1 = \alpha_2 = \ldots = \alpha_J = 0$ $H_1: \alpha_j \neq 0$ für mind. eine Faktorstufe j	$h > \chi^2_{1-\alpha}(J-1)$

Bei geringen Stichprobenumfängen ist eine Überprüfung der Voraussetzungen dieses Tests schwierig. Zumindest sollte man sich anhand von Histogrammen vergewissern, ob die Verteilungen annähernd gleich und um einen festen Wert verschoben sind.

Für den Kruskal-Wallis-Test können ebenfalls Post-hoc-Tests durchgeführt werden. Hier empfiehlt sich der Wilcoxon-Rangsummentest mit der α-Korrektur durch die Bonferroni-Holm-Methode.

Beispiel zum Kruskal-Wallis-Test

Als Beispiel für den Kruskal-Wallis-Test führen wir eine (fiktive) Studie an, in der untersucht wird, ob die Unternehmensgröße einen Einfluss auf das Einkommen von Mitarbeitern (MA) mit identischer Funktion besitzt. Es werden drei Unternehmensgrößen (unter 250 MA, 250 bis 2500 MA bzw. über 2500 MA) unterschieden. Für jede Unternehmensgröße wurden fünf MA befragt, die die in der folgenden Tabelle dargestellten Angaben machten, wobei jeder MA das Einkommen anhand eines Intervalls angab.

Angaben der Mitarbeiter zum Einkommen

unter 250 MA	250 bis 2500 MA	über 2500 MA
unter 1000	$[2000, 3000)$	$[3000, 4000)$
$[3000, 4000)$	$[3000, 4000)$	$[4000, 5000)$
$[4000, 5000)$	$[5000, 6000)$	$[5000, 6000)$
$[5000, 6000)$	$[5000, 6000)$	$[8000, 9000)$
$[5000, 6000)$	$[6000, 7000)$	$[10000, 11000)$
$[8000, 9000)$	$[9000, 10000)$	11000 und mehr

Ränge der Daten:

unter 250 MA	250 bis 2500 MA	über 2500 MA
1	2	4
4	4	6.5
6.5	10	10
10	10	14.5
10	13	17
14.5	16	18
$\Sigma = 46$	$\Sigma = 55$	$\Sigma = 70$

Die Gesamtvarianz der Ränge beträgt $s_R^2 = 21.809$

Teststatistik:

$$H = \frac{1}{21.809}\left(46^2/6 + 55^2/6 + 70^2/6 - \frac{18 \cdot 19^2}{4}\right) = 2.25$$

Testentscheidung:

Beibehaltung der H_0 zum Niveau $\alpha = .05$, da $H < \chi^2_{.95}(2) = 5.99$.
Die Einkommenshöhe hängt damit nicht von der Unternehmensgröße ab.

Alternativ zu dem klassischen Kruskal-Wallis-Test kann eine Varianzanalyse mit den rangtransformierten Daten durchgeführt werden, wenn die Voraussetzungen des zentralen Grenzwertsatzes für diese Daten gegeben sind. Die Teststatistik

$$F_R = \frac{H/(J-1)}{(n-1-H)/(n-J)}$$

ist unter Geltung der Nullhypothese approximativ $F(J-1, n-J)$-verteilt (Conover & Iman, 1981).

Wie für den Wilcoxon-Rangsummen-Test gilt für den Kruskal-Wallis-Test die Annahme, dass für die unterschiedlichen Populationen die gleiche Verteilungsform vorliegt. Damit führen Verteilungen mit unterschiedlichen Varianzen zu ähnlichen Problemen, wie sie in der Varianzanalyse auftreten. Wird der Kruskal-Wallis-Test für den Vergleich mit kleinen

Stichproben genutzt, wirkt sich die Varianzheterogenität nicht so stark aus. Ansonsten liegt hier die gleiche Problematik wie für den F-Test vor.

Bezüglich der Power treten beim Kruskal-Wallis-Test analoge Probleme wie beim Wilcoxon-Rangsummentest auf. Unter Gültigkeit der Normalverteilung und bei Varianzhomogenität spart der F-Test knapp 4.5% der Stichprobengröße ein, um die gleiche Power wie der Kruskal-Wallis-Test zu erreichen.

7.6 Mehrstichproben-Levene-Test

Levene-Test

Der *Levene-Test* wurde bereits als Zweistichprobentest zur Überprüfung der Varianzhomogenität dargestellt (vgl. Kap. 6.3.2). Im Fall der Varianzanalyse liegen mehr als zwei Populationen vor. Daher behandeln wir hier eine Verallgemeinerung dieses Tests auf mehr als zwei Stichproben. Im Zweistichproben-Fall entspricht der Levene-Test im Wesentlichen einem t-Test für homogene Varianzen, der auf die Abweichungen der Ausprägungen einer Variablen vom Gruppenmittelwert angewendet wird. Im Mehrstichproben-Fall wird anstelle des t-Tests eine Varianzanalyse mit den so transformierten Variablenwerten durchgeführt.

Es stellt sich das folgende Testproblem:

$$\begin{aligned} \mathrm{H}_0 &: \quad \sigma_1^2 = \ldots = \sigma_J^2 \\ \mathrm{H}_1 &: \quad \sigma_j^2 \neq \sigma_k^2 \quad \text{für mindestens zwei Gruppen } j \text{ und } k \end{aligned}$$

Die Teststatistik dieses Verfahrens basiert auf den absoluten Abweichungen der Beobachtungen von ihrem Gruppenmittelwert

$$z_{ij} = |y_{ij} - \bar{y}_{\bullet j}|$$

wobei diese Werte Realisationen der Zufallsvariablen

$$Z_{ij} = |Y_{ij} - \mu_j|$$

darstellen. Nun werden die transformierten Werte z_{ij} bzw. die Zufallsvariablen Z_{ij} statt der Variablen Y_{ij} in einer Varianzanalyse benutzt. Es wird somit getestet, ob die Erwartungswerte der absoluten Abweichungen identisch sind oder nicht. Auf diese Weise wird der Test auf Homoskedastizität auf ein varianzanalytisches Problem zurückgeführt mit der Konsequenz, dass zumindest für größere Stichproben (mindestens 30 Einheiten pro Gruppe) keine Verteilungsvoraussetzungen gegeben sein müssen, da dann der zentrale Grenzwertsatz gilt.

Beispiel: Mehrstichproben-Levene-Test

Als Beispiel betrachten wir ein Experiment zur Leistungsmotivation, in dem drei Populationen drei experimentellen Bedingungen entsprechen.

Hypothese: „Die aktuelle Leistungsmotivation von Personen hängt in einem Subtest eines Intelligenztests zum schlussfolgernden Denken davon ab, ob diese Personen in den unmittelbar zuvor bearbeiteten Subtests dieses Intelligenztests überwiegend a) Misserfolge oder b) Erfolge hatten bzw. c) die Situation als erfolgsneutral erlebten.

Unabhängige Variable: Erfolgs-/Misserfolgserlebnis mit drei Stufen.

Abhängige Variable: Aktuelle Leistungsmotivation, gemessen mit einem Test zur Erfassung der Leistungsmotivation.

Es wird ein Experiment durchgeführt, in dem die Probanden zufällig einer der drei Gruppen zugeordnet werden. Dabei wird ein computergestützter adaptiver Test eingesetzt, in dem die Aufgaben so gewählt werden können, dass die Probanden überfordert, unterfordert oder angemessen gefordert sind und dementsprechend Misserfolge, Erfolge oder erfolgsneutrale Situationen induziert werden.

Für die (hypothetischen) Ergebnisse wird nun ein Levene-Test durchgeführt:

Stichprobe 1 (Misserfolg)		Stichprobe 2 (Erfolg)		Stichprobe 3 (neutral)	
$y_{11} = 97$	$z_{11} = 1$	$y_{12} = 105$	$z_{12} = 1$	$y_{13} = 96$	$z_{13} = 0$
$y_{21} = 99$	$z_{21} = 1$	$y_{22} = 105$	$z_{22} = 1$	$y_{23} = 97$	$z_{23} = 1$
$y_{31} = 100$	$z_{31} = 2$	$y_{32} = 104$	$z_{32} = 0$	$y_{33} = 95$	$z_{33} = 1$
$y_{41} = 96$	$z_{41} = 2$	$y_{42} = 102$	$z_{42} = 2$		
		$y_{25} = 104$	$z_{25} = 0$		
$\bar{y}_{\bullet 1} = 98$		$\bar{y}_{\bullet 2} = 104$		$\bar{y}_{\bullet 3} = 96$	
$\bar{z}_{\bullet 1} = 1.5$		$\bar{z}_{\bullet 2} = 0.8$		$\bar{z}_{\bullet 3} = 0.66$	$\bar{z}_{\bullet\bullet} = 1$
$s^2_{z_1} = 0.33$		$s^2_{z_2} = 0.7$		$s^2_{z_3} = 0.33$	

$$
\begin{aligned}
SS_B &= 4 \cdot (1.5-1)^2 + 5 \cdot (0.8-1)^2 + 3 \cdot (0.66-1)^2 = 1.53 \\
SS_W &= (4-1) \cdot 0.33 + (5-1) \cdot 0.7 + (3-1) \cdot 0.33 = 4.47
\end{aligned}
$$

Ergebnisse (ANOVA-Tabelle):

Streuungsursache	Quadratsumme	Freiheitsgrade	Mittel der Quadrate	F
Zwischen	1.53	2	.765	1.54
Innerhalb	4.47	9	.497	
Gesamt	6.00	11		

Kritischer Wert basierend auf $\alpha = .20$:

$$f_{.80}(2,9) = 1.93$$

Die Nullhypothese wird beibehalten, da $1.54 < f_{krit} = 1.93$. Somit kann die Homoskedastizitität-Annahme aufrechterhalten werden.

Mit den Werten z_{ij} wird der F-Test der einfaktoriellen ANOVA durchgeführt. Die Nullhypothese gleicher Varianzen wird zum Niveau α abgelehnt, wenn der für die z_{ij} berechnete F-Wert größer als das Quantil $f_{1-\alpha}(J-1, n-J)$ der $F(J-1, n-J)$-Verteilung ist. Als Variante dieses Tests gibt es den Test von Brown und Forsythe (1974), der auf den absoluten Abweichungen der Beobachtungen vom Zellenmedian basiert. Dieser Test ist robuster gegen starke Abweichungen von der Normalverteilung und deshalb dem klassischen Levene-Test vorzuziehen.

7.7 Zweifaktorielle Varianzanalyse ohne Messwiederholung

zweifaktorielle Varianzanalyse

Two-Way ANOVA

Als Verallgemeinerung der einfaktoriellen Varianzanalyse stellen wir nun die *zweifaktorielle Varianzanalyse* (oder *Two-Way ANOVA*) vor. Dieses Verfahren erlaubt es, den separaten Einfluss von zwei Faktoren sowie den Interaktionseffekt der beiden Variablen auf eine stetige abhängige Variable (AV) zu untersuchen. Ein Interaktionseffekt liegt immer dann vor, wenn der Einfluss eines Faktors nicht auf allen Stufen des anderen Faktors identisch ist.

Wir demonstrieren die zweifaktorielle Varianzanalyse anhand eines Beispiels aus der Gedächtnisforschung.

Beispiel: Gedächtnisforschung

In diesem hypothetischen Experiment zur Untersuchung der Gedächtnisleistung geht es um die Wirkung zweier Faktoren, der Zeit zur Einprägung der Reize und der Art der Instruktion. Als Zeitdauer zur Einprägung der Reize werden 1 Minute, 2 Minuten oder 3 Minuten vorgegeben sowie zwei Arten der Instruktionen („memorize" = „einprägen" und „imagine" = „bildlich vorstellen").

Es werden insgesamt 30 Versuchspersonen (Vpn) untersucht. 15 Vpn erhalten die Instruktion „memorize"und 15 Vpn die Instruktion „imagine". In jeder der beiden Instruktionsgruppen sind es jeweils 5 Vpn, die 1, 2 oder 3 Minuten Zeit haben, um sich instruktionsgemäß die Reize einzuprägen. Damit ergeben sich insgesamt 6 Gruppen, die randomisiert mit jeweils 5 Personen besetzt wurden. Wir erhalten damit folgendes Design:

Faktor A: „Instruktion“ mit den zwei Stufen „memorize“ und „imagine“.

Faktor B: „Einprägungsdauer“ mit den drei Stufen „1 Minute“ (1 min), „2 Minuten“ (2 min) und „3 Minuten“ (3 min).

Abhängige Variable: Richtig erinnerte Reize am Ende des Experiments („Treffer“).

Ein Versuchsplan, der zwei Faktoren aufweist, die jeweils aus drei bzw. zwei Faktorstufen bestehen – wie im obigen Beispiel – wird als *3 × 2-Design* bezeichnet. Analog erhalten Versuchspläne mit J Faktorstufen im Faktor A und K Faktorstufen im Faktor B den Namen *$J \times K$-Design*.

$J \times K$-Design

Eine Kombination von Ausprägungen der Faktoren z. B. („1 Minute“, „memorize“) wird als *Zelle* des Versuchsplans bezeichnet.

Zelle

7.7.1 Modell

In der zweifaktoriellen (oder mehrfaktoriellen) Varianzanalyse wird zwischen Haupteffekten und Interaktionen differenziert.

Haupteffekt

Haupteffekte (main effects) beschreiben den separaten Einfluss der Faktoren auf die abhängige Variable, Interaktionen (Wechselwirkungen) hingegen Einflüsse, die auf die Kombination von Stufen der Faktoren zurückzuführen sind und nicht durch die Haupteffekte erklärt werden können. In diesem Fall sind die Haupteffekte eines Faktors nicht für alle Stufen des anderen Faktors gleich ausgeprägt. So liegt ein *Interaktionseffekt* der Faktoren A und B beispielsweise dann vor, wenn sich die Länge der Einprägungsphase unter der Bedingung „memorize“ anders auswirkt als unter der Bedingung „imagine“, etwa derart, dass die Bedingung „imagine“ bei kurzer Einprägungszeit keinen Vorteil gegenüber der Bedingung „memorize“ aufweist jedoch bei langer Einprägungszeit ein deutlicher Unterschied in der Erinnerungsleistung festzustellen ist.

Interaktionseffekt

Annahmen

Die zweifaktorielle Varianzanalyse geht von den Annahmen aus, dass alle Stichprobenvariablen Y_{ijk} unabhängig sind und dass die Beobachtungen in der durch die Stufen j des Faktors A und k des Faktors B definierten Gruppe einer $N(\mu_{jk}, \sigma)$-Verteilung folgen. Dabei wird also die Varianz in allen Gruppen als gleich angenommen (Homoskedastizitäts-Annahme). Jede Beobachtung lässt sich in einen systematischen Teil (μ_{jk}) und einen zufälligen Anteil (ε_{ijk}), der auch Fehler genannt wird, unterteilen. Aus den obigen Annahmen folgt, dass für die Fehler gilt: $\varepsilon_{ijk} \sim N(0, \sigma)$.

Den Stichprobenumfang pro Gruppe bezeichnen wir mit n_{jk}. Wenn für alle Gruppen ein identischer Stichprobenumfang angenommen wird, bezeichnen wir ihn mit I. In diesem Fall beträgt der Gesamtstichprobenumfang $n = I \cdot J \cdot K$. Die Stichprobenvariablen Y_{ijk} bzw. die Realisationen y_{ijk} werden hier mit drei Indizes versehen. Dabei bezeichnet j die Stufe des ersten, k die Stufe des zweiten Faktors und i die Nummer der Person bzw. Beobachtung innerhalb einer Gruppe.

Beispiel: Daten für die zweifaktorielle Varianzanalyse

Wir betrachten das Beispiel zur Untersuchung der Gedächtnisleistung mit den beiden Faktoren *Instruktion* und *Dauer*.

- *Faktor A*: „Instruktion" mit den zwei Stufen $j = 1$ „memorize" und $j = 2$ „imagine".
- *Faktor B*: Einprägungs-„Dauer" mit den drei Stufen $k = 1$ „1 min", $k = 2$ „2 min" und $k = 3$ „3 min".
- Jeweils $I = 5$ Personen pro Zelle des Versuchsplans.

		Faktor B: Dauer		
		$k = 1$	$k = 2$	$k = 3$
Faktor A:	$j = 1$	$y_{111}, \dots, y_{511}$	$y_{112}, \dots, y_{512}$	$y_{113}, \dots, y_{513}$
Instruktion	$j = 2$	$y_{121}, \dots, y_{521}$	$y_{122}, \dots, y_{522}$	$y_{123}, \dots, y_{523}$

Aus den oben vorgestellten Annahmen resultiert damit die folgende Modellgleichung für die zweifaktorielle Varianzanalyse:

$$\begin{aligned} Y_{ijk} &= \mu_{jk} + \varepsilon_{ijk} \\ &= \mu + \alpha_j + \beta_k + (\alpha\beta)_{jk} + \varepsilon_{ijk} \end{aligned}$$

Dabei gilt:

μ_{jk} = Erwartungswert in der Gruppe mit Stufen j, k

ε_{ijk} = Fehler

μ = Mittlerer Erwartungswert

α_j = Einfluss der Stufe j von Faktor A (Haupteffekt)

β_k = Einfluss der Stufe k von Faktor B (Haupteffekt)

$(\alpha\beta)_{jk}$ = Gemeinsamer Einfluss der Stufe j von Faktor A und k von Faktor B (Interaktion)

Der mittlere Erwartungswert (grand mean)

$$\mu = \frac{1}{J \cdot K} \sum_{j=1}^{J} \sum_{k=1}^{K} \mu_{jk}$$

ist der Mittelwert aller Erwartungswerte der Gruppen μ_{jk}.

Für die Haupteffekte gilt $\alpha_j = \mu_{j\bullet} - \mu$ sowie $\beta_k = \mu_{\bullet k} - \mu$.
Dabei bezeichnet $\mu_{j\bullet}$ den Mittelwert der Erwartungswerte μ_{jk} für Faktorstufe j des Faktors A über die Stufen k des Faktors B und $\mu_{\bullet k}$ entsprechend den Mittelwert der Erwartungswerte für die Gruppe mit Faktorstufe k des Faktors B über die Stufen j des Faktors A:

$$\mu_{j\bullet} = \frac{1}{K}\sum_{k=1}^{K}\mu_{jk}$$

$$\mu_{\bullet k} = \frac{1}{J}\sum_{j=1}^{J}\mu_{jk}$$

Aus dieser Definition der Effekte, die wiederum einer Effektkodierung entspricht (vgl. Kap. 9.5.2), folgt:

$$\sum_{j=1}^{J}\alpha_j = 0, \qquad \sum_{k=1}^{K}\beta_k = 0$$

Die Interaktion $(\alpha\beta)_{jk} = \mu_{ij} - (\mu + \alpha_j + \beta_k)$ gibt den Teil von μ_{jk} an, der nicht durch den Mittelwert der Erwartungswerte und die Haupteffekte erklärt werden kann. Dabei gilt:

$$\sum_{j=1}^{J}(\alpha\beta)_{jk} = 0, \qquad \sum_{k=1}^{K}(\alpha\beta)_{jk} = 0$$

7.7.2 Hypothesen

Für die beiden Haupteffekte und die Interaktion werden nun die folgenden Hypothesen aufgestellt, die dann einer inferenzstatistischen Prüfung unterzogen werden können:

- *Haupteffekt Faktor A*:
  H_0^A: $\alpha_j = 0$ für alle j
  H_1^A: $\alpha_j \neq 0$ für mindestens ein j
- *Haupteffekt Faktor B*:
  H_0^B: $\beta_k = 0$ für alle k
  H_1^B: $\beta_k \neq 0$ für mindestens ein k
- *Interaktion AB*:
  H_0^{AB}: $(\alpha\beta)_{jk} = 0$ für alle j, k
  H_1^{AB}: $(\alpha\beta)_{jk} \neq 0$ für mindestens eine Kombination j, k

7.7.3 Hypothesentests

Die Schätzer für die Erwartungswerte in der zweifaktoriellen Varianzanalyse sind in Tabelle (7.2) dargestellt.

Tabelle 7.2: Schätzer der Erwartungswerte in der zweifaktoriellen ANOVA

Schätzer des Erwartungswertes für die Beobachtungen mit den Stufen j und k	$\hat{\mu}_{jk} = \bar{Y}_{\bullet jk} = \frac{1}{n_{jk}} \sum_{i=1}^{n_{jk}} Y_{ijk}$
Schätzer des Erwartungswertes für alle Beobachtungen in der Gesamtstichprobe	$\hat{\mu} = \frac{1}{J \cdot K} \sum_{j=1}^{J} \sum_{k=1}^{K} \hat{\mu}_{jk}$
Schätzer des Erwartungswertes für die Beobachtungen mit Stufe j bei Faktor A	$\hat{\mu}_{j\bullet} = \frac{1}{K} \sum_{k=1}^{K} \hat{\mu}_{jk}$
Schätzer des Erwartungswertes für die Beobachtungen mit Stufe k bei Faktor B	$\hat{\mu}_{\bullet k} = \frac{1}{J} \sum_{j=1}^{J} \hat{\mu}_{jk}$

Wie im Internetsupplement ausgeführt wird, gelten speziell im Fall einer gleichen Zellenbesetzung die folgenden Zusammenhänge:

$$\hat{\mu} = \bar{Y}_{\bullet\bullet\bullet} = \frac{1}{n} \sum_{i=1}^{I} \sum_{j=1}^{J} \sum_{k=1}^{K} Y_{ijk}$$

$$\hat{\mu}_{j\bullet} = \bar{Y}_{\bullet j\bullet} = \frac{1}{I \cdot K} \sum_{i=1}^{I} \sum_{k=1}^{K} Y_{ijk}$$

$$\hat{\mu}_{\bullet k} = \bar{Y}_{\bullet\bullet k} = \frac{1}{I \cdot J} \sum_{i=1}^{I} \sum_{j=1}^{J} Y_{ijk}$$

Aus den Schätzern für die Erwartungswerte lassen sich nun die Schätzer für die Haupteffekte, die Interaktion und Fehler bestimmen (vgl. Tab. 7.3).

Um die Hypothesen zu prüfen, werden wiederum mittlere Quadratsummen zueinander in Beziehung gesetzt, woraus F-verteilte Teststatistiken resultieren. Die Ableitung dieser F-verteilten Teststatistiken hängt von der Art der Zellenbesetzungen ab, d. h. von den Stichprobenumfängen für die durch die Faktorenkombinationen definierten Gruppen.

Tabelle 7.3: Schätzer der Effekte und des Fehlers in der zweifaktoriellen ANOVA

Haupteffekt des Faktors A	$\hat{\alpha}_j = \hat{\mu}_{j\bullet} - \hat{\mu}$
Haupteffekt des Faktors B	$\hat{\beta}_k = \hat{\mu}_{\bullet k} - \hat{\mu}$
Interaktion $A \times B$	$\widehat{(\alpha\beta)}_{jk} = \hat{\mu}_{jk} - (\hat{\mu} + \hat{\alpha}_j + \hat{\beta}_k)$
Fehler ε	$\hat{\varepsilon}_{ijk} = Y_{ijk} - (\hat{\mu} + \hat{\alpha}_j + \hat{\beta}_k + \widehat{(\alpha\beta)}_{jk})$

Die Ableitung der Teststatistiken ist im Fall einer gleichen Zellenbesetzung ungleich einfacher im Fall einer ungleichen Zellenbesetzung. Im Folgenden behandeln wir daher die Ableitung der Teststatistiken zur Hypothesentestung und die Berechnung der Effektstärken für die zweifaktorielle Varianzanalyse lediglich für Versuchspläne, bei denen alle Zellen den gleichen Stichprobenumfang $n_{jk} = I$ besitzen.

Die zweifaktorielle und allgemein die mehrfaktorielle Varianzanalyse mit ungleicher Zellenbesetzung lässt sich ohnehin am günstigsten im Rahmen des allgemeinen linearen Modells darstellten In Kapitel 9 gehen wir auf diese Thematik auführlicher ein. Weitere Informationen dazu sind weiterhin im Internetsupplement zu finden.

Beispiel: Parameterschätzung in der zweifaktoriellen Varianzanalyse

	Faktor B: Dauer		
Faktor A: Instruktion	1 Minute	2 Minuten	3 Minuten
memorize	$y_{111} = 5$	$y_{112} = 11$	$y_{113} = 11$
	$y_{211} = 5$	$y_{212} = 9$	$y_{213} = 10$
	$y_{311} = 8$	$y_{312} = 11$	$y_{313} = 11$
	$y_{411} = 8$	$y_{412} = 10$	$y_{413} = 15$
	$y_{511} = 9$	$y_{512} = 14$	$y_{513} = 13$
imagine	$y_{121} = 8$	$y_{122} = 11$	$y_{123} = 19$
	$y_{221} = 7$	$y_{222} = 12$	$y_{223} = 18$
	$y_{321} = 10$	$y_{322} = 14$	$y_{323} = 19$
	$y_{421} = 8$	$y_{422} = 12$	$y_{423} = 22$
	$y_{521} = 12$	$y_{522} = 16$	$y_{523} = 22$

Geschätzte Erwartungswerte der Gruppen:

$\hat{\mu}_{11} = \bar{y}_{\bullet 11} = 7$ $\quad$ $\hat{\mu}_{21} = \bar{y}_{\bullet 21} = 9$

$\hat{\mu}_{12} = \bar{y}_{\bullet 12} = 11$ $\quad$ $\hat{\mu}_{22} = \bar{y}_{\bullet 22} = 13$

$\hat{\mu}_{13} = \bar{y}_{\bullet 13} = 12$ $\quad$ $\hat{\mu}_{23} = \bar{y}_{\bullet 23} = 20$

Mittelwert der geschätzten Erwartungswerte: $\hat{\mu} = 12$

Mittelwerte für Faktor A: $\hat{\mu}_{1\bullet} = 10$ $\hat{\mu}_{2\bullet} = 14$

Mittelwerte für Faktor B: $\hat{\mu}_{\bullet 1} = 8$ $\hat{\mu}_{\bullet 2} = 12$ $\hat{\mu}_{\bullet 3} = 16$

Haupteffekte für Faktor A: $\hat{\alpha}_1 = -2$ $\hat{\alpha}_2 = 2$

Haupteffekte für Faktor B: $\hat{\beta}_1 = -4$ $\hat{\beta}_2 = 0$ $\hat{\beta}_3 = 4$

Interaktion AB:

$\widehat{(\alpha\beta)}_{11} = 1$ $\widehat{(\alpha\beta)}_{12} = 1$ $\widehat{(\alpha\beta)}_{13} = -2$

$\widehat{(\alpha\beta)}_{21} = -1$ $\widehat{(\alpha\beta)}_{22} = -1$ $\widehat{(\alpha\beta)}_{23} = 2$

Für die Streuungszerlegung gilt bei gleicher Zellenbesetzung (vgl. Abb. 7.2):

$$SS_T = SS_A + SS_B + SS_{AB} + SS_W$$

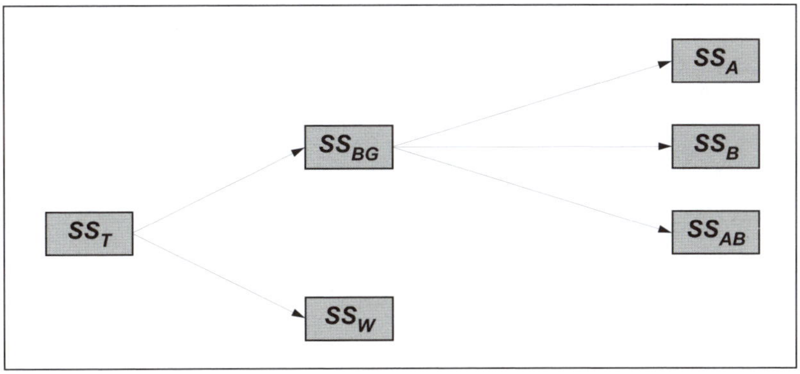

Abbildung 7.2: Streuungszerlegung in der zweifaktoriellen Varianzanalyse: Quadratsummen

Die Quadratsummen lassen sich bei gleicher Zellenbesetzung anhand der folgenden Formeln bestimmen:

Summe der Abweichungsquadrate vom Mittelwert SS_T:

$$\begin{aligned} SS_T &= \sum_{i=1}^{I}\sum_{j=1}^{J}\sum_{k=1}^{K}(Y_{ijk} - \bar{Y}_{\bullet\bullet\bullet})^2 \\ &= \sum_{i=1}^{I}\sum_{j=1}^{J}\sum_{k=1}^{K}Y_{ijk}^2 - n\bar{Y}_{\bullet\bullet\bullet}^2 \end{aligned}$$

Summe der Abweichungsquadrate für den Effekt des Faktors A:

$$SS_A = I \cdot K \sum_{j=1}^{J} \hat{\alpha}_j^2 = I \cdot K \sum_{j=1}^{J} (\bar{Y}_{\bullet j \bullet} - \bar{Y}_{\bullet\bullet\bullet})^2$$

Summe der Abweichungsquadrate für den Effekt des Faktors B:

$$SS_B = I \cdot J \sum_{k=1}^{K} \hat{\beta}_k^2 = I \cdot J \sum_{k=1}^{K} (\bar{Y}_{\bullet\bullet k} - \bar{Y}_{\bullet\bullet\bullet})^2$$

Summe der Abweichungsquadrate für den Effekt der Interaktion A × B:

$$\begin{aligned} SS_{AB} &= I \sum_{j=1}^{J} \sum_{k=1}^{K} (\alpha\hat{\beta})_{jk}^2 \\ &= I \sum_{j=1}^{J} \sum_{k=1}^{K} (Y_{ijk} - \bar{Y}_{\bullet j \bullet} - \bar{Y}_{\bullet\bullet k} + \bar{Y}_{\bullet\bullet\bullet})^2 \end{aligned}$$

Summe der Fehlerabweichungsquadrate:

$$\begin{aligned} SS_W &= \sum_{j=1}^{J} \sum_{k=1}^{K} \sum_{v=1}^{V} (Y_{ijk} - \bar{Y}_{\bullet jk})^2 \\ &= \sum_{j=1}^{J} \sum_{k=1}^{K} (I-1) S_{jk}^2 \end{aligned}$$

Für unser Beispiel resultiert damit:

Beispiel: Berechnung der Quadratsummen am Beispiel des Gedächtnisexperiments

$$SS_A = IK \sum_{j=1}^{J} \hat{\alpha}_j^2 = 5 \cdot 3 \cdot [(-2)^2 + 2^2] = 120$$

$$SS_B = I \cdot J \sum_{k=1}^{K} \hat{\beta}_k^2 = 5 \cdot 2 \cdot [(-4)^2 + 0^2 + 4^2] = 320$$

$$\begin{aligned} SS_{AB} &= I \sum_{j=1}^{J} \sum_{k=1}^{K} (\widehat{\alpha\beta})_{jk}^2 \\ &= 5 \cdot [(-1)^2 + (-1)^2 + 2^2 + 1^2 + 1^2 + (-2)^2] = 60 \end{aligned}$$

$$\begin{aligned} SS_W &= \sum_{j=1}^{J}\sum_{k=1}^{K}(I-1)s_{jk}^2 \\ &= 4\cdot(3.5+3.5+4+4+4+3.5) = 90 \end{aligned}$$

Wie im Internetsupplement gezeigt wird, sind unter Gültigkeit der Nullhypothese die Terme SS_A, SS_B, SS_{AB} und SS_W jeweils χ^2-verteilt mit $J-1$, $K-1$, $(J-1)(K-1)$ und $n-JK$ Freiheitsgraden. Für die Erwartungswerte der Quadratsummen gilt (vgl. Kirk, 1995, S. 404):

$$\begin{aligned} E(MS_A) &= \sigma^2 + I\cdot K\frac{\sum_{j=1}^{J}\alpha_j^2}{J-1} \\ E(MS_B) &= \sigma^2 + I\cdot J\frac{\sum_{k=1}^{K}\beta_k^2}{K-1} \\ E(MS_{AB}) &= \sigma^2 + I\frac{\sum_{j=1}^{J}\sum_{k=1}^{K}(\alpha\beta)_{jk}^2}{(J-1)(K-1)} \\ E(MS_W) &= \sigma^2 \end{aligned}$$

Für die Quadratsummen SS_A, SS_B und SS_{AB} fällt unter Gültigkeit der Nullhypothese, d. h. wenn keine Unterschiede zwischen den Populationen vorliegen, der zweite Term jeweils weg, so dass der Erwartungswert in jedem Fall σ^2 beträgt.

Als ANOVA-Tabelle der zweifaktoriellen Varianzanalyse resultiert:

Streuungsursache	Quadratsumme	Freiheitsgrade	Mittel der Quadrate	F
Faktor A	SS_A	$J-1$	$MS_A = \frac{SS_A}{J-1}$	$\frac{MS_A}{MS_W}$
Faktor B	SS_B	$K-1$	$MS_B = \frac{SS_B}{K-1}$	$\frac{MS_B}{MS_W}$
Interaktion $A\times B$	SS_{AB}	$(J-1)(K-1)$	$MS_{AB} = \frac{SS_{AB}}{(J-1)(K-1)}$	$\frac{MS_{AB}}{MS_W}$
Innerhalb	SS_W	$n-JK$	$MS_W = \frac{SS_W}{n-JK}$	
Gesamt	SS_T	$n-1$		

In der zweifaktoriellen ANOVA gibt es somit drei F-Tests. Es werden die Haupteffekte von A und B und der Interaktionseffekt auf Signifikanz überprüft. Als Teststatistik wird jeweils der Quotient aus dem Mittel der Quadrate für den entsprechenden Effekt und für den Fehler verwendet. Bei Gültigkeit der jeweiligen Nullhypothese ist die Teststatistik F-verteilt, da in diesem Fall zwei Schätzer für die gleiche Varianz verglichen werden. Lediglich die Zählerfreiheitsgrade können sich bei den drei Tests unterscheiden, da sich im Nenner des F-Bruchs bei allen drei Tests der Schätzer für die Varianz des Residuums (MS_W) befindet. Die F-Verteilungen, die für die jeweiligen Tests genutzt werden, sind der folgenden Tabelle zu entnehmen. Die Ablehnung der H_0 erfolgt bei Überschreitung des entsprechenden kritischen Wertes.

F-Test für:	Verteilung unter Gültigkeit der H_0
Haupteffekt A	$F(J-1, n-JK)$
Haupteffekt B	$F(K-1, n-JK)$
Interaktion $A \times B$	$F((J-1)(K-1), n-JK)$

Beispiel : Zweifaktorielle Varianzanalyse am Beispiel des Gedächtnisexperiments

Anhand der oben berechneten Abweichungsquadratsummen lässt sich die Varianzanalysetabelle für das zweifaktorielle Design des Beispiels erstellen.

Streuungs-ursache	Quadrat-summe	Freiheits-grade	Mittel der Quadrate	F
Instruktion	120	1	120	32
Dauer	320	2	160	42.667
Interaktion	60	2	30	8
Innerhalb	90	24	3.75	
Gesamt	590	29		

Der kritische Wert für die Tests des Haupteffekts „Dauer" und die Interaktion ($\alpha = .05$) beträgt:

$$f_{.95}(2,24) = 3.4028$$

Der kritische Wert für den Test des Haupteffekts „Instruktion" ($\alpha = .05$) beträgt:

$$f_{.95}(1,24) = 4.2957$$

Ergebnisse: Bei den hier dargestellten Daten sind die Haupteffekte und die Interaktion von „Dauer" und „Instruktion" signifikant ($\alpha = .05$), da die Teststatistiken jeweils höher ausfallen als die entsprechenden kritischen Werte.

7.8 Effektstärke

In der einfaktoriellen Varianzanalyse wurde mit der Schätzung von η^2 eine Größe definiert, die zur Bestimmung der Effektgröße dient:

$$\hat{\eta}^2 = \frac{SS_{BG}}{SS_T} = \frac{SS_{BG}}{SS_{BG} + SS_W}$$

Sie lässt sich auch im zwei- und mehrfaktoriellen Fall bestimmen und gibt die durch alle Effekte aufgeklärte Variation an. Dazu wird die Variation zwischen den Gruppen im Fall zweifaktorieller Varianzanalysen wie folgt definiert:

$$SS_{BG} = \sum_{j=1}^{J} \sum_{k=1}^{K} (\bar{Y}_{\bullet jk} - \bar{Y}_{\bullet\bullet\bullet})^2$$

Die gesamte aufgeklärte Variation SS_{BG} geht hier im Gegensatz zur einfaktoriellen Varianzanalyse auf mehrere Quellen zurück und zwar auf die durch die beiden Haupteffekte und den Interaktionseffekt bedingten Variationsanteile. Im Fall gleicher Stichprobenumfänge addieren sich die einzelnen aufgeklärten Variationsanteile zur gesamten aufgeklärten Variation, wie im Internetsupplement gezeigt wird, d. h. es gilt:

$$SS_{BG} = SS_A + SS_B + SS_{AB}$$

Damit kann man auch die einzelnen durch die Effekte (Faktor A oder Faktor B oder Interaktion $A \times B$) aufgeklärten Variationsanteile berechnen durch:

$$\hat{\eta}^2(\text{Effekt}) = \frac{SS_{\text{Effekt}}}{SS_T}$$

Weiterhin werden auch sogenannte *partielle Effektstärken* betrachtet, die wie folgt definiert werden:

partielle Effektstärken

$$\hat{\eta}_p^2(\text{Effekt}) = \frac{SS_{\text{Effekt}}}{SS_{\text{Effekt}} + SS_W}$$

Hier wird die Größe des Effektes in Relation zur Fehlervarianz bestimmt: Die anderen systematischen Komponenten werden so ausgeblendet. Diese sind allerdings implizit auch hier wirksam, da diese Komponenten die Fehlervarianz reduzieren. Aus diesem Grund sind partielle Effektstärken immer im Kontext mit allen beteiligten Faktoren zu interpretieren.

Für eine grobe Bewertung der partiellen Effektstärken nutzt man wieder die Klassifikation nach Cohen (1988):

- klein: $.059 > \eta^2 > .01$
- mittel: $.138 > \eta^2 > .059$
- groß: $\eta^2 > .138$

Will man statt der partiellen Effektstärke η_p^2 einen partiellen f-Wert für das Programm G*Power nutzen, gilt auch für die partiellen Effektstärken der Zusammenhang

$$f = \sqrt{\frac{\eta_p^2}{1 - \eta_p^2}}$$

Die partiellen Effektstärken (insbesondere η^2) lassen sich leicht aus der Varianzanalysetabelle bestimmen.

Beispiel: Effektstärkenberechnung ($\hat{\eta}_p^2$)

Mithilfe der oben berechneten Abweichungsquadratsummen lässt sich die Varianzanalysetabelle für das zweifaktorielle Design erstellen.

Streuungs-ursache	Quadrat-summe	Freiheits-grade	Mittel der Quadrate	F	part. η^2
Instruktion	120	1	120	32	.571
Dauer	320	2	160	42.667	.780
Interaktion	60	2	30	8	.400
Innerhalb	90	24	3.75		
Gesamt	590	29			

Wie in der einfaktoriellen Varianzanalyse sind die Schätzungen $\hat{\eta}_p^2$ nur asymptotisch unverzerrt. Die Werte sind immer etwas zu groß, weisen also einen positiven Bias auf. Ein unverzerrter Schätzer für die aufgeklärte Variation ergibt $\hat{\omega}_p^2$ mit

$$\hat{\omega}_p^2(\text{Effekt}) = \frac{1}{\frac{n}{(F_{\text{Effekt}}-1)df_{\text{Effekt}}} + 1}$$

Hierbei ist n die Größe der Gesamtstichprobe, F_{Effekt} der F-Wert des Effekts und df_{Effekt} bezeichnet die zugehörigen Freiheitsgrade.

Handelt es sich bei einem oder bei beiden Faktoren nicht um experimentelle, sondern um sogenannte gemessene Faktoren, d. h. Variablen, die nicht „künstlich“ manipuliert wurden, z. B. das Geschlecht, so gibt es eine weitere modifizierte Schätzung der Effekte, das sogenannte *generalisierte* η^2. Wir verweisen diesbezüglich auf weiterführende Literatur (Olejnik & Algina, 2003; Bakeman, 2005). generalisiertes η^2

Beispiel: Effektstärkenberechnung ($\hat{\omega}_p^2$)

Mithilfe der oben berechneten Abweichungsquadratsummen lässt sich die Varianzanalysetabelle für das zweifaktorielle Design erstellen.

Streuungs-ursache	Quadrat-summe	Freiheits-grade	Mittel der Quadrate	F	part. ω^2
Instruktion	120	1	120	32	.508
Dauer	320	2	160	42.667	.735
Interaktion	60	2	30	8	.318
Innerhalb	90	24	3.75		
Gesamt	590	29			

7.9 Power

Für die Planung einer zweifaktoriellen Varianzanalyse ist es erforderlich, für jeden zu testenden Effekt die notwendige Stichprobengröße zu berechnen (hier also für die drei Effekte) und dann aus den berechneten (aufgerundeten) Stichprobengrößen pro Gruppe jeweils das Maximum auszuwählen.

Die Berechnungen lassen sich wiederum mit dem Programm G*Power durchführen (Menüpunkte: F-Tests und ANOVA: Fixed effects, special, main effects and interaction).

Werden für alle drei Größen die gleichen partiellen Effektstärken angenommen, ergeben sich für $\alpha = .05$ und $\beta = .20$ die in Tabelle 7.4 dargestellten Stichprobengrößen.

7.10 Überprüfung der Voraussetzungen

Wie bei der einfaktoriellen Varianzanalyse ist auch bei der zweifaktoriellen Varianzanalyse die Voraussetzung zu überprüfen, dass die Fehler unabhängig und identisch normalverteilt sind.

Analog zur einfaktoriellen Varianzanalyse ist die Normalverteilungsannahme für die einzelnen Gruppen separat zu testen. Ebenso kann der

Tabelle 7.4: Notwendige Stichprobenumfänge für eine zweifaktorielle Varianzanalyse ($\alpha = .05$ und $\beta = .20$)

Versuchsplan	kleiner Effekt ($f = 0.10$)	mittlerer Effekt ($f = 0.25$)	großer Effekt ($f = 0.40$)
2×2	$4 \cdot 197 = 788$	$4 \cdot 32 = 128$	$4 \cdot 13 = 42$
2×3	$6 \cdot 162 = 972$	$6 \cdot 27 = 162$	$6 \cdot 11 = 66$
2×4	$8 \cdot 137 = 1096$	$8 \cdot 23 = 184$	$8 \cdot 10 = 80$
3×3	$9 \cdot 134 = 1206$	$9 \cdot 22 = 198$	$9 \cdot 9 = 81$
3×4	$12 \cdot 115 = 1380$	$12 \cdot 19 = 228$	$12 \cdot 8 = 96$
4×4	$16 \cdot 99 = 1584$	$16 \cdot 17 = 272$	$16 \cdot 7 = 112$

Mehrstichproben-Levene-Test eingesetzt werden, um die Homoskedastizitätsannahme zu überprüfen. Insbesondere im Fall ungleicher Zellenbesetzungen kann Varianzheterogenität zu erheblichen Problemen führen. Insofern ist bei Varianzheterogenität in jedem Fall die White-Korrektur zu empfehlen. Weiterführende Ausführungen zu dieser Korrektur sowie generell zur Überprüfung von Voraussetzungen finden sich in Kapitel 9.7.

7.11 Software

7.11.1 Einfaktorielle Varianzanalyse

Im Folgenden werden die Datensätze `Anova1.sav` (SPSS) bzw. `Anova1.R` (R) genutzt.

SPSS

Analysieren
↓
Mittelwerte vergleichen → Einfaktorielle Varianzanalyse

Im Dialogfeld sind die Testvariablen auszuwählen. Unter den Statistiken sind der Homogenitätstest und der Welch-Test zur Behandlung einer möglichen Varianzheterogenität anzuklicken.

Die Syntax für die Durchführung der einfaktoriellen Varianzanalyse lautet wie folgt:

```
ONEWAY
Variable_Y BY Variable_X
/STATISTICS=HOMOGENEITY WELCH.
```

R

Das *ez*-Paket ist sehr gut geeignet für die Durchführung von Varianzanalysen. Die Syntax dieses Pakets für die Durchführung der einfaktoriellen Varianzanalyse lautet wie folgt:

```
library(ez)
ezANOVA(data=Daten, dv=.(Y), between=.(X), wid=.(id),
        white.adjust=TRUE)
```

- In `data` befinden sich alle Variablen, die in die Analyse eingehen.
- Nach dem Schlüsselwort `dv` wird die abhängige Variable angegeben.
- Nach dem Schlüsselwort `between` erfolgt die Angabe der Variablen, die den Faktor (die unabhängige Variable) spezifiziert.
- Nach dem Schlüsselwort `wid` wird die Variable für die Kodierung der Versuchspersonen angegeben.
- Mit `white.adjust=TRUE` wird die White-Korrektur durchgeführt.

7.11.2 Multiple Tests

SPSS

Analysieren
↓
Mittelwerte vergleichen → Einfaktorielle Varianzanalyse

Im Dialogfeld sind die Testvariablen auszuwählen.
Unter „*Post Hoc*“ kann der Bonferroni-Test bzw. z. B. Dunnett's-Test (T3) durch Ankreuzen hinzugefügt werden.

Die Syntax für die Berechnung der Post-hoc-Tests lautet wie folgt:

```
ONEWAY
Variable_Y BY Variable_X
/MISSING ANALYSIS
/POSTHOC = BONFERRONI T3 ALPHA(.05) .
```

R

Im Gegensatz zu SPSS ist in R die Berechnung von Post-hoc-Tests etwas aufwendiger. Die Funktion `pairwise.t.test` führt den paarweisen t-Test mit Holm-Korrektur durch:

```
pairwise.t.test(Daten$Y, Daten$X)
```

In Verbindung mit der Funktion `aov`, die eine Varianzanalyse (allerdings ohne Möglichkeit der White-Korrektur) durchführt, kann der Tukey-Kramer-Test wie folgt aufgerufen werden:

```
my_anova <- aov(Y~X, data=Daten)
TukeyHSD(my_anova)
```

Das `mutoss`-Paket liefert einige neuere Prozeduren für multiple Mittelwertvergleiche. Die REGWQ-Methode ist z. B. wie folgt aufzurufen:

```
library(mutoss)
regwq(Y~X, data=Daten, alpha=.05)
```

Das `mutoss`-Paket ist etwas umständlich zu installieren:

```
source("http://bioconductor.org/biocLite.R")
biocLite("multtest")
install.packages("mutoss")
```

7.11.3 Zweifaktorielle Varianzanalyse

Wir betrachten das Beispiel zur Gedächtnisforschung. Wir überprüfen den Einfluss der Faktoren „Instruktion“ und „Dauer“ auf die „Treffer“. Hierfür nutzen wir die Datensätze `LOP.sav` (SPSS) bzw. `LOP.R` (R).

SPSS

Analysieren
↓
Allgemeines Lineares Modell → Univariat...

Im Haupt-Dialogfeld sind die Testvariablen auszuwählen: *Abhängige Variable:* ***Treffer***. *Feste Faktoren:* ***Instruktion***, ***Dauer***.

Unter *„Diagramme...“* kann ein Profilplot spezifiziert werden, indem die Faktoren in die Felder *„Horizontale Achse:“* und *„Separate Linien:“* geschoben werden.

Unter *„Optionen...“* erfolgt die Auswahl weiterer im Output anzuzeigender Ergebnisse: Im Feld *„Geschätzte Randmittel“* sind in diesem Fall ***(OVERALL)***, ***Dauer***, ***Instruktion*** und ***Dauer*Instruktion*** in das Feld *„Mittelwerte anzeigen für:“* zu schieben, außerdem sind *„Deskriptive Statistik“* und *„Homogenitätstests“* durch Ankreuzen zu wählen.

Die Syntax für diese Analyse lautet wie folgt:

```
UNIANOVA Treffer BY Dauer Instruktion
/METHOD=SSTYPE(3)
/INTERCEPT=INCLUDE
/PLOT=PROFILE(Dauer*Instruktion)
/EMMEANS=TABLES(OVERALL)
/EMMEANS=TABLES(Dauer)
/EMMEANS=TABLES(Instruktion)
/EMMEANS=TABLES(Dauer*Instruktion)
/PRINT=HOMOGENEITY DESCRIPTIVE
/CRITERIA=ALPHA(.05)
/DESIGN=Dauer Instruktion Dauer*Instruktion
```

R

Mittels R kann man die zweifaktorielle Varianzanalyse mit dem *ez*-Paket berechnen. Die Syntax dieses Pakets für die Durchführung der zweifaktoriellen Varianzanalyse auf der Datenmatrix LOP mit den Daten zum Gedächtnisexperiment lautet wie folgt:

```
library(ez)
# Zunächst die deskriptiven Statistiken
ezStats(
   data = LOP, dv = .(Treffer), wid = .(Fall),
   between = .(Typ, Dauer), type = 3
   )
# Dann die Varianzanalyse
ezANOVA(
   data = LOP, dv = .(Treffer), wid = .(Fall),
   between = .(Typ, Dauer), type = 3
   )
```

Der hier angegebene Parameter `type = 3` ist bei ungleicher Zellenbesetzung von Bedeutung (vgl. Kap. 9.5.3).

Zusätzlich kann `white.adjust=TRUE` angegeben werden, um die Varianzanalyse anhand der White-Korrektur durchzuführen.

Zusammenfassung

In diesem Kapitel wurden statistische Tests zur Analyse des Einflusses von einer oder zwei nominalskalierten Variablen bzw. eines Faktors oder zweier Faktoren auf eine intervallskalierte Variable vorgestellt. Im Vordergrund standen die ein- und zweifaktorielle Varianzanalyse, die sehr häufig in der Praxis eingesetzt werden.

Die einfaktorielle Varianzanalyse dient zur Signifikanzprüfung, ob es Unterschiede zwischen den Erwartungswerten mehrerer normalverteilter Populationen gibt. Dabei wird eine identische Varianz bei den zu vergleichenden Gruppen vorausgesetzt. Falls die Bedingung nicht erfüllt ist, kann die White-Korrektur angewendet werden. Die Annahme normalverteilter Variablen kann entfallen, wenn die Voraussetzungen des zentralen Grenzwertsatzes erfüllt sind.

Bei der einfaktoriellen Varianzanalyse wird die (gesamte) Variation der abhängigen Variablen in zwei Anteile zerlegt, einen systematischen (durch den Faktor bedingten) Anteil und einen Fehleranteil. Unter der Nullhypothese identischer Erwartungswerte variieren die beiden gemittelten Variationsanteile auf Stichprobenebene zufällig um den gleichen Wert. Die Signifikanzprüfung erfolgt anhand einer F-Statistik, bei der die beiden gemittelten Variationsquellen ins Verhältnis gesetzt werden.

Ein signifikantes Ergebnis besagt bei einer Varianzanalyse nur, dass sich irgendwelche Erwartungswerte unterscheiden. Will man genauer wissen, welche Paare von Erwartungswerten sich unterscheiden, sind Tests für multiple Mittelwertvergleiche durchzuführen. Bei diesen Tests taucht das Problem der sogenannten α-Fehler-Kumulierung auf. Um für mehrere Tests das α-Niveau zu adjustieren, wurden verschiedene Methoden bzw. Tests vorgestellt. Dabei ist zunächst zu unterscheiden, ob die Hypothesen zu den Erwartungswerten a priori, d. h. unabhängig von relevanten Kenntnissen über die Daten, aufgestellt wurden oder a posteriori, d. h. bei schon vorliegenden Kenntnissen über die Daten.

Die vorgestellten Methoden zur multiplen Testung von a priori aufgestellten Hypothesen sind keineswegs auf den Vergleich von Erwartungswerten beschränkt, sondern können für jegliche multiplen Testprobleme eingesetzt werden. Hier wurden die Šidák-, die Bonferroni- und die Bonferroni-Holm-Methode dargestellt. Als Post-hoc-Tests wurden die folgenden Verfahren behandelt: Fisher's „Least Significant Difference"-Test, Tukey-Kramer-Test, Newman-Keuls-Verfahren, REGWQ-Verfahren, Dunnett-Test und Scheffè-Test.

Liegen ordinalskalierte Daten vor, ist die Annahme normalverteilter Variablen nicht gegeben oder sind die Voraussetzungen des zentralen Grenzwertsatzes nicht erfüllt, kommt als Alternative zur einfaktoriellen Varianzanalyse der Kruskal-Wallis-Test in Frage. Dieser Test stellt eine Verallgemeinerung des Wilcoxon-Rangsummentests dar und basiert ebenso auf Rängen.

Schließlich wurde eine Erweiterung des Levene-Tests auf mehr als zwei Stichproben vorgestellt. Bei diesem Test werden die Abweichungen der Beobachtungen von den Gruppenmittelwerten oder den entsprechenden Medianen einer einfaktoriellen Varianzanalyse unterzogen. Der Levene-Test wird hauptsächlich zur Überprüfung der Varianzhomogenität in Varianzanalysen genutzt.

Bei der zweifaktoriellen Varianzanalyse wird der Einfluss von zwei nominalskalierten Variablen bzw. Faktoren auf eine intervallskalierte Variable analysiert. Neben den beiden Haupteffekten kann der Interaktionseffekt auf Signifikanz geprüft werden. Ein Interaktionseffekt liegt vor, wenn der Haupteffekt eines Faktors auf unterschiedlichen Stufen des anderen Faktors nicht identisch ist.

Bei der zweifaktoriellen Varianzanalyse wird die (gesamte) Variation der abhängigen Variablen in mehrere Anteile zerlegt, systematische (durch die Haupt- und Interaktionseffekte bedingte) Anteile und einen Fehleranteil. Unter der Nullhypothese identischer Erwartungswerte unterscheiden sich die mittlere systematische und die mittlere Fehlervariation nicht signifikant. Die Signifikanzüberprüfung erfolgt anhand einer F-Statistik, bei der die entsprechenden Variationsquellen ins Verhältnis gesetzt werden.

Bei gleicher Zellenbesetzung setzt sich die gesamte aufgeklärte Variation additiv aus den systematischen Variationsanteilen zusammen. Zur Messung des Anteils der aufgeklärten Variation dient der Koeffizient η^2. Weiterhin wurde das Maß η_p^2 für die Erfassung der partiellen aufgeklärten Variation vorgestellt.

Bei der zweifaktoriellen Varianzanalyse werden wie bei der einfaktoriellen Varianzanalyse für Gruppengrößen mit $n < 30$ normalverteilte Variablen mit identischer Varianz vorausgesetzt, ansonsten müssen die Voraussetzungen für den zentralen Grenzwertsatz erfüllt sein.

Die Annahme der Varianzhomogenität kann mit dem Mehrstichproben-Levene-Test überprüft werden. Im Fall von Varianzheterogenität bietet sich die White-Korrektur an.

Zentrale Begriffe

Faktor: Eine nominalskalierte unabhängige Variable.

Varianzanalyse: Verfahren zur Analyse des Einflusses von nominalskalierten Variablen (Faktoren) auf eine intervallskalierte abhängige Variable.

Einfaktorielle Varianzanalyse: Varianzanalyse mit einem Faktor.

ANOVA: Akronym für die Varianzanalyse (ANalysis Of VAriance).

Faktorstufen: Ausprägungen eines Faktors.

Haupteffekt: Der Effekt eines Faktors in der zwei- oder mehrfaktoriellen Varianzanalyse.

Interaktion (Wechselwirkung): Der Effekt zweier oder mehrerer Faktoren, der zusätzlich zu den Haupteffekten in der zwei- oder mehrfaktoriellen Varianzanalyse gegeben ist.

Homoskedastizität: Annahme, dass die Varianz in verschiedenen Populationen identisch ist.

Heteroskedastizität: Annahme, dass sich die Varianz in verschiedenen (mindestens zwei) Populationen unterscheidet.

Streuungszerlegung: Zerlegung der Variation (Streuung) der abhängigen Variablen in systematische und Fehleranteile.

α-Adjustierung: Anpassung des α-Niveaus für eine Familie von Tests.

Bonferroni-Adjustierung: Eine Methode zur Adjustierung des α-Niveaus für multiple Tests.

Bonferroni-Holm-Adjustierung: Eine sequenzielle Variante der Bonferroni-Adjustierung mit einer höheren Power.

Fisher's „Least Significant Difference"-Test: Post-hoc-Test für Mittelwertvergleiche. Ist nur für drei Mittelwertvergleiche zu empfehlen.

Tukey-Test: Entspricht dem Tukey-Kramer-Test, wenn identische Gruppengröße vorliegen.

Tukey-Kramer-Test: Post-hoc-Test für Mittelwertvergleiche.

Newman-Keuls-Verfahren: Sequenzielle Post-hoc-Analyse für Mittelwertvergleiche, die jedoch nicht immer das α-Niveau einhält und damit nicht empfehlenswert ist.

REGWQ-Verfahren: Sequenzielle Post-hoc-Analyse für Mittelwertsvergleiche, die immer das α-Niveau einhält und eine höhere Power als der Tukey-Kramer-Test besitzt.

Dunnett-Test: Post-hoc-Analyse speziell für Mittelwertvergleiche einer Kontrollgruppe mit mehreren Experimentalgruppen.

Scheffè-Test: Post-hoc-Analyse speziell für Kontraste.

White-Korrektur: Korrektur für ungleiche Varianzen in linearen Modellen und damit auch in der Varianzanalyse.

Welch-Test: Erweiterung des Zweistichproben-Welch-Tests auf die einfaktorielle Varianzanalyse.

Kruskal-Wallis-Test: Test für Lokationsunterschiede auf der Basis von Rängen.

Mehrstichproben-Levene-Test: Test auf Varianzhomogenität, der eine Varianzanalyse für die Absolutbeträge der Abweichungen der Daten von den Zellenmittelwerten (oder von Zellenmedianen) darstellt.

Notation

Notation	Bedeutung
y_{ij}	i-ter Messwert in der j-ten Faktorstufe
Y_{ij}	Zufallsvariable, die durch y_{ij} realisiert wurde
η^2	Effektmaß für die Varianzanalyse
$\hat{\omega}^2$	Erwartungstreuer Schätzer für η^2
f^2	Effektmaß für die einfaktorielle Varianzanalyse, auch als ϕ^2 bezeichnet
T_{jk}	Teststatistik zum Vergleich von Faktorstufe j mit Faktorstufe k für Post-hoc-Tests in der Varianzanalyse.
Q	Teststatistik des Tukey-Kramer-Tests.
H	Statistik des Kruskal-Wallis-Tests
Y_{ijk}	Zufallsvariable (abhängige Variable) in der zweifaktoriellen Varianzanalyse. Der Index j steht für die j-te Faktorstufe im Faktor A, der Index k für die k-te Faktorstufe im Faktor B und i für die i-te Person.
y_{ijk}	Wert der Zufallsvariable Y_{ijk}
ε_{ijk}	Residuum bzw. Fehler
$A \times B$	Interaktionseffekt der Faktoren A und B
α_j	Abweichung des Erwartungswerts für Faktorstufe j des Faktors A vom mittleren Erwartungswert
β_k	Abweichung des Erwartungswerts für Faktorstufe k des Faktors B vom mittleren Erwartungswert
$(\alpha\beta)_{jk}$	Abweichung des Erwartungswerts der Kombination der Faktorstufen (j,k) von $\mu + \alpha_j + \beta_k$, entspricht dem Interaktionseffekt $(\alpha\beta)_{jk}$
SS_{BG}	Anteil der Variation zwischen den Gruppen bzw. Treatments (Variation between groups)
SS_A	Variationsanteil des Faktors A
SS_B	Variationsanteil des Faktors B
SS_{AB}	Variationsanteil der Interaktion
SS_W	Variationsanteil des Fehlers (Variation innerhalb)
$\eta^2(\text{Effekt})$	Anteil der aufgeklärten Variation durch einen bestimmten Effekt, spezifiziert für z. B. Faktor A resultiert $\eta^2(A)$
$\eta_p^2(\text{Effekt})$	Partieller Anteil der aufgeklärten Variation durch einen bestimmten Effekt, spezifiziert für z. B. Faktor A resultiert $\eta_p^2(A)$
$\hat{\omega}_p^2(\text{Effekt})$	Schätzer für den partiellen Anteil der aufgeklärten Variation durch einen bestimmten Effekt in der Population.

Kapitel 8
Varianzanalysen mit Messwiederholung

Inhaltsübersicht

8.1 Versuchspläne mit Messwiederholung

Im letzten Kapitel wurden Varianzanalysen ohne Messwiederholungen vorgestellt. Dabei wurden jeder Stufe bzw. Kombination von Stufen randomisiert unterschiedliche Personen zugeordnet. Im Unterschied dazu werden bei der Varianzanalyse mit Messwiederholung die experimentellen Bedingungen nicht an unterschiedlichen statistischen Einheiten, sondern an denselben Einheiten erhoben. Anstelle wiederholter Messungen an denselben Einheiten können auch Messungen an Einheiten erfolgen, die anhand bestimmter Merkmale gematcht wurden.

Tabelle 8.1: Design mit einem Between-Subjects-Faktor A (3 Stufen); *s* steht für „Versuchsperson"; insgesamt 15 verschiedene Versuchspersonen

Faktor A	a_1	a_2	a_3
	s_1	s_6	s_{11}
	s_2	s_7	s_{12}
	s_3	s_8	s_{13}
	s_4	s_9	s_{14}
	s_5	s_{10}	s_{15}

Die Tabellen 8.1 und 8.2 enthalten die Versuchspläne für die einfaktorielle bzw. zweifaktorielle Varianzanalyse ohne Messwiederholung, die den zwei Beispielen im letzten Kapitel zugrunde lagen. Jeder der drei Stufen des Faktors A (vgl. Tab. 8.1) bzw. jeder der sechs Kombinationen der Stufen der Faktoren A und B (vgl. Tab. 8.2) wird jeweils eine Gruppe von fünf unterschiedlichen Personen zugeordnet.

Tabelle 8.2: Design mit zwei Between-Subjects-Faktoren A (3 Stufen) und B (2 Stufen); insgesamt 30 verschiedene Versuchspersonen

Faktor A	a_1		a_2		a_3	
Faktor B	b_1	b_2	b_1	b_2	b_1	b_2
	s_1	s_6	s_{11}	s_{16}	s_{21}	s_{26}
	s_2	s_7	s_{12}	s_{17}	s_{22}	s_{27}
	s_3	s_8	s_{13}	s_{18}	s_{23}	s_{28}
	s_4	s_9	s_{14}	s_{19}	s_{24}	s_{29}
	s_5	s_{10}	s_{15}	s_{20}	s_{25}	s_{30}

Man nennt die Faktoren bei Varianzanalysen ohne Messwiederholungen auch *Between-Subjects-Faktoren*, da hier Unterschiede zwischen unterschiedlichen Gruppen von Versuchspersonen untersucht werden.

Between-Subjects-Faktoren

Bei Varianzanalysen mit Messwiederholung werden dieselben oder vergleichbare Versuchspersonen mehreren Treatments ausgesetzt. Die Faktoren nennt man deshalb *Messwiederholungsfaktoren* oder auch *Within-Subjects-Faktoren*, da hier die Wirkung unterschiedlicher Treatments „innerhalb“ von Versuchspersonen analysiert wird.

Messwiederholungsfaktoren

Within-Subjects-Faktoren

Tabelle 8.3: Design mit einem Within-Subjects-Faktor A (3 Stufen); insgesamt 5 verschiedene Versuchspersonen

Faktor A	a_1	a_2	a_3
	s_1	s_1	s_1
	s_2	s_2	s_2
	s_3	s_3	s_3
	s_4	s_4	s_4
	s_5	s_5	s_5

Die Tabellen 8.3 und 8.4 enthalten die Designs für eine einfaktorielle Varianzanalyse mit drei Stufen und für eine zweifaktorielle Varianzanalyse, bei der Faktor A aus drei und Faktor B aus zwei Stufen besteht. Jeder Faktorstufe bzw. Kombination von Faktorstufen werden dabei dieselben fünf Personen zugeordnet. Damit benötigen diese Designs mit Messwiederholungen weitaus weniger Versuchspersonen als die entsprechenden Designs ohne Messwiederholungen.

Tabelle 8.4: Design für zwei Within-Subjects-Faktoren A (3 Stufen) und B (2 Stufen); insgesamt 5 verschiedene Versuchspersonen

Faktor A	a_1		a_2		a_3	
Faktor B	b_1	b_2	b_1	b_2	b_1	b_2
	s_1	s_1	s_1	s_1	s_1	s_1
	s_2	s_2	s_2	s_2	s_2	s_2
	s_3	s_3	s_3	s_3	s_3	s_3
	s_4	s_4	s_4	s_4	s_4	s_4
	s_5	s_5	s_5	s_5	s_5	s_5

gemischtes Design

In sogenannten *gemischten Designs* werden Faktoren mit und ohne Messwiederholungen kombiniert. In Tabelle 8.5 stellt der dreistufige Faktor *A* einen Between-Subjects-Faktor dar, während der aus zwei Stufen bestehende Faktor B einen Within-Subjects-Faktor repräsentiert.

Tabelle 8.5: Design mit einem Between-Subjects-Faktor A (mit 3 Stufen) und einem Within-Subjects-Faktor B (mit 2 Stufen); insgesamt 15 verschiedene Versuchspersonen

Faktor A	a_1		a_2		a_3	
Faktor B	b_1	b_2	b_1	b_2	b_1	b_2
	s_1	s_1	s_6	s_6	s_{11}	s_{11}
	s_2	s_2	s_7	s_7	s_{12}	s_{12}
	s_3	s_3	s_8	s_8	s_{13}	s_{13}
	s_4	s_4	s_9	s_9	s_{14}	s_{14}
	s_5	s_5	s_{10}	s_{10}	s_{15}	s_{15}

Neben den bisher dargestellten Designs können auch weitaus komplexere Designs untersucht werden, z. B. das in Tabelle 8.6 dargestellte Design mit den Faktoren A und B als Between-Subjects-Faktoren und C und D als Within-Subjects-Faktoren.

Tabelle 8.6: Design mit zwei Between-Subjects-Faktoren A und B (jeweils 2 Stufen) und zwei Within-Subjects-Faktoren C und D (jeweils 2 Stufen); insgesamt 20 Versuchspersonen

A	a_1								a_2							
B	b_1				b_2				b_1				b_2			
C	c_1		c_2		c_1		c_2		c_1		c_2		c_1		c_2	
D	d_1	d_2	d_1	d_2	d_1	d_2	d_1	d_2	d_1	d_2	d_1	d_2	d_1	d_2	d_1	d_2
	s_1	s_1	s_1	s_1	s_6	s_6	s_6	s_6	s_{11}	s_{11}	s_{11}	s_{11}	s_{16}	s_{16}	s_{16}	s_{16}
	s_2	s_2	s_2	s_2	s_7	s_7	s_7	s_7	s_{12}	s_{12}	s_{12}	s_{12}	s_{17}	s_{17}	s_{17}	s_{17}
	s_3	s_3	s_3	s_3	s_8	s_8	s_8	s_8	s_{13}	s_{13}	s_{13}	s_{13}	s_{18}	s_{18}	s_{18}	s_{18}
	s_4	s_4	s_4	s_4	s_9	s_9	s_9	s_9	s_{14}	s_{14}	s_{14}	s_{14}	s_{19}	s_{19}	s_{19}	s_{19}
	s_5	s_5	s_5	s_5	s_{10}	s_{10}	s_{10}	s_{10}	s_{15}	s_{15}	s_{15}	s_{15}	s_{20}	s_{20}	s_{20}	s_{20}

Der Vorteil von Varianzanalysen mit Messwiederholung besteht darin, dass die Unterschiede zwischen den Personen als eigenständige Varianzquelle berücksichtigt werden und nicht der unaufgeklärten Varianz hinzugefügt werden. Bei gleichen Unterschieden zwischen den Gruppen wird deshalb der F-Wert zumeist größer ausfallen. Somit besitzt die Varianzanalyse mit Messwiederholung gegenüber der Varianzanalyse ohne Messwiederholung in der Regel eine höhere Power. Jedoch ist die wiederholte Anwendung von experimentellen Bedingungen an denselben Einheiten, z. B. Personen, nicht immer möglich. Hält die Wirkung eines Treatments dauerhaft oder zumindest längerfristig an, z. B. die Wirkung eines Intelligenztesttrainings, so können nicht verschiedene Formen solcher Trainings an ein und derselben Person untersucht werden, da z. B. die Wirkung des zweiten Trainings nicht unabhängig von dem ersten Training sein dürfte. Varianzanalysen mit Messwiederholung sind damit nur für Treatments geeignet, die keinen Einfluss auf die Wirkung anderer Treatments besitzen, es sei denn, man möchte gezielt die gemeinsame Wirkung mehrerer Treatments analysieren.

In diesem Kapitel behandeln wir zunächst die einfaktorielle Varianzanalyse mit Messwiederholung, d. h. Varianzanalyse mit einem Within-Subjects-Faktor, und dann die Varianzanalyse mit zwei Within-Subjects-Faktoren sowie die Varianzanalyse einem Between- und einem Within-Subjects-Faktor. Für weitere Formen der Varianzanalyse verweisen wir auf die weiterführende Literatur, z. B. Kirk (1995) oder Winer, Brown und Michels (1991).

8.2 Einfaktorielle Varianzanalyse mit Messwiederholung

In diesem Kapitel wird die einfaktorielle Varianzanalyse mit Messwiederholung vorgestellt. Dieses Verfahren stellt eine Verallgemeinerung des t-Tests für abhängige Messungen auf mehr als zwei Treatment-Gruppen dar. Dabei wird wie bei der einfaktoriellen Varianzanalyse ohne Messwiederholung der Einfluss einer nominalskalierten Variablen (eines Faktors) auf eine intervallskalierte Variable analysiert.

In der einfaktoriellen Varianzanalyse ohne Messwiederholung wird die Wirkung verschiedener Treatments an unterschiedlichen Vpn erhoben. Damit gehen die zwischen den Vpn bestehenden Unterschiede in die Messwerte mit ein und bilden zusammen mit anderen, nicht auf die Treatments zurückgehenden Effekten die Residualvarianz.

mit MW →

In der Varianzanalyse mit Messwiederholung werden die zwischen den Personen bestehenden Unterschiede gesondert erfasst, wie die in Abbildung 8.1 dargestellte Streuungszerlegung zeigt.

Die durch das Treatment bedingte Variation und die Fehlervariation, die in der F-Statistik zur Überprüfung der Nullhypothese verwendet werden, stammen ausschließlich aus der Variation innerhalb der Personen, während die Variation zwischen den Personen unberücksichtigt bleibt. Bei der Varianzanalyse ohne Messwiederholung ist die Residualvarianz in der Regel größer, da in sie zusätzlich die Variation zwischen den Personen eingeht.

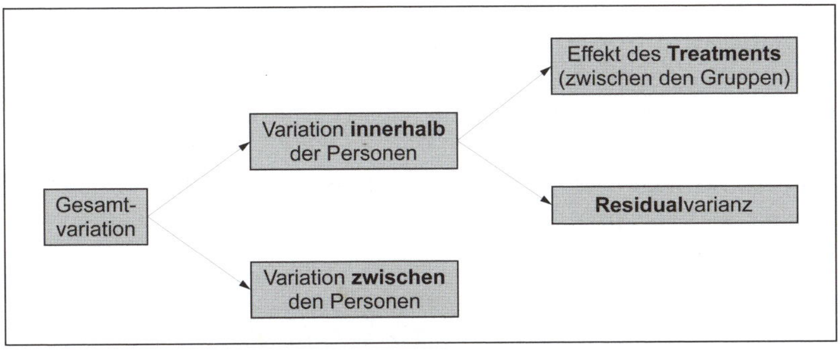

Abbildung 8.1: Streuungszerlegung in der einfaktoriellen Varianzanalyse mit Messwiederholung

Im Folgenden gehen wir als Beispiel von einer Abwandlung des im letzten Kapitel dargestellten Gedächtnisexperiments aus.

Beispiel: Einfaktorielle Varianzanalyse mit Messwiederholung

Wir betrachten lediglich die Daten zur Bedingung „memorize" des Gedächtnisexperiments. Die drei Stufen bestehen wiederum aus den drei experimentellen Bedingungen (Darbietungszeit der Stimuli) 1 Minute, 2 Minuten und 3 Minuten. Dabei führen 5 Vpn jeweils alle drei experimentellen Bedingungen in systematisch variierter Reihenfolge durch. Der Gesamtumfang an Beobachtungen beträgt 15, die jedoch lediglich an 5 Personen erhoben werden, bei einem entsprechenden Design ohne Messwiederholung würden 15 Beobachtungen an 15 Personen anfallen.

Es resultieren die folgenden Messwerte:

		Dauer		
		1 Minute	2 Minuten	3 Minuten
Personen	1	$y_{11} = 5$	$y_{12} = 11$	$y_{13} = 11$
	2	$y_{21} = 5$	$y_{22} = 9$	$y_{23} = 10$
	3	$y_{31} = 8$	$y_{32} = 11$	$y_{33} = 11$
	4	$y_{41} = 8$	$y_{42} = 10$	$y_{43} = 15$
	5	$y_{51} = 9$	$y_{52} = 14$	$y_{53} = 13$

8.2.1 Modell

Bei der einfaktoriellen Varianzanalyse mit Messwiederholung wird die Anzahl der Stufen des Treatments (Messwiederholungsfaktor) mit J bezeichnet und die Anzahl der Personen mit I. Zur Vereinfachung nehmen wir an, dass jede Person jedes Treatment erhalten hat. Beobachtungen der abhängigen Variablen werden mit zwei Indizes versehen, der Index

i steht für die Person und der Index j für die Stufe des Faktors. Die entsprechenden Zufallsvariablen werden analog dazu bezeichnet, also Y_{ij}. Die in der Regel genutzte Modellgleichung für die Beobachtungen Y_{ij} basiert auf der Annahme, dass jeder Erwartungswert durch Addition eines Personenfaktors und eines Treatmentfaktors berechnet werden kann (Haupteffektmodell):

$$\begin{aligned} Y_{ij} &= \mu_{ij} + \varepsilon_{ij} \\ &= \mu + \alpha_j + \pi_i + \varepsilon_{ij} \end{aligned}$$

Dabei gilt:

$$\begin{aligned} \mu_{ij} &= \text{Erwartungswert für Treatment } j \text{ und Person } i \\ \varepsilon_{ij} &= \text{Fehler} \\ \mu &= \text{Erwartungswert über alle Treatments und Personen} \\ \alpha_j &= \text{Einfluss der Stufe } j \text{ des Treatments} \\ \pi_i &= \text{Einfluss der Person } i \end{aligned}$$

Bezeichnen wir weiterhin mit

$$\begin{aligned} \mu_{\bullet j} &= \text{Erwartungswert für Treatment } j \\ \mu_{i\bullet} &= \text{Erwartungswert für Person } i \end{aligned}$$

so gelten die folgenden Zusammenhänge:

$$\begin{aligned} \alpha_j &= \mu_{\bullet j} - \mu \\ \pi_i &= \mu_{i\bullet} - \mu \\ \varepsilon_{ij} &= \mu_{ij} - \alpha_j - \pi_i - \mu = \mu_{ij} - \mu_{\bullet j} - \mu_{i\bullet} + \mu \end{aligned}$$

Weiterhin gelten die Randbedingungen:

$$\begin{aligned} \sum_{j=1}^{J} \alpha_j &= 0 \\ \sum_{i=1}^{I} \pi_i &= 0 \end{aligned}$$

Es gibt verschiedene Modelle der einfaktoriellen Varianzanalyse mit Messwiederholung: Wir betrachten zunächst das einfachste Modell mit den Personen als sogenannte feste Faktoren (s. u). Bei den weiteren Modellen werden zusätzliche Annahmen gemacht, die aber für die Berechnung der einzelnen Terme keine substanziellen Auswirkungen haben.

8.2.2 Hypothesen

In der einfaktoriellen Varianzanalyse mit Messwiederholung richtet sich die zentrale Hypothese auf die durch das Treatment bedingten Effekte:

$$\begin{aligned} H_0: &\quad \alpha_j = 0 \quad \text{für alle } j = 1, \dots, J \\ H_1: &\quad \alpha_j \neq 0 \quad \text{für mindestens ein } j \end{aligned}$$

Auf die Überprüfung von Unterschieden zwischen den Personen, die in der Regel nicht von Interesse sind, gehen wir weiter unten ein.

8.2.3 Hypothesentests

Die Schätzung der Parameter wird in der einfaktoriellen Varianzanalyse mit Messwiederholung wie folgt vorgenommen:

$$\begin{aligned} \hat{\mu} &= \bar{Y}_{\bullet\bullet} \quad \text{mit} \quad \bar{Y} = \frac{1}{I \cdot J} \sum_{i=1}^{I} \sum_{j=1}^{J} Y_{ij} \\ \hat{\alpha}_j &= \bar{Y}_{\bullet j} - \bar{Y}_{\bullet\bullet} \quad \text{mit} \quad \bar{Y}_{\bullet j} = \frac{1}{I} \sum_{i=1}^{I} Y_{ij} \\ \hat{\pi}_i &= \bar{Y}_{i\bullet} - \bar{Y}_{\bullet\bullet} \quad \text{mit} \quad \bar{Y}_{i\bullet} = \frac{1}{J} \sum_{j=1}^{J} Y_{ij} \end{aligned}$$

Die Quadratsummen werden anhand der folgenden Formeln bestimmt:

$$\begin{aligned} SS_T &= \sum_{i=1}^{I} \sum_{j=1}^{J} (Y_{ij} - \bar{Y}_{\bullet\bullet})^2 \\ SS_{BS} &= J \sum_{i=1}^{I} (\bar{Y}_{i\bullet} - \bar{Y}_{\bullet\bullet})^2 = J \sum_{i=1}^{I} \hat{\pi}_i^2 \\ SS_{WS} &= \sum_{i=1}^{I} \sum_{j=1}^{J} (Y_{ij} - \bar{Y}_{i\bullet})^2 \\ SS_{BG} &= I \sum_{j=1}^{J} (\bar{Y}_{\bullet j} - \bar{Y}_{\bullet\bullet})^2 = I \sum_{j=1}^{J} \hat{\alpha}_j^2 \\ SS_E &= \sum_{i=1}^{I} \sum_{j=1}^{J} (Y_{ij} - \bar{Y}_{i\bullet} - \bar{Y}_{\bullet j} + \bar{Y}_{\bullet\bullet})^2 \end{aligned}$$

Von Interesse sind zunächst die Quadratsummen des Treatmenteffekts SS_{BG}. Vergleicht man diese mit SS_B in der einfaktoriellen Varianzanalyse ohne Messwiederholung (vgl. Kap. 7.1), dann sieht man, dass beide formal identisch berechnet werden. Auch die Freiheitsgrade fallen für den Treatmenteffekt mit $J-1$ formal identisch aus. Da wir bei der Messwiederholung jede Person auch unter jeder Treatmentstufe messen, können auch noch die Mittelwerte der einzelnen Personen berechnet werden und aus dem Fehlerterm eliminiert werden. Wir erhalten so eine modifizierte Fehlerschätzung mit dem Ausdruck SS_E, die keine Entsprechung in der Varianzanalyse ohne Messwiederholung hat.

Die Abbildung 8.2 zeigt die in Abbildung 8.1 dargestellte Streuungszerlegung auf der Basis der berechneten Quadratsummen.

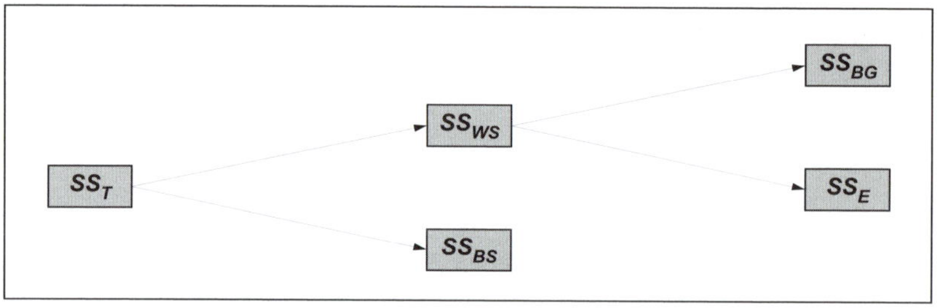

Abbildung 8.2: Streuungszerlegung in der einfaktoriellen Varianzanalyse mit Messwiederholung: Quadratsummen

Zur Signifikanzprüfung des Treatmenteffekts (zwischen den Gruppen, BG) wird eine F-Statistik berechnet, die wiederum auf dem Quotienten zweier Quadratsummen basiert. Da J Messwiederholungen für jede Person vorliegen, können $J-1$ der Messwiederholungen frei variieren. Für die Residualvarianz resultieren $(I-1)(J-1)$ Freiheitsgrade. Damit folgt:

$$F_{BG} = \frac{SS_{BG}/(J-1)}{SS_E/((I-1)(J-1))}$$

Ist $F_{BG} > F_{1-\alpha}(J-1,(I-1)(J-1))$, wird die Nullhypothese „Alle Treatments bzw. Messwiederholungen haben den gleichen Erwartungswert“ abgelehnt.

Wie bei der Varianzanalyse ohne Messwiederholung können auch hier a priori und a posteriori formulierte Einzelvergleiche durchgeführt werden (vgl. Internetsupplement).

Tabelle 8.7 zeigt die Streuungszerlegung und die Berechnung der F-Statistiken in der einfaktoriellen Varianzanalyse mit Messwiederholung. Auch hier summieren sich die Quadratsummen des Treatments (Messwiederholung), der Personen und der Residuen zur Gesamtvariation. Analog gilt dieser Zusammenhang für die Freiheitsgrade.

Tabelle 8.7: Varianzanalysetabelle der einfaktoriellen Varianzanalyse mit Messwiederholung

Streuungs-ursache	Quadrat-summe	Freiheits-grade	Mittel der Quadrate	F
Mess-wiederholung	SS_{BG}	$J-1$	$MS_{BG} = \frac{SS_{BG}}{J-1}$	$F_{BG} = \frac{MS_{BG}}{MS_E}$
Personen	SS_{BS}	$I-1$	$MS_{BS} = \frac{SS_{BS}}{I-1}$	
Fehler	SS_E	$(I-1)(J-1)$	$MS_E = \frac{SS_E}{(I-1)(J-1)}$	
Gesamt	SS_T	$I \cdot J - 1$		

Da der Personenfaktor und die Gesamtvariation zumeist nicht von Interesse sind, erfolgt in der Regel eine verkürzte Darstellung der Varianzanalysetabelle (vgl. Tab. 8.8)

Tabelle 8.8: Varianzanalysetabelle der einfaktoriellen Varianzanalyse mit Messwiederholung (verkürzte Darstellung)

Streuungs-ursache	Quadrat-summe	Freiheits-grade	Mittel der Quadrate	F
Mess-wiederholung	SS_{BG}	$J-1$	$MS_{BG} = \frac{SS_{BG}}{J-1}$	$F_{BG} = \frac{MS_{BG}}{MS_E}$
Fehler	SS_E	$(I-1)(I-1)$	$MS_E = \frac{SS_E}{(I-1)(I-1)}$	

Feste vs. zufällige Effekte

Wir hatten bei der Varianzanalyse ohne Messwiederholung keine Annahmen zur Verteilung der Effekte α_j gemacht. Dies gilt auch für die bisherige Ableitung der Treatment- und Personeneffekte in der Varianzanalyse mit Messwiederholung. Damit liegen sogenannte feste Effekte (fixed effects) vor. Dies bedeutet, dass bei einer Wiederholung des Experiments genau dieselben Bedingungen und Ausprägungen für die Treatmentstufen vorliegen. Für die Treatmentbedingungen des vorliegenden Gedächtnisexperiments wird – wie für viele andere Experimente – eine solche Spezifikation explizit angenommen.

Für die Personeneffekte bedeutet die Annahme fester Effekte, dass die Ergebnisse nur für die in das Experiment einbezogenen Versuchspersonen gelten. Werden andere Versuchspersonen bei einer Wiederholung eines solchen Experiments herangezogen, resultieren andere (systematische) Personeneffekte. Es ist also meist plausibler, den Personenfaktor als zufälligen Effekt aufzufassen.

In seltenen Fällen mag die Untersuchung von festen Personeneffekten von Interesse sein. Dann geht es um Unterschiede zwischen spezifisch ausgewählten Personen. In diesem Fall werden die Unterschiede zwischen diesen Personen ebenfalls mittels einer F-Statistik auf Signifikanz überprüft. Die entsprechende Hypothese zu den Unterschieden zwischen den in das Experiment einbezogenen Personen lautet in diesem Fall:

$$\begin{aligned} H_0: &\quad \pi_i = 0 \quad \text{für alle } i = 1, \ldots, I \\ H_1: &\quad \pi_i \neq 0 \quad \text{für mindestens ein } i \end{aligned}$$

Diese Hypothese lässt sich anhand des folgenden F-Tests hinsichtlich eines Personeneffekts (zwischen Personen, BS) berechnen:

$$F_{BS} = \frac{SS_{BS}/(I-1)}{SS_E/((I-1)(J-1))}$$

Ist $F_{BS} > f_{1-\alpha}(I-1, (I-1)(J-1))$, so sind mindestens zwei Erwartungswerte der Personen auf dem Signifikanzniveau α unterschiedlich.

Im Allgemeinen sind jedoch die Effekte der in einem Experiment untersuchten Versuchspersonen nicht von Interesse. Vielmehr möchte man die Personeneffekte unabhängig von den spezifischen in dem Experiment untersuchten Personen analysieren. Somit fasst man diese Personen als zufällig aus einer bestimmten Population ausgewählte Personen auf. In der Regel wird eine normalverteilte Population angenommen. Daher nehmen wir im Folgenden, wie üblich, die Personeneffekte als normalverteilte zufällige Effekte (random effects) mit Erwartungswert $\mu_\pi = 0$ und Varianz σ_π an, d. h. $\pi \sim N(0, \sigma_\pi)$.

Interessiert man sich für die Frage, ob es Unterschiede zwischen den Personen gibt, lautet dann die entsprechende Hypothese:

$$H_0 : \sigma_\pi = 0 \text{ vs. } H_1 : \sigma_\pi > 0$$

Wie im Internetsupplement gezeigt wird, wird diese Hypothese mit dem gleichen Test wie dem oben beschriebenen Test im Fall fester Faktoren überprüft.

Es können nicht nur Personeneffekte als zufällige Effekte modelliert werden, sondern auch die Treatmenteffekte (vgl. Kirk, 1995). Untersucht man beispielsweise die Wirkung von Therapien, so ist davon auszugehen, dass die verschiedenen Therapien aufgrund ihrer Komplexität nicht immer identisch ablaufen. Dann können die einzelnen in einem Experiment zu vergleichenden Therapien als zufällige Effekte modelliert werden, d. h. als Realisationen einer z. B. normalverteilten Zufallsvariablen. Weitere Ausführungen zu Varianzanalysen mit zufälligen Effekten finden sich im Internetsupplement.

Wir sind bisher von dem folgenden Modell ausgegangen:

$$Y_{ij} = \mu + \alpha_j + \pi_i + \varepsilon_{ij}$$

In diesem Modell wird angenommen, dass keine Interaktion zwischen den Personen und den Treatments besteht, d. h., dass die Treatments bei allen Personen identische Effekte besitzen. Diese Annahme kann problematisch sein, wenn z. B. die Bedingung „imagine" in unserem Beispiel für das Gedächtnisexperiment von den Vpn in unterschiedlicher Weise realisiert wird. Damit mag das folgende Modell, das eine *Person-Treatment-Interaktion* annimmt, angemessener sein:

Interaktion zwischen Person und Treatment

$$Y_{ij} = \mu + \alpha_j + \pi_i + (\pi\alpha)_{ij} + \varepsilon_{ij}$$

Diese Interaktionseffekte entsprechen den Interaktionseffekten zwischen zwei Faktoren in der zweifaktoriellen Varianzanalyse ohne Messwiederholung. In dem obigen Modell wurde dieser Interaktionsterm nicht berücksichtigt und damit implizit auf 0 gesetzt. Für diesen Fall wurden auch die F-Statistiken abgeleitet. Da bei der einfaktoriellen Varianzanalyse mit Messwiederholung pro Kombination von Person und Treatmentstufe lediglich eine Beobachtung vorliegt, kann der Interaktionseffekt jedoch nicht unabhängig vom Fehler geschätzt werden. Liegen Interaktionseffekte $(\pi\alpha)_{ij} \neq 0$ vor, gehen diese Effekte mit in den Fehlerterm ein.

Durch die Spezifikation der Personeneffekte als normalverteilte zufällige Effekte ist der Test für die Treatmenteffekte (mittels F_{BG}) aber auch dann adäquat, wenn eine Interaktion zwischen den Personen- und Treatmenteffekten vorliegt. Allerdings ist in diesem Fall die Testung der Personeneffekte nicht mehr sinnvoll. Da jedoch die Unterschiedlichkeit der Personen in aller Regel nicht von Interesse ist, entsteht dadurch im Allgemeinen kein Nachteil (vgl. Internetsupplement). Es sei hier noch angemerkt, dass Tukey (1949) einen Test entwickelt hat, anhand dessen man überprüfen kann, ob ein Interaktionseffekt in der einfaktoriellen Varianzanalyse mit Messwiederholung vorliegt. Dieser Test wird im Internetsupplement dargestellt.

Beispiel: Einfaktorielle Varianzanalyse mit Messwiederholung

Es liegen die folgenden Werte von fünf Personen zu den drei experimentellen Bedingungen aus dem Gedächtnisexperiment vor. Wir nehmen hier an, dass die oben beschriebenen Voraussetzungen der einfaktoriellen Varianzanalyse mit Messwiederholung erfüllt sind.

Personen	Dauer 1 Minute	2 Minuten	3 Minuten	$\bar{y}_{i\bullet}$	$\hat{\pi}_i$
1	$y_{11} = 5$	$y_{12} = 11$	$y_{13} = 11$	9	-1
2	$y_{21} = 5$	$y_{22} = 9$	$y_{23} = 10$	8	-2
3	$y_{31} = 8$	$y_{32} = 11$	$y_{33} = 11$	10	0
4	$y_{41} = 8$	$y_{42} = 10$	$y_{43} = 15$	11	1
5	$y_{51} = 9$	$y_{52} = 14$	$y_{53} = 13$	12	2
$\bar{y}_{\bullet j}$	$\bar{y}_{\bullet 1} = 7$	$\bar{y}_{\bullet 2} = 11$	$\bar{y}_{\bullet 3} = 12$	$\bar{y}_{\bullet\bullet} = 10$	
$\hat{\alpha}_j$	$\hat{\alpha}_1 = -3$	$\hat{\alpha}_2 = 1$	$\hat{\alpha}_3 = 2$		

Berechnung der *Quadratsummen*:

$$\begin{aligned} SS_T &= (5-10)^2 + (5-10)^2 + \ldots + (15-10)^2 + (13-10)^2 = 114 \\ SS_{BG} &= 5 \cdot (7-10)^2 + 5 \cdot (11-10)^2 + 5 \cdot (12-10)^2 = 70 \\ SS_E &= (-1)^2 + 0^2 \ldots + 2^2 + (-1)^2 = 14 \end{aligned}$$

Ergebnisse der F-Tests:

Streuungs-ursache	Quadrat-summe	Freiheits-grade	Mittel der Quadrate	F
Dauer	70	2	35.0	20.0
Fehler	14	8	1.75	

Kritischer Wert: $f_{.95}(2,8) = 4.46$

Interpretation: Der Treatmenteffekt fällt (mit $\alpha = 5\%$) signifikant aus.

8.2.4 Effektstärke

Für die Effekte lassen sich globale und partielle Effektstärken entsprechend den Überlegungen aus Kapitel 7.8 angeben. Damit resultieren:

$$\begin{aligned} \hat{\eta}^2_{BG} &= \frac{SS_{BG}}{SS_T} \\ \hat{f}_{BG} &= \sqrt{\frac{\hat{\eta}^2_{BG}}{1-\hat{\eta}^2_{BG}}} \\ \hat{\eta}^2_{pBG} &= \frac{SS_{BG}}{SS_E + SS_{BG}} \\ \hat{f}_{pBG} &= \sqrt{\frac{\hat{\eta}^2_{pBG}}{1-\hat{\eta}^2_{pBG}}} \end{aligned}$$

sowie

$$\hat{\omega}^2_{pBG} = \frac{1}{1 + \frac{I}{(F_{BG}-1)\cdot(J-1)}}$$

8.2.5 Power

Die Power des Tests in der einfaktoriellen Varianzanalyse mit Messwiederholung hängt von der Effektstärke, der Stichprobengröße, der Anzahl der Messwiederholungen und der Korrelation der Messungen ab. Wenn wir eine Korrelation von $r = .5$ zwischen den Messungen annehmen, so ergeben sich für die Planung folgende Richtwerte:

Tabelle 8.9: Mindeststichprobengrößen für die einfaktorielle Varianzanalyse mit Messwiederholung ($\alpha = .05$; $1 - \beta = .80$)

Treatmentstufen	$J = 2$	$J = 3$	$J = 4$	$J = 5$
$f = 0.1$ (klein)	199	163	138	121
$f = .25$ (mittel)	34	28	24	21
$f = .4$ (groß)	15	12	10	9

Wie im nächsten Kapitel dargestellt wird, stellt die Sphärizitätsannahme eine Voraussetzung für die einfaktorielle Varianzanalyse mit Messwiederholung dar. Wird eine Verletzung dieser Annahme erwartet, kann dieser Umstand in die Poweranalyse einfließen (s. u.).

Vergleicht man den Friedman-Test, der eine nichtparametrische Alternative zur einfaktoriellen Varianzanalyse mit Messwiederholung darstellt und in Kapitel 8.2.7) behandelt wird, mit der Varianzanalyse mit Messwiederholung, so zeigt sich, dass bei Gültigkeit der Voraussetzungen der Varianzanalyse der Friedman-Test für wenige Faktorstufen ($J \leq 5$) eine geringere Power aufweist und bei größerer Anzahl der Faktorstufen der Power der Varianzanalyse nahe kommt.

8.2.6 Überprüfung der Voraussetzungen

Die grundlegende Annahme der einfaktoriellen Varianzanalyse mit Messwiederholung besteht darin, dass alle Beobachtungen Y_{ij} innerhalb jeder Treatment-Gruppe unabhängig sind und einer $N(\mu_{ij}, \sigma)$-Verteilung folgen. Zwischen zwei unterschiedlichen Treatmentstufen j und k besteht eine Kovariation $Cov(Y_{ij}, Y_{ik})$ bzw. Korrelation $Cor(Y_{ij}, Y_{ik})$. Diese Kovariation der Messwerte geht darauf zurück, dass Messungen von denselben Personen stammen. Dass die Werte der Vorher- mit den Werten der Nachhermessung korrelieren können, hatten wir bereits beim t-Test für abhängige Messungen gesehen.

Wenn mehr als zwei Faktorstufen bzw. Messwiederholungen bei einer einfaktoriellen Varianzanalyse mit Messwiederholung vorliegen, ist aufgrund der Kovariation der Werte zwischen verschiedenen Faktorstufen bzw. Messwiederholungen eine weitere grundlegende Annahme für die Durchführung dieses Verfahrens zu erfüllen. Diese Voraussetzung richtet sich auf die Homogenität der Varianzen der Differenzen zwischen den entsprechenden Werten unterschiedlicher Faktorstufen bzw. Messwiederholungen. Das bedeutet: Bildet man für alle möglichen Paare von Faktorstufen die Differenzen und berechnet für diese so gebildeten Differenzen die Varianzen, so müssen diese Varianzen auf Populationsebene gleich sein. Diese Annahme wird auch Sphärizitätsannahme genannt (vgl. Internetsupplement).Wenn lediglich zwei Variablen gegeben sind, ist die Voraussetzung homogener Varianzen für die Differenzen und damit die Sphärizitätsannahme immer erfüllt, da nur eine Varianz vorliegt. Wie im Internetsupplement gezeigt wird, ist diese Voraussetzung für mehr als zwei Variablen immer dann erfüllt, wenn keine Interaktion zwischen dem Treatment und den Personen besteht. Ansonsten kann diese Voraussetzung verletzt sein, dann können jedoch adjustierte F-Tests durchgeführt werden (s. u). Die Verletzung der Sphärizitätsannahme schlägt sich jedoch in einer Erhöhung der notwendigen Stichprobengröße nieder. Ist beispielsweise $f = 0.1$ und $r = .5$, muss bei drei Messwiederholungen statt einer Stichprobe von $n = 163$ bei einem $\varepsilon = .75$ eine Stichprobe von $n = 199$ gezogen werden, um bei $\alpha = .05$ eine Power von .80 zu erreichen.

Häufig wird die sogenannte Compound-symmetry-Annahme als Voraussetzung für die einfaktorielle Varianzanalyse mit Messwiederholung angeführt. Sie spezifiziert Restriktionen an die Kovarianzmatrix zwischen den Beobachtungen für die unterschiedlichen Faktorstufen:

$$\begin{pmatrix} \sigma_{11}^2 & \sigma_{12} & \dots & \sigma_{1J} \\ \sigma_{21} & \sigma_{22}^2 & \dots & \sigma_{2J} \\ \vdots & \vdots & \ddots & \vdots \\ \sigma_{J1} & \sigma_{J2} & \dots & \sigma_{JJ}^2 \end{pmatrix}$$

Gemäß der Compound-symmetry-Annahme wird für diese Kovarianzmatrix die Gleichheit der Varianzen (wie bei der Varianzanalyse ohne Messwiederholung) sowie zusätzlich die Gleichheit der Kovarianzen bzw. Korrelationen gefordert:

$$\sigma_{11}^2 = \sigma_{22}^2 = \ldots = \sigma_{JJ}^2 \quad \text{und} \quad \sigma_{12} = \sigma_{13} = \ldots = \sigma_{(J-1)J}$$

Wenn die Compound-symmetry-Annahme gilt, ist immer auch die Sphärizitätsannahme erfüllt, umgekehrt gilt diese Aussage jedoch nicht. Damit ist die Compound-symmetry-Annahme unnötig streng.

Mauchly-Test

Schließlich sei hier noch darauf hingewiesen, dass die Sphärizitätsannahme auch anhand eines sogenannten *Mauchly-Tests* getestet werden kann. Dieser Test ist jedoch kritisiert worden, da er sensitiv auf Verletzungen der Normalverteilungsannahme reagiert und dann die Sphärizitätsannahme sehr schnell zurückweist (vgl. Internetsupplement).

Wenn die Sphärizitätsannahme nicht erfüllt ist, können adjustierte F-Tests durchgeführt werden, die auf dem Maß ε beruhen, das von Box (1954) entwickelt wurde. Dieses Maß erfasst den Abstand der Populations-Kovarianzmatrix von einer homogenen Kovarianzmatrix. Es reicht von 0 bis 1, wobei ein Wert von 1 Homogenität bedeutet. Je geringer das Maß ausfällt, umso weiter ist der Abstand zu einer homogenen Kovarianzmatrix. Box konnte weiterhin zeigen, dass die F-Statistik für die Treatmenteffekte auch bei einer inhomogenen Kovarianzmatrix approximativ einer F-Verteilung folgt, wenn die Freiheitsgrade im Zähler auf $\varepsilon \cdot (J-1)$ festgesetzt werden und die Freiheitsgrade im Nenner auf $\varepsilon \cdot (n-1) \cdot (J-1)$. Da ε jedoch nicht bekannt ist, muss es geschätzt werden. Dazu werden insbesondere die folgenden drei Methoden angeboten:

- untere Schranke-Korrektur von Greenhouse-Geisser (Greenhouse & Geisser, 1959),
- Greenhouse-Geisser $\hat{\varepsilon}$-Korrektur (Geisser & Greenhouse, 1958),
- $\tilde{\varepsilon}$-Korrektur von Huynh-Feldt.

Greenhouse und Geisser (1959) konnten zeigen, dass das Minimum von ε bei J Faktorstufen $1/(J-1)$ beträgt. Dementsprechend kann man die Freiheitsgrade des Zählers auf $1/(J-1) \cdot (J-1) = 1$ und die Freiheitsgrade des Nenners auf $1/(J-1) \cdot (I-1)(J-1) = I-1$ setzen. Damit beugt man gewissermaßen dem „ungünstigsten" Fall vor, jedoch liegt mit der Verwendung der unteren Schranke für die Korrektur der Freiheitsgrade ein konservativer Test vor.

$\hat{\varepsilon}$-Korrektur von Greenhouse-Geisser

Bei der *$\hat{\varepsilon}$-Korrektur von Greenhouse-Geisser* wird eine Schätzung $\hat{\varepsilon}$ für ε verwendet (vgl. Internetsupplement). Darauf basierend erfolgt eine Adjustierung der Freiheitsgrade für den Zähler auf $\hat{\varepsilon} \cdot (J-1)$ und der Freiheitsgrade im Nenner auf $\hat{\varepsilon} \cdot (I-1)(J-1)$. Diese Korrektur besitzt eine höhere Power als die Korrektur mit der unteren Schranke von ε, hält aber ebenfalls das α-Niveau ein.

Huynh-Feldt-Korrektur

Die *Huynh-Feldt-Korrektur* beruht auf einem anderen Schätzer $\tilde{\varepsilon}$ für ε. Bei dieser Korrektur ist der kritische F-Wert kleiner-gleich dem entsprechenden Wert der $\hat{\varepsilon}$-Korrektur von Greenhouse-Geisser. Damit besitzt die Huynh-Feldt-Korrektur eine höhere Power. Es konnte jedoch gezeigt werden, dass Tests mit dieser Korrektur bei starker Verletzung der Sphärizitätsannahme nicht immer das α-Niveau einhalten (Girden, 1992).

Viele Programmpakete bieten alle drei genannten Korrekturen an. Am geeignetsten erweist sich die $\hat{\varepsilon}$-Korrektur von Greenhouse-Geisser, da sie immer das α-Niveau einhält und eine höhere Power besitzt als die untere Schranke-Korrektur von Greenhouse-Geisser. Schließlich sei hier noch angemerkt, dass die $\hat{\varepsilon}$-Korrektur von Greenhouse-Geisser immer angewendet werden sollte, falls diese eine abweichende Anzahl von Freiheitsgraden gegenüber dem unadjustierten F-Wert ergibt.

8.2.7 Friedman-Test

Friedman-Test

Sind die Voraussetzungen für die einfaktorielle Varianzanalyse nicht gegeben, weil z. B. ordinalskalierte Daten vorliegen, kann der *Friedman-Test* als Alternative zur einfaktoriellen Varianzanalyse mit Messwiederholung eingesetzt werden. Bei diesem Test werden die Werte jeder statistischen Einheit (bzw. Person) innerhalb dieser statistischen Einheiten rangtransformiert.

Wir nutzen als Beispiel die Daten aus dem vorhergehenden Kapitel:

Beispiel: Rangtransformation im Friedman-Test

Wir betrachten die folgenden *Ausgangsdaten*

	Dauer		
	1 Minute	2 Minuten	3 Minuten
Personen	$y_{11} = 5$	$y_{12} = 11$	$y_{13} = 11$
	$y_{21} = 5$	$y_{22} = 9$	$y_{23} = 10$
	$y_{31} = 8$	$y_{32} = 11$	$y_{33} = 11$
	$y_{41} = 8$	$y_{42} = 10$	$y_{43} = 15$
	$y_{51} = 9$	$y_{52} = 14$	$y_{53} = 13$

Rangtransformation der Daten

	Dauer			
	1 Minute	2 Minuten	3 Minuten	$R_{i\bullet}$
Ränge R_{ij}	1	2.5	2.5	6
	1	2	3	6
	1	2.5	2.5	6
	1	2	3	6
	1	3	2	6
$R_{\bullet j}$	5	12	13	30

Unter der Annahme (H_0), dass das Treatment keine Wirkung erzielt, sind die Erwartungswerte $E(R_{ij}) = (J+1)/2$ identisch und somit auch die Summe der Erwartungswerte über die Personen $R_{\bullet j}$ für jede Treatmentstufe:

$$E(R_{\bullet}j) = \frac{I(J+1)}{2}$$

Unter Gültigkeit der Nullhypothese ist die Statistik

$$Fr = \frac{12}{I \cdot J(J+1)} \sum_{j=1}^{J} \left(R_{\bullet j} - \frac{I(J+1)}{2} \right)^2$$

approximativ χ^2-verteilt mit $J-1$ Freiheitsgraden. Diese sogenannte *Friedman-Statistik* lässt sich umformen und einfacher berechnen durch: Friedman-Statistik

$$Fr = \frac{12}{I \cdot J(J+1)} \sum_{j=1}^{J} R_{\bullet j}^2 - 3 \cdot I(J+1)$$

Die Approximation der Verteilung dieser Statistik durch die χ^2-Verteilung ist für $J = 3$ hinreichend gut ab $n = I = 14$. Für mehr als drei Faktorstufen sollte mindestens $I \cdot J \geq 30$ gelten. Für kleinere Stichprobenumfänge sind die kritischen Werte tabelliert (vgl. Anhang).

Bei Rangbindungen ist der hier angegebene Test konservativ. Dann kann eine korrigierte Teststatistik verwendet werden:

$$Fr_{korr} = Fr \cdot G(Fr)$$

Hier wird die Teststatistik Fr um den Faktor

Korrektur bei Rangbindung

$$G(Fr) = \frac{1}{1 - G/(n(J^3 - J))}$$

korrigiert, um die Verteilung der Teststatistik durch die χ^2-Verteilung zu approximieren. Hierbei bezeichnet n die Stichprobengröße und J die Anzahl der Faktorstufen. G ist definiert als $g_i^3 - g_i$, wobei g die Summe der innerhalb von Personen gebildeten Rangbindungen darstellt. Für das Beispiel resultiert $G = (2^3 - 2) + (2^3 - 2) = 12$ und damit folgt $G(Fr) = 1.11$. Die tabellierten Werte sind nur dann gültig, wenn keine Rangbindungen vorliegen. Bei großer Anzahl von Rangbindungen und kleiner Stichprobengröße sollte die Verteilung der Teststatistik deshalb besser durch eine Simulation ermittelt werden.

Beispiel: Durchführung des Friedman-Tests

Genutzt werden die rangtransformierten Daten (s.o.).

Teststatistik:

$$Fr = \frac{12}{5 \cdot 3 \cdot 4}(5^2 + 12^2 + 13^2) - 3 \cdot 5 \cdot 4 = 0.2 \cdot 338 - 60 = 7.6$$

Korrigiert: $Fr = 7.6 \cdot G(Fr) = 7.6 \cdot 1.11 = 8.44$.

Kritischer Wert (nach Tabelle für $\alpha = .05$): 5.20. Es gilt $8.44 > 5.20$.

Interpretation: Die Treffer unterscheiden sich, wenn die Dauer der Einprägungszeit variiert wird.

Für Post-hoc-Tests wird häufig der Rangvorzeichentest mit Korrektur (Bonferroni- oder Bonferroni-Holm-Korrektur) empfohlen. Dies ist leider nicht immer zulässig, da der Rangvorzeichentest eine symmetrische Verteilung der Differenzvariable voraussetzt. Post-hoc-Tests mithilfe Bonferroni-korrigierter Vorzeichentests sind hingegen ohne zusätzliche Annahmen einsetzbar.

8.3 Varianzanalyse mit zwei Within-Subjects-Faktoren

Für die Varianzanalyse mit zwei Within-Subjects-Faktoren verwenden wir dieselben Daten wie für das Beispiel zur zweifaktoriellen Varianzanalyse ohne Messwiederholung, wobei hier die Daten zu den verschiedenen Versuchsbedingungen von denselben Vpn stammen.

Beispiel: Daten für die Varianzanalyse mit zwei Within-Subjects-Faktoren

Wir betrachten die Daten zum Gedächtnisexperiment mit den beiden Faktoren „Einprägungsdauer“ und „Instruktion“.

- *Faktor A*: „Instruktion“ mit den zwei Stufen $j = 1$ „memorize“ und $j = 2$ „imagine“.
- *Faktor B*: „Einprägungsdauer“ mit den drei Stufen $k = 1$ „1 min“, $k = 2$ „2 min“ und $k = 3$ „3 min“.
- Jede Person durchläuft alle $3\ x\ 2$ experimentellen Bedingungen, sodass sich in jeder Zelle des Versuchsplans jeweils dieselben $I = 5$ Personen befinden.

- y_{ijk} bezeichnet hier den Score der i-ten Person unter Bedingung j des Faktors A und Bedingung k des Faktors B.

Faktor A		a_1			a_2		
Faktor B		b_1	b_2	b_3	b_1	b_2	b_3
	$i=1$	y_{111}	y_{112}	y_{113}	y_{121}	y_{122}	y_{123}
	$i=2$	y_{211}	y_{212}	y_{213}	y_{221}	y_{222}	y_{223}
Personen	$i=3$	y_{311}	y_{312}	y_{313}	y_{321}	y_{322}	y_{323}
	$i=4$	y_{411}	y_{412}	y_{413}	y_{421}	y_{422}	y_{423}
	$i=5$	y_{511}	y_{512}	y_{513}	y_{521}	y_{522}	y_{523}

8.3.1 Modell

Die Anzahl der Stufen der beiden Treatments (Messwiederholungsfaktoren) A bzw. B werden mit J bzw. K bezeichnet, die Anzahl der Personen mit I. Da jede Person alle Treatment-Kombinationen durchläuft, beträgt die Anzahl der Personen lediglich I, während die Gesamtanzahl der Beobachtungen $I \cdot J \cdot K$ beträgt.

Die Beobachtungen der abhängigen Variablen werden mit drei Indizes versehen, der Index i steht für die Person, der Index j für die Stufe des Faktors A und der Index k für die Stufe des Faktors B.

Die entsprechenden Zufallsvariablen werden mit Y_{ijk} bezeichnet. Die Modellgleichung für die Beobachtungen Y_{ijk} lautet für die Varianzanalyse mit zwei Within-Subjects-Faktoren:

$$\begin{aligned} Y_{ijk} &= \mu_{ijk} + \varepsilon_{ijk} \\ &= \mu + \alpha_j + \beta_k + \pi_i + (\alpha\beta)_{jk} + (\pi\alpha)_{ij} + (\pi\beta)_{ik} + \varepsilon_{ijk} \end{aligned}$$

Im Vergleich zur zweifaktoriellen Varianzanalyse ohne Messwiederholung (vgl. Kap. 7.7) sind hier zusätzlich die Personeneffekte π_i gegeben ebenso wie die Effekte für die Person-Treatment-Interaktionen $(\pi\alpha)_{ij}$ bzw. $(\pi\beta)_{ik}$, die Unterschiede in den Effekten α_j bzw. β_k zwischen den Personen erfassen. Eine Dreifachinteraktion $(\pi\alpha\beta)_{ijk}$ kann hier nicht unabhängig vom Fehler geschätzt werden, da nur eine Beobachtung für jede Ausprägung dieser Interaktion vorliegt. Wenn eine Dreifachinteraktion vorliegt, ist dennoch die unten dargestellte Signifikanztestung adäquat (vgl. Internetsupplement). Prinzipiell handelt es sich hier um die gleiche Situation wie bei der Zweifachinteraktion in der einfaktoriellen Varianzanalyse mit Messwiederholung (vgl. Kap. 8.2).

Tabelle 8.10 enthält die Bedeutung der Parameter, wobei für die Modellparameter die folgenden Randbedingungen gelten sollen:

Tabelle 8.10: Modellgrößen in der Varianzanalyse mit zwei Within-Subjects-Faktoren

μ	= Erwartungswert über alle Zellen des Versuchsplans
ε_{ijk}	= Fehler
α_j	= Einfluss der Stufe j des Faktors A
β_k	= Einfluss der Stufe k des Faktors B
π_i	= Einfluss der Person i
$(\alpha\beta)_{jk}$	= gemeinsamer Einfluss der Stufe j des Faktors A und der Stufe k des Faktors B
$(\pi\alpha)_{ij}$	= gemeinsamer Einfluss der Person i und der Stufe j des Faktors A
$(\pi\beta)_{ik}$	= gemeinsamer Einfluss der Person i und der Stufe k des Faktors B

$$\begin{aligned}
\textstyle\sum_{j=1}^{J} \alpha_j &= 0 \\
\textstyle\sum_{k=1}^{K} \beta_k &= 0 \\
\textstyle\sum_{i=1}^{I} \pi_i &= 0 \\
\textstyle\sum_{j=1}^{J} (\alpha\beta)_{jk} &= 0 \text{ für alle } k \\
\textstyle\sum_{k=1}^{K} (\alpha\beta)_{jk} &= 0 \text{ für alle } j \\
\textstyle\sum_{j=1}^{J} (\pi\alpha)_{ij} &= 0 \text{ für alle } i \\
\textstyle\sum_{k=1}^{K} (\pi\beta)_{ik} &= 0 \text{ für alle } i
\end{aligned}$$

Für die Berechnung der Modellparameter werden die in Tabelle 8.11 dargestellten Erwartungswerte genutzt.

Tabelle 8.11: Erwartungswerte in der Varianzanalyse mit zwei Within-Subjects-Faktoren

$\mu_{i\bullet\bullet}$	= Erwartungswert für Person i
$\mu_{\bullet j\bullet}$	= Erwartungswert für Stufe j des Faktors A
$\mu_{\bullet\bullet k}$	= Erwartungswert für Stufe k des Faktors B
$\mu_{\bullet jk}$	= Erwartungswert für Stufe j des Faktors A und Stufe k des Faktors B
$\mu_{ij\bullet}$	= Erwartungswert für Person i und Stufe j des Faktors A
$\mu_{i\bullet k}$	= Erwartungswert für Person i und Stufe k des Faktors B

Die Erwartungswerte der beiden Treatmentfaktoren und deren Interaktion sind formal identisch mit den Termen in der zweifaktoriellen Varianzanalyse ohne Messwiederholung. Neu sind lediglich die Terme, die auf den Personenwerten beruhen. Dies setzt sich fort, wenn man die Verknüpfung der Modellparameter mit den entsprechenden Erwartungswerten (vgl. Tab. 8.12) betrachtet.

Tabelle 8.12: Modellparameter und Erwartungswerte in der Varianzanalyse mit zwei Within-Subjects-Faktoren

$$
\begin{aligned}
\pi_i &= \mu_{i\bullet\bullet} - \mu \\
\alpha_j &= \mu_{\bullet j\bullet} - \mu \\
\beta_k &= \mu_{\bullet\bullet k} - \mu \\
(\alpha\beta)_{jk} &= \mu_{\bullet jk} - (\mu + \alpha_j + \beta_k) \\
(\pi\alpha)_{ij} &= \mu_{ij\bullet} - (\mu + \pi_i + \alpha_j) \\
(\pi\beta)_{ik} &= \mu_{i\bullet k} - (\mu + \pi_i + \beta_k) \\
\varepsilon_{ijk} &= Y_{ijk} - \left(\mu + \alpha_j + \beta_k + \pi_i + (\alpha\beta)_{jk} + (\pi\alpha)_{ij} + (\pi\beta)_{ik}\right)
\end{aligned}
$$

Wiederum können wie bei der einfaktoriellen Varianzanalyse mit Messwiederholung verschiedene Modelle betrachtet werden. Wir gehen im Folgenden von dem üblicherweise in der Praxis benutzten Modell aus, bei dem die beiden Faktoren A und B feste Faktoren darstellen und die Personen zufällige Effekte bilden. Da die Personeneffekte in der Regel nicht von Interesse sind, gehen wir hier nicht weiter darauf ein.

Für die Varianzanalyse mit zwei Within-Subjects-Faktoren werden die folgenden Annahmen getroffen:

- Die Fehler ε_{ijk} sind unabhängig und folgen einer Normalverteilung, d h. $\varepsilon_{ijk} \sim N(0, \sigma_\varepsilon)$.
- Die Personeneffekte π_i sind unabhängig und folgen einer Normalverteilung, d h. $\pi_i \sim N(0, \sigma_\pi)$.
- Die Interaktionseffekte $(\pi\alpha)_{ij}$ und $(\pi\beta)_{ik}$ sind ebenfalls normalverteilt mit Erwartungswert 0 und einer speziellen Kovarianzmatrix (vgl. Internetsupplement).
- Alle im Modell enthaltenen Zufallsvariablen ε_{ijk}, π_i, $(\pi\alpha)_{ij}$ und $(\pi\beta)_{ik}$ sind paarweise voneinander unabhängig.

8.3.2 Hypothesen

Für die beiden Haupteffekte und die Interaktion werden analog zur Varianzanalyse ohne Messwiederholung nun die folgenden Hypothesen aufgestellt.

- *Haupteffekt Faktor A*:
  $H_0^A: \quad \alpha_j = 0$ für alle j

  $H_1^A: \quad \alpha_j \neq 0$ für mindestens ein j
- *Haupteffekt Faktor B*:
  $H_0^B: \quad \beta_k = 0$ für alle j

  $H_1^B: \quad \beta_k \neq 0$ für mindestens ein k

- *Interaktion AB*:
  $H_0^{AB}: \quad (\alpha\beta)_{jk} = 0$ für alle j,k
  $H_1^{AB}: \quad (\alpha\beta)_{jk} \neq 0$ für mindestens eine Kombination j,k

8.3.3 Hypothesentests

Die Parameter werden jeweils über die entsprechenden Mittelwerte geschätzt, so gilt z. B. $\hat{\mu} = \bar{Y}_{\bullet\bullet\bullet}$, $\hat{\mu}_{\bullet j\bullet} = \bar{Y}_{\bullet j\bullet}$ bzw. $\hat{\mu}_{\bullet jk} = \bar{Y}_{\bullet jk}$. Damit können die Schätzer der Effekte α_j, β_k und $(\alpha\beta)_{jk}$ über die entsprechenden Schätzer der Erwartungswerte bestimmt werden (vgl. Tab. 8.13). Die Treatment-Unterschiede werden mit $\hat{\alpha}_j$, $\hat{\beta}_k$ und $\widehat{(\alpha\beta)}_{jk}$ geschätzt. Die Werte in $\widehat{(\pi\alpha)}_{ij}$ geben die Fehlerabstände um den Mittelwert $\hat{\mu}_{ij\bullet}$ an, wenn der Effekt α_j und der Personenmittelwert π_i geschätzt werden.

Damit ist $\widehat{(\pi\alpha)}_{ij}$ der adäquate Fehler für den Effekt $\hat{\alpha}_i$. Entsprechend

Tabelle 8.13: Schätzer der Modellparameter in der Varianzanalyse mit zwei Within-Subjects-Faktoren

$\hat{\alpha}_j$	$= \bar{Y}_{\bullet j\bullet} - \bar{Y}_{\bullet\bullet\bullet}$
$\hat{\beta}_k$	$= \bar{Y}_{\bullet\bullet k} - \bar{Y}_{\bullet\bullet\bullet}$
$\hat{\pi}_i$	$= \bar{Y}_{i\bullet\bullet} - \bar{Y}_{\bullet\bullet\bullet}$
$\widehat{(\alpha\beta)}_{jk}$	$= \bar{Y}_{\bullet jk} - \bar{Y}_{\bullet j\bullet} - \bar{Y}_{\bullet\bullet k} + \bar{Y}_{\bullet\bullet\bullet}$
$\widehat{(\pi\alpha)}_{ij}$	$= \bar{Y}_{ij\bullet} - \bar{Y}_{i\bullet\bullet} - \bar{Y}_{\bullet j\bullet} + \bar{Y}_{\bullet\bullet\bullet}$
$\widehat{(\pi\beta)}_{ik}$	$= \bar{Y}_{i\bullet k} - \bar{Y}_{i\bullet\bullet} - \bar{Y}_{\bullet\bullet k} + \bar{Y}_{\bullet\bullet\bullet}$
$\hat{\varepsilon}_{ijk}$	$= \bar{Y}_{ijk} - \bar{Y}_{ij\bullet} - \bar{Y}_{i\bullet k} - \bar{Y}_{\bullet jk} + \bar{Y}_{i\bullet\bullet} + \bar{Y}_{\bullet j\bullet} + \bar{Y}_{\bullet\bullet k} - \bar{Y}_{\bullet\bullet\bullet}$

ist $\widehat{(\pi\beta)}_{ik}$ der Fehler für den Effekt β_k und letztlich ist $\hat{\varepsilon}_{ijk}$ der Fehler für $(\alpha\beta)_{jk}$. Wir erhalten somit für jeden Treatmenteffekt einen unterschiedlichen Fehlerterm.

Wenn wir für unser Beispiel annehmen, dass die Daten anhand eines zweifaktoriellen Designs mit Messwiederholung in beiden Faktoren anhand von fünf Personen erhoben wurden, resultieren die folgenden Parameterschätzungen, die mit denen in der entsprechenden zweifaktoriellen Varianzanalyse ohne Messwiederholung übereinstimmen.

Beispiel: Daten und Parameterschätzung für die Varianzanalyse mit zwei Within-Subjects-Faktoren

	Faktor B: Dauer		
Faktor A: Instruktion	1 Minute	2 Minuten	3 Minuten
	$y_{111} = 5$	$y_{112} = 11$	$y_{113} = 11$
	$y_{211} = 5$	$y_{212} = 9$	$y_{213} = 10$
memorize	$y_{311} = 8$	$y_{312} = 11$	$y_{313} = 11$
	$y_{411} = 8$	$y_{412} = 10$	$y_{413} = 15$
	$y_{511} = 9$	$y_{512} = 14$	$y_{513} = 13$

	Faktor B: Dauer		
Faktor A: Instruktion	1 Minute	2 Minuten	3 Minuten
	$y_{121} = 8$	$y_{122} = 11$	$y_{123} = 19$
	$y_{221} = 7$	$y_{222} = 12$	$y_{223} = 18$
imagine	$y_{321} = 10$	$y_{322} = 14$	$y_{323} = 19$
	$y_{421} = 8$	$y_{422} = 12$	$y_{423} = 22$
	$y_{521} = 12$	$y_{522} = 16$	$y_{523} = 22$

Die folgenden Effektschätzungen sind (aufgrund der identischen Daten) identisch mit denen aus der zweifaktoriellen Varianzanalyse ohne Messwiederholung.

Gesamtmittelwert: $\hat{\mu} = 12$

Haupteffekte für Faktor A:

$\hat{\alpha}_1 = -2 \qquad \hat{\alpha}_2 = 2$

Haupteffekte für Faktor B:

$\hat{\beta}_1 = -4 \qquad \hat{\beta}_2 = 0 \qquad \hat{\beta}_3 = 4$

Interaktion AB:

$\widehat{(\alpha\beta)}_{11} = 1 \qquad \widehat{(\alpha\beta)}_{12} = 1 \qquad \widehat{(\alpha\beta)}_{13} = -2$

$\widehat{(\alpha\beta)}_{21} = -1 \qquad \widehat{(\alpha\beta)}_{22} = -1 \qquad \widehat{(\alpha\beta)}_{23} = 2$

Zusätzlich ermitteln wir die folgenden, für die Messwiederholung spezifischen Parameterschätzungen, die den Haupteffekt der Personen und die Interaktionen der Personen mit den Treatmenteffekten betreffen:

Beispiel : Parameterschätzung in der Varianzanalyse mit zwei Within-Subjects-Faktoren

Schätzung der Erwartungswerte

Schätzung	Vp1	Vp2	Vp3	Vp4	Vp5
$\hat{\mu}_{i\bullet\bullet}$	10.833	10.167	12.167	12.500	14.333
$\hat{\mu}_{i1\bullet}$	9.000	8.000	10.000	11.000	12.000
$\hat{\mu}_{i2\bullet}$	12.667	12.333	14.333	14.000	16.667

Schätzung	Vp1	Vp2	Vp3	Vp4	Vp5
$\hat{\mu}_{i\bullet 1}$	6.500	6.000	9.000	8.000	10.500
$\hat{\mu}_{i\bullet 2}$	11.000	10.500	12.500	11.000	15.000
$\hat{\mu}_{i\bullet 3}$	15.000	14.000	15.000	18.500	17.500
$\hat{\pi}_i$	-1.167	-1.833	0.167	0.500	2.333

Schätzung	Vp1	Vp2	Vp3	Vp4	Vp5
$\widehat{(\pi\alpha)}_{i1}$	0.167	-0.167	-0.167	0.500	-0.333
$\widehat{(\pi\alpha)}_{i2}$	-0.167	0.167	0.167	-0.500	0.333
$\widehat{(\pi\beta)}_{i1}$	-0.333	-0.167	0.833	-0.500	0.167
$\widehat{(\pi\beta)}_{i2}$	0.167	0.333	0.333	-1.500	0.667
$\widehat{(\pi\beta)}_{i3}$	0.167	-0.167	-1.167	2.000	-0.833

Schätzung	Vp1	Vp2	Vp3	Vp4	Vp5
$\hat{\varepsilon}_{i11}$	-0.667	0.167	0.167	0.500	-0.167
$\hat{\varepsilon}_{i12}$	0.833	-0.333	-0.333	-0.500	0.333
$\hat{\varepsilon}_{i13}$	-0.167	0.167	0.167	0.000	-0.167
$\hat{\varepsilon}_{i21}$	0.667	-0.167	-0.167	-0.500	0.167
$\hat{\varepsilon}_{i22}$	-0.833	0.333	0.333	0.500	-0.333
$\hat{\varepsilon}_{i23}$	0.167	-0.167	-0.167	0.000	0.167

Die mittleren Quadratsummen, die hier für die F-Statistik zur Hypothesenprüfung zueinander in Beziehung gesetzt werden, unterscheiden sich von denen in der Varianzanalyse ohne Messwiederholung.

Für die Streuungszerlegung gilt, wenn alle Versuchspersonen alle Treatment-Kombinationen durchlaufen, d. h. keine fehlenden Werte vorliegen, folgende Varianzzerlegung (vgl. Abb. 8.3):

$$SS_T = SS_{BS} + SS_A + SS_B + SS_{AB} + SS_{A\pi} + SS_{B\pi} + SS_E$$

Die Terme SS_A, SS_B und SS_{AB} müssen nicht neu entwickelt werden: Sie entsprechen den Termen aus Kapitel 7.7. Alle Quadratsummen, in denen Personeneffekte berücksichtigt werden müssen, sind allerdings neu zu bestimmen. Tabelle 8.14 beschreibt die Berechnung dieser Quadratsummen.

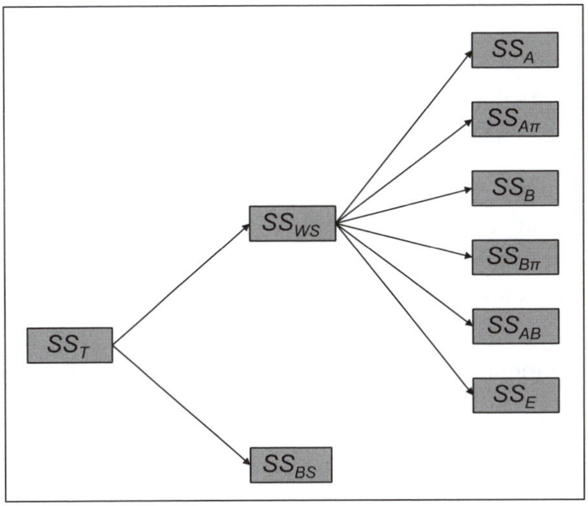

Abbildung 8.3: Streuungszerlegung in der Varianzanalyse mit zwei Within-Subjects-Faktoren

Tabelle 8.14: Quadratsummen in der Varianzanalyse mit zwei Within-Subjects-Faktoren

SS	Berechnung durch Effekte	Berechnung durch Mittelwerte
$SS_{A\pi}$	$K\sum_{i=1}^{I}\sum_{j=1}^{J}\widehat{(\pi\alpha)}_{ij}^{2}$	$K\sum_{i=1}^{I}\sum_{j=1}^{J}(\bar{Y}_{ij\bullet}-\bar{Y}_{i\bullet\bullet}-\bar{Y}_{\bullet j\bullet}+\bar{Y}_{\bullet\bullet\bullet})^2$
$SS_{B\pi}$	$J\sum_{i=1}^{I}\sum_{k=1}^{K}\widehat{(\pi\beta)}_{ik}^{2}$	$J\sum_{i=1}^{I}\sum_{k=1}^{K}(\bar{Y}_{i\bullet k}-\bar{Y}_{i\bullet\bullet}-\bar{Y}_{\bullet\bullet k}+\bar{Y}_{\bullet\bullet\bullet})^2$
SS_E	$\sum_{i=1}^{I}\sum_{j=1}^{J}\sum_{k=1}^{K}\hat{\varepsilon}_{ijk}^{2}$	$\sum_{i=1}^{I}\sum_{i=1}^{I}\sum_{k=1}^{K}(Y_{ijk}-\bar{Y}_{i\bullet k}-\bar{Y}_{ij\bullet}-\bar{Y}_{\bullet jk}$ $+\bar{Y}_{\bullet j\bullet}+\bar{Y}_{\bullet\bullet k}+\bar{Y}_{i\bullet\bullet}-\bar{Y}_{\bullet\bullet\bullet})^2$

Für unser Beispiel resultiert damit:

Beispiel: Berechnung der Quadratsummen am Beispiel des Gedächtnisexperiments

$$\begin{aligned}
SS_A &= 5\cdot 3\left[(-2)^2+2^2\right]=120\\
SS_B &= 5\cdot 2\left[(-4)^2+0^2+4^2\right]=320\\
SS_{AB} &= 5\left[(-1)^1+(-1)^2+2^2+1^2+1^2+(-2)^2\right]=60\\
SS_{A\pi} &= 3\left[0.167^2+(-0.167)^2+\ldots+(-0.5)^2+0.333^2\right]=2.667
\end{aligned}$$

$$SS_{B\pi} = 2\left[(-0.333)^2 + (-0.167)^2 \ldots + 2^2 + (-0.833)^2\right] = 20.333$$

$$SS_E = (-0.667)^2 + 0.167^2 + \ldots + (-0.333)^2 + 0.167^2 = 4.333$$

Für die Teststatistiken zur Überprüfung der drei Hypothesen kann hier nicht wie bei der zweifaktoriellen Varianzanalyse ohne Messwiederholung auf einen einzigen Fehlereffekt zurückgegriffen werden.

Bei zwei Messwiederholungsfaktoren sind zur Bildung der F-Statistik den Treatment-Effekten unterschiedliche Fehlerterme zuzuordnen. Um den Haupteffekt A auf Signifikanz zu überprüfen, ist die systematische Variation SS_A mit der Fehlervariation $SS_{A\pi}$ zu vergleichen. Entsprechend wird $SS_{B\pi}$ als Fehlervariation für die Signifikanzprüfung des Haupteffekts B herangezogen und ebenso SS_E für die Interaktion AB. Die Variation aufgrund eines Treatmenteffekts wird dabei jeweils zu der Fehlervariation in Beziehung gesetzt, die unter Gültigkeit der Nullhypothese den gleichen Erwartungswert hat, wie die Treatmentvariation. Dann erhält man unter Gültigkeit der Nullhypothese eine F-verteilte Zufallsvariable bzw. Teststatistik (vgl. Internetsupplement).

Die Tabelle 8.15 zeigt die Zusammenstellung der Quadratsummen, Freiheitsgrade, mittleren Quadrate und F-Statistiken für die Varianzanalyse mit zwei Within-Subjects-Faktoren.

Tabelle 8.15: Erwartungswerte der Effekte in der Varianzanalyse mit zwei Within-Subjects-Faktoren

Streuungsursache	Quadratsumme	Freiheitsgrade	Mittel der Quadrate	F
Faktor A	SS_A	$J-1$	$MS_A = \frac{SS_A}{J-1}$	$\frac{MS_A}{MS_{A\pi}}$
Fehler A	$SS_{A\pi}$	$(I-1)(J-1)$	$MS_{A\pi} = \frac{SS_{A\pi}}{(I-1)(J-1)}$	
Faktor B	SS_B	$K-1$	$MS_B = \frac{SS_B}{K-1}$	$\frac{MS_B}{MS_{B\pi}}$
Fehler B	$SS_{B\pi}$	$(I-1)(K-1)$	$MS_{B\pi} = \frac{SS_{B\pi}}{(I-1)(K-1)}$	
Interaktion AB	SS_{AB}	$(J-1)(K-1)$	$MS_{AB} = \frac{SS_{AB}}{(J-1)(K-1)}$	$\frac{MS_{AB}}{MS_E}$
Fehler AB	SS_E	$(I-1)(J-1)(K-1)$	$MS_E = \frac{SS_E}{(I-1)(J-1)(K-1)}$	

In der zweifaktoriellen ANOVA mit zwei Messwiederholungsfaktoren gibt es wie bei der zweifaktoriellen Varianzanalyse ohne Messwiederholung drei F-Tests (wenn wir die meist uninteressanten Tests für Personeneffekte hier außer Acht lassen). Die F-Verteilungen, die für die jeweiligen Tests genutzt werden, sind in der Tabelle 8.16 enthalten. Die

Ablehnung der H_0 erfolgt jeweils bei Überschreitung des entsprechenden kritischen Wertes.

Tabelle 8.16: F-Tests in der Varianzanalyse mit zwei Within-Subjects-Faktoren

F-Test für	Verteilung unter Gültigkeit der H_0
Haupteffekt A	$F(J-1,(I-1)(J-1))$
Haupteffekt B	$F(K-1,(I-1)(K-1))$
Interaktion AB	$F((J-1)(K-1),(I-1)(J-1)(K-1))$

Für unser Beispiel resultiert:

Beispiel: Berechnung der Varianzanalysetabelle am Beispiel des Gedächtnisexperiments

Streuungsursache	Quadratsumme	Freiheitsgrade	Mittel der Quadrate	F
Faktor A	120	1	120	180
Fehler A	2.667	4	0.667	
Faktor B	320	2	160	62.951
Fehler B	20.333	8	2.542	
Interaktion AB	60	2	30	55.385
Fehler AB	4.333	8	0.542	

Für $\alpha = .05$ liegt der kritische Wert für den Test für Faktor A bei 7.709 (F(1,4)-Verteilung) und die kritischen Werte für die beiden anderen Tests bei 4.459 (F(2,8)-Verteilung). Alle drei Effekte sind damit signifikant.

8.3.4 Effektstärke

Die globalen Effektstärken sind in der Varianzanalyse mit zwei Within-Subjects-Faktoren wie folgt definiert:

$$\hat{\eta}^2(A) = \frac{SS_A}{SS_T - SS_B - SS_{AB}}$$

$$\hat{\eta}^2(B) = \frac{SS_B}{SS_T - SS_A - SS_{AB}}$$

$$\hat{\eta}^2(AB) = \frac{SS_{AB}}{SS_T - SS_A - SS_B}$$

Die Bestimmung der partiellen Effektstärken erfolgt anhand der folgenden Formeln:

$$\hat{\eta}_p^2(A) = \frac{SS_A}{SS_A + SS_{A\pi}}$$

$$\hat{\eta}_p^2(B) = \frac{SS_B}{SS_B + SS_{B\pi}}$$

$$\hat{\eta}_p^2(AB) = \frac{SS_{AB}}{SS_{AB} + SS_E}$$

Das Paket ez in R und SPSS unterscheiden sich im Bericht der Effektstärken. Während ez die globalen Effektstärken mitteilt, sind es in der SPSS-Ausgabe die partiellen Effektstärken. Diese Werte können sich massiv unterscheiden, wie die Analyse unserer Beispieldaten zeigt:

Beispiel: Berechnung der Effektstärken am Beispiel des Gedächtnisexperiments

Effekt	globale Effektstärke	partielle Effektstärke
Faktor A	.571	.952
Faktor B	.780	.950
Interaktion AB	.400	.935

8.3.5 Power

Die Power der einzelnen Tests fällt unterschiedlich aus. Plant man einen Versuch und möchte alle drei Effekte mit einer vorgegebenen Power testen, so nutzt man die partiellen Effektstärken für diese drei Effekte (also J Messwiederholungen für Faktor A, K Messwiederholungen für Faktor B und $J \cdot K$ Messwiederholungen für die Interaktion AB) und bestimmt dann die notwendige Stichprobengröße aus den drei Berechnungen, indem man das Maximum der drei Ergebnisse heranzieht.

8.3.6 Überprüfung der Voraussetzungen

Hier wird analog zur einfaktoriellen Varianzanalyse mit Messwiederholung die Gültigkeit der Sphärizitätsannahme vorausgesetzt. Diese Annahme muss hier jeweils für jede der drei Hypothesen gesondert gelten, d. h. für die drei damit korrespondierenden Kovarianzmatrizen. Falls die Sphärizitätsannahme nicht erfüllt ist, können – wie in der einfaktoriellen Varianzanalyse mit Messwiederholung – die untere Schranke-Korrektur von Greenhouse-Geisser, die $\hat{\varepsilon}$-Korrektur von Greenhouse-Geisser sowie die $\tilde{\varepsilon}$-Korrektur von Huynh-Feldt genutzt werden. Die gängigen Statistikprogrammpakete führen diese Korrekturen durch. Wiederum ist die Anwendung der $\hat{\varepsilon}$-Korrektur von Greenhouse-Geisser zu empfehlen. (Ausführlichere Informationen zur Überprüfung der Voraussetzungen finden sich im Internetsupplement).

8.4 Varianzanalyse mit einem Between- und einem Within-Subjects-Faktor

Die Varianzanalyse mit einem Between-Subjects-Faktor und einem Within-Subjects-Faktor basiert auf einem sogenannten *gemischten Design*. Die Bezeichnung „gemischtes Design" für Versuchspläne, die beide Formen von Faktoren einbeziehen, ist jedoch nicht sehr glücklich, da auch Designs mit sowohl festen als auch zufälligen Effekten als gemischt bezeichnet werden.

gemischtes Design

Wie anhand des gleich folgenden Beispiels verdeutlicht wird, ist bei dem hier betrachteten Design der Within-Subjects-Faktor in dem Between-Subjects-Faktor geschachtelt bzw. genestet. Designs mit genesteten Faktoren nennt man auch *Split-Plot-Designs*. Wir verwenden noch einmal die Daten aus dem Gedächtnisexperiment – diesmal anhand eines Designs mit einem Between- und einem Within-Subjects-Faktor.

genesteter Faktor

Split-Plot-Design

Beispiel: Daten anhand eines Designs mit einem Between- und einem Within-Subjects-Faktor

Wir betrachten die Daten zum Gedächtnisexperiment mit den beiden Faktoren *Einprägungsdauer* und *Instruktion*:

- *Faktor* A (between-subjects): „Instruktion" mit den zwei Stufen $j = 1$ „memorize" und $j = 2$ „imagine".
- *Faktor* B (within-subjects): „Einprägungsdauer" mit den drei Stufen $k = 1$ „1 min", $k = 2$ „2 min" und $k = 3$ „3 min".
- Jeweils $I = 5$ Personen erhalten eine der beiden Instruktionen. Die Zuordnung erfolgt randomisiert. Insgesamt werden somit $n = 10$ Personen untersucht.
- Jede Person durchläuft alle 3 experimentellen Bedingungen des Faktors B (Einprägungsdauer).
- y_{ijk} bezeichnet hier den Score der i-ten Person unter Bedingung j des Faktors A und Bedingung k des Faktors B.

Die Daten entsprechen damit in formaler Hinsicht den Daten aus der Varianzanalyse mit zwei Within-Subjects-Faktoren mit dem Unterschied, dass für die Bedingung „memorize" andere Personen untersucht wurden als für die Bedingung „imagine".

	Faktor B: Dauer		
Faktor A: Instruktion	1 Minute	2 Minuten	3 Minuten
	$y_{111} = 5$	$y_{112} = 11$	$y_{113} = 11$
	$y_{211} = 5$	$y_{212} = 9$	$y_{213} = 10$
memorize	$y_{311} = 8$	$y_{312} = 11$	$y_{313} = 11$
	$y_{411} = 8$	$y_{412} = 10$	$y_{413} = 15$
	$y_{511} = 9$	$y_{512} = 14$	$y_{513} = 13$

	Faktor B: Dauer		
Faktor A: Instruktion	1 Minute	2 Minuten	3 Minuten
	$y_{121} = 8$	$y_{122} = 11$	$y_{123} = 19$
	$y_{221} = 7$	$y_{222} = 12$	$y_{223} = 18$
imagine	$y_{321} = 10$	$y_{322} = 14$	$y_{323} = 19$
	$y_{421} = 8$	$y_{422} = 12$	$y_{423} = 22$
	$y_{521} = 12$	$y_{522} = 16$	$y_{523} = 22$

Gegenüber einem zweifaktoriellen Design ohne Messwiederholungen hat dieses Design mit einem Between- und einem Within-Subjects-Faktor den Vorteil, dass es mit weniger Vpn auskommt. Es ist in dieser Hinsicht allerdings nicht so ökonomisch wie ein Design mit zwei Messwiederholungsfaktoren, impliziert jedoch nicht wie ein solches Design die Gefahr von sogenannten Carry-over-Effekten. Ein solcher Effekt kann im vorliegenden Beispiel mit beiden Faktoren als Messwiederholungsfaktor dann gegeben sein, wenn Vpn, die zunächst die Instruktion „imagine" erhalten, diese Strategie dann trotz der Instruktion „memorize" beibehalten, da es ihnen Schwierigkeiten bereitet, von der einen Strategie zur anderen zu wechseln oder weil sie die Strategie „imagine" als effizienter betrachten.

8.4.1 Modell

Die Anzahl der Stufen der beiden Treatments (Messwiederholungsfaktoren) A bzw. B wird wieder mit J bzw. K bezeichnet, die Anzahl der Personen pro Bedingung in Faktor A mit I (=5 im Beispiel).

Die Modellgleichung für die Beobachtungen Y_{ijk} lautet für das Design mit einem Between- und einem Within-Subjects-Faktor:

$$\begin{aligned} Y_{ijk} &= \mu_{ijk} + \varepsilon_{ijk} \\ &= \mu + \alpha_j + \beta_k + \pi_{i(j)} + (\alpha\beta)_{jk} + \varepsilon_{ijk} \end{aligned}$$

Im Vergleich zur zweifaktoriellen Varianzanalyse mit Messwiederholung auf beiden Faktoren fehlt hier der Interaktionsterm $(\pi\alpha)_{ij}$, da unterschiedliche Personen für die unterschiedlichen Stufen des Faktors A vorliegen und er somit nicht geschätzt werden kann. In diesem Modell drückt die Bezeichnung $\pi_{i(j)}$ aus, dass der Personenfaktor π im Faktor A genestet ist, d. h. für unterschiedliche Stufen des Faktors A werden unterschiedliche Vpn untersucht.

Der Interaktionsterm $(\pi\beta)_{ik(j)}$ wird hier nicht in die Modellgleichung aufgenommen, da die beiden Effekte $(\pi\beta)_{ik(j)}$ und ε_{ijk} nicht unabhängig voneinander geschätzt werden können. Es liegt nur eine Beobachtung pro Bedingung $(\pi\beta)_{ik(j)}$ vor und damit besteht, falls eine solche Zweifachinteraktion vorliegt, der Fehler aus der Summe $(\pi\beta)_{ik(j)} + \varepsilon_{ijk}$ (vgl. Internetsupplement).

Tabelle 8.17 enthält die Bedeutung der Parameter.

Tabelle 8.17: Parameter für eine Varianzanalyse mit einem Between- und einem Within-Subjects-Faktor

μ	= Erwartungswert über alle Zellen des Versuchsplans
α_j	= Einfluss der Stufe j des Faktors A
β_k	= Einfluss der Stufe k des Faktors B
$\pi_{i(j)}$	= Einfluss der Person i auf Stufe j des Faktors A
$(\alpha\beta)_{jk}$	= gemeinsamer Einfluss der Stufe j des Faktors A und der Stufe k des Faktors B
ε_{ijk}	= Fehler für Person i auf Stufe j des Faktors A und der Stufe k des Faktors B

Für die Parameter gelten die folgenden Randbedingungen:

$$\begin{aligned} \textstyle\sum_{j=1}^{J} \alpha_j &= 0 \\ \textstyle\sum_{k=1}^{K} \beta_k &= 0 \\ \textstyle\sum_{i=1}^{I} \pi_{i(j)} &= 0 \\ \textstyle\sum_{j=1}^{J} (\alpha\beta)_{jk} &= 0 \text{ für alle } k \\ \textstyle\sum_{k=1}^{K} (\alpha\beta)_{jk} &= 0 \text{ für alle } j \end{aligned}$$

Die Parameter berechnen sich aus den in Tabelle 8.18 dargestellten Erwartungswerten.

Tabelle 8.18: Erwartungswerte für eine Varianzanalyse mit einem Between- und einem Within-Subjects-Faktor

μ	=	Erwartungswert über alle Zellen des Versuchsplans
$\mu_{\bullet j \bullet}$	=	Erwartungswert für Stufe j des Faktors A
$\mu_{\bullet \bullet k}$	=	Erwartungswert für Stufe k des Faktors B
$\mu_{\bullet jk}$	=	Erwartungswert für Stufe j des Faktors A und Stufe k des Faktors B
$\mu_{ij \bullet}$	=	Erwartungswert für Person i und Stufe j des Faktors A
$\mu_{i \bullet k}$	=	Erwartungswert für Person i und Stufe k des Faktors B
μ_{ijk}	=	Erwartungswert für Person i, Stufe j des Faktors A und Stufe k des Faktors B

Die Modellparameter ergeben sich aus den in Tabelle 8.19 angegebenen Beziehungen zu den Erwartungswerten. Dabei ist die Berechnung der Parameter α_j, β_k und $(\alpha\beta)_{jk}$ in formaler Hinsicht identisch mit der in der Varianzanalyse mit zwei Within-Subjects-Faktoren. Lediglich die Personenparameter und Fehler werden anders berechnet.

Tabelle 8.19: Zusammenhang der Parameter mit den Erwartungswerten für eine Varianzanalyse mit einem Between- und einem Within-Subjects-Faktor

α_j	=	$\mu_{\bullet j \bullet} - \mu$
β_k	=	$\mu_{\bullet \bullet k} - \mu$
$(\alpha\beta)_{jk}$	=	$\mu_{\bullet jk} - (\mu + \alpha_j + \beta_k)$
$\pi_{i(j)}$	=	$\mu_{ij \bullet} - \mu_{\bullet j \bullet}$
ε_{ijk}	=	$Y_{ijk} - \left(\mu + \alpha_j + \beta_k + \pi_{i(j)} + (\alpha\beta)_{jk}\right)$

Für eine Varianzanalyse mit einem Between- und einem Within-Subjects-Faktor werden die folgenden Annahmen getroffen:

- Die Fehler sind unabhängig und folgen einer Normalverteilung, wobei gilt: $\varepsilon_{ijk} \sim N(0, \sigma_\varepsilon)$.
- Die Personeneffekte sind unabhängig und folgen einer Normalverteilung, wobei gilt: $\pi_{i(j)} \sim N(0, \sigma_\pi)$.
- ε_{ijk} und $\pi_{i(j)}$ sind unabhängig.
- Daraus folgt, dass die Kovarianzen zwischen Beobachtungen, die von verschiedenen Personen stammen, 0 sind. Für die übrigen Beobachtungen liegt eine komplexere Kovarianzmatrix vor, die im Internetsupplement dargestellt ist.

8.4.2 Hypothesen

Für die beiden Haupteffekte und die Interaktion werden analog zur Varianzanalyse ohne Messwiederholung nun die folgenden Hypothesen aufgestellt.

- *Haupteffekt Faktor A*:
  $H_0^A: \quad \alpha_j = 0$ für alle j
  $H_1^A: \quad \alpha_j \neq 0$ für mindestens ein j
- *Haupteffekt Faktor B*:
  $H_0^B: \quad \beta_k = 0$ für alle k
  $H_1^B: \quad \beta_k \neq 0$ für mindestens ein k
- *Interaktion*: AB
  $H_0^{AB}: \quad (\alpha\beta)_{jk} = 0$ für alle j,k
  $H_1^{AB}: \quad (\alpha\beta)_{jk} \neq 0$ für mindestens eine Kombination j,k

8.4.3 Hypothesentests

Die Schätzer der Effekte und Fehlerterme können über die entsprechenden Schätzer der Erwartungswerte bestimmt werden (vgl. Tab. 8.20). Die Treatment-Unterschiede werden anhand von $\hat{\alpha}_j$, $\hat{\beta}_k$ und $\widehat{(\alpha\beta)}_{jk}$ geschätzt.

Tabelle 8.20: Schätzer der Modellparameter für eine Varianzanalyse mit einem Between- und einem Within-Subjects-Faktor

$\hat{\alpha}_j$	$= \bar{Y}_{\bullet j \bullet} - \bar{Y}_{\bullet\bullet\bullet}$
$\hat{\beta}_k$	$= \bar{Y}_{\bullet\bullet k} - \bar{Y}_{\bullet\bullet\bullet}$
$\hat{\pi}_{i(j)}$	$= \bar{Y}_{ij\bullet} - \bar{Y}_{\bullet j \bullet}$
$\widehat{(\alpha\beta)}_{jk}$	$= \bar{Y}_{\bullet jk} - \bar{Y}_{\bullet j \bullet} - \bar{Y}_{\bullet\bullet k} + \bar{Y}_{\bullet\bullet\bullet}$
$\widehat{(\varepsilon)}_{ijk}$	$= \bar{Y}_{ijk} - \bar{Y}_{ij\bullet} - \bar{Y}_{\bullet jk} + \bar{Y}_{\bullet j \bullet}$

Beispiel: Parameterschätzung für eine Varianzanalyse mit einem Between- und einem Within-Subjects-Faktor

Mit den Daten zum Gedächtnisexperiment sind die folgenden Effektschätzungen mit denen aus der zweifaktoriellen Varianzanalyse ohne Messwiederholung identisch.

Gesamtmittelwert: $\hat{\mu} = 12$

Haupteffekte für Faktor A:

$\hat{\alpha}_1 = -2 \qquad \hat{\alpha}_2 = 2$

Haupteffekte für Faktor B:

$\hat{\beta}_1 = -4$ $\hat{\beta}_2 = 0$ $\hat{\beta}_3 = 4$ *Interaktion AB:*

$\widehat{(\alpha\beta)}_{11} = 1$ $\widehat{(\alpha\beta)}_{12} = 1$ $\widehat{(\alpha\beta)}_{13} = -2$

$\widehat{(\alpha\beta)}_{21} = -1$ $\widehat{(\alpha\beta)}_{22} = -1$ $\widehat{(\alpha\beta)}_{23} = 2$

Die Schätzungen für die Personenparameter und des Fehlerterms ergeben:

Beispiel: Schätzungen der Personenparameter und der Fehler für eine Varianzanalyse mit einem Between- und einem Within-Subjects-Faktor

Schätzungen der Personenparameter und der Fehler (Gruppe 1)

Schätzung	Vp1	Vp2	Vp3	Vp4	Vp5
$\hat{\pi}_i(1)$	-1.000	-2.000	0.000	1.000	2.000
$\widehat{\varepsilon_{i11}}$	-1.000	0.000	1.000	0.000	0.000
$\widehat{\varepsilon_{i12}}$	1.000	0.000	0.000	-2.000	1.000
$\widehat{\varepsilon_{i13}}$	0.000	0.000	-1.000	2.000	-1.000

Schätzungen der Personenparameter und der Fehler (Gruppe 2)

Schätzung	Vp6	Vp7	Vp8	Vp9	Vp10
$\hat{\pi}_i(2)$	-1.333	-1.667	0.333	0.000	2.667
$\widehat{\varepsilon_{i21}}$	0.333	-0.333	0.667	-1.000	0.333
$\widehat{\varepsilon_{i22}}$	-0.667	0.667	0.667	-1.000	0.333
$\widehat{\varepsilon_{i23}}$	0.333	-0.333	-1.333	2.000	-0.667

Für die Streuungszerlegung gilt, wenn alle Versuchspersonen alle Treatment-Kombinationen durchlaufen, d. h. keine fehlenden Werte vorliegen (vgl. Abb. 8.4):

$$SS_T = SS_A + SS_B + SS_{AB} + SS_{wG} + SS_{B:wG}$$

Der Term SS_{wG} (Quadratsumme der Personen innerhalb der Gruppen) bezeichnet dabei die Fehlerquadratsumme für die Personeneffekte $(\pi_{i(j)})$, die in den Gruppen (Stufen des Faktors A) genestet sind, während $SS_{B:wG}$ (Quadratsumme der Fehler innerhalb der Gruppen) für die Summe der quadrierten Abweichungen $(Y_{ijk} - \hat{Y}ijk)^2$ steht. (In die Bestimmung dieser Fehler gehen die Personeneffekte ein, die in den Gruppen bzw. Stufen des Faktors A genestet sind.)

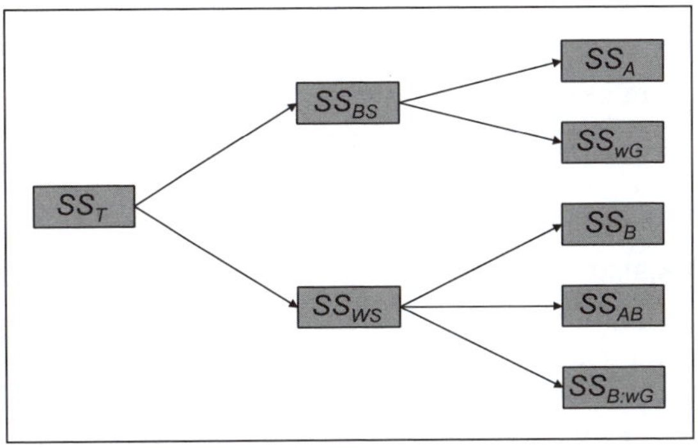

Abbildung 8.4: Streuungszerlegung für eine Varianzanalyse mit einem Between- und einem Within-Subjects-Faktor

Die Terme SS_A, SS_B und SS_{AB} sind identisch mit den entsprechenden Termen der zweifaktoriellen Varianzanalyse ohne Messwiederholung (vgl. Kap. 7.7), die Berechnung der Fehlerquadratsummen ist in Tabelle 8.21 dargestellt.

Tabelle 8.21: Berechnung der Quadratsummen für eine Varianzanalyse mit einem Between- und einem Within-Subjects-Faktor

SS	anhand von Effektschätzungen	anhand von Mittelwerten
SS_{wG}	$K\sum_{i=1}^{I}\sum_{j=1}^{J}\hat{\pi}_{i(j)}^2$	$K\sum_{i=1}^{I}\sum_{j=1}^{J}(\bar{Y}_{ij\bullet}-\bar{Y}_{\bullet j\bullet})^2$
$SS_{B:wG}$	$\sum_{i=1}^{I}\sum_{j=1}^{J}\sum_{k=1}^{K}\hat{\varepsilon}_{ijk}^2$	$\sum_{i=1}^{I}\sum_{j=1}^{J}\sum_{k=1}^{K}(Y_{ijk}-\bar{Y}_{ij\bullet}-\bar{Y}_{\bullet jk}+\bar{Y}_{\bullet j\bullet})^2$

Die Fehlerquadratsumme SS_{wG} besitzt $J(I-1)$ Freiheitsgrade, der zweite Fehlerterm $SS_{B:wG}$ $J(K-1)(I-1)$ Freiheitsgrade (vgl. Internetsupplement). Für unser Beispiel resultiert damit:

Beispiel: Berechnung der Quadratsummen am Beispiel des Gedächtnisexperiments (Design mit einem Between- und einem Within-Subjects-Faktor)

$$\begin{aligned}
SS_A &= 5\cdot 3\left[(-2)^2+2^2\right]=120\\
SS_B &= 5\cdot 2\left[(-4)^2+0^2+4^2\right]=320\\
SS_{AB} &= 5\left[(-1)^1+(-1)^2+2^2+1^2+1^2+(-2)^2\right]=60\\
SS_{wG} &= 3\left[(-1.333)^2+(-2)^2+\ldots+0^2+2.667^2\right]=65.333\\
SS_{B:wG} &= \left[(-1)^2+0^2\ldots+2^2+(-0.667)^2\right]=24.667
\end{aligned}$$

Für die Signifikanztestung ist die Variation aufgrund des Haupteffekts des Faktors A mit dem Fehlerterm SS_{wG} zu vergleichen. Hingegen werden die Variation aufgrund des Haupteffekts des Faktors B und des Interaktionseffekts jeweils zu der Fehlervariation $SS_{B:wG}$ in Beziehung gesetzt (vgl. Internetsupplement). Tabelle 8.22 zeigt die Zusammenstellung der Quadratsummen, Freiheitsgrade, mittleren Quadrate und F-Statistiken für eine Varianzanalyse mit einem Between- und einem Within-Subjects-Faktor.

Tabelle 8.22: Tabelle der zweifaktoriellen Varianzanalyse (mit einem Between- und einem Within-Subjects-Faktor) inklusive der Quadratsummenzerlegung

Streuungsursache	SS	Freiheitsgrade	Mittel der Quadrate	F
Faktor A	SS_A	$J-1$	$MS_A = \frac{SS_A}{J-1}$	$\frac{MS_A}{MS_{wG}}$
Fehler zwischen	SS_{wG}	$J(I-1)$	$MS_{wG} = \frac{SS_{wG}}{J(I-1)}$	
Summe zwischen	SS_{BS}	$J \cdot I - 1$		
Faktor B	SS_B	$K-1$	$MS_B = \frac{SS_B}{K-1}$	$\frac{MS_B}{MS_{B:wG}}$
Interaktion AB	SS_{AB}	$(J-1)(K-1)$	$MS_{AB} = \frac{SS_{AB}}{(J-1)(K-1)}$	$\frac{MS_{AB}}{MS_{B:wG}}$
Fehler innerhalb	$SS_{B:wG}$	$J(K-1)(I-1)$	$MS_{B:wG} = \frac{SS_{B:wG}}{J(K-1)(I-1)}$	
Summe innerhalb	SS_{WS}	$J \cdot I(K-1)$		
Gesamt	SS_T	$I \cdot J \cdot K - 1$		

Häufig werden die Quadratsummen SS_T, SS_{BS} und SS_{WS}, die für die Tests ohne Information sind, nicht berichtet. Für unser Beispiel resultiert dann die folgende verkürzte Varianzanalysetabelle:

Beispiel: Berechnung der Varianzanalysetabelle am Beispiel des Gedächtnisexperiments

Streuungsursache	SS	Freiheitsgrade	Mittel der Quadrate	F
Faktor A	120	1	120	14.694
Fehler zwischen	65.333	8	8.167	
Faktor B	320	2	160	103.784
Interaktion AB	60	2	30	19.460
Fehler innerhalb	24.667	16	1.293	

Für $\alpha = .05$ resultiert als kritischer Wert zur Testung des Faktors A anhand der $F(1,8)$-Verteilung 5.318 und als kritische Werte für die beiden anderen Tests jeweils 3.634 ($F(2,16)$-Verteilung). Alle drei Effekte fallen damit auch in diesem Design signifikant aus.

8.4.4 Effektstärke

Die globalen Effektstärken sind für eine Varianzanalyse mit einem Between- und einem Within-Subjects-Faktor genauso definiert wie in der Varianzanalyse mit zwei Messwiederholungsfaktoren:

$$\hat{\eta}^2(A) = \frac{SS_A}{SS_T - SS_B - SS_{AB}}$$

$$\hat{\eta}^2(B) = \frac{SS_B}{SS_T - SS_A - SS_{AB}}$$

$$\hat{\eta}^2(AB) = \frac{SS_{AB}}{SS_T - SS_A - SS_B}$$

Die Bestimmung der partiellen Effektstärken erfolgt anhand der folgenden Formeln:

$$\hat{\eta}_p^2(A) = \frac{SS_A}{SS_A + SS_{wg}}$$

$$\hat{\eta}_p^2(B) = \frac{SS_B}{SS_B + SS_{B:wG}}$$

$$\hat{\eta}_p^2(AB) = \frac{SS_{AB}}{SS_{AB} + SS_{B:wG}}$$

Auch bei dieser Form der Varianzanalyse kann es bedeutende Unterschiede zwischen den globalen und partiellen Effektstärken geben, wie die Analyse unserer Beispieldaten zeigt:

Beispiel : Berechnung der Effektstärken anhand des Beispiels zum Gedächtnisexperiment

Effekt	globale Effektstärke	partielle Effektstärke
Faktor A	.571	.634
Faktor B	.780	.939
Interaktion AB	.400	.744

8.4.5 Power

Es liegt eine unterschiedliche Power für die einzelnen Tests einer Varianzanalyse mit einem Between- und einem Within-Subjects-Faktor vor. Für die Versuchsplanung nutzt man am besten das Programm G*Power, das zur Bestimmung der Power der drei Effekte für dieses Design jeweils einen Menüpunkt zur Verfügung stellt. Nach der Bestimmung der notwendigen Stichprobengröße pro gewünschtem Effekt nimmt man wieder das Maximum der drei Ergebnisse als Zielgröße für die optimale Stichprobengröße.

8.4.6 Überprüfung der Voraussetzungen

Die Personeneffekte müssen, wie oben bei den Annahmen dargelegt, für jede Stufe des Between-Subjects-Faktors *A* die gleiche Varianz besitzen. Die Überprüfung dieser Voraussetzung kann anhand des Mehrstichproben-Levene-Tests erfolgen. Gegebenenfalls kann hier die White-Korrektur eingesetzt werden, was z. B. bei Verwendung des R-Pakets `ez` sehr einfach durchzuführen ist.

Weiterhin müssen aufgrund der Annahmen zu diesem varianzanalytischen Modell die Kovarianzen des Within-Subjects-Faktors *B* für jede Stufe des Between-Subjects-Faktors *A* gleich ausfallen. Diese Voraussetzung kann mit dem sogenannten Box-Test überprüft werden (vgl. Internetsupplement). Gegen eine Verletzung dieser Voraussetzung ist das vorliegende varianzanalytische Modell relativ robust, jedoch ist eine Überprüfung der folgenden Voraussetzung wichtig. Für jede Stufe des Between-Subjects-Faktors *A* muss die Sphärizitätsannahme für den Within-Subjects-Faktors *B* erfüllt sein. Falls die Sphärizitätsannahme nicht gilt, ist wiederum die $\hat{\varepsilon}$-Korrektur von Greenhouse-Geisser zu empfehlen, die auch von den gängigen Statistikprogrammpaketen berechnet wird. (Ausführlichere Informationen zur Überprüfung der Voraussetzungen finden sich im Internetsupplement).

8.5 Software

8.5.1 Einfaktorielle Varianzanalyse mit Messwiederholung

SPSS

Wir betrachten das Beispiel aus dem Kapitel 8.2. Die Daten befinden sich in der Datei `LOP1w.sav`. Die Datenmatrix beinhaltet die Variablen *Typ*, *min1*, *min2* und *min3*. Jeder Messzeitpunkt stellt also eine separate Variable dar.

Analysieren
↓
Allgemeines Lineares Modell → Messwiederholung...

Im Analyse-Dialog *„Faktor(en) definieren“* ist der Innersubjektfaktor festzulegen. Im Feld *„Name des Innersubjektfaktors“* ist eine Bezeichnung für den Faktor einzugeben. Er wird hier *Dauer* *genannt. Außerdem ist die Anzahl der Stufen anzugeben – also 3. Nun ...ss das Feld „Hinzufügen“ angeklickt werden. Im Feld „Messwert-...chnung“* ist nun noch eine Bezeichnung für den Messwert einzu-...n. Wir wählen die Bezeichnung *Treffer*. Auch hier muss das Feld *„Hinzufügen“* angeklickt werden, um die Bezeichnung zu übernehmen.

Unter *„Definieren“* sind nun die Innersubjektvariablen zu wählen. In diesem Fall sind die Variablen *min1*, *min2* und *min3* in das Feld *„Innersubjektvariablen (Dauer):“* zu schieben. Optional kann unter *„Diagramme...“* Plots der Mittelwerte anfordern.

Per Syntax ist die Analyse wie folgt zu spezifizieren:

```
GLM
  min1 min2 min3
  /WSFACTOR = Dauer 3 Polynomial
  /MEASURE = Treffer
  /METHOD = SSTYPE (3)
  /PLOT = PROFILE ( Dauer )
  /CRITERIA=ALPHA(.05)
  /WSDESIGN = Dauer.
```

R

Das Beispiel aus dem Kapitel 8.2 kann anhand der Datei `MessWdh.R` bearbeitet werden. Die Varianzanalyse lässt sich wie folgt abrufen, wobei die Fallkennung dem Design angepasst wurde und die Variablen in den dataframe `LOP1w` abgespeichert wurden:

```
library(ez)
ezStats(data = LOP1w, dv = .(Treffer),
    wid = .(Fall1w), within = .(Dauer)
    )
ezANOVA(data = LOP1w, dv = .(Treffer),
    wid = .(Fall1w), within = .(Dauer)
    )
```

Dabei spezifiziert `dv` die abhängige Variable und `wid` die Fallkennung. Die Variablenliste `within` beinhaltet nur einen Eintrag, den Namen der Variablen, die den Faktor kodiert.

8.5.2 Friedman-Test

SPSS

Wir benutzen wieder die Datenmatrix `LOP1w.sav`.

Analysieren
↓
nichtparametrische Tests
↓
Alte Dialogfelder → k verbundene Stichproben

Die entsprechenden Variablen min1, min2 und min3 kann man hier auswählen.

Per Syntax ist die Analyse wie folgt zu spezifizieren:

```
NPAR TESTS
  /FRIEDMAN= min1 min2 min3.
```

R

Der Friedman-Test kann mithilfe des dataframes `LOP1w` aus `MessWdh.R` wie folgt berechnet werden.

```
friedman.test(Treffer ~ Dauer | Fall1w, data=LOP1w)
```

8.5.3 Varianzanalyse mit zwei Within-Subjects-Faktoren

SPSS

Wir benutzen die Datenmatrix `2Mwdh.sav` zum Beispiel aus Kapitel 8.3.

Analysieren
↓
Allgemeines Lineares Modell → Messwiederholung...

Im Analyse-Dialog *„Faktor(en) definieren"* sind die Innersubjektfaktoren festzulegen. Im Feld *„Name des Innersubjektfaktors"* ist eine Bezeichnung für den ersten Faktor einzugeben. Wir nennen ihn *Dauer*. Außerdem ist die Anzahl der Stufen anzugeben – also 3. Nun muss das Feld *„Hinzufügen"* angeklickt werden. Danach ist der Faktor *Instruktion* mit 2 Messwiederholungen festzulegen. Im Feld *„Messwertbezeichnung"* ist nun noch eine Bezeichnung für den Messwert einzugeben. Wir geben hier die Bezeichnung *Treffer* ein. Auch hier muss das Feld *„Hinzufügen"* angeklickt werden, um die Bezeichnung zu übernehmen.

Unter *„Definieren"* sind nun die Innersubjektvariablen den Faktorstufen zuzuordnen. In diesem Fall sind die Variablen *Mem1Min*, *Mem2Min*, *Mem3Min*, *Img1Min*, *Img2Min* und *Img3Min* den entsprechenden Kombinationen auf der rechten Seite des Fensters zuzuordnen.

Per Syntax ist die Analyse wie folgt zu spezifizieren:

```
GLM
  Mem1Min Mem2Min Mem3Min Img1Min Img2Min Img3Min
  /WSFACTOR=Instruktion 2 Polynomial Dauer 3 Polynomial
  /METHOD=SSTYPE(3)
  /CRITERIA=ALPHA(.05)
  /WSDESIGN=Instruktion Dauer Instruktion*Dauer.
```

R

Das Beispiel aus dem Kapitel 8.3 kann anhand der Datei `MessWdh.R` berechnet werden. Die Varianzanalyse lässt sich wie folgt abrufen, wobei die Fallkennung dem Design angepasst wurde und die Variablen in den dataframe `LOPww` abgespeichert wurden:

```
library(ez)
ezStats(data = LOPww, dv = .(Treffer),
    wid = .(Fallww), within = .(Typ, Dauer) )
ezANOVA(data = LOPww, dv = .(Treffer),
    wid = .(Fallww), within = .(Typ, Dauer) )
```

Dabei spezifiziert `dv` die abhängige Variable und `wid` die Fallkennung. Die Variablenliste `within` beinhaltet die beiden Faktoren.

8.5.4 Varianzanalyse mit einem Between- und einem Within-Subjects-Faktor

SPSS

Wir benutzen die Datenmatrix `SpPl.sav` zum Beispiel aus Kapitel 8.4.

Analysieren

↓

Allgemeines Lineares Modell → Messwiederholung...

Im Analyse-Dialog *„Faktor(en) definieren"* ist der Innersubjektfaktor festzulegen. Im Feld *„Name des Innersubjektfaktors"* ist eine Bezeichnung für den Faktor einzugeben. Wir nennen ihn *Dauer*. Außerdem ist die Anzahl der Stufen anzugeben – also 3. Nun muss das Feld *„Hinzufügen"* angeklickt werden. Im Feld *„Messwertbezeichnung"* ist nun noch eine Bezeichnung für den Messwert einzugeben. Wir geben hier die Bezeichnung *Treffer* ein. Auch hier muss das Feld *„Hinzufügen"* angeklickt werden, um die Bezeichnung zu übernehmen.

Unter *„Definieren“* sind nun die Innersubjektvariablen zu wählen. In diesem Fall sind die Variablen *Dauer1Min*, *Dauer2Min* und *Dauer3Min* in das Feld *„Innersubjektvariablen (Dauer):“* zu schieben. Weiterhin ist die Variable *Instruktion* in das Feld *Zwischensubjektfaktoren* zu schieben.

Die zugehörige Syntax für die Analyse des Beispiels aus Kapitel 8.4 lautet:

```
GLM
  Dauer1Min Dauer2Min Dauer3Min BY Instruktion
  /WSFACTOR=Dauer 3 Polynomial
  /MEASURE=Treffer
  /METHOD=SSTYPE(3)
  /CRITERIA=ALPHA(.05)
  /WSDESIGN=Dauer
  /DESIGN=Instruktion.
```

R

Das Beispiel aus Kapitel 8.4 kann anhand der Datei `SplitPlot.R` berechnet werden. Die Varianzanalyse lässt sich wie folgt abrufen, wobei die Fallkennung dem Design angepasst wurde und die Variablen in dem dataframe `LOPsp` abgespeichert wurden:

```
library(ez)
ezStats(
   data = LOPsp, dv = .(Treffer), wid = .(Fallsp),
   between = .(Typ), within = .(Dauer), type = 3  )
ezANOVA(
   data = LOPsp, dv = .(Treffer), wid = .(Fallsp),
   between = .(Typ), within = .(Dauer), type = 3  )
```

Dabei spezifiziert `dv` die abhängige Variable und `wid` die Fallkennung. Die Variablenlisten `between` bzw. `within` beinhalten die Variablen, die die Faktoren kodieren. Gegebenenfalls kann zusätzlich

`white.adjust=TRUE`

angegeben werden, um die Varianzanalyse mittels der White-Korrektur durchzuführen.

Zusammenfassung

In diesem Kapitel wurden statistische Tests zur Analyse von Designs mit Messwiederholungen vorgestellt. Neben der einfaktoriellen Varianzanalyse mit Messwiederholung wurden zwei Formen der zweifaktoriellen Varianzanalyse mit Messwiederholung behandelt

Die einfaktorielle Varianzanalyse mit Messwiederholung dient zur Signifikanzprüfung, ob es Unterschiede zwischen den Erwartungswerten mehrerer normalverteilter Messungen innerhalb einer Person gibt. Dabei wird die sogenannte Sphärizität vorausgesetzt: Dies bedeutet, dass homogene Varianzen für die Differenzen zwischen den Messwiederholungen vorliegen. Falls die Bedingung nicht erfüllt ist, kann die Greenhouse-Geisser-Korrektur angewendet werden.

Bei der einfaktoriellen Varianzanalyse mit Messwiederholung wird nur die Variation innerhalb der Personen in zwei Anteile zerlegt, einen systematischen (durch den Faktor bedingten) Anteil und einen Fehleranteil. Die Variation zwischen den Personen wird also vor der Testung herausgerechnet und die Fehlervarianz im Vergleich zur einfaktoriellen Varianzanalyse ohne Messwiederholung somit reduziert. Die Testung der Nullhypothese erfolgt auch hier durch die Berechnung einer F-Statistik aus den beiden mittleren Abweichungsquadraten und dem Vergleich mithilfe der F-Verteilung.

Der Friedman-Test ist eine Alternative zur einfaktoriellen Varianzanalyse mit Messwiederholung. Hier werden die Daten jeder Person rangtransformiert und mithilfe dieser Ränge wird die Teststatistik berechnet. Vor allem für kleine Stichproben ist der Friedman-Test eine hilfreiche Alternative, da er keine normalverteilten Zufallsvariablen annimmt.

Es gibt zwei unterschiedliche Arten, zweifaktorielle Analysen durchzuführen, die Messwiederholung beinhalten: Eine Art ist die zweifaktorielle Varianzanalyse mit Messwiederholung auf beiden Faktoren, die andere Art ist die Kombination eines unabhängigen Faktors mit einer Messwiederholung.

Sind beide Faktoren als Messwiederholungen konzipiert, wird die Variation innerhalb der Versuchspersonen in jeweils drei Paare von Variationsquellen aufgeteilt: Die Variation für Faktor A mit zugehörigem Fehleranteil, die Variation von Faktor B mit eigenem Fehleranteil und die Variation für die Interaktion, die ebenfalls eine eigene Fehlervariable zugeordnet bekommt. Voraussetzung ist die Sphärizität auf den Ausprägungen des jeweils zu testenden

Effekts. Eine eventuell fehlende Sphärizität kann im F-Test mit der Greenhouse-Geisser-Korrektur berücksichtigt werden.

Bei der Varianzanalyse mit einem Between- und einem Within-Subjects-Faktor liegt ein Split-Plot-Design vor, bei dem der erste Faktor die Variation zwischen den Gruppen Personen erfasst und der zweite Faktor die Variation aufgrund von Messwiederholungen. Dabei ist der Within-Subjects-Faktor in dem Between-Subjects-Faktor genestet. Die Voraussetzungen sind hier analog zu der Varianzanalyse ohne Messwiederholung: Liegt keine Varianzhomogenität vor, sollte ein F-Test mit White-Korrektur gerechnet werden. Der Messwiederholungsfaktor und die Interaktion erhalten eine Fehlervariation, die Teil der Variation innerhalb der Personen ist. Als Voraussetzung muss hier die Sphärizität gegeben sein, deren Verletzung mit der Greenhouse-Geisser-Korrektur abgefangen werden kann.

Im Folgenden werden nur die Begriffe und Notationen angegeben, die spezifisch für Messwiederholungsdesigns sind.

Zentrale Begriffe

Messwiederholung: Wiederholte Messung an einer Untersuchungseinheit unter unterschiedlichen experimentellen Bedingungen.

Sphärizitätsannahme: Annahme der Varianzhomogenität für alle Paare der Differenzen abhängiger Messungen.

Greenhouse-Geisser-Korrektur: Korrektur des F-Tests in der Varianzanalyse mit Messwiederholungen. Die Korrektur wird notwendig, wenn die Sphärizitätsannahme verletzt ist.

fester Effekt: Ein fester Effekt stellt einen konstanten Parameter (z.B. α_j etc.) dar.

zufälliger Effekt: Faktor, der eine Zufallsvariable darstellt. Die Stufen eines solchen Faktors sind somit Realisationen einer Zufallsvariable.

Friedman-Test: Alternative zur einfaktoriellen Varianzanalyse mit Messwiederholung. Das Verfahren basiert auf der Rangtransformation der Daten jeder Untersuchungseinheit.

gemischtes Design: Design mit Between- und Within-Subjects-Faktoren. Wird auch als Bezeichnung für Designs mit festen und zufälligen Faktoren verwendet.

Split-Plot-Design: Design mit genesteten Faktoren.

genesteter Faktor: Faktor, der in einem anderen Faktor genestet ist.

Notation

Notation	Bedeutung
Fr	Statistik des Friedman-Tests
$\hat{\varepsilon}$	Geschätzter Korrekturfaktor für Zähler- und Nennerfreiheitsgrade bei Verletzung der Sphärizitätsannahme
$A \times B$	Interaktionseffekt der Faktoren A und B
AB	Alternative Bezeichnung für $A \times B$
π_i	Abweichung des Erwartungswerts der Person i vom Erwartungswert über alle Personen in Varianzanalysen mit einem Messwiederholungsdesign
$\pi_i(j)$	Abweichung des Erwartungswerts der Person i vom Erwartungswert über alle Personen in gemischten Designs (Faktor A ist der Between-Subjects-Faktor)
$(\pi\alpha)_{ij}$	Interaktion des Faktors A mit dem Personenfaktor in Varianzanalysen mit einem Messwiederholungsdesign
$(\pi\beta)_{ik}$	Interaktion des Faktors B mit dem Personenfaktor in Varianzanalysen mit einem Messwiederholungsdesign
$(\pi\beta)_{ik}(j)$	Interaktion des Faktors B (Messwiederholungsfaktor) mit dem Personenfaktor in Varianzanalysen mit einem Between- und einem Within-Subjects-Faktor
SS_T	Gesamte (totale) Variation
SS_{BS}	Variation zwischen den Personen
SS_{WS}	Variation innerhalb der Personen
SS_{wG}	Fehlervariation für den Between-Subjects-Faktor A in Varianzanalysen mit einem Between- und einem Within-Subjects-Faktor
$SS_{B:wG}$	Fehlervariation für den Within-Subjects-Faktor B und für die Interaktion AB in Varianzanalysen mit einem Between- und einem Within-Subjects-Faktor

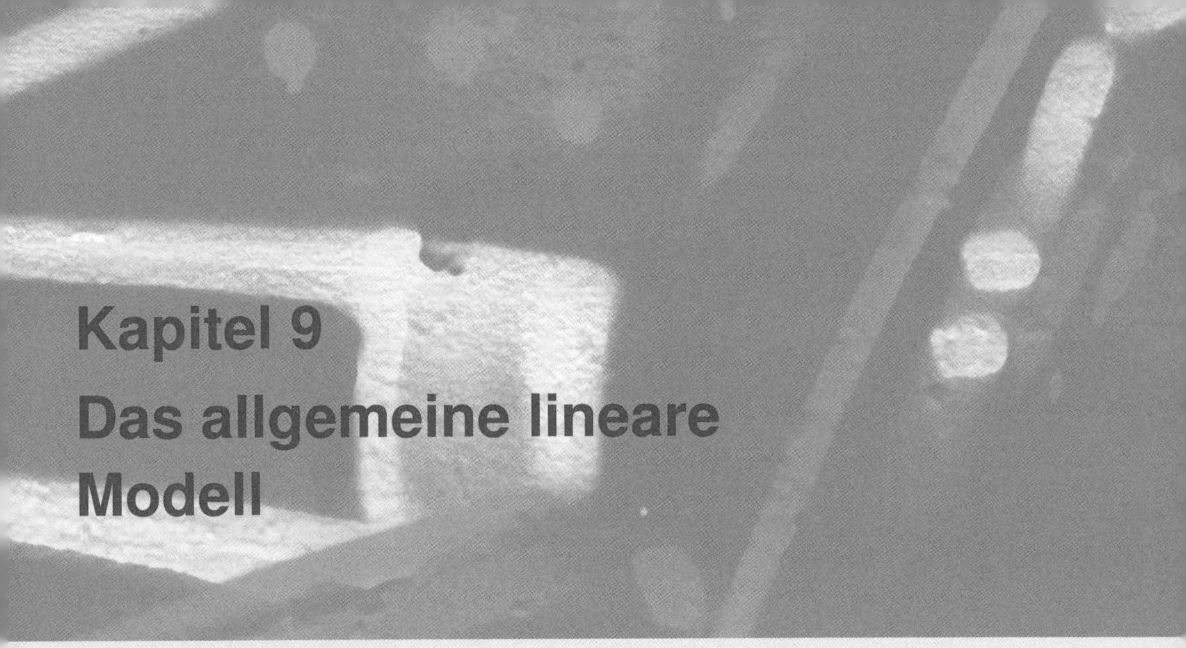

Kapitel 9
Das allgemeine lineare Modell

Inhaltsübersicht

In diesem Kapitel stellen wir Tests zu Hypothesen über die Parameter im allgemeinen linearen Modell (ALM) – bzw. kürzer ausgedrückt – linearen Modell – vor. Zunächst geht es nach einer kurzen Wiederholung von Grundlagen des linearen Modells um Tests für einzelne Regressionskoeffizienten. Anschließend behandeln wir die Testung der Hypothese, ob alle Regressionskoeffizienten abgesehen vom Achsenabschnitt gleich 0 sind bzw. ob die erklärte Variation 0 beträgt. Diese Hypothese ist ein Spezialfall der allgemeinen linearen Hypothese, die dann ausführlicher dargestellt wird. Anhand dieser Hypothese kann man bestimmte Restriktionen für Teilmengen der Regressionskoeffizienten überprüfen, so z. B. ob verschiedene Regressionskoeffizienten einen identischen Wert annehmen oder ob die Differenz zwischen zwei Regressionskoeffizienten einem bestimmten Wert entspricht. Dann identifizieren wir die varianzanalytischen Verfahren als lineare Modelle, indem Faktoren (nominalskalierte bzw. kategoriale Variablen) als „künstliche" Variablen in die Regressionsgleichung aufgenommen werden. Werden derart transformierte nominalskalierte Variablen und gleichzeitig metrische Variablen in die Regressionsgleichung einbezogen, liegt eine Kovarianzanalyse vor, die wir abschließend darstellen.

9.1 Grundlagen des allgemeinen linearen Modells

Das lineare Modell stellt ein multiples Regressionsmodell dar, in das auch kategoriale Prädiktoren (nach einer Transformation) einbezogen werden können. Die Prädiktoren $X_1, ..., X_k$ stellen feste Merkmale dar, also keine Zufallsvariablen. Solche Merkmale liegen z. B. in Experimenten vor, in denen die Ausprägungen dieser Merkmale willkürlich zu bestimmen sind. Die Prädiktoren können aber auch Zufallsvariablen darstellen (z. B. in Feldstudien). In diesem Fall werden die Ausprägungen dieser Variablen als feste Werte betrachtet, d. h. der stochastische „Hintergrund" bleibt außer Acht.

Das grundlegende Modell ist durch die folgende Gleichung spezifiziert:

$$Y_i = \beta_0 + \beta_1 x_{i1} + \beta_2 x_{i2} + \ldots + \beta_k x_{ik} + \varepsilon_i \qquad i = 1, ..., n$$

Dabei sind die Fehler ε_i i.i.d. normalverteilt mit Erwartungswert 0 und Varianz σ_ε^2, d. h. es gilt $\varepsilon_i \sim N(0, \sigma_\varepsilon^2)$ und $Cov(\varepsilon_i, \varepsilon_j) = 0$ für $i \neq j$.

Die Werte der unabhängigen Variablen werden in der sogenannten Designmatrix zusammengefasst. Diese Matrix besteht aus n Zeilen und $k+1$ Spalten, wobei in der ersten Spalte die Konstante 1 für den Achsenabschnitt steht und dann die Werte für die Variablen $X_1, X_2, ..., X_k$ folgen.

Die vorhergesagten Werte werden mit $\widehat{Y}_i$ bezeichnet:

$$\widehat{Y}_i = \hat{\beta}_0 + \hat{\beta}_1 x_{i1i} + \hat{\beta}_2 x_{2i} + \ldots + \hat{\beta}_k x_{ki}$$

In das lineare Model können auch Interaktionsterme als Produkte von Prädiktoren einbezogen werden ebenso wie nichtlineare Transformationen der Prädiktoren (vgl. Holling & Gediga, 2011, Kap. 10).

Beispiele für solche Modelle sind:

$Y_i = \beta_0 + \beta_1 x_{i1} + \beta_2 x_{i2} + \beta_3 x_{i3} + \beta_4 x_{i1} x_{i2} + \beta_5 x_{i1} x_{i3} + \varepsilon_i \qquad i = 1, ..., n$

$Y_i = \beta_0 + \beta_1 \log(x_{i1}) + \beta_2 x_{i2} + \beta_3 x_{i2}^2 + \varepsilon_i \qquad i = 1, ..., n$

$Y_i = \beta_0 + \beta_1 x_{i1} + \beta_2 \exp(x_{i2}) + \beta_3 x_{i3} + \beta_4 x_{i1} x_{i3} + \varepsilon_i \qquad i = 1, ..., n$

Da die Interaktionsterme sowie nichtlinear transformierte Terme in inferenzstatistischer Hinsicht wie „einfache" Prädiktoren zu behandeln sind, werden wir hier nicht speziell auf sie eingehen.

Der Einfluss aller Prädiktoren auf das Kriterium wird anhand des Anteils der erklärten Variation R_P^2 an der Gesamtvariation σ_Y^2 in der Population angegeben:

$$R_P^2 = \frac{\sigma_Y^2 - \sigma_\varepsilon^2}{\sigma_Y^2}$$

Zur Schätzung dieses Maßes sowie der weiteren Parameter benötigen wir die totale Variation SS_T sowie die erklärte Variation SS_R und die Fehlervariation SS_E. Wie in Holling und Gediga (2011, S. 273) dargestellt, sind diese Terme wie folgt definiert:

$$\begin{aligned} SS_T &= \sum_{i=1}^{n} (Y_i - \bar{Y}_\bullet)^2 \\ SS_R &= \sum_{i=1}^{n} (\widehat{Y}_i - \bar{Y}_\bullet)^2 \\ SS_E &= \sum_{i=1}^{n} (Y_i - \widehat{Y}_i)^2 \end{aligned}$$

Dabei gilt:

$$SS_T = SS_R + SS_E$$

Unter Gültigkeit der Modellvoraussetzungen stellt $\hat{\sigma}_\varepsilon^2 = \frac{SS_E}{n-k-1}$ einen unverzerrten, effizienten und konsistenten Schätzer für σ_ε^2 dar.

Das Ausmaß an erklärter Variation R_P^2 kann geschätzt werden durch den Determinationskoeffizienten R^2:

$$R^2 = \frac{SS_T - SS_E}{SS_T} = \frac{SS_R}{SS_T} = 1 - \frac{SS_E}{SS_T}$$

Dabei gilt:

$$R = r_{Y\hat{Y}}$$

Für R^2 wird auch die ausführlichere Schreibweise $R^2_{Y\bullet 1,\ldots,k}$ verwendet.

R^2_{adj}

Da R^2 jedoch kein unverzerrter Schätzer ist, wurden verschiedene Korrekturen für dieses Maß vorgeschlagen. Sehr häufig wird das sogenannte *adjustierte* R^2_{adj} genutzt:

$$R^2_{adj} \quad = \quad 1 - \frac{SS_E/(n-k-1)}{SS_T/(n-1)} = R^2 - (1-R^2)\frac{k}{n-k-1}$$

Bei kleinem n und kleinem R^2 kann R^2_{adj} negativ ausfallen und ist dann auf 0 zu setzen. Anhand dieses unverzerrten Koeffizienten lassen sich auch Effektstärken zwischen Studien vergleichen, die auf unterschiedlichen Stichprobengrößen beruhen.

Die Regressionskoeffizienten β_j, $j = 0,\ldots,k$ werden durch die Kleinste-Quadrate-Schätzung bestimmt, d. h. durch die Minimierung von $\sum_{i=1}^{n}(Y_i - \hat{Y}_i)^2$ (vgl. Holling & Gediga, 2011, S. 207f).

lineare Unabhängigkeit

Die Spalten der Designmatrix müssen *linear unabhängig* sein, d. h. keine Spalte darf sich als Linearkombination aus den anderen Spalten bilden lassen (vgl. Internetsupplement). Damit ist die Mindestzahl an notwendigen Beobachtungen mit $n = k+1$ gegeben. In diesem Fall können die Regressionskoeffizienten zwar eindeutig geschätzt werden, es lassen sich aber keine Konfidenzintervalle bestimmen und es können keine Tests für die Regressionskoeffizienten durchgeführt werden. Im Allgemeinen sollte die Anzahl der Beobachtungen weitaus größer sein als die Anzahl der zu schätzenden Parameter, damit eine hinreichend große Power gegeben ist (vgl. Kap. 9.6).

9.2 Tests für einzelne Regressionskoeffizienten

Um Tests für die Regressionskoeffizienten $\beta_j, j = 0,\ldots,k$ abzuleiten, ist die Stichprobenverteilung für die Schätzer $\hat{\beta}_j$ zu bestimmen (Holling & Gediga, 2013, Kap. 7.5). Nach Voraussetzung des Modells sind diese normalverteilt mit

$$E(\widehat{\beta}_j) = \beta_j, j = 0,..,k$$

Als Varianzen für $\hat{\beta}_j, j = 1,..,k$ ergeben sich:

$$\sigma^2(\hat{\beta}_j) = \frac{\sigma_\varepsilon^2}{\sum_{i=1}^n (x_{ij} - \bar{x}_{\bullet j})^2} \cdot \frac{1}{1 - R_j^2}$$

Dabei bezeichnet

$$R_j^2 = R^2_{j\bullet 1,2,\ldots(j-1),(j+1),\ldots k}$$

den Determinationskoeffizienten für die abhängige Variable X_j mit den übrigen Prädiktoren als unabhängige Variablen. Der Faktor $\frac{1}{1-R_j^2}$, der auch als *Varianz-Inflations-Faktor* oder kurz *VIF* bezeichnet wird, ist immer größer oder gleich 1 und nimmt den minimalen Wert 1 dann an, wenn alle anderen Prädiktoren mit X_j unkorreliert sind.

Varianz-Inflations-Faktor
VIF

Ersetzen wir σ_ε^2 durch $\hat{\sigma}_\varepsilon^2$, erhalten wir den folgenden Schätzer für die Varianz von $\hat{\beta}_j$:

$$\hat{\sigma}^2(\hat{\beta}_j) = \frac{\hat{\sigma}_\varepsilon^2}{(1 - R_j^2)\sum_{i=1}^n (x_{ij} - \bar{x}_{\bullet j})^2} \qquad j = 1, \ldots, k$$

Die Varianz für den – zumeist wenig interessierenden – Schätzer $\hat{\beta}_0$ ist ohne Matrizenalgebra nicht darstellbar. Wir verweisen deshalb auf das Internetsupplement.

Subtrahiert man den Populationswert β_j vom Schätzer $\hat{\beta}_j$ und teilt diese Differenz durch $\hat{\sigma}(\beta_j)$, so erhält man eine Zufallsvariable, die wir mit T_j bezeichnen:

$$T_j = \frac{\hat{\beta}_j - \beta_j}{\hat{\sigma}(\hat{\beta}_j)}$$

Die Teststatistik T_j folgt einer t-Verteilung mit $n - k - 1$ Freiheitsgraden:

$$T_j \sim t(n - k - 1).$$

Damit lassen sich die Testprobleme, die Teststatistik und die jeweiligen Ablehnungsbereiche wie folgt darstellen:

t-Tests für Regressionskoeffizienten im ALM

Annahmen:
$Y_i = \beta_0 + \beta_1 x_{i1} + \beta_2 x_{i2} + \ldots + \beta_k x_{ik} + \varepsilon_i \quad i = 1, \ldots, n$
ε_i i.i.d. $N(0, \sigma_\varepsilon^2) \quad i = 1, \ldots, n$

Testprobleme	*Teststatistik*	*Ablehnung der* H_0
1. $H_0 : \beta_j = \beta_j^*$ $H_1 : \beta_j \neq \beta_j^*$		1. $\lvert t\rvert > t_{1-\alpha/2}(n-k-1)$
2. $H_0 : \beta_j \leq \beta_j^*$ $H_1 : \beta_j > \beta_j^*$	$T = \frac{\hat{\beta}_j - \beta_j^*}{\hat{\sigma}(\hat{\beta}_j)}$	2. $t > t_{1-\alpha}(n-k-1)$
3. $H_0 : \beta_j \geq \beta_j^*$ $H_1 : \beta_j < \beta_j^*$		3. $t < -t_{1-\alpha}(n-k-1)$

Ist ein lineares Modell mit nur einem Prädiktor gegeben, also ein einfaches Regressionsmodell $Y_i = \beta_0 + \beta_1 x_i + \varepsilon_i$, so entspricht der Test der Hypothese $\beta_1 = 0$ dem Test der Hypothese $\rho_{YX} = 0$. Nach Holling und Gediga (2011, S. 301f) ist allgemein die Hypothese $\beta_j = 0$ identisch mit der Hypothese, ob die entsprechende Semipartialkorrelation bzw. Partialkorrelation gleich 0 ist. Gehen wir z. B. von dem Modell $Y = \beta_0 + \beta_1 x_1 + \beta_2 x_2 + \varepsilon$ aus, so entspricht z. B. der Test der Hypothese $\beta_2 = 0$ dem Test der Hypothese, dass die Semipartialkorrelation $\rho_{Y(1\bullet 2)}$ bzw. die Partialkorrelation $\rho_{Y1\bullet 2}$ gleich 0 ist.

Beispiel: Tests für die Regressionskoeffizienten

Wir nutzen hier das Beispiel zur Erklärung der Mathematiknote durch die beiden Variablen Unterrichtsqualität und Interesse an Mathematik anhand von 30 Vpn aus Holling und Gediga (2011, S. 266). Die Schätzung der Regressionsgleichung mit den Standardfehlern und den t-Werten für den zumeist gewählten Test $H_0 : \beta_j = 0$ gegen $H_1 : \beta_j \neq 0$ ergibt:

Parameter	$\hat{\beta}_j$	$\hat{\sigma}_j$	t-Wert	p (zweiseitig)
Konstante (β_0)	2.00	1.31	1.53	.1385
Unterrichtsqualität (β_1)	2.00	0.47	4.26	.0002
Interesse (β_2)	1.00	0.27	3.70	.0010

In Holling und Gediga (2013, S. 271) wurde die folgende Tabelle mit den Konfidenzintervallen für diese Regressionsgewichte erstellt:

Parameter	$\hat{\beta}_j$	$\hat{\sigma}_j$	untere Grenze des 95 %-KI	obere Grenze des 95 %-KI
Konstante (β_0)	2.00	1.31	-0.69	4.69
Unterrichtsqualität (β_1)	2.00	0.47	1.04	2.96
Interesse (β_2)	1.00	0.27	0.45	1.55

Es zeigt sich der allgemeine Zusammenhang, dass ein Test, in diesem Fall der Hypothese $H_0 : \beta_j = 0$, signifikant ausfällt, wenn das entsprechende Konfidenzintervall den unter der Nullhypothese angenommenen Parameter nicht enthält.

9.3 Tests für die erklärte Gesamtvariation

Im Folgenden geht es um die Überprüfung der Nullhypothese, dass der Anteil der erklärten Variation R_P^2 gleich 0 ist. Dies ist gleichbedeutend damit, dass kein Prädiktor einen Einfluss auf das Kriterium besitzt, also:

$$\beta_1 = \beta_2 = ... = \beta_k = 0$$

Die Alternativhypothese dazu lautet, dass $R_P^2 > 0$ gelten soll, d. h., dass einer oder mehrere Regressionskoeffizienten einen Wert ungleich 0 besitzen.

Teilt man die Terme SS_R bzw. SS_E jeweils durch ihre Freiheitsgrade k bzw. $n-k-1$, entstehen die entsprechenden mittleren Quadratsummen:

$$MS_R = \frac{SS_R}{k}$$

$$MS_E = \frac{SS_E}{n-k-1}$$

Wie im Internetsupplement gezeigt wird, gilt allgemein $E(MS_E) = \sigma_\varepsilon^2$ und weiterhin unter Gültigkeit der Nullhypothese $E(MS_R) = \sigma_\varepsilon^2$. Wenn die Nullhypothese wahr ist, liegen also zwei Schätzer für σ_ε^2 vor.

$\frac{MS_R}{\sigma_\varepsilon^2}$ bzw. $\frac{MS_E}{\sigma_\varepsilon^2}$ sind jeweils χ^2-verteilt mit k bzw. $n-k-1$ Freiheitsgraden (vgl. Internetsupplement). Entsprechend der Definition der F-Verteilung (vgl. Holling & Gediga, 2012, S. 165f) gilt somit:

$$F = \frac{\frac{MS_R}{\sigma_E^2}}{\frac{MS_E}{\sigma_E^2}} = \frac{MS_R}{MS_E}$$

Damit folgt die Statistik F einer F-Verteilung mit k Zählerfreiheitsgraden und $n-k-1$ Nennerfreiheitsgraden. Die Berechnung der einzelnen Terme zur Bestimmung der Teststatistik F wird im linearen Modell im Allgemeinen anhand der sogenannten Varianzanalysetabelle vorgenommen (vgl. Tab. 9.1).

Tabelle 9.1: Varianzanalysetabelle der multiplen Regression

Quelle	SS	Freiheitsgrade	MS	F-Wert
Regression	SS_R	k	$\frac{SS_R}{k}$	$F = \frac{MS_R}{MS_E}$
Residuen	SS_E	$n-k-1$	$\frac{SS_E}{n-k-1}$	
Gesamt	SS_T	$n-1$	$\frac{SS_T}{n-1}$	

Gilt $F > F_{1-\alpha}(k, n-k-1)$, ist die Nullhypothese

$$\text{H}_0 : \beta_1 = \beta_2 = ... = \beta_k = 0$$

zu verwerfen und stattdessen die Alternativhypothese

$$\text{H}_1 : \beta_i \neq 0 \text{ für mindestens ein } i$$

anzunehmen.

Da $SS_R = R^2 \cdot SS_T$ und $SS_E = (1-R^2)SS_T$ gilt, kann der F-Wert einer Varianzanalysetabelle auch folgendermaßen berechnet werden:

$$F = \frac{R^2/k}{(1-R^2)/(n-k-1)} = \frac{MS_R}{MS_E}$$

Beispiel: Test für die erklärte Variation

Wir benutzen hier erneut das Beispiel zur Erklärung der Mathematiknote durch die beiden Variablen „Unterrichtsqualität" und „Interesse an Mathematik".

Es ergibt sich die folgende Varianzanalysetabelle:

Varianzquelle	SS	Freiheitsgrade (df)	MS	F
Regression	140	2	70.00	15.75
Fehler	120	27	4.44	
Gesamt	260	29		

Interpretation:
„Unterrichtsqualität“ und „Interesse an Mathematik“ haben einen signifikanten Einfluss auf die Mathematiknote, da für $\alpha = .05$ der entsprechende kritische Wert für die F-Statistik $f_{.95}(2,27) = 3.354$ beträgt.

9.4 Die allgemeine lineare Hypothese

Die allgemeine lineare Hypothese ist ein sehr flexibles und vielseitiges Konzept zur Testung von Hypothesen. Es umfasst die bisher vorgestellten Hypothesentests als Spezialfälle und beruht auf dem Vergleich von zwei linearen Modellen. Gehen wir dazu von einigen Beispielen aus.

Möchten wir den Einfluss von vier Prädiktoren ohne deren Interaktionen auf ein Kriterium untersuchen, dann liegt folgendes Modell zugrunde:

$$Y = \beta_0 + \beta_1 X_1 + \beta_2 X_2 + \beta_3 X_3 + \beta_4 X_4 + \varepsilon$$

Dieses Modell wird auch als das volle Modell (full model) bzw. kurz als M_f bezeichnet. Mit $SS_{E(f)} = (1 - R^2_{Y\bullet 1,2,3,4})\hat{\sigma}^2_Y$ lässt sich die Fehlervariation des vollen Modells schätzen. Nun kann man dieses Modell mit einem restringierten bzw. eingeschränkten Modell vergleichen. Ein eingeschränktes Modell mag aus einer Teilmenge der Prädiktoren bestehen, so z. B. ist das Modell $Y = \beta_0 + \beta_1 x_1 + \beta_2 x_2 + \beta_3 x_3 + \varepsilon$ ein eingeschränktes Modell. Hier fehlt der Prädiktor X_4. Es entspricht dem vollen Modell, wobei der Regressionskoeffizient β_4 auf 0 gesetzt wird. Somit gilt also $\beta_4 = 0$.

Die folgenden Beispiele verdeutlichen weitere Formen restringierter Modelle. Wir stellen jeweils das lineare Modell und die zugehörigen Restriktionen dar:

$M_1 : Y = \beta_0 + \beta_2 x_2 + \beta_4 x_4 + \varepsilon; \quad \beta_1 = \beta_3 = 0$
$M_2 : Y = \beta_0 + \beta x_1 + \beta x_2 + \beta x_3 + \beta_4 x_4 + \varepsilon; \quad \beta_1 = \beta_2 = \beta_3$
$M_3 : Y = \beta_0 + \beta_1 x_1 + \beta_2 x_2 + 2\beta_2 x_3 + \beta_4 x_4 + \varepsilon; \quad \beta_3 = 2\beta_2$
$M_4 : Y = \beta_0 + \beta_1 x_1 + \beta_2 x_2 + (\beta_2 + 2) x_3 + \beta_4 x_4 + \varepsilon; \quad \beta_3 = \beta_2 + 2$
$M_5 : Y = \beta_0 + x_1 + \beta_3 x_3 + (\beta_3 + 2) x_4 + \varepsilon; \quad \beta_1 = 1, \beta_2 = 0, \beta_4 = \beta_3 + 2$

Die obigen Restriktionen entsprechen jeweils bestimmten Hypothesen. Diese Hypothesen sind grundsätzlich folgender Natur: Man kann einzelnen Regressionskoeffizienten einen bestimmten Wert, so z. B. den Wert 0, oder einen beliebigen anderen Wert zuweisen. Weiterhin kann man für Teilmengen der Regressionskoeffizienten einen identischen, aber unbekannten Wert annehmen. Auch für Differenzen oder Quotienten von Regressionskoeffizienten können bestimmte Werte festgelegt werden.

Wie das Modell M_5 zeigt, können solche Restriktionen auch miteinander kombiniert werden.

Man nennt Restriktionen, wie sie oben dargestellt wurden, auch lineare Hypothesen. Wie im Internetsupplement dargestellt wird, lassen sich lineare Hypothesen sehr einfach mithilfe der Matrixalgebra beschreiben. Die folgende Beschreibung verzichtet jedoch auf die Verwendung der Matrizenrechnung. Für die Aufstellung einer linearen Hypothese werden Linearkombinationen der Regressionskoeffizienten gebildet:

$$c_0\beta_0 + c_1\beta_1 + c_2\beta + \ldots + c_k\beta_k \quad = \quad d$$

Dabei wird z. B. durch die Linearkombination

$$\beta_0 - \beta_1 + 0\beta + \ldots + 0\beta_k \quad = \quad 0$$

die Hypothese $\beta_0 = \beta_1$ getestet oder durch

$$0\beta_0 + \beta_1 - 2\beta_2 + 0\beta_3 + \ldots + 0\beta_k \quad = \quad 0$$

die Hypothese $\beta_1 = 2\beta_2$.

Werden mehrere Restriktionen angegeben, z. B. zur Spezifikation des oben dargestellten Modells M_5,

$$\begin{aligned} 0\beta_0 + \beta_1 + 0\beta_2 + 0\beta_3 + 0\beta_4 &= 1 \\ 0\beta_0 + 0\beta_1 + \beta_2 + 0\beta_3 + 0\beta_4 &= 0 \\ 0\beta_0 + 0\beta_1 + 0\beta_2 - \beta_3 + \beta_4 &= 2 \end{aligned}$$

kann man (wenn klar ist, dass die in eine Gleichung nicht einbezogenen Koeffizienten als 0 angenommen werden) die obigen Gleichungen auch kürzer schreiben:

$$\begin{aligned} \beta_1 &= 1 \\ \beta_2 &= 0 \\ -\beta_3 + \beta_4 &= 2 \end{aligned}$$

Wir bezeichnen das restringierte Modell mit M_r und die zugehörige Fehlervariation mit $SS_{E(r)}$. Die Differenz $SS_{E(r)} - SS_{E(f)}$ zeigt, wie sich die Restriktionen auswirken: Ist diese Differenz 0, so werden für das unrestringierte Modell genau die Regressionskoeffizienten geschätzt, die durch die Restriktionen festgelegt sind. Je größer die Differenz $SS_{E(r)} - SS_{E(f)}$ ausfällt, desto unwahrscheinlicher ist es, dass die Stichprobendaten aus einer Population mit den Parametern des restringierten Modells stammen.

Mittels des folgenden Tests, der im Internetsupplement abgeleitet wird, lässt sich die Nullhypothese $SS_{E(r)} - SS_{E(f)} = 0$ überprüfen. Als Vergleichsmaßstab für diese Differenz bietet sich die Fehlervariation des vollen Modells an, d. h. $SS_{E(f)}$, mit $n-k-1$ Freiheitsgraden. Da $SS_{E(r)} - SS_{E(f)}$ genau r (= Anzahl der Restriktionen) Freiheitsgrade besitzt, ist unter Gültigkeit der Nullhypothese („alle Restriktionen gelten")

$$F = \frac{(SS_{E(r)} - SS_{E(f)})/r}{SS_{E(f)}/(n-k-1)} \sim F(r, n-k-1)$$

Wird der Parameter β_0 nicht restringiert, kann auch die folgende – zumeist einfacher zu nutzende – Formel für die Testung der Restriktionen verwendet werden:

$$F = \frac{(R_f^2 - R_r^2)/r}{(1-R_f^2)/(n-k-1)} \sim F(r, n-k-1)$$

Damit liegt ein Signifikanztest für die lineare Hypothese vor.

Test der allgemeinen linearen Hypothese

Annahmen:
$Y_i = \beta_0 + \beta_1 x_{i1} + \beta_2 x_{i2} + \ldots + \beta_k x_{ik} + \varepsilon_i \quad i = 1, \ldots, n$
ε_i i.i.d. $N(0, \sigma_\varepsilon^2) \quad i = 1, \ldots, n$
$r \leq k+1$ linear unabhängige Restriktionen der Parameter $\beta_0, \ldots, \beta_k$ sind gegeben

Testprobleme	*Teststatistik*	*Ablehnung der* H_0
H_0 : Alle Restriktionen gelten H_1 : Mindestens eine Restriktion gilt nicht	$F = \frac{(SS_{E(r)} - SS_{E(f)})/r}{SS_{E(f)}/(n-k-1)}$	$f > f_{1-\alpha}(r, n-k-1)$

Beispiel für den Test linearer Hypothesen

Wir nutzen hier wiederum das Beispiel zur Erklärung der Mathematiknote (MN) durch die beiden Variablen „Unterrichtsqualität" (UQ) und „Interesse an Mathematik" (IM). Die geschätzten Regressionskoeffizienten für das vollständige Modell $MN = \hat{\beta}_0 + \hat{\beta}_1 UQ + \hat{\beta}_2 IM$ wurden bereits berechnet.

Parameter	$\hat{\beta}$	$\hat{\sigma}_j$
Konstante (β_0)	2.00	1.31
Unterrichtsqualität (β_1)	2.00	0.47
Interesse (β_2)	1.00	0.27

Die erklärte Variation für das volle Modell beträgt $R_f^2 = .5385$.

Betrachten wir nun die (lineare) Nullhypothese $\beta_1 = \beta_2$ und die Alternativhypothese $\beta_1 \neq \beta_2$, resultiert die Restriktion $\beta_1 - \beta_2 = 0$ mit der Schätzung $\hat{\beta}_1 = \hat{\beta}_2 = 1.25$.

Da β_0 nicht restringiert ist, nutzen wir die vereinfachte Formel für den F-Bruch.

Die erklärte Variation für das restringierte Modell beträgt $R_r^2 = .4808$. Damit folgt $R_f^2 - R_r^2 = .0577$.

Als Teststatistik ergibt sich somit:

$$F = \frac{.0577/1}{(1-.5385)/(30-2-1)} = 3.376$$

Der kritische Wert der $F(1,27)$-Verteilung für $\alpha = .05$ ist 4.21. Nach dieser Analyse ist somit die Nullhypothese $\beta_1 = \beta_2$ beizubehalten, d. h. dass die Regressionskoeffizienten von „Unterrichtsqualität" und „Interesse an Mathematik" identisch sind.

9.5 Allgemeines lineares Modell mit kategorialen Prädiktoren

Die Aufnahme kategorialer Prädiktoren in die Regressionsgleichung wurde einführend in Holling und Gediga (2011, Kap. 10) behandelt. Wir wiederholen hier diese Thematik in erweiterter Form und zeigen, wie die varianzanalytischen Modelle, die in den vorangegangenen Kapiteln dargestellt wurden, als Spezialfälle des allgemeinen linearen Modells dargestellt werden können. Wir behandeln zunächst die Kodierung von zwei Gruppen und zeigen auf, dass der Zweistichproben-t-Test für homogene Varianzen ein Spezialfall des allgemeinen linearen Modells ist.

9.5.1 Zweistichproben-t-Test als lineares Modell

Liegen zwei normalverteilte Populationen mit gleicher Varianz und Erwartungswerten μ_1 und μ_2 vor, kann ein t-Test für homogene Varianzen zur Überprüfung von Unterschieden zwischen den Erwartungswerten durchgeführt werden. Um diesen Test ins allgemeine lineare Modell einzubetten, werden die Mitglieder dieser beiden Populationen durch die binäre unabhängige Variable X beschrieben.

Dummykodierung

Wählt man für die binäre Variable X die beiden Ausprägungen 0 und 1, so liegt eine sogenannte *Dummykodierung* vor. Erhalten die Stichprobenelemente aus der Population mit dem Erwartungswert μ_1 (Gruppe 1) den Wert 0 und die Stichprobenelemente aus der Population mit dem Erwartungswert μ_2 (Gruppe 1) den Wert 1, so entspricht β_0 dem Erwartungswert μ_1 und β_1 der Differenz der Erwartungswerte $\mu_2 - \mu_1$. Es gilt also $\beta_0 = \mu_1$ und $\beta_1 = \mu_2 - \mu_1$. Die Population mit dem Erwartungswert μ_0 ist hier die sogenannte Referenzpopulation. Der Koeffizient β_1 misst den Abstand der anderen Population von der Referenzpopulation.

Effektkodierung

intercept

Spezifiziert man für die binäre Variable X anstelle des Wertes 0 den Wert -1 und bestimmt den Wert 1 in gleicher Weise wie bei der Dummykodierung, so ist eine *Effektkodierung* gegeben. Wenn die Ausprägung -1 für die Gruppe 1 (Gruppe der Stichprobenelemente aus der Population mit dem Erwartungswert μ_1) und die Ausprägung 1 für die Gruppe 2 (Gruppe der Stichprobenelemente aus der Population mit dem Erwartungswert μ_2) gilt, berechnet sich β_0 (der Achsenabschnitt oder *intercept*) durch $(\mu_1 + \mu_2)/2$ und β_1 durch $\mu_2 - (\mu_1 + \mu_2)/2$. Hier erfasst β_0 den Mittelwert der Erwartungswerte und β_1 den Abstand der Population mit dem Erwartungswert μ_2 vom Mittelwert der Erwartungswerte.

Zellenmittelwertkodierung

Eine dritte verbreitete Form der Kodierung ist die sogenannte *Zellenmittelwertkodierung*. Hier wird nicht das übliche Regressionsmodell $Y = \beta_0 + \beta_1 X + \varepsilon$ verwendet, sondern ein Regressionsmodell ohne Achsenabschnitt und mit zwei Prädiktoren:

$$Y = \beta_1 X_1 + \beta_2 X_2 + \varepsilon$$

Erhalten die Mitglieder der Gruppe 1 für X_1 den Wert 1 und ansonsten den Wert 0 und die Mitglieder der Gruppe 2 für X_2 den Wert 1 und ansonsten den Wert 0, resultieren als Regressionskoeffizienten die Erwartungswerte: d. h. $\beta_1 = \mu_1$ und $\beta_2 = \mu_2$.

Die oben aufgezeigten Zusammenhänge, die im Internetsupplement nachgewiesen werden, gelten in analoger Weise für die Schätzer der Regressionskoeffizienten, hier ist jeweils β durch $\hat{\beta}$ und μ durch $\bar{Y}$ zu ersetzen. Ersetzen wir wiederum β durch $\hat{\beta}$, hingegen μ durch $\bar{y}$, sind die entsprechenden Zusammenhänge für die Schätzungen spezifiziert. Damit verwenden wir $\hat{\beta}$ der Einfachheit halber zugleich als Bezeichnung für den Schätzer und die entsprechende Schätzung, wobei die jeweilige Funktion aus dem Kontext ersichtlich wird. Damit entspricht $\hat{\beta}$ als Schätzung dem Term b, der in Holling und Gediga (2011) im Rahmen der deskriptiven Statistik als Bezeichnung für die Regressionskoeffizienten verwendet wird.

Im Folgenden stellen wir die drei Kodierungsarten zusammenfassend dar (vgl. Tab. 9.2). Für die Dummy- und die Effektkodierung verwenden wir für den Achsenabschnitt jeweils die Konstante $X_0 = 1$. Diese Konstante wird von Statistikprogrammen im Allgemeinen automatisch erzeugt.

Tabelle 9.2: Drei unterschiedliche Kodierungen zur Einbettung des Zweistichproben-t-Tests in das lineare Modell

Dummykodierung

	X_0	X
Gruppe 1	1	1
Gruppe 2	1	0

$$\beta_0 = \mu_1, \ \hat{\beta}_0 = \bar{y}_1$$
$$\beta_1 = \mu_2 - \mu_1, \ \hat{\beta}_1 = \bar{y}_2 - \bar{y}_1$$

Effektkodierung

	X_0	X
Gruppe 1	1	1
Gruppe 2	1	−1

$$\beta_0 = (\mu_1 + \mu_2)/2, \hat{\beta}_0 = (\bar{y}_1 + \bar{y}_2)/2$$
$$\beta_1 = \mu_2 - (\mu_1 + \mu_2)2, \hat{\beta}_1 = \bar{y}_2 - (\bar{y}_1 + \bar{y}_2)/2$$

Zellenmittelwertkodierung

	X_1	X_2
Gruppe 1	1	0
Gruppe 2	0	1

$$\beta_1 = \mu_1, \hat{\beta}_1 = \bar{y}_1$$
$$\beta_2 = \mu_2, \hat{\beta}_2 = \bar{y}_2$$

Beispiel: Zweistichproben-t-Test als lineares Modell

Betrachten wir das Beispiel zum Zweistichproben-t-Test mit homogenen Varianzen, die Evaluationsstudie zur Effektivität der integrierten Fortbildung (vgl. Kap. 6.1.2, S. 168).

Die Ergebnisse der Experimental- bzw. Kontrollgruppe Y_E bzw. Y_K waren:

$$\bar{y}_E = 3.68,\ s_{y_E} = 0.43\quad (n_{y_E} = 18)$$

$$\bar{y}_K = 2.74,\ s_{y_K} = 0.33\quad (n_{y_K} = 12)$$

Das lineare Modell mit der AV Sicherheit (Y) und der UV Zugehörigkeit zur Experimental- bzw. Kontrollgruppe (X) lautet: $Y = \beta_0 + \beta_1 X + \varepsilon$. Dabei wird die Experimentalgruppe mit $X = 1$ kodiert und entsprechend die Kontrollgruppe für die Dummykodierung mit $X = 0$ bzw. für die Effektkodierung mit $X = -1$.

Dem linearen Modell $Y_i = \beta_1 X_1 + \beta_2 X_2 + \varepsilon_i$ liegt die Zellenmittelwertkodierung zugrunde. Dabei sei $X_1 = 1$ für die Mitglieder der Experimentalgruppe und $X_1 = 0$ für die Mitglieder der Kontrollgruppe. Bei der Variablen X_2 sind die Kodierungen der beiden Ausprägungen genau umgekehrt.

Als Daten liegen vor:

Experimentalgruppe ($n_E = 18$)	3.16, 3.58, 3.42, 4.00, 3.79, 4.21, 3.38, 3.29, 4.29, 3.58, 3.00, 2.87, 4.13, 4.17, 3.83, 3.67, 3.62, 4.21
Kontrollgruppe ($n_K = 12$)	3.04, 2.79, 3.42, 2.83, 2.79, 2.63, 2.58, 2.21, 3.10, 2.44, 2.42, 2.62

Diese Daten werden für das allgemeine lineare Modell, hier die einfache Regression (unter Verwendung der Versuchspersonenkennung ID), folgendermaßen aufbereitet. Dabei steht X_0 für die Kodierungsvariable des Achsenabschnitts.

Dummykodierung				Effektkodierung				Zellenmittelwertkodierung			
ID	AV	X_0	X	ID	AV	X_0	X	ID	AV	X_1	X_2
1	3.16	1	1	1	3.16	1	1	1	3.16	1	0
2	3.58	1	1	2	3.58	1	1	2	3.58	1	0
3	3.42	1	1	3	3.42	1	1	3	3.42	1	0
.	...				...				...		
18	4.21	1	1	18	4.21	1	1	18	4.21	1	0
19	3.04	1	0	19	3.04	1	-1	19	3.04	0	1
20	2.79	1	0	20	2.79	1	-1	20	2.79	0	1
21	3.42	1	0	21	3.42	1	-1	21	3.42	0	1
.	...				...				...		
30	2.62	1	0	30	2.62	1	-1	30	2.62	0	1

Führt man nun eine einfache Regression für die dummykodierten Daten durch, resultiert der folgende Output:

```
            Estimate Std. Error t value Pr(>|t|)
(Intercept)   2.7392     0.1152  23.785  < 2e-16 ***
x             0.9386     0.1487   6.313 7.91e-07 ***
```

Für die Effektkodierung resultiert:

```
            Estimate Std. Error t value Pr(>|t|)
(Intercept)  3.20847    0.07434  43.161  < 2e-16 ***
x            0.46931    0.07434   6.313 7.91e-07 ***
```

Es sei angemerkt, dass die Signifikanztestung für den Parameter β_1 in beiden Fällen denselben Wert für die T-Statistik ergibt wie beim Zweistichproben-t-Test für homogene Varianzen. Zudem resultiert derselbe Wert für die T-Statistik des Tests der Hypothese $\rho_{XY} = 0$. Die Testung der Hypothese $\beta_0 = 0$ ist hier uninteressant, da die AV in diesem Beispiel eine intervallskalierte Variable darstellt und damit der Erwartungswert bzw. der Nullpunkt beliebig verschoben werden kann. Anstelle der Skala von 1 bis 5 hätte man genauso gut eine entsprechende Skala von -2 bis +2 verwenden können.

In diesem Fall würde zwar ein anderer Wert für die Teststatistik zur Testung der Hypothese $\beta_0 = 0$ resultieren, aber nicht für die Testung der Hypothese $\beta_1 = 0$.

Für die Zellenmittelwertkodierung resultiert der folgende Output:

```
   Estimate Std. Error t value Pr(>|t|)
x1  3.67778    0.09403   39.11   <2e-16 ***
x2  2.73917    0.11516   23.79   <2e-16 ***
```

Bei der Zellenmittelwertkodierung für das Beispiel korrespondiert die Hypothese $\beta_1 = 0$ mit der Hypothese $\mu_E = 0$ sowie die Hypothese $\beta_2 = 0$ mit der Hypothese $\mu_K = 0$. Eine Überprüfung dieser Hypothesen ist nicht sinnvoll, wenn Y auf Intervallskalenniveau gemessen ist (s. o.). Allerdings lässt sich die für Intervallskalen sinnvolle Hypothese $\mu_E - \mu_K = \zeta_0$ – für eine beliebige Konstante ζ_0 – mithilfe der allgemeinen linearen Hypothese $\beta_1 - \beta_0 = \zeta_0$ überprüfen. Diese Hypothese entspricht dann der Nullhypothese eines Zweistichproben-t-Tests für homogene Varianzen.

9.5.2 Einfaktorielle Varianzanalyse ohne Messwiederholung als lineares Modell

Für die Einbettung der Varianzanalyse in das allgemeine lineare Modell gilt es, kategoriale Variablen in geeigneter Weise zu transformieren. Hierfür hatten wird die wichtigsten Transformationen, die Dummy-, die Effekt- und die Zellenmittelwertkodierung, bereits oben eingeführt.

Liegen zwei Gruppen vor bzw. ist eine kategoriale Variable mit zwei Ausprägungen gegeben, kann man anhand einer Variablen die Beschreibung der beiden Gruppen vornehmen. Für den allgemeinen Fall von k Gruppen sind dementsprechend $k-1$ Variablen heranzuziehen.

Für dummy- und effektkodierte Prädiktoren wird das Regressionsmodell $Y = \beta_0 + \beta_1 X_1 + \ldots + \beta_{k-1} X_{k-1} + \varepsilon$ zugrunde gelegt. Bei der Dummykodierung wird eine nominalskalierte Variable folgendermaßen bestimmt:

- Für den Achsenabschnitt wird die Konstante $X_0 = 1$ verwendet.
- Die Variable X_1 nimmt für die Mitglieder der ersten Gruppe eine 1 an und ansonsten eine 0, die Variable X_2 nimmt für die Mitglieder der zweiten Gruppe eine 1 und ansonsten eine 0 an etc. Die Variable X_{k-1} nimmt dementsprechend für die Mitglieder der $k-1$ten Gruppe eine 1 an und ansonsten eine 0. Die Mitglieder der Gruppe k erhalten auf allen $k-1$ Variablen eine 0. Diese Gruppe nennt man auch Referenzgruppe.

Betrachten wir die *Dummykodierung* exemplarisch anhand einer kategorialen Variablen mit vier Ausprägungen (vgl. Tab. 9.3). Dummykodierung

Tabelle 9.3: Dummykodierung einer kategorialen Variablen mit vier Ausprägungen

	X_0	X_1	X_2	X_3
Gruppe 1	1	1	0	0
Gruppe 2	1	0	1	0
Gruppe 3	1	0	0	1
Gruppe 4	1	0	0	0

Wie im Internetsupplement gezeigt wird, resultieren die in Tabelle 9.4 dargestellten Zusammenhänge zwischen den Regressionskoeffizienten β_i, $i = 0, \ldots k-1$ und den Erwartungswerten μ_i, $i = 1, \ldots, k$ bzw. den Schätzungen für die Regressionskoeffizienten $\hat{\beta}_i = b_i$, $i = 0, \ldots, k-1$ und den Mittelwerten $\bar{y}_i$, $i = 1, \ldots, k$.

Tabelle 9.4: Zusammenhänge mit den Regressionskoeffizienten bei einer Dummykodierung einer kategorialen Variablen mit vier Ausprägungen

Parameter	Schätzungen
$\beta_0 = \mu_k$	$\hat{\beta}_0 = \bar{y}_k$
$\beta_1 = \mu_1 - \mu_k$	$\hat{\beta}_1 = \bar{y}_1 - \bar{y}_k$
$\vdots$	$\vdots$
$\beta_{k-1} = \mu_{k-1} - \mu_k$	$\hat{\beta}_{k-1} = \bar{y}_{k-1} - \bar{y}_k$

Die dummykodierten Variablen messen jeweils den Abstand des Erwartungswertes der entsprechenden Gruppe vom Erwartungswert der Kontrollgruppe. Dabei entspricht der Wert für β_0 dem Erwartungswert der Referenzgruppe μ_k und die Schätzung $\hat{\beta}_0$ dem Mittelwert der Referenzgruppe.

Effektkodierung

Die *Effektkodierung* (vgl. Tab. 9.5) erfolgt analog zur Dummykodierung mit dem Unterschied, dass die Referenzgruppe hier für alle Variablen den Wert -1 erhält.

Tabelle 9.5: Effektkodierung einer kategorialen Variablen mit vier Ausprägungen

	X_0	X_1	X_2	X_3
Gruppe 1	1	1	0	0
Gruppe 2	1	0	1	0
Gruppe 3	1	0	0	1
Gruppe 4	1	-1	-1	-1

Tabelle 9.6: Zusammenhänge mit den Regressionskoeffizienten bei einer Effektkodierung einer kategorialen Variablen mit vier Ausprägungen

Parameter	Schätzungen
$\beta_0 = (\sum_{j=1}^{k} \mu_j)/k$	$\hat{\beta}_0 = (\sum_{j=1}^{k} \bar{y}_j)/k$
$\beta_1 = \mu_1 - (\sum_{j=1}^{k} \mu_j)/k$	$\hat{\beta}_1 = \bar{y}_1 - (\sum_{j=1}^{k} \bar{y}_j)/k$
$\vdots$	$\vdots$
$\beta_{k-1} = \mu_{k-1} - (\sum_{j=1}^{k} \mu_j)/k$	$\hat{\beta}_{k-1} = \bar{y}_{k-1} - (\sum_{j=1}^{k} \bar{y}_j)/k$

Bei der Effektkodierung resultieren die in Tabelle 9.6 dargestellten Zusammenhänge zwischen den Regressionskoeffizienten und den Erwartungswerten bzw. zwischen den Schätzungen für die Regressionskoeffizienten und den Mittelwerten.

Hier entspricht β_0 dem mittleren Erwartungswert, d. h. dem Mittelwert der Erwartungswerte für alle Gruppen. Die übrigen Regressionskoeffizienten β_j, $(j = 1, ..., k-1)$ erfassen jeweils den Abstand des Erwartungswertes der j-ten Gruppe vom mittleren Erwartungswert. Für die k-te Gruppe wird kein Regressionskoeffizient geschätzt. Diese Schätzung ist nicht möglich, da dieser Koeffizient aus den anderen Koeffizienten bestimmt werden kann. Die Aufnahme einer weiteren Variablen für die k-te Gruppe würde zu einer linearen Abhängigkeit der Prädiktoren führen, womit keine Kleinste-Quadrate-Schätzung mehr erfolgen könnte.

Die Abweichung des Erwartungswertes der k-ten Gruppe vom mittleren Erwartungswert kann über den folgenden Zusammenhang bestimmt werden:

$$\mu_k - \mu = -(\beta_1 + \beta_2 + ... + \beta_{k-1}).$$

Wiederum gelten diese Zusammenhänge analog auf der Stichprobenebene.

Die *Zellenmittelwertkodierung* für eine kategoriale Variable mit 4 Ausprägungen ist in Tabelle 9.7 dargestellt. Zellenmittelwertkodierung

Tabelle 9.7: Zellenmittelwertkodierung einer kategorialen Variablen mit vier Ausprägungen

	X_1	X_2	X_3	X_4
Gruppe 1	1	0	0	0
Gruppe 2	0	1	0	0
Gruppe 3	0	0	1	0
Gruppe 4	0	0	0	1

Tabelle 9.8: Zusammenhänge mit den Regressionskoeffizienten bei einer Zellenmittelwertkodierung einer kategorialen Variablen mit vier Ausprägungen

Parameter	Schätzungen
$\beta_1 = \mu_1$	$\hat{\beta}_1 = \bar{y}_1$
$\beta_2 = \mu_2$	$\hat{\beta}_2 = \bar{y}_2$
$\vdots$	$\vdots$
$\beta_k = \mu_k$	$\hat{\beta}_k = \bar{y}_k$

Die zugehörigen Zusammenhänge zwischen den Regressionskoeffizienten und Erwartungswerten bzw. den entsprechenden Schätzungen zeigt Tabelle 9.8.

Vergleicht man die drei Kodierungen, so ist die Dummykodierung insbesondere dann angemessen, wenn es eine spezielle Referenzgruppe, in der Regel eine Kontrollgruppe, gibt und man den Abstand des Erwartungswertes einer Gruppe vom Erwartungswert der Referenzgruppe bestimmen möchte. Liegt eine solche Gruppe nicht vor, ist die Effektkodierung häufig angemessen. Die Regressionsmodelle mit effektkodierten Prädiktoren stimmen im Wesentlichen auch mit den in den letzten Kapiteln dargestellten varianzanalytischen Modellen überein (s. u.). Während die Dummy- und die Effektkodierung Differenzen zwischen Erwartungs- bzw. Mittelwerten und damit bestimmte Effekte messen, stimmen die Regressionskoeffizienten bei der Zellenmittelwertkodierung mit den Erwartungswerten bzw. Mittelwerten der Gruppen überein. Damit kommt diese Kodierung insbesondere zur Analyse von Hypothesen über Kontraste bzw. Linearkombinationen von Erwartungswerten in Frage (s. u.).

Betrachten wir die drei Kodierungen anhand eines Beispiels zur einfaktoriellen Varianzanalyse. Dazu verwenden wir die Daten aus dem Gedächtnisexperiment und zwar nur für die Bedingung „memorize“. Damit resultiert lediglich der Faktor „Dauer“ mit den Stufen „1 min“, „2 min“ und „3 min“.

Für dieses Beispiel wird bei dummy- und effektkodierten Prädiktoren das Regressionsmodell

$$Y = \beta_0 + \beta_1 X_1 + \beta_2 X_2 + \varepsilon$$

herangezogen und bei mittelwertkodierten Prädiktoren das Modell

$$Y = \beta_1 X_1 + \beta_2 X_2 + \beta_3 X_3 + \varepsilon.$$

Tabelle 9.9 enthält die Daten für die drei Kodierungen aus dem Gedächtnisexperiment. Dabei repräsentieren jeweils für die Dummy- und für die Effektkodierung die Variable X_0 den Achsenabschnitt und die Variablen X_1 und X_2 den Faktor (Dauer). Als Referenzkategorie wird die Faktorstufe „3 min“ gewählt. Bei der Mittelwertkodierung ist kein Achsenabschnitt gegeben, da hier der Faktor durch die drei Variablen X_1, X_2 und X_3 kodiert wird.

Designmatrix

Die Variablen X_0, X_1 und X_2 bei der Dummy- bzw. Effektkodierung und die Variablen X_1, X_2 und X_3 bei der Zellenmittelwertkodierung bilden die sogenannte *Designmatrix*. Eine Designmatrix enthält also die Prädiktoren eines Regressionsmodells.

Tabelle 9.9: Dummy-, Effekt- und Zellenmittelwertkodierung für den Faktor „Dauer“

			Dummy-kodierung			Effekt-kodierung			Zellenmittel-wertkodierung		
Faktor	ID	AV	X_0	X_1	X_2	X_0	X_1	X_2	X_1	X_2	X_3
1 min	1	5	1	1	0	1	1	0	1	0	0
	2	5	1	1	0	1	1	0	1	0	0
	3	8	1	1	0	1	1	0	1	0	0
	4	8	1	1	0	1	1	0	1	0	0
	5	9	1	1	0	1	1	0	1	0	0
2 min	6	11	1	0	1	1	0	1	0	1	0
	7	9	1	0	1	1	0	1	0	1	0
	8	11	1	0	1	1	0	1	0	1	0
	9	10	1	0	1	1	0	1	0	1	0
	10	14	1	0	1	1	0	1	0	1	0
3 min	11	11	1	0	0	1	−1	−1	0	0	1
	12	10	1	0	0	1	−1	−1	0	0	1
	13	11	1	0	0	1	−1	−1	0	0	1
	14	15	1	0	0	1	−1	−1	0	0	1
	15	13	1	0	0	1	−1	−1	0	0	1

Eine varianzanalytische Auswertung dieser Daten führt zu den folgenden Ergebnissen. Für die drei Faktorstufen resultieren als Mittelwerte der abhängigen Variablen: $\bar{y}_{1min} = 7$, $\bar{y}_{2min} = 11$ und $\bar{y}_{3min} = 12$. Der Mittelwert dieser drei Gruppenmittelwerte beträgt: (7+11+12)/3=10. Daraus ergeben sich die Effekte $\hat{\alpha}_1 = -3$, $\hat{\alpha}_2 = 1$ und $\hat{\alpha}_3 = 2$.

Die ANOVA-Tabelle für das Beispiel ist in Tabelle 9.10 dargestellt.

Tabelle 9.10: Beispieltabelle für eine einfaktorielle Varianzanalyse ohne Messwiederholung

Streuungs-ursache	Quadrat-summe	Freiheits-grade	Mittel der Quadrate	F
Zwischen	70.00	2	35.00	9.54
Innerhalb	44.00	12	3.67	
Gesamt	114.00	14		

Als Schätzung für das Effektmaß η^2 resultiert $\hat{\eta}^2 = 70/114 = .61$. Mit allen drei Kodiervarianten erhält man dieselbe ANOVA-Tabelle.

Die Schätzungen der Regressionskoeffizienten ergeben – je nach Kodierung – die in Tabelle 9.11 dargestellten Werte.

Tabelle 9.11: Regressionskoeffizienten bei Dummy- und Effektkodierung für den Faktor „Dauer“

	b_0	b_1	b_2
Dummykodierung	12	−5	−1
Effektkodierung	10	−3	1

Damit stimmen die Regressionskoeffizienten bei der Effektkodierung b_1 und b_2 mit den geschätzten Effekten $\hat{\alpha}_1$ und $\hat{\alpha}_2$ überein. Der Effekt $\hat{\beta}_3$ berechnet sich anhand von $\hat{\beta}_3 = -(\hat{\beta}_1 + \hat{\beta}_2) = 2$.

Die Berechnung von R^2 erfolgt bei der Regression ohne Achsenabschnitt anders als bei der Berücksichtigung des Achsenabschnitts. Somit stimmt bei der Regression mit den zellenmittelwertkodierten Variablen das R^2 nicht mit $\hat{\eta}^2$ überein (vgl. Internetsupplement). Hier entsprechen die Regressionskoeffizienten, wie oben ausgeführt, den Mittelwerten der AV für die einzelnen Gruppen, d. h. $b_1 = \bar{y}_{1min} = 7$, $b_2 = \bar{y}_{2min} = 11$ und $b_3 = \bar{y}_{3min} = 12$.

Ausgehend von der Zellenmittelwertkodierung können besonders einfach Hypothesen zu Kontrasten bzw. Linearkombinationen der Erwartungswerte umgesetzt werden. Ein Beispiel ist die Hypothese, dass der Zuwachs der richtigen Antworten von „1 min“ auf „2 min“ identisch ist mit dem Zuwachs von „2 min“ auf „3 min“, d. h. $\mu_{2min} - \mu_{1min} = \mu_{3min} - \mu_{2min}$ bzw. $-\mu_{1min} + 2\mu_{2min} - \mu_{3min} = 0$.

Die entsprechende lineare Hypothese lautet damit:

$$\mathrm{H}_0: -\beta_1 + 2\beta_2 - \beta_3 = 0 \qquad \mathrm{H}_1: -\beta_1 + 2\beta_2 - \beta_3 \neq 0$$

Das so durch die H_0 eingeschränkte Modell M_r wird verglichen mit dem vollen Modell M_f, in dem die Regressionskoeffizienten keiner Beschränkung unterliegen.

Als ANOVA-Tabelle für die lineare Hypothese bzw. die Differenz der beiden Modelle $M_f - M_r$ resultieren die in Tabelle 9.12 dargestellten Werte.

Tabelle 9.12: Testung einer linearen Hypothese bei Zellenmittelwertkodierung

Streuungsursache	Differenz der Quadratsummen	Freiheitsgrade	Mittel der Quadrate	F
Modellvergleich	7.50	1	7.50	2.05
Fehler	44.00	12	3.67	

Der p-Wert für die F-Statistik des Modellvergleichs ergibt .178. Damit kann die Nullhypothese, dass der Zuwachs an gelösten Aufgaben von „1 min" zu „2 min" gleich groß ist wie der Zuwachs von „2 min" zu „3 min", nicht zurückgewiesen werden.

Im Folgenden stellen wir noch die Einbettung der zweifaktoriellen Varianzanalyse ohne Messwiederholung und der einfaktoriellen Varianzanalyse mit Messwiederholung in das allgemeine lineare Modell dar. Die Identifikation der beiden übrigen varianzanalytischen Modelle als lineare Modelle befindet sich im Internetsupplement.

9.5.3 Zweifaktorielle Varianzanalyse ohne Messwiederholung als lineares Modell

Wir zeigen die Einbettung der zweifaktoriellen Varianzanalyse ohne Messwiederholung in das allgemeine lineare Modell anhand des schon dargestellten Beispiels zur Gedächtnisleistung. Hier gilt es, die Faktoren „Instruktion" (Faktor A) und „Einprägungsdauer" (Faktor B) sowie deren Interaktion zu kodieren. Wir beschränken uns hier auf die bei der varianzanalytischen Darstellung bereits implizit verwendete Effektkodierung.

Tabelle 9.13 enthält neben den beiden Variablen *ID* (Personenkennung) und *AV* (abhängige Variable) die Designmatrix auf der Basis der effektkodierten Prädiktoren.

Die Variable X_0 repräsentiert den Achsenabschnitt und die Variable X_1 den Faktor A (Instruktion). Die Variablen X_2 und X_3 stellen die Kodierung für den Faktor B (Dauer) dar, während die restlichen beiden Variablen $X_4 = X_1 \cdot X_2$ und $X_5 = X_1 \cdot X_3$ die Interaktion der beiden Faktoren repräsentieren.

Eine Regression der abhängigen Variablen auf die fünf Prädiktoren ergibt die folgenden Regressionskoeffizienten: $\hat{\beta}_0 = 12$, $\hat{\beta}_1 = -2$, $\hat{\beta}_2 = -4$, $\hat{\beta}_3 = 0$, $\hat{\beta}_4 = 1$ und $\hat{\beta}_5 = 1$.

Tabelle 9.13: Effektkodierung der Faktoren aus dem Gedächtnisexperiment

Faktor A	Faktor B	ID	AV	X_0	X_1	X_2	X_3	X_4	X_5
memorize	1 min	1	5	1	1	1	0	1	0
		2	5	1	1	1	0	1	0
		3	8	1	1	1	0	1	0
		4	8	1	1	1	0	1	0
		5	9	1	1	1	0	1	0
	2 min	6	11	1	1	0	1	0	1
		7	9	1	1	0	1	0	1
		8	11	1	1	0	1	0	1
		9	11	1	1	0	1	0	1
		10	14	1	1	0	1	0	1
	3 min	11	11	1	1	−1	−1	−1	−1
		12	10	1	1	−1	−1	−1	−1
		13	11	1	1	−1	−1	−1	−1
		14	15	1	1	−1	−1	−1	−1
		15	13	1	1	−1	−1	−1	−1
imagine	1 min	16	8	1	−1	1	0	−1	0
		17	7	1	−1	1	0	−1	0
		18	10	1	−1	1	0	−1	0
		19	8	1	−1	1	0	−1	0
		20	12	1	−1	1	0	−1	0
	2 min	21	11	1	−1	0	1	0	−1
		22	12	1	−1	0	1	0	−1
		23	14	1	−1	0	1	0	−1
		24	12	1	−1	0	1	0	−1
		25	16	1	−1	0	1	0	−1
	3 min	26	19	1	−1	−1	−1	1	1
		27	18	1	−1	−1	−1	1	1
		28	19	1	−1	−1	−1	1	1
		29	22	1	−1	−1	−1	1	1
		30	22	1	−1	−1	−1	1	1

Vergleichen wir diese Ergebnisse mit den Ergebnissen zur zweifaktoriellen Varianzanalyse, gelten die in Tabelle 9.14 dargestellten Zusammenhänge.

Tabelle 9.14: Zusammenhänge zwischen den Schätzern für die Parameter der zweifaktoriellen Varianzanalyse ohne Messwiederholung und des entsprechenden ALM

Schätzer in der zweifaktoriellen Varianzanalyse ohne Messwiederholung	Schätzer im ALM
$\hat{\mu}$	$\hat{\beta}_0$
$\hat{\beta}_1$	$\hat{\beta}_2$
$\hat{\beta}_2$	$\hat{\beta}_3$
$\widehat{\alpha\beta}_{11}$	$\hat{\beta}_4$
$\widehat{\alpha\beta}_{12}$	$\hat{\beta}_5$

Die übrigen Effekte, die wir im Rahmen der zweifaktoriellen Varianzanalyse dargestellt hatten, sind aufgrund der Nebenbedingungen von den dargestellten Effekten linear abhängig und können daher nicht geschätzt, aber folgendermaßen bestimmt werden:

$$\begin{aligned}
\hat{\alpha}_2 &= -\hat{\alpha}_1 = -b\hat{e}ta_1 \\
\hat{\beta}_3 &= -(\hat{\beta}_1 + \hat{\beta}_2) = -(b_2 + b_3) \\
\widehat{\alpha\beta}_{21} &= -\widehat{\alpha\beta}_{11} = -b_4 \\
\widehat{\alpha\beta}_{22} &= -\widehat{\alpha\beta}_{12} = -b_5 \\
\widehat{\alpha\beta}_{13} &= -(\widehat{\alpha\beta}_{11} + \widehat{\alpha\beta}_{12}) = -(b_4 + b_5) \\
\widehat{\alpha\beta}_{23} &= \widehat{\alpha\beta}_{11} + \widehat{\alpha\beta}_{12} = b_4 + b_5
\end{aligned}$$

Um die Faktoren A und B sowie die Interaktion zu testen, nutzt man restringierte Modelle $M_r(A)$, $M_r(B)$ und $M_r(A \times B)$, wie in Tabelle 9.15 dargestellt.

Tabelle 9.15: Beispiel für restringierte Modelle in der zweifaktoriellen Varianzanalyse ohne Messwiederholung

Modell	Modellgleichung
$M_r(A)$	$Y = \beta_0 + \beta_2 X_2 + \beta_3 X_3 + \beta_2 X_4 + \beta_3 X_5 + \varepsilon$
$M_r(B)$	$Y = \beta_0 + \beta_1 X_1 + \beta_4 X_4 + \beta_5 X_5 + \varepsilon$
$M_r(A \times B)$	$Y = \beta_0 + \beta_1 X_1 + \beta_2 X_2 + \beta_3 X_3 + \varepsilon$

Die ermittelten Quadratsummen der Differenzen von M_f und M_r entsprechen exakt den im Rahmen der varianzanalytischen Darstellung berichteten Werten. Diese Resultate sind detailliert im Internetsupplement dargestellt, ebenso wie die Einbettung von zweifaktoriellen Varianzanalysen, bei denen eine unterschiedliche Zellenbesetzung vorliegt und damit die Faktoren nicht mehr unabhängig sind.

Im Fall unterschiedlicher Zellenbesetzungen gibt es zudem noch mehrere Methoden der Berechnung der Fehlerquadratsummen. Bei der hier behandelten regressionsanalytischen Differenzmethode, die auch *Typ-III-Zerlegung* genannt wird und sehr häufig eingesetzt wird, erhält jeder Prädiktor bzw. jede Teilmenge von Prädiktoren nur den Variationsanteil zugewiesen, den der Prädiktor bzw. die Teilmenge von Prädiktoren eigenständig – d. h. ohne den Einfluss aller anderen Prädiktoren – erbringt. Weitere Ausführungen zur Quadratsummenzerlegung finden sich im Internetsupplement.

Typ-III-Zerlegung

9.5.4 Einfaktorielle Varianzanalyse mit Messwiederholung als lineares Modell

Die Darstellung der Varianzanalyse mit Messwiederholung erfordert neben der Kodierung der Faktoren die Kodierung der Personen, die hier ebenfalls unabhängige Variablen darstellen. Im Folgenden zeigen wir die Einbettung der einfaktoriellen Varianzanalyse mit Messwiederholung anhand des schon verwendeten Beispiels zur Gedächtnisleistung (vgl. Kap. 8.2).

Für das Beispiel mit dem Faktor „Dauer“ und den fünf Versuchspersonen verwenden wir wiederum die Effektkodierung. Damit resultiert die in Tabelle 9.16 dargestellte Datenmatrix. Die Variablen X_1 und X_2 repräsentieren den Faktor „Dauer“ und die Variablen X_3, X_4, X_5 und X_6 die Personen.

Würde man mit den Daten eine einfaktorielle Varianzanalyse ohne Messwiederholung berechnen, so erhielte man die oben in Tabelle 9.10 dargestellte Varianzanalysetabelle.

Die a priori zwischen den Personen bestehende Variation lässt sich bei der einfaktoriellen Varianzanalyse mit Messwiederholung aus der Fehlervariation „herausrechnen“ bzw. auspartialisieren. Dazu bezieht man im Rahmen der allgemeinen linearen Hypothese zusätzlich zu den Kodiervariablen für den Faktor auch die Kodiervariablen für die Personen in das volle Modell als Prädiktoren ein. Dieses Modell vergleicht man dann mit dem reduzierten Modell, in dem lediglich die Kodiervariablen für die Personen als Prädiktoren fungieren. So erfasst man die Treatmentvariation, die über die zwischen den Personen bestehende Variation hinausgeht.

Tabelle 9.16: Effektkodierung von Experimental- und Personenfaktor für eine Varianzanalyse mit Messwiederholung

				Dauer		*Personen*			
Faktor	ID	AV	X_0	X_1	X_2	X_3	X_4	X_5	X_6
	1	5	1	1	0	1	0	0	0
	2	5	1	1	0	0	1	0	0
1 min	3	8	1	1	0	0	0	1	0
	4	8	1	1	0	0	0	0	1
	5	9	1	1	0	−1	−1	−1	−1
	1	11	1	0	1	1	0	0	0
	2	9	1	0	1	0	1	0	0
2 min	3	11	1	0	1	0	0	1	0
	4	10	1	0	1	0	0	0	1
	5	14	1	0	1	−1	−1	−1	−1
	1	11	1	−1	−1	1	0	0	0
	2	10	1	−1	−1	0	1	0	0
3 min	3	11	1	−1	−1	0	0	1	0
	4	15	1	−1	−1	0	0	0	1
	5	13	1	−1	−1	−1	−1	−1	−1

Damit gilt es, die beiden folgenden Modelle zu vergleichen:

$$M_f: \quad Y = \beta_0 + \beta_1 X_1 + \beta_2 X_2 + \beta_3 X_3 + \beta_4 X_4 + \beta_5 X_5 + \beta_6 X_6 + \varepsilon$$
$$M_r: \quad Y = \beta_0 + \beta_3 X_3 + \beta_4 X_4 + \beta_5 X_5 + \beta_6 X_6 + \varepsilon$$

Die Nullhypothese und die Alternativhypothese lauten damit:

$$\mathrm{H}_0: \quad \beta_1 = \beta_2 = 0$$
$$\mathrm{H}_1: \quad \beta_1 \neq \beta_2$$

Gemäß der Alternativhypothese ist entweder eines der beiden Regressionsgewichte ungleich 0 oder beide Regressionsgewichte sind von 0 verschieden. Äquivalent dazu ist die Überprüfung der Hypothese, ob der Zuwachs an aufgeklärter Variation durch das volle Modell gegenüber dem reduzierten Modell ohne die Kodiervariablen für den Faktor als unabhängige Variablen ungleich 0 ist:

$$\mathrm{H}_0: \quad R_f^2 - R_r^2 = 0$$
$$\mathrm{H}_1: \quad R_f^2 - R_r^2 > 0$$

Es resultieren die folgenden ANOVA-Tabellen (vgl. Tab. 9.17, 9.18).

Tabelle 9.17: ANOVA-Tabelle für das volle Modell

Streuungs-ursache	Quadrat-summe	Freiheits-grade	Mittel der Quadrate	F
Zwischen	100.00	6	16.67	9.52
Innerhalb	14.00	8	1.75	
Gesamt	114.00	14		

Tabelle 9.18: ANOVA-Tabelle für das reduzierte Modell

Streuungs-ursache	Quadrat-summe	Freiheits-grade	Mittel der Quadrate	F
Zwischen	30.00	4	7.50	0.89
Innerhalb	84.00	10	8.40	
Gesamt	114.00	14		

Damit resultiert die folgende ANOVA-Tabelle für die Differenz der Modelle $M_f - M_r$ (vgl. Tab. 9.19):

Tabelle 9.19: ANOVA-Tabelle für die Differenz zweier Modelle

Streuungs-ursache	Quadrat-summe	Freiheits-grade	Mittel der Quadrate	F
Modellvergleich	70.00	2	35.00	20.00
Fehler	14.00	8	1.75	

Die ANOVA-Tabelle für die Differenz der Modelle $M_f - M_r$ stimmt exakt mit der entsprechenden Tabelle der einfaktoriellen Varianzanalyse mit Messwiederholung überein, ebenso wie die (Schätzungen der) Regressionskoeffizienten mit den entsprechenden Effekten:

$$\begin{aligned}
\hat{\beta}_0 &= \hat{\mu} = 10 \\
\hat{\beta}_1 &= \hat{\alpha}_1 = -3 \\
\hat{\beta}_2 &= \hat{\alpha}_2 = 1 \\
\hat{\beta}_3 &= \hat{\pi}_1 = -1 \\
\hat{\beta}_4 &= \hat{\pi}_2 = -2 \\
\hat{\beta}_5 &= \hat{\pi}_3 = 0 \\
\hat{\beta}_6 &= \hat{\pi}_4 = 1
\end{aligned}$$

Weiterhin gilt für die nicht kodierten Effekte:

$$\begin{aligned}
\hat{\alpha}_3 &= -(\hat{\beta}_1 + \hat{\beta}_2) = 2 \\
\hat{\pi}_5 &= -(\hat{\beta}_3 + \hat{\beta}_4 + \hat{\beta}_5 + \hat{\beta}_6) = 2
\end{aligned}$$

9.5.5 Kovarianzanalyse als lineares Modell

Gemäß einer allgemeinen Definition liegt eine Kovarianzanalyse vor, wenn kategoriale und stetige Variablen als Prädiktoren in das allgemeine lineare Modell aufgenommen werden. Der Name „Kovarianzanalyse" geht darauf zurück, dass die stetige Variable auch Kovariate genannt wird. Nach der Darstellung der statistischen Grundlagen der Kovarianzanalyse anhand eines einfachen Beispiels kommen wir auf die Definition der Kovarianzanalyse zurück.

Wir verwenden hier die Daten zum Gedächtnisexperiment, die unter der Bedingung „memorize" erhoben und für die Darstellung der Kovarianzanalyse leicht modifiziert wurden. Damit liegt ein Faktor „Dauer" als unabhängige Variable vor, als weitere unabhängige Variable verwenden wir die stetige Variable „Intelligenz". Es ist anzunehmen, dass die Anzahl der richtig reproduzierten Items in dem Experiment nicht allein von der „reinen" Gedächtnisleistung abhängt, sondern von weiteren kognitiven Prozessen, die sich durch das Merkmal „Intelligenz" vorhersagen lassen. Um die Erinnerungsleistung in dem Experiment zu erhöhen, dürften die Vpn z. B. – in Abhängigkeit von ihrer Intelligenz – versuchen, über die reine Einprägung der Items hinaus, möglichst vielfältige Assoziationen zwischen den präsentierten Items oder zu anderen Sachverhalten zu knüpfen. Weiterhin mag auch die Bearbeitungsgeschwindigkeit, eine wichtige Komponente der Intelligenz, die Anzahl der richtig gelösten Items beeinflussen.

Um in dem Experiment die „reine" Gedächtnisleistung zu erfassen, ohne dass diese Leistung durch andere kognitive Prozesse beeinflusst wird, erscheint es adäquat, die Wirkung der Variablen „Intelligenz" zu „neutralisieren" bzw. konstant zu halten. Durch die Aufnahme einer Variablen als weiteren Prädiktor in eine Regressionsgleichung erfolgt „automatisch" eine solche Konstanthaltung, d. h. die Wirkung der übrigen Prädiktoren wird unter der Voraussetzung gemessen, dass die zusätzlich aufgenommene UV konstant gehalten wird. Aus diesem Grund wird neben dem Faktor „Dauer" die Variable „Intelligenz" als weiterer Prädiktor in das lineare Modell aufgenommen.

Tabelle 9.20 enthält die hier verwendeten Daten. Neben den bereits „bekannten" Variablen ID, AV, X_0 und beiden effektkodierten Variablen X_1 und X_2 für den Faktor „Dauer" wurde als weitere Variable X_3 die Variable „Intelligenz" aufgenommen. Diese Daten entsprechen den Daten, die wir bereits oben für die Einbettung der einfaktoriellen Varianzanalyse ohne Messwiederholung verwendet hatten, jedoch mit dem Unterschied, dass wir die Werte der abhängigen Variablen für die Faktorstufe

„1 min“ etwas größer ausfallen lassen, um die Wirkung der Kovarianzanalyse deutlicher zeigen zu können.

Der Mittelwert der abhängigen Variablen für die Gruppe mit der Bedingung „1 min“, hier mit $\bar{y}_{1min}$ bezeichnet, beträgt 8.4, die beiden weiteren analog bezeichneten Mittelwerte ergeben $\bar{y}_{2min} = 11$ und $\bar{y}_{3min} = 12$. Für alle drei Gruppen resultiert jeweils der gleiche Mittelwert (106) für die Kovariate „Intelligenz“. Damit liegt hier kein systematischer Zusammenhang zwischen den experimentellen Bedingungen und der Kovariate vor, d. h. der Faktor „Dauer“ und die Kovariate „Intelligenz“ sind unabhängig.

Tabelle 9.20: Daten für die Kovarianzanalyse (der Faktor ist effektkodiert dargestellt)

Faktor	ID	AV	X_0	X_1	X_2	X_3
	1	6	1	1	0	110
	2	10	1	1	0	100
1 min	3	5	1	1	0	90
	4	10	1	1	0	120
	5	11	1	1	0	110
	6	10	1	0	1	90
	7	9	1	0	1	100
2 min	8	11	1	0	1	120
	9	11	1	0	1	110
	10	14	1	0	1	110
	11	11	1	−1	−1	120
	12	10	1	−1	−1	100
3 min	13	11	1	−1	−1	90
	14	15	1	−1	−1	110
	15	13	1	−1	−1	110

Als statistisches Modell der Kovarianzanalyse verwenden wir hier:

$$Y = \beta_0 + \beta_1 X_1 + \beta_2 X_2 + \beta_3 X_3 + \varepsilon$$

Bei diesem Modell liegt kein Interaktionseffekt zwischen der „Dauer“ und der „Intelligenz“ vor, damit setzt dieses Modell (auf Populationsebene) voraus, dass die drei Regressionsgeraden zwischen der abhängigen Variablen und der Kovariaten innerhalb der drei Gruppen parallel verlaufen.

Berechnen wir für die obigen Daten die Regression der AV auf die Kovariate „Intelligenz“ getrennt für die drei Gruppen, resultieren nahezu gleiche Regressionskoeffizienten für die Steigung bei den drei Gruppen: $b_{1min} = .13$, $b_{2min} = .08$ und $b_{1min} = .06$. Dieses Ergebnis ist in Abbildung 9.1 dargestellt. Angesichts des geringen Stichprobenumfangs von 5 Personen pro Gruppe widerspricht dieses Ergebnis keineswegs der Annahme paralleler Regressionsgeraden.

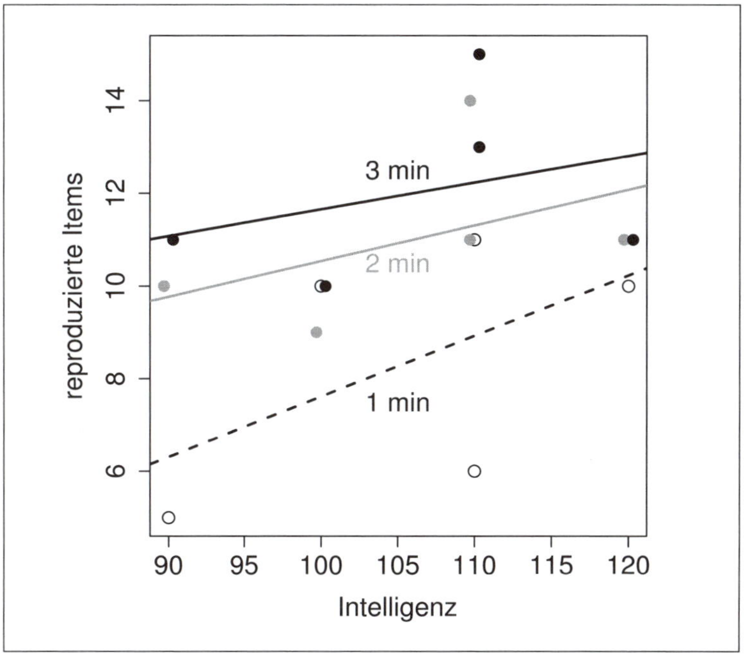

Abbildung 9.1: Check der Parallelität von Regressionsgeraden

Welchen Vorteil erbringt nun die Aufnahme der Kovariaten „Intelligenz"? „Intelligenz" ist positiv mit der abhängigen Variablen korreliert und unabhängig vom Faktor „Dauer". Damit ist die Varianz, die durch den Faktor „Dauer" – bzw. durch die beiden entsprechenden Kodiervariablen – erklärt wird, genauso hoch wie die Varianz, die durch den Faktor „Dauer" aufgeklärt wurde, wenn der Einfluss der Kovariate „Intelligenz" konstant gehalten wird. Anhand der folgenden drei Modelle sei diese Aussage verdeutlicht:

M_1: $Y = \beta_0 + \beta_1 X_1 + \beta_2 X_2 + \varepsilon$
M_2: $Y = \beta_0 + \beta_1 X_1 + \beta_2 X_2 + \beta_3 X_3 + \varepsilon$
M_3: $Y = \beta_0 + \beta_3 X_3 + \varepsilon$

Der Determinationskoeffizient für M_1, hier mit $R^2_{M_1}$ bezeichnet, beträgt .37. Die analog bezeichneten Determinationskoeffizienten für M_2 und M_3 ergeben $R^2_{M_2} = .50$ und $R^2_{M_3} = .13$. Die Differenz $R^2_{M_2} - R^2_{M_3} = .37$

entspricht also $R^2_{M_1}$. Entscheidend ist hier jedoch, dass der Determinationskoeffizient $R^2_{M_1}$ mit einem F-Wert von 3.50 bei 2 Freiheitsgraden für den Zähler und 12 Freiheitsgraden für den Nenner einen p-Wert von .063 erzielt. Damit ist der Einfluss des Faktors „Dauer" auf dem 5%-Niveau nicht signifikant.

inkrementelle aufgeklärte Variation

Der F-Wert für die *inkrementelle aufgeklärte Variation* $R^2_{M_2} - R^2_{M_3}$ beträgt 4.042 bei 2 Freiheitsgraden für den Zähler und 11 Freiheitsgraden für den Nenner. Der entsprechende p-Wert beträgt hier .048, womit ein auf dem 5%-Niveau signifikanter Einfluss des um die Intelligenz „bereinigten" Faktors „Dauer" vorliegt.

Die beiden Varianzanalysetabellen für M_1 und die inkrementelle aufgeklärte Variation sind in den Tabellen 9.21 und 9.22 dargestellt.

Tabelle 9.21: Varianzanalysetabelle für das Modell M_1

Streuungsursache	Quadratsumme	Freiheitsgrade	Mittel der Quadrate	F	p
Regression	34.533	2	17.267	3.500	.063
Fehler	59.200	12	4.933		
Gesamt	93.733	14			

Tabelle 9.22: Varianzanalysetabelle für die inkrementelle Variation

Streuungsursache	Quadratsumme	Freiheitsgrade	Mittel der Quadrate	F	p
Regression	34.533	2	17.267	4.042	.048
Fehler	46.992	11	4.272		

Hier zeigt sich, dass der höhere F-Wert und zugleich niedrigere p-Wert darauf zurückgehen, dass die Fehlervarianz für das Modell $M_2 - M_3$ durch die Aufnahme der Kovariate geringer ausfällt. Allerdings ist hier zu beachten, dass die Freiheitsgrade für den Nenner um 1 vermindert sind, so dass bei einer geringen Reduktion der Fehlervarianz kein größerer F-Wert resultiert. Jedoch kommt dieser Fall lediglich bei einem geringen Stichprobenumfang und/oder einem geringen Einfluss der Kovariate auf die AV vor.

Im obigen Beispiel wurden lediglich ein Faktor und eine Kovariate einbezogen. Es können jedoch ohne Weiteres mehrere Faktoren und/oder Kovariaten in das lineare Modelle aufgenommen werden, so dass umfangreichere kovarianzanalytische Modelle vorliegen.

Das oben dargestellte Beispiel zeichnete sich durch die folgenden Merkmale aus:

- Im Vordergrund steht die Hypothese zum Einfluss eines Faktors, die Kovariate dient im Wesentlichen zur Kontrolle von unerwünschter Variation.
- Die Kovariate korreliert mit der abhängigen Variablen.
- Die Steigungskoeffizienten der Regression der abhängigen Variablen auf die Kovariate sind über die verschiedenen Gruppen hinweg identisch.

Diese Eigenschaften zeichnen eine „traditionelle“ Kovarianzanalyse aus, wie sie vielfach in klassischen Lehrbüchern zur Varianzanalyse beschrieben wird. Hier wird die Kovarianzanalyse nicht als lineares Modell dargestellt, sondern vielmehr in einem varianzanalytischen Kontext. Dabei wird im Prinzip der Einfluss einer Kovariate auf die abhängige Variable zunächst auspartialisiert und dann mit den „adjustierten“ Mittelwerten der auspartialisierten Variablen eine Varianzanalyse durchgeführt. Es resultieren jedoch in jedem Fall dieselben Ergebnisse, wie sie anhand entsprechender Analysen im Rahmen des allgemeinen linearen Modells erzielt werden. Der formale Aufwand traditioneller Kovarianzanalysen ist aber ungleich höher und die entsprechenden Analysen sind weitaus schwieriger zu verstehen. Es sprechen aber noch weitere Gründe dafür, das allgemeine lineare Modell zu verwenden, wenn kategoriale und stetige Faktoren vorliegen, wie nun gezeigt wird.

Ein lineares Modell, in das kategoriale wie stetige Merkmale einbezogen werden, kann ohne Weiteres auch dann spezifiziert werden, wenn die oben aufgeführten Merkmale einer klassischen Kovarianzanalyse nicht erfüllt sind. Wie in Holling und Gediga (2011, Kap. 10) anhand eines Beispiels zum Zusammenhang des Einstiegsgehalts mit der Studiendauer und dem Studienfach gezeigt wurde, kann auch der Zusammenhang einer stetigen abhängigen Variablen und einer stetigen unabhängigen Variablen (Kovariate) im Vordergrund des Interesses stehen, wobei hingegen die kategoriale Variable zur Kontrolle der unerwünschten Varianz dient.

In sogenannten quasi-experimentellen Untersuchungen, in denen Versuchspersonen nicht randomisiert den experimentellen Bedingungen zugeordnet werden können, besteht oftmals ein systematischer Zusammenhang zwischen der Kovariate und der abhängigen Variablen. Werden z. B. Mitglieder unterschiedlicher Organisationen verglichen, ist eine randomisierte Zuordnung dieser Personen zu Gruppen nicht möglich. In diesem Fall treten nicht selten systematische Zusammenhänge zwischen der abhängigen Variablen und der Kovariate auf. Hier ist es dann ein explizites Ziel der Kovarianzanalyse, den Einfluss der Kovariate auf die abhängige Variable konstant zu halten. Je nachdem, ob dieser Zusammenhang positiv oder negativ ist, wird der Einfluss der Faktoren auf die abhängige Variable geringer oder auch höher ausfallen (vgl. Internetsupplement).

Schließlich kann die Steigung der Geraden für die Regression der AV auf die Kovariate für die drei Gruppen unterschiedlich ausfallen. Dann sind entsprechende Interaktionseffekte zu modellieren. Eine dementsprechende Aufnahme von Interaktionstermen in die Regressionsgleichung wäre im vorliegenden Beispiel dann erforderlich, wenn der Einfluss der Intelligenz für die unterschiedlichen Stufen des Faktors Dauer variiert hätte.

9.6 Power

multipler Determinationskoeffizient

Wir wissen, dass der *multiple Determinationskoeffizient* durch

$$R^2_{y \bullet 1 \ldots k} = \frac{SS_T - SS_E}{SS_T} = \frac{SS_R}{SS_T} = \frac{\sum(\hat{y}_i - \bar{y})^2}{\sum(y_i - \bar{y})^2}$$

multiples R

berechnet werden kann. Dieser Koeffizient oder die Wurzel aus diesem Koeffizienten – das sogenannte *multiple* R – werden als deskriptive Statistiken für den Erfolg der Regression genutzt. Neben diesen Größen gibt es den Index f^2 (bzw. die Wurzel $f = \sqrt{f^2}$, nicht zu verwechseln mit dem F-Wert!), der durch

$$f^2 = \frac{R^2}{1 - R^2} \text{ oder}$$

$$R^2 = \frac{f^2}{1 + f^2}$$

mit dem Determinationskoeffizienten verknüpft ist.

Mit der Definition von Effektstärkengrößen kann man nun die erzielten Effekte ihrer Größe nach beurteilen. Nach Cohen (1988) ergeben sich im Falle intervallskalierter Variablen folgende grobe Hinweise für die Größe von Effektstärken (vgl. Tab. 9.23).

Ist eine Effektgröße vorgeben (z. B. f^2 für das Programm G*Power; Faul et al., 2007), kann bei gegebener Anzahl von Prädiktoren die notwendige Stichprobe für eine akzeptable Power berechnet werden (vgl. Tab. 9.24).

Durch den unterschiedlichen Anwendungskontext sind auch die interessanten Effekte für meist experimentelle Untersuchungen (basierend

Tabelle 9.23: Effektgrößen in der multiplen Regression

	kleiner Effekt	mittlerer Effekt	großer Effekt
R^2	.02	.13	.26
R	.14	.36	.51
f^2	.02	.15	.35
f	.14	.39	.59

Tabelle 9.24: Notwendige Stichprobenumfänge für den F-Test in der multiplen Regression bei intervallskalierten Prädiktoren ($\alpha = .05$, $\beta = .20$)

Prädiktoren	kleiner Effekt	mittlerer Effekt	großer Effekt
1	395	55	25
2	485	68	31
3	550	77	36
4	602	85	40
5	647	92	43
10	822	118	57
100	2091	338	190

auf Faktoren) und eher korrelative Untersuchungen (basierend auf stetigen Prädiktoren) recht unterschiedlich. Die Berechnung der notwendigen Stichprobengrößen bei varianzanalytischen Designs (ohne Kovariaten) wurde bereits in den vorherigen Kapiteln diskutiert.

Wenn Kovariaten genutzt werden, zeigt die Berechnung mit G*Power (Faul et al., 2007) nur eine kleine Erhöhung der Stichprobengröße gegenüber einem Versuchsplan ohne Kovariaten. Genaue Berechnungen lassen sich anhand des Programms G*Power durchführen.

9.7 Überprüfung der Voraussetzungen

Beim allgemeinen linearen Modells werden unabhängige, identisch normalverteilte Fehler vorausgesetzt. Diese Annahmen gelten entsprechend für die varianzanalytischen Modelle als Spezialfälle. Im Folgenden werden die für diese Modelle getroffenen Aussagen zur Überprüfung der Voraussetzungen vertieft.

Die erste grundlegende Annahme besteht in der Unabhängigkeit der Fehler. Diese Annahme kann jedoch verletzt sein. Wie kann es zu Abhängigkeiten der Fehler kommen? Insbesondere bei Messwiederholungen können solche Abhängigkeiten entstehen. Die Beispiele zum t-Test für abhängige Stichproben oder zur Varianzanalyse mit Messwiederholungen enthalten abhängige Beobachtungen. Jedoch stellen die Abhängigkeiten hier kein Problem dar, da sie explizit in das statistische Modell aufgenommen wurden. Jedoch werden bestimmte Abhängigkeiten zuweilen nicht beachtet und bleiben damit bei der Modellbildung unberücksichtigt.

Führt man beispielsweise ein Experiment zur Messung der Reaktionsgeschwindigkeit auf einfache Stimuli durch, so ist es durchaus üblich, zahlreiche, z. B. 50 oder 100, Beobachtungen an jeder Vp vorzunehmen. Hier können über die Zeit Ermüdungs- oder Sättigungseffekte auftreten. Ebenso mögen Vpn nach einer fehlerhaften Antwort bei der dann folgenden Messung besonders motiviert sein und schneller reagieren. Treten solche Effekte auf, sind sie in der Regressionsgleichung zu modellieren, ansonsten ist ein anderes Design zu wählen.

Eine weitere Quelle für die Entstehung von Abhängigkeiten ist die Aufnahme von Vpn, die sich hinsichtlich wesentlicher Merkmale ähnlich sind und aus diesem Grund auch zu ähnlichen Beobachtungen, d. h. abhängigen Beobachtungen führen. Nimmt man nur eine Reaktionszeitmessung pro Vp in einem Experiment vor und befinden sich in einer der Gruppen gehäuft ältere Personen, die im Allgemeinen langsamere Reaktionszeiten aufweisen, entstehen abhängige Beobachtungen. Auch die Einbeziehung von Schulklassen oder anderen homogenen Subgruppen in eine Stichprobe kann Abhängigkeiten zwischen den Beobachtungen erzeugen.

Solche Abhängigkeiten zwischen Beobachtungen können bedeutende Auswirkungen auf die statistischen Ergebnisse haben. Es kann eine massive Erhöhung des Fehlers erster Art auftreten. Dann wird die Nullhypothese aufgrund abhängiger Daten fälschlicherweise zu häufig abgelehnt.

Wie aus den obigen Ausführungen deutlich geworden sein dürfte, sind eine adäquate Stichprobenerhebung und Versuchsplanung unabdingbare Voraussetzungen, um unerwünschte Abhängigkeiten zwischen Beobachtungen zu vermeiden. Sind abhängige Beobachtungen unvermeidlich, können spezifische statistische Verfahren, wie Varianzanalysen mit Messwiederholung oder komplexere Verfahren, wie sogenannte gemischte lineare Modelle, eingesetzt werden (vgl. Gałecki & Burzykowski, 2013). Schließlich sei noch auf Testverfahren zur Überprüfung bestimmter Formen der Abhängigkeit von Beobachtungen hingewiesen, über die wir im Internetsupplement berichten.

Die Überprüfung der Normalverteilung der Fehler wurde ausführlicher in Kapitel 3 behandelt. Hier bieten sich der NQ-Plot sowie der Shapiro-Wilk-Test an. Gerade bei großen Stichproben ist die Verwendung des NQ-Plots indiziert, da der Shapiro-Wilk-Test signifikant ausfällt, auch wenn nur geringe Abweichungen von der Normalverteilung vorliegen mögen. Ist die Normalverteilungsannahme gravierend verletzt, können Transformationen der AV dazu führen, dass diese Annahme für die transformierten Variablen erfüllt ist. So führt z. B. eine logarithmische Transformation von Einkommensdaten in der Regel dazu, dass die so transformierten Einkommensdaten (näherungsweise) normalverteilt sind. Generell gibt es eine Vielzahl von Transformationen, die sich in Abhängigkeit von bestimmten Kennwerten der Daten, insbesondere der Schiefe, anbieten, um die Normalverteilungsannahme zu gewährleisten. Im Internetsupplement gehen wir ausführlicher auf diese Thematik ein.

Homoskedastizität

Heteroskedastizität

Eine letzte grundlegende Voraussetzung für die Verfahren des allgemeinen linearen Modells, die wir hier erörtern, ist die *Homoskedastizität*, d. h., die Varianzen der Fehler ε für alle Kombinationen der Ausprägungen der Prädiktoren müssen identisch sein. Gilt diese Annahme nicht, spricht man von *Heteroskedastizität*.

Wie bereits im Zusammenhang mit dem t-Test diskutiert (vgl. Kap. 6), führen inferenzstatistische Analysen im Fall von Varianzheterogenität zu Problemen. Die Standardfehler bzw. die Varianz der Schätzer für die Parameter werden im Fall von Heteroskedastizität in der Regel nicht mehr korrekt geschätzt, d. h. enthalten einen systematischen Fehler (Bias). Damit halten die Tests im Allgemeinen nicht mehr das vorgegebene Signifikanzniveau ein.

White-Korrektur

Als Abhilfe bietet sich die *White-Korrektur* (White, 1980) an. Mittels dieser Korrektur wird eine Varianz-Kovarianzmatrix der Schätzer berechnet, die zumindest näherungsweise unverzerrt ist. Dazu wird die sogenannte „heteroscedasticity-corrected" (hc) Matrix erstellt, wofür es mehrere Methoden gibt. Nach Long und Ervin (2000) schneidet die Methode *hc3* in der Regel am besten ab (vgl. Internetsupplement).

Die White-Korrektur führt zu adäquaten Varianzen (und somit Standardfehlern) für die Schätzer der Parameter und damit für die weiteren inferenzstatistischen Analysen. Es ist lediglich diese Korrektur durchzuführen – danach können der F-Test und andere Tests anhand der korrigierten Varianz-Kovarianzmatrix der Schätzer durchgeführt werden. Im Programmpaket SPSS ist diese Korrektur bislang nur sehr umständlich mittels Makros vorzunehmen. Für das Programmpaket R gibt es einige Zusatzpakete, die die White-Korrektur anbieten, z. B. *car*, *AER* oder *ez*.

Da ein Test mit White-Korrektur mit heutigen Möglichkeiten recht einfach durchzuführen ist, sollte eine Analyse im allgemeinen linearen Modell auch anhand der White-Korrektur erfolgen. Unterscheiden sich die Ergebnisse mit und ohne White-Korrektur nur unwesentlich, dann kann man bei der Interpretation sicherer sein – sind sie verschieden, wirkt sich offensichtlich die Heteroskedastizität aus.

Eine weitere Strategie besteht darin, einen Tests auf Varianzheterogenität, etwa den sogenannten Breusch-Pagan-Test (vgl. Breusch & Pagan, 1979), durchzuführen. Fällt dieser Test, der im Internetsupplement beschrieben wird, signifikant aus, ist eine White-Korrektur angemessen.

9.8 Software

Wir betrachten im Folgenden den erzielten IQ im CFT (`cft_nor`) als abhängige Variable und als Prädiktoren die folgenden vier Variablen: Leistungsmotivation für Deutsch (`DISK_D`), Englisch (`DISK_E`), Mathematik (`DISK_M`) und Physik (`DISK_P`). Die Daten liegen in der SPSS-Datendatei `cft3.sav` bzw. in dem *R*-dataframe `cft3` aus `cft3.RData` vor.

9.8.1 Multiple Regression

SPSS

Analysieren
↓
Regression → linear

Im Analyse-Dialog wird die *abhängige Variable* festgelegt. Die Prädiktoren lassen sich in das Feld *unabhängige Variable(n)* schieben. Es gibt unterschiedliche Methoden zur Durchführung der Berechnung. In diesem Buch ist nur die voreingestellte Methode *Einschluss* diskutiert worden.

Die entsprechende Syntax für diese Analyse lautet wie folgt:

```
REGRESSION
  /MISSING LISTWISE
  /STATISTICS COEFF OUTS R ANOVA
  /CRITERIA=PIN(.05) POUT(.10)
  /NOORIGIN
  /DEPENDENT cft_nor
  /METHOD=ENTER DISK_M DISK_P DISK_D DISK_E.
```

R

Der R-Commander weist eine Reihe von Möglichkeiten auf, die das allgemeine lineare Modell unterstützen.

Statistik
↓
Regressionsmodelle → Lineare Regression

Im Dialogfeld können die abhängige Variable und die unabhängigen Variablen festgelegt werden.

Die entsprechende *R*-Syntax ist wie folgt zu spezifizieren:

```
RegModel <- lm(cft_nor~disk_d+disk_e+disk_m+disk_p,
               data=Datenmatrix)
summary(RegModel)
```

9.8.2 Allgemeine lineare Hypothese

R

Die Ergebnisse der linearen Regression können Ausgangspunkt weiterer Analysen sein, beispielsweise zur Berechnung eines Tests für eine lineare Hypothese, die im R-Commander wie folgt zu spezifizieren ist:

Modelle
↓
Hypothesentests → Testen linearer Hypothesen

Im Dialogfeld lassen sich die Gewichte c_k zur Definition der allgemeinen linearen Hypothese festlegen. Die Anzahl der Restriktionen wird durch einen Schieberegler gesteuert.

Ausgehend von dem obigen Regressionsmodell `RegModel` lässt sich im R-Commander beispielsweise die Hypothese

```
disk_d = 0
disk_e - disk_p = 0
disk_e - disk_m + disk_p = 0
```

folgendermaßen berechnen:

```
Hypothese <- matrix(c(0,1,0,0,0,
                      0,0,1,0,-1,
                      0,0,1,-1,1), 3, 5, byrow=TRUE)
Rechte_Seite <- c(0,0,0)
linearHypothesis(RegModel, Hypothese, rhs=Rechte_Seite)
```

9.8.3 White-Korrektur

R

Die White-Korrektur lässt sich mittels *R*-Syntax relativ einfach nutzen, da das Paket `car` eine Modifikation der Varianzanalyse mit der White-Korrektur bereitstellt.

```
library(car)
RegModel <- lm(cft_nor~disk_d+disk_e+disk_m+disk_p,
               data=Datenmatrix)
Anova(RegModel, white.adjust="hc3", type=3)
```

Zusammenfassung

Im allgemeinen linearen Modell wird der Einfluss mehrerer unabhängiger Variablen auf eine intervallskalierte abhängige Variable beschrieben. Nominalskalierte Variablen können durch Kodierungen (z. B. Dummy-, Effekt- oder Zellenmittelwertkodierung) in das lineare Modell aufgenommen werden. Damit stellen varianzanalytische und kovarianzanalytische Modelle Spezialfälle des allgemeinen linearen Modells dar. Mit dem allgemeinen linearen Modell steht damit ein allgemeines Kalkül für eine Vielzahl unterschiedlicher statistischer Modelle zur Verfügung, womit die Durchführung und Interpretation der Verfahren vereinheitlicht und insofern vereinfacht wird.

Standardmäßig wird der Einfluss einzelner Prädiktoren anhand einer T-Statistik auf Signifikanz geprüft und der gemeinsame Einfluss aller Prädiktoren anhand einer F-Statistik. Beide Testverfahren stellen jedoch Spezialfälle der sogenannten allgemeinen linearen Hypothese dar, bei der ein unrestringiertes Modell verglichen wird mit einem restringierten Modell, das durch die allgemeine lineare Hypothese spezifiziert wird. Anhand der allgemeinen linearen Hypothese können bestimmte Restriktionen für die Regressionskoeffizienten des unrestringierten Modells formuliert werden, wie z. B. Festlegung von bestimmten Werten für Regressionskoeffizienten oder Differenzen von Regressionskoeffizienten.

Im linearen Modell existieren mehrere Maße zur Messung der Effektstärke. Ganz allgemein betrachtet geht es hier um den Zuwachs der Effektstärke eines unrestringierten Modells gegenüber einem restringierten Modell. Häufig in der Praxis verwendete Maße für die Effektstärke sind die Koeffizienten R^2 und R bzw. die entsprechenden unverzerrten Maße R^2_{adj} und R_{adj}. Die weiterhin gebräuchlichen Maße f^2 und f Maße können jeweils durch eine Transformation aus R^2 berechnet werden. Ist eine der Effektstärken vorgegeben, kann (in Abhängigkeit von der Anzahl der Prädiktoren) auch die minimal notwendige Stichprobengröße für vorgegebene feste α- und β-Fehler berechnet werden.

Eine wichtige Voraussetzung des allgemeinen linearen Modells besteht darin, dass die Beobachtungen normalverteilt sind mit identischer Varianz. Liegt Varianzheterogenität vor, kann man mittels der sogenannten White-Korrektur die Standardfehler der Regressionskoeffizienten bzw. die F-Statistik so transformieren, dass die t-Verteilung für die Testung der Regressionskoeffizienten bzw. die F-Verteilung für die Testung der aufgeklärten Variation approximativ gilt.

Zentrale Begriffe

VIF: Varianz-Inflations-Faktor eines Prädiktors. Er misst das Ausmaß, in dem die Varianz eines Prädiktors durch die anderen Prädiktoren erklärt wird.

Varianzanalysetabelle des linearen Modells: Eine Tabelle, in der die Varianzquellen *Regression*, *Fehler* und *Gesamt* eingehen. Jeder Varianzquelle wird die zugehörige Variation, die Freiheitsgrade und die mittlere Variation pro Freiheitsgrad zugeordnet. Zudem wird die F-Statistik zur Überprüfung der erklärten Gesamtvariation dargestellt.

Effektgrößen in der multiplen Regression: Als Effektgröße können die aufgeklärte Variation R^2 oder deren Wurzel R bzw. die entsprechenden unverzerrten Schätzer R^2_{adj} und R_{adj} genutzt werden. Alternativ können f^2 bzw. f, die Transformationen der aufgeklärten Variation darstellen, betrachtet werden.

Inkrementeller F-Wert: Der F-Wert für den Zuwachs an aufgeklärter Variation des unrestringierten Modells im Vergleich zum restringierten Modell, das durch die allgemeine lineare Hypothese spezifiziert wird.

Typ-III-Zerlegung: Bei der Typ-III-Zerlegung wird in der allgemeinen linearen Hypothese einem restringierten Modell die inkrementelle Variation zum unrestringierten Modell zugewiesen. So erhält z. B. jeder Prädiktor nur den Variationsanteil zugewiesen, den der Prädiktor eigenständig – d.h. ohne den Einfluss aller anderen Prädiktoren – erbringt.

White-Korrektur: Korrigiert die Standardfehler der Schätzer für die Regressionskoeffizienten sowie den F-Wert der Varianzanalyse so, dass der Einfluss der Heteroskedastizität (asymptotisch) eliminiert wird.

Notation

Notation	Bedeutung
R^2	durch die Regression aufgeklärte Variation
β_j	Steigung der Regressionsgeraden für Prädiktor X_j in der Population
f^2	$f^2 = \frac{R^2}{1-R^2}$
R^2_{adj}	adjustiertes R^2 (aufgeklärte Variation in der Population)

Anhang

Literatur

Agresti, A. (2013). *Categorical data analysis* (3rd ed.). New York: Wiley.

Bakeman, R. (2005). Recommended effect size statistics for repeated measure designs. *Behavioral Research Methods, 37*, 379–384.

Borkowf, C. B. (2002). Computing the nonnull asymptotic variance and the asymptotic relative efficiency of Spearman's rank correlation. *Computational Statistics & Data Analysis, 39*, 271–286.

Bortz, J. & Schuster, C. (2010). *Statistik für Human- und Sozialwissenschaftler* (7. Aufl.). Berlin: Springer.

Box, G. E. P. (1954). Some theorems on quadratic forms applied in the study of analysis of variances. *Annals of Mathematical Statistics, 25*, 290–302.

Breusch, T. S. & Pagan, A. R. (1979). A simple test for heteroscedasticity and random coefficient variation. *Econometrica, 47*, 1979.

Brown, M. B. & Forsythe, A. B. (1974). Robust tests for equality of variances. *Journal of the American Statistical Association, 69*, 364–367,

Chernick, M. R. & LaBudde, R. A. (2014). *An introduction to bootstrap methods with applications to R*. Hoboken: Wiley.

Cohen, J. (1988). *Statistical power analysis for the behavioral sciences* (2nd ed.). Hillsdale, NJ: Lawrence Earlbaum Associate.

Conover, W. J. & Iman, R. L. (1981). Rank transformations as a bridge between parametric and nonparametric statistics. *The American Statistician, 35*, 124–129.

Croux, C. & Dehon, C. (2010). Influence functions of the Spearman and Kendall correlation measures. *Statistical Methods and Applications, 4*, 497–515.

Dunn, O. J. (1961). Multiple comparisons among means. *Journal of the American Statistical Association, 56*, 52–64.

Dunnett, C. W. (1955). A multiple comparison procedure for comparing several treatments with a control. *Journal of the American Statistical Association, 50*, 1096–1121.

Edgington, E. S. & Onghena, P. (2007). Randomization tests. *Biometrics, 63*, 1303–1304.

Efron, B. & Tibshirani, R. J. (1993). *An introduction to the bootstrap*. New York: Chapman & Hall.

Faul, F., Erdfelder, E., Buchner, A. & Lang, A. (2009). Statistical power analysis using G*Power 3.1: Tests for correlation and regression analyses. *Behavior Research Methods, 41*, 1149–1160.

Faul, F., Erdfelder, E., Lang, A. & Buchner, A. (2007). G*Power 3: A flexible statistical power analysis program for the social, behavioral, and biomedical sciences. *Behavior Research Methods, 39*, 175–191.

Fisher, R. A. (1915). Frequency distribution of the values of the correlation coefficient in samples of an indefinitely large population. *Biometrika, 10*, 507–521.

Fisher, R. A. (1922). On the interpretaion of chi-square from contigency tables, and the calculation of P. *Journal of the Royal Statistical Society, 87*, 442–450.

Fisher, R. A. (1925). *Statistical methods for research workers* (10th ed.). Edinburgh and London: Oliver and Boyd.

Fisher, R. A. (1935). *The design of experiments*. Edinburgh and London: Oliver and Boyd.

Fligner, M. A. & Policello, G. E. (1981). Robust rank procedures for the Behrens-Fisher problem. *Journal of the American Statistical Association, 76*, 162–168.

Freeman, G. H. & Halton, J. H. (1951). Note on an exact treatment of contingency, goodness of fit and other problems of significance. *Biometrika, 38*, 141–149.

Gałecki, A. & Burzykowski, T. (2013). *Linear Mixed-Effects Models Using R*. New York: Springer.

Geisser, S. & Greenhouse, S. W. (1958). An extension of Box's results on the use of the *F* distribution in multivariate analysis. *Annals of Mathematical Statistics, 29*, 885–891.

Girden, E. (1992). *ANOVA: Repeated measures*. Newbury Park, CA: Sage.

Greenhouse, S. W. & Geisser, S. (1959). On methods in the analysis of profile data. *Psychometrika, 24*, 95–112.

Hayes, A. F. & Cai, L. (2007). Using heteroscedasticity-consistent standard error estimators in OLS regression: An introduction and software implementation. *Behavior Research Methods, 39*, 709–722.

Hodges, J. L. & Lehmann, E. L. (1956). The efficiency of some nonparametric competitors of the *t*-Test. *The Annals of Mathematical Statistics, 27*, 251–567.

Hoenig, J. M. & Heisey, D. M. (2001). The abuse of power: The pervasive fallacy of power calculations in data analysis. *The American Statistician, 55*, 19–24.

Hollander, M. & Wolfe, D. A. (1973). *Nonparametric statistical methods*. New York: Wiley.

Holling, H. (1999). Evaluation eines Stressbewältigungstrainings. In H. Holling & G. Gediga (Hrsg.), *Evaluationsforschung* (S. 35–57). Göttingen: Hogrefe.

Holling, H. & Gediga, G. (2011). *Statistik – Deskriptive Verfahren*. Göttingen: Hogrefe.

Holling, H. & Gediga, G. (2013). *Statistik – Wahrscheinlichkeitstheorie und Schätzverfahren*. Göttingen: Hogrefe.

Holling, H. & Schwabe, R. (2013). An introduction to optimal design. *Zeitschrift für Psychologie, 221*, 124–144.

Holm, S. (1979). A simple sequentially rejective multiple test procedure. *Scandinavian Journal of Statistics, 6*, 65–70.

Howell (2007). *Statistical methods for psychology* (6th ed.). Belmont, CA: Thompson/Wadsworth.

Hyndman, R. & Fan, Y. (1996). Sample quantiles in statistical packages. *The American Statistician, 50*, 361–365.

Kellermann, A., Bellara, A., Rodriguez de Gil, P., Nguyen, D., Kim, E. S., Chen, Y.-H. et. al. (2013). Variance heterogeneity and non-normality: How the SAS® ttest procedure can keep us honest. *SAS Global Forum 2013 Proceedings*. Cary, NC: SAS Institute Inc.

Kendall, M. G. (1970). *Rank correlation methods*. London: Griffin.

Keselman, H. J., Holland, B. & Cribbie, R. A. (2005). Multiple comparison procedures. In: B. S. Everitt & D. C. Howell (Eds.). *Encyclopedia of Statistics in Behavioral Science,* Volume 3, pp. 1309–1325. New York: Wiley.

Keskin, S. (2006). Comparison of several univariate normality tests regarding type I error rate and power of test in simulation based samples. *Journal of Applied Science Research, 2*, 296–300.

Kirk, R. E. (1995). *Experimental design: Procedures for the behavioral sciences* (3rd ed.). Pacific Grove, CA: Brooks/Cole.

Klemm, E. (2002). *Einführung in die Statistik für Sozialwissenschaftler*. Wiesbaden: Westdeutscher Verlag.

Larzelere, R. E. & Mulaik, S. A. (1977). Single-sample tests for many correlations. *Psychological Bulletin, 84*, 557–569.

Lehmann, E. (2006), *Nonparametrics: Statistical methods based on ranks*. New York: McGraw-Hill.

Leonhart, R. (2010). *Datenanalyse mit SPSS*. Göttingen: Hogrefe.

Long, J. S. & Ervin, L. H. (2000). Using heteroscedasticity consistent standard errors in the linear regression model. *The American Statistician, 54*, 217–224.

MacKinnon, J. G. & White, H. (1985). Some heteroskedastic-consistent covariance matrix estimators with improved finite sample properties. *Journal of Econometrics, 29*, 305–325.

Maxwell, S. E. (2004). The persistence of underpowered studies in psychological research: Causes, consequences, and remedies. *Psychological Methods, 9*, 147–163.

Mehta, C. R. & Patel, N. R. (1986). Algorithm 643. FEXACT: A Fortran subroutine for Fisher's exact test on unordered r*c contingency tables. *ACM Transactions on Mathematical Software, 12*, 154–161.

Neyman. J. & Pearson, E.S. (1933). The testing of statistical hypotheses in relation to probabilities a priori. *Joint Statistical Papers, Cambridge University Press*, 186–202.

Olejnik, S. & Algina, J. (1987). Type I error rates and power estimates for selected parametric and nonparametric tests of scale. *Journal of Educational Statistics, 12*, 45–61.

Olejnik, S. & Algina, J. (2003). Generalized Eta and Omega squared statistics: Measures of effect size for some common research designs. *Psychological Methods, 8*, 434-447.

Pitman, E. J. G. (1937). Significance tests which may be applied to samples from any populations. *Supplement of the Journal of the Royal Statistical Society, 4*, 119–130.

Rasch, D., Kubinger, K. D. & Moder, K. (2011). The two-sample *t* test: pre-testing its assumptions does not pay off. *Statistical Papers, 52*, 219–231.

Razali, N. M. & Wah, Y. B. (2011). Power comparison of Shapiro-Wilk, Kolmogorov-Smirnov, Lilliefors and Andersen-Darling tests. *Journal of Statistical Modeling and Analytics, 2*, 21–33.

Royston, P. (1992). Approximating the Shapiro-Wilk W-test for non-normality. *Statistics and Computing, 2*, 117–119.

Schweizer, B. & Wolf, E. F. (1981). On nonparametric measures of dependence for random variables. *Annals of Statistics, 9*, 879–885.

Sedlmeier, P. & Gigerenzer, G. (1989). Do studies of statistical power have an effect on the power of studies? *Psychological Bulletin, 105*, 309–316.

Shao, J. & Tu, D. (1996). *The jackknife and bootstrap.* New York: Springer.

Shelton, R. C., Keller, M. B., Gelenberg, A., Dunner, D. L., Hirschfeld, R., Thase, M. E. et al. (2001). Effectiveness of St. John's wort in major depression: A randomized controlled trial. *Journal of the American Medical Association, 285*, 1978–1986.

Šidák, Z. (1967). Rectangular confidence region for the means of multivariate normal distributions. *Journal of the American Statistical Association, 62*, 626–633.

Spearman, C. (1904). The proof and measurement of association between two things. *American Journal of Psychology, 15*, 72–101.

Thode, H. C. (2002). *Testing for normality*. New York: Marcel Dekker.

Tukey, J. (1949). One degree of freedom for non-additivity. *Biometrics, 5*, 232–242.

Welch, B. L. (1938). The significance of the difference between two means when the population variances are unequal. *Biometrika, 29*, 350–362.

White, H. (1980). A heteroskedasticity-consistent covariance matrix and a direct test for heteroskedasticity. *Econometrica, 48*, 817–838.

Wilcoxon, F. (1945). Individual comparisons by ranking methods. *Biometrics Bulletin, 1*, 80–83.

Winer, B. J., Brown, D. R. & Michels, K. M. (1991). *Statistical principles in experimental design* (3rd ed.). New York: McGraw Hill.

Glossar

α-Adjustierung	Anpassung des α-Niveaus für ein Familie von Tests.
α-Fehler	Wahrscheinlichkeit einer irrtümlichen Ablehnung der Nullhypothese.
β-Fehler	Wahrscheinlichkeit einer irrtümlichen Beibehaltung der Nullhypothese.
χ^2-Anpassungstest	Test, ob ein Merkmal eine bestimmte diskrete oder stetige Verteilungsfunktion besitzt.
χ^2-Homogenitätstest	Test, ob in verschiedenen Populationen eine kategoriale Variable eine identische Multinomialverteilung aufweist.
χ^2-Unabhängigkeitstest	Test für den Zusammenhang zweier nominalskalierter Variablen anhand der χ^2-Statistik.
Ablehnungsbereich	Menge der Werte einer Teststatistik, für die die Nullhypothese abgelehnt wird.
Alternativhypothese	Statistische Hypothese, die der inhaltlichen Hypothese entspricht.
Annahmebereich	Menge der Werte einer Teststatistik, für die die Nullhypothese beibehalten wird.
ANOVA	Akronym für die Varianzanalyse (ANalysis Of VAriance).
Anpassungstest	Ein Test, der überprüft, ob eine Stichprobe von Beobachtungen aus einer bestimmten Population stammt bzw. ob die Beobachtungen mit einer bestimmten Verteilungsannahme kompatibel sind.
Approximativer Binomialtest	siehe approximativer Einstichprobentest für den Anteilswert π
Approximativer Einstichprobentest für den Anteilswert π	Test für den Parameter π einer binomialverteilten Zufallsvariablen. Es wird die Normalverteilungsapproximation für die Teststatistik Z genutzt.
Approximativer t-Test	Test für den Erwartungswert einer Variablen mit beliebiger Verteilung. Dieser Test setzt voraus, dass der zentrale Grenzwertsatz angewendet werden kann.
Bonferroni-Adjustierung	Eine Methode zur Adjustierung des α-Niveaus für multiple Tests.

Bonferroni-Holm-Adjustierung	Eine sequenzielle Variante der Bonferroni-Adjustierung.
Dunnett-Test	Post-hoc-Analyse speziell für Mittelwertvergleiche einer Kontrollgruppe mit mehreren Experimentalgruppen.
Effektgröße δ	Anhand der Standardabweichung standardisierter Unterschied zwischen zwei Erwartungswerten.
Einfache Hypothese	Hypothese zu einem Wert eines Parameters.
Einfaktorielle Varianzanalyse	Varianzanalyse mit einem Faktor.
Einseitiger Test	Test für ein Testproblem mit einer gerichteten Alternativhypothese.
Einstichprobentest	Test, der auf einer Stichprobe beruht.
Einstichprobentest für σ^2	Test für den Parameter σ^2 einer normalverteilten Variablen.
Einstichproben-Gauß-Test	Test für den Erwartungswert einer normalverteilten Variablen mit bekannter Varianz.
Einstichproben-t-Test	Test für den Erwartungswert einer normalverteilten Variablen, bei der die Varianz nicht bekannt ist.
Einstichproben-Vorzeichentest	Nichtparametrischer Test für den Median bzw. allgemeiner für Quantile von Zufallsvariablen mit einer stetigen Verteilungsfunktion.
Exakter Binomialtest	siehe exakter Einstichprobentest für den Anteilswert π
Exakter Einstichprobentest für den Anteilswert π	Test für den Parameter π einer binomialverteilten Zufallsvariablen auf Basis der Binomialverteilung.
Exakter Fisher-Yates-Test	Test für die Überprüfung, ob Unabhängigkeit in einer $2 times 2$-Kontingenztabelle, die anhand eines hypergeometrischen Samplings erhoben wurde, vorliegt. Als bedingter Test kann er auch für das multinomiale und produkt-multinomiale Sampling eingesetzt werden.
Faktor	Nominalskalierte unabhängige Variable.
Faktorstufen	Ausprägungen eines Faktors.
Fehler 1. Art	siehe α-Fehler
Fehler 2. Art	siehe β-Fehler
Fester Effekt	Ein fester Effekt stellt einen konstanten Parameter dar.

Fisher's „Least Significant Difference"-Test	Post-hoc-Test für Mittelwertvergleiche. Ist nur für drei Mittelwertvergleiche zu empfehlen.
Fisher-Z-Transformation	Die Fisher-Z-Transformation von Produkt-Moment-Korrelationen ergibt eine approximativ normalverteilte Teststatistik.
Friedman-Test	Alternative zur einfaktoriellen Varianzanalyse mit Messwiederholung basierend auf einer Rangtransformation der Daten.
Gauß-Test	Signifikanztest für Testprobleme zu Erwartungswerten bei einer normalverteilten Variablen mit bekannter Varianz.
Gemischtes Design	Design mit Between- und Within-Subjects-Faktoren. Wird auch als Bezeichnung für Designs mit festen und zufälligen Faktoren verwendet.
Genesteter Faktor	Faktor, der in einem anderen Faktor geschachtelt ist.
Gerichtete Hypothese	Zusammengesetzte Hypothese mit einer Größer-Relation oder Kleiner-Relation.
Greenhouse-Geisser-Korrektur	Korrektur des F-Tests in der Varianzanalyse mit Messwiederholungen. Die Korrektur wird notwendig, wenn die Sphärizitätsannahme verletzt ist.
Haupteffekt	Effekt eines Faktors in der zwei- oder mehrfaktoriellen Varianzanalyse.
Heteroskedastizität	Unterschiedliche Varianzen einer Zufallsvariablen in mehreren (mindestens zwei) Populationen.
Homoskedastizität	Identische Varianzen einer Zufallsvariablen in mehreren (mindestens zwei) Populationen.
Inhaltliche Hypothese	Eine aus inhaltlichen Überlegungen oder aus Theorien abgeleitete Annahme.
Interaktion	Gemeinsamer Effekt zweier oder mehrerer Variablen.
Kolmogorov-Smirnov-Anpassungstest (K-S-Test)	Test, ob ein Merkmal eine bestimmte stetige Verteilungsfunktion besitzt. Für den K-S-Test auf Normalverteilung wurde für geschätzte Werte der Parameter die Lilliefors-Korrektur entwickelt.
Kritischer Wert	Wert einer Teststatistik, dessen Unter- bzw. Überschreitung zur Ablehnung der Nullhypothese führt.
Kruskal-Wallis-Test	Test für Lokationsunterschiede auf der Basis von Rängen.

Mehrstichproben-Levene-Test Test auf Varianzhomogenität für mehrere Stichproben, der eine Varianzanalyse für die Absolutbeträge der Abweichungen der Daten von den Zellenmittelwerten (oder von Zellenmedianen) darstellt.

Messwiederholung Wiederholte Messungen an einer statistischen Einheit.

Newman-Keuls-Verfahren Sequenzielle Post-hoc-Analyse für Mittelwertvergleiche, die jedoch nicht immer das α-Niveau einhält.

Nichtparametrischer Test Test basierend auf einer Teststatistik, die nicht von der Wahrscheinlichkeitsverteilung des Merkmals abhängt.

Non-parametrischer Test siehe nichtparametrischer Test

NQ-Plot siehe Normal-Quantil-Plot

Normal-Quantil-Plot QQ-Plot, bei dem die Normalverteilung als theoretische Verteilung angenommen wird.

Nullhypothese Eine statistische Hypothese, die zumeist das logische Gegenteil der Alternativhypothese darstellt. In allgemeiner Form wird die Nullhypothese genutzt, um das Ausbleiben eines inhaltlichen Effekts zu beschreiben.

***p*-Wert** Wahrscheinlichkeit, einen mindestens so extremen wie den erzielten Wert der Teststatistik zu erhalten.

Parametrischer Test Test für Hypothesen, die sich in der Regel auf die Parameter einer Wahrscheinlichkeitsverteilung richten. Die Teststatistik eines parametrischen Tests hängt von der Wahrscheinlichkeitsverteilung des Merkmals ab.

Power Wahrscheinlichkeit einer korrekten Annahme der Alternativhypothese (Power = $1 - \beta$).

Quantil-Quantil-Plot Plot der Quantile einer empirischen und einer vorgegebenen Verteilung. Liegen die Wertepaare annähernd auf einer Geraden, ist die Annahme der vorgegebenen Verteilung beizubehalten.

QQ-Plot siehe Quantil-Quantil-Plot

Randomisierungstest für Mittelwertunterschiede Nichtparametrischer Test für die Unterschiedlichkeit der Erwartungswerte auf der Basis unabhängiger Stichproben. Die Verteilung der Teststatistik, die Mittelwertdifferenz, basiert auf den Permutationen der Beobachtungen.

REGWQ-Verfahren Sequenzielle Post-hoc-Analyse für Mittelwertvergleiche, die immer das α-Niveau einhält und eine höhere Power als der Tukey-Kramer-Test besitzt.

Schärfe Die Schärfe, auch beobachtete Power genannt, entspricht $1-\beta$, wobei der beobachtete Wert der Effektstärke zur Spezifikation des Wertes für den Parameter unter der Alternativhypothese genutzt wird.

Scheffé-Test Post-hoc-Analyse speziell für Kontraste.

Shapiro-Wilk-Test Anpassungstest für die Normalverteilung. Die Werte für μ und σ können a priori bestimmt oder aus den Daten geschätzt werden.

Signifikanzniveau Vorgegebene Schranke für die Wahrscheinlichkeit einer irrtümlichen Ablehnung der Nullhypothese.

Signifikanztest Test, bei dem der Fehler 1. Art kleiner als eine vorgegebene Schranke, das Signifikanzniveau, ist.

Sphärizitätsannahme Annahme der Varianzhomogenität für alle Paare der Differenzen abhängiger Messungen. Annahme gleicher Varianzen und Kovarianzen für die Kovarianzmatrix der Beobachtungen für die unterschiedlichen Faktorstufen.

Split-Plot-Design Design mit genesteten Faktoren.

Statistische Hypothese Eine Aussage über eine Wahrscheinlichkeitsverteilung oder spezifischer über einen Parameter einer Wahrscheinlichkeitsverteilung.

Statistisches Testproblem Paar aus einer Nullhypothese H_0 und einer Alternativhypothese H_1.

Streuungszerlegung Zerlegung der Variation (Streuung) der abhängigen Variablen in systematische und Fehleranteile.

Testgüte Funktion für die Wahrscheinlichkeit, die Nullhypothese abzulehnen, in Abhängigkeit von der Ausprägung eines Parameters.

Teststatistik Statistik, anhand der eine Entscheidung über die Beibehaltung bzw. Ablehnung der Nullhypothese getroffen wird.

Tukey-Test Post-hoc-Test für Mittelwertvergleiche.

Tukey-Kramer-Test Post-hoc-Test für Mittelwertvergleiche.

Ungerichtete Hypothese Zusammengesetzte Hypothese mit einer Ungleich-Relation.

Varianzanalyse Verfahren zur Analyse des Einflusses von nominalskalierten Variablen (Faktoren) auf eine intervallskalierte abhängige Variable.

Verteilungsfreier Test siehe nichtparametrischer Test

VIF Varianz-Inflations-Faktor eines Prädiktors. Er misst das Ausmaß, in dem die Varianz eines Prädiktors durch die anderen Prädiktoren erklärt wird.

Vorzeichen-Test für abhängige Stichproben Test für die Unterschiedlichkeit der Mediane zweier Populationen auf der Basis abhängiger Stichproben.

Welch-Test siehe Zweistichproben-t-Test für unabhängige Stichproben und heterogene Varianzen

Wechselwirkung siehe Interaktion

White-Korrektur Korrektur für ungleiche Varianzen in linearen Modellen und damit auch in der Varianzanalyse.

Wilcoxon-Rangsummentest Nichtparametrischer Test für die Unterschiedlichkeit des Erwartungswerts oder zumindest des Medians zweier Populationen auf der Basis unabhängiger Stichproben. Die Teststatistik basiert auf der Summe von Rängen.

Wilcoxon-Vorzeichen-Rangtest (Einstichprobentest) Test für den Median von Zufallsvariablen mit einer stetigen symmetrischen Verteilungsfunktion. Dieser Test kann auch als Test für Erwartungswerte genutzt werden.

Wilcoxon-Vorzeichen-Rangtest für abhängige Stichproben Test für die Unterschiedlichkeit des Erwartungswerts oder zumindest des Medians zweier Populationen auf der Basis abhängiger Stichproben.

Zufälliger Effekt Faktor, der eine Zufallsvariable darstellt. Die Stufen eines solchen Faktors sind somit Realisationen einer Zufallsvariable.

Zusammengesetzte Hypothese Hypothese zu mehreren Werten eines Parameters.

Zweiseitiger Test Statistischer Test zu einem Testproblem mit einer ungerichteten Alternativhypothese.

Zweistichprobentest Ein Test basierend auf zwei Stichproben, um Unterschiede in den Verteilungen zweier Populationen zu untersuchen.

Zweistichproben-F-Test für σ^2	Test für die Unterschiedlichkeit der Varianzen zweier Populationen auf der Basis unabhängiger Stichproben.
Zweistichproben-K-S-Test	Test für beliebige Unterschiede zwischen den Verteilungen zweier Populationen.
Zweistichproben-Levene-Test	Test auf Varianzhomogenität für zwei Stichproben, der einen t-Test für homogene Varianzen für die Absolutbeträge der Abweichungen der Daten von den Zellenmittelwerten (oder von Zellenmedianen) darstellt.
Zweistichprobentest für Anteilswerte für unabhängige Stichproben	Test für die Unterschiedlichkeit der Anteilswerte zweier Populationen auf der Basis unabhängiger Stichproben.
Zweistichproben-t-Test für abhängige Stichproben	Test für die Unterschiedlichkeit der Erwartungswerte zweier Populationen auf der Basis abhängiger Stichproben.
Zweistichproben-t-Test für unabhängige Stichproben und heterogene Varianzen (Welch-Test)	Test für die Unterschiedlichkeit der Erwartungswerte einer normalverteilten Variablen anhand von zwei unabhängigen Stichproben, wobei die Varianzen in den Populationen unbekannt sind und unterschiedlich sein können.
Zweistichproben-t-Test für unabhängige Stichproben und homogene Varianzen	Test für die Unterschiedlichkeit der Erwartungswerte einer normalverteilten Variablen anhand von zwei unabhängigen Stichproben, wobei die Varianzen in den Populationen unbekannt sind, aber als identisch angenommen werden.
Zweistichproben-t-Test mit White-Korrektur	Alternativer Test zum Welch-Test mit den gleichen Voraussetzungen und einer ähnlichen Testgüte. Tests mit White-Korrektur sind – im Gegensatz zum Welch-Test – generell im allgemeinen linearen Modell einsetzbar.
Zweistichproben-Z-Test für die Produkt-Moment-Korrelation	Test für die Unterschiedlichkeit der Produkt-Moment-Korrelationen zweier Populationen auf der Basis unabhängiger Stichproben. Dieser Test beruht auf den Fisher-Z-transformierten Korrelationen.
Zweistichproben-Z-Test für Erwartungswerte	Test für die Unterschiedlichkeit der Erwartungswerte einer normalverteilten Variablen anhand von zwei unabhängigen Stichproben, wobei die Populationsvarianzen als bekannt vorausgesetzt werden.

Sachregister

Verteilungstabellen

Verteilungsfunktion der Standardnormalverteilung

Die Standardnormalverteilung wird für zahlreiche der behandelten Tests genutzt (z. B. Gauß-Test, *Z*-Test, approximativer Binomialtest, etc.). Da eine Tabelle der Verteilungsfunktion für die Standardnormalverteilung, aus der die Quantile abgelesen werden können, schon in Holling und Gediga (2013) enthalten ist, wird sie lediglich im Internetsupplement noch einmal dargestellt.

Die Tabelle kann z. B. mit R, Excel oder OpenOffice leicht selbst erstellt werden.

Die R-Funktion ist `pnorm(z)`.

So ergibt z. B. `pnorm(-1.07)` den Wert 0.14231.

Die Funktion für die Berechnung Verteilungsfunktion der Normalverteilung ist in Excel und OpenOffice identisch. Sie lautet

```
=NORMVERT(z-Wert;0;1;1).
```

Der zweite Parameter (0) gibt den Erwartungswert der Normalverteilung an. Der dritte Parameter (1) spezifiziert die Standardabweichung. Der vierte Parameter (1) gibt den Wert an, für den die Verteilungsfunktion berechnet werden soll.

Damit ergibt die Formel

```
=NORMVERT(-1,07;0;1;1)
```

den Wert 0.14231.

Quantile der χ^2-Verteilung

Die χ^2-Verteilung wird für eine Reihe der behandelten Tests genutzt (z. B. Einstichprobentest für Varianzen, χ^2-Test, etc.).

Da eine Tabelle mit den wesentlichen Quantilen für die χ^2-Verteilung schon in Holling und Gediga (2013) enthalten ist, wird sie lediglich im Internetsupplement noch einmal dargestellt.

Die Tabelle kann z, B. mit R, Excel oder OpenOffice leicht selbst erstellt werden.

Die R-Funktion ist `qchisq(p, Freiheitsgrade)`.

So ergibt z. B. `qchisq(.05, 22)` den Wert 12.338.

Die entsprechende Funktion ist in Excel und OpenOffice identisch. Sie lautet

```
=CHIINV(1-p; df).
```

Der erste Parameter $(1 - p)$ gibt die Wahrscheinlichkeit (in Prozenten) an, der bei vielen Tests mit der Chi-Quadrat-Statistik als Teststatistik für die Irrtumswahrscheinlichkeit genutzt wird. In der R-Funktion wird hingegen der Wert p spezifiziert.

Der zweite Parameter (df) gibt die Freiheitsgrade an.

Die Formel

```
=CHIINV(,95;22)
```

ergibt den Wert 12.338.

Quantile der *t*-Verteilung

Die *t*-Verteilung wird für eine Reihe der behandelten Tests genutzt (z. B. unterschiedene Formen von *t*-Tests, Tests von Parametern im allgemeinen linearen Modell).

Da eine Tabelle mit den wesentlichen Quantilen für die *t*-Verteilung schon in Holling und Gediga (2013) enthalten ist, wird sie lediglich im Internetsupplement noch einmal dargestellt.

Die Tabelle kann mit R, Excel oder OpenOffice leicht selbst erstellt werden.

Die R-Funktion ist `qt(p, Freiheitsgrade)`.

So ergibt z. B. `qt(.975, 12)` den Wert 2.1788. Dies ist der kritische Wert für $\alpha = .05$ bei einem zweiseitigen *t*-Test.

Die entsprechende Funktion ist in Excel und OpenOffice identisch. Sie lautet

```
=TINV(alpha; df).
```

Der erste Parameter (*alpha*) gibt die Irrtumswahrscheinlichkeit eines zweiseitigen Tests an. Anders als in der R-Funktion wird hier nicht der Wert p, sondern der Wert $(1-p)\times 2$ spezifiziert. Der Vorteil ist, dass hier für einen zweiseitigen Test direkt α eingegeben werden kann (und nicht wie in R der Wert $1-\alpha/2$).

Der zweite Parameter (df) gibt die Freiheitsgrade an.

Die Formel

```
=TINV(,05;12)
```

ergibt den Wert 2.1788.

Quantile der F-Verteilung

Die F-Verteilung wird für eine Reihe von behandelten Tests genutzt (z. B. F-Tests für die erklärte Variation im allgemeinen linearen Modell).

Da eine Tabelle mit den wesentlichen Quantilen für die F-Verteilung schon in Holling und Gediga (2013) enthalten ist, wird sie lediglich im Internetsupplement noch einmal dargestellt.

Die Tabelle kann mit R oder Excel oder auch OpenOffice leicht selbst erstellt werden.

Die R-Funktion ist `qf(p, Zaehlerdf, Nennerdf)`.

So ergibt z. B. `qf(.95, 1, 9)` den Wert 5.1174. Dies ist der kritische Wert für $\alpha = .05$ bei einem F-Test.

Die entsprechende Funktion lautet in Excel und OpenOffice ebenfalls

```
=FINV(alpha; df1; df2).
```

Der erste Parameter (*alpha*) gibt die Irrtumswahrscheinlichkeit eines zweiseitigen Tests an. Anders als in der R-Funktion wird hier nicht der Wert p, sondern der Wert $(1-p)$ spezifiziert. Der Vorteil ist, dass hier für einen F-Test direkt α eingegeben werden kann (und nicht wie in R der Wert $1-\alpha$).

Der zweite Parameter (df1) gibt die Zählerfreiheitsgrade an.

Der dritte Parameter (df2) gibt die Nennerfreiheitsgrade an.

Die Formel

```
=FINV(,05;1;9)
```

ergibt den Wert 5.1174.

Kritische Werte für den Wilcoxon-Rangsummentest

Die Tabellen für die kritischen Werte des Wilcoxon-Rangsummentests sind sehr umfangreich. Deshalb stellen wir sie im Internetsupplement dar. Die kritischen Werte des Wilcoxon-Rangsummen-Tests wurden mit der folgenden R-Funktion erstellt:

```
wilcox_table <- function(alpha)
{ q <- matrix(rep(0,900), nrow=30)
  for (i in 3:30)
  { minj <- 4
    if (i>minj) minj <- i
    for (j in minj:30)
    { val <- qwilcox(alpha, i, j)
      if (val>0)
      { q[i,j] <- val + i*(i+1)/2 - 1
      }
    }
  }
  q
}
```

Vorgehen: Die Rangsumme R der **kleineren** Gruppe wird gebildet. Ist R kleiner oder gleich dem in der Tabelle angegeben Wert, ist der einseitige linksseitige Rangsummentest signifikant. Von einem linksseitigen Test sprechen wir, wenn bei einem einseitigen Test die Teststatistik kleiner als der kritische Wert sein muss, damit die Alternativhypothese angenommen wird. Entsprechend liegt ein rechtsseitiger (einseitiger) Test vor, wenn die Teststatistik größer als der kritische Wert ausfallen muss.

Für den rechtsseitigen Tests ist der kritische Wert entsprechend umzurechnen. Ist q_{krit} der Tabellenwert und ist n die Größe der größeren, sowie m die Gruppengröße der kleineren Gruppe, so ist $m(m+n+1) - q_{krit}$ der erste Wert, der für den einseitigen Test nach oben signifikant ausfällt.

Kritische Werte für den Kolmogorov-Smirnov-Anpassungstest

Kritische Werte für den Kolmogorov-Smirnov-Anpassungstest

	kritische Werte für $\alpha =$			
n	.20	.10	.05	.01
3	.565	.642	.708	.828
4	.494	.564	.624	.733
5	.446	.510	.565	.669
6	.410	.470	.521	.618
7	.381	.438	.486	.577
8	.358	.411	.457	.543
9	.339	.388	.432	.514
10	.322	.368	.410	.490
11	.307	.352	.391	.468
12	.295	.338	.375	.450
13	.284	.325	.361	.433
14	.274	.314	.349	.418
15	.266	.304	.338	.404
16	.258	.295	.328	.392
17	.250	.286	.318	.381
18	.244	.278	.309	.371
19	.237	.272	.301	.363
20	.231	.264	.294	.356
25	.210	.240	.270	.320
30	.190	.220	.240	.290
35	.180	.210	.230	.270
größer als 35	$1.07/\sqrt{N}$	$1.22/\sqrt{N}$	$1.36/\sqrt{N}$	$1.63/\sqrt{N}$

Kritische Werte für den Shapiro-Wilk-Test

Für Berechnung der kritischen Wert der Teststatistik W wird der folgende Algorithmus von Royston (1992) genutzt.

```
Wx=1:50; z=qnorm(1-.2) % für alpha=.20
for (n in 4:50)
{ if (n >= 4 && n <=11)
  { x=n; g=-2.273+0.459*x
    m=0.5440-0.39978*x+0.025054*x^2-0.0006714*x^3
    s=exp(1.3822 - 0.77857*x + 0.062767*x^2 - 0.0020322*x^3)
    Wx[n]=1-exp(g-exp(-z*s-m))
  }
  if (n >= 12 && n <=2000)
  { x=log(n); m=-1.5861-0.31082*x-0.083751*x^2+0.0038915*x^3
    s=exp(-0.4803-0.082676*x+0.0030302*x^2)
    Wx[n]=1-exp(z*s+m)
  }
}
```

Kritische Werte für den Shapiro-Wilk-Test

	kritische Werte für $\alpha =$					kritische Werte für $\alpha =$			
n	.20	.10	.05	.01	n	.20	.10	.05	.01
4	.842	.799	.762	.694	28	.950	.938	.926	.897
5	.852	.811	.775	.702	29	.951	.940	.928	.900
6	.863	.826	.792	.720	30	.953	.942	.930	.903
7	.874	.840	.809	.740	31	.954	.943	.932	.906
8	.883	.852	.823	.758	32	.955	.944	.934	.908
9	.890	.862	.834	.773	33	.956	.946	.935	.910
10	.896	.870	.845	.787	34	.957	.947	.937	.913
11	.903	.879	.855	.802	35	.958	.948	.938	.915
12	.908	.884	.861	.802	36	.959	.949	.940	.917
13	.913	.891	.869	.814	37	.960	.950	.941	.918
14	.917	.896	.875	.824	38	.961	.952	.942	.920
15	.921	.901	.882	.833	39	.961	.953	.944	.922
16	.925	.906	.887	.841	40	.962	.953	.945	.924
17	.928	.910	.892	.848	41	.963	.954	.946	.925
18	.931	.914	.897	.855	42	.964	.955	.947	.927
19	.933	.917	.901	.861	43	.964	.956	.948	.928
20	.936	.920	.904	.866	44	.965	.957	.949	.929
21	.938	.923	.908	.871	45	.966	.958	.950	.931
22	.940	.926	.911	.876	46	.966	.958	.951	.932
23	.942	.928	.914	.880	47	.967	.959	.952	.933
24	.944	.930	.917	.884	48	.967	.960	.952	.934
25	.946	.933	.920	.888	49	.968	.961	.953	.936
26	.947	.935	.922	.891	50	.968	.961	.954	.937
27	.949	.937	.924	.894					

Kritische Werte für den Wilcoxon-Vorzeichen-Differenzentest

Die im Internetsupplement dargestellte Tabelle für den Wilcoxon-Vorzeichen-Differenzentest wurde mit der folgenden R-Funktion erstellt.

```
signrank_table <- function()
{ alpha <- c(.005,.01,.025,.05,.95,.975,.99,.995)
  q <- matrix(rep(0,8*30), nrow=30)
  for (i in 3:30)
  { q[i,] <- qsignrank(alpha, i)
  }
  q
}
```

Vorgehen: Die Summe S der mit Vorzeichen versehenen Ränge.

Linksseitiger Test: Ist $S < S_{krit}$, fällt der Test signifikant aus.

Rechtsseitiger Test: Ist $S > S_{krit}$, fällt der Test signifikant aus.

Zweiseitiger Test: Ist $S < S_{krit,unten}$ und $S > S_{krit,oben}$ ist der Test signifikant.

Kritische Werte für den Binomialtest und Vorzeichentest

Die im Internetsupplement dargestellte Tabelle für den Binomialtest ($p = 0.5$) bzw. Vorzeichentest wurde mit der folgenden R-Funktion erstellt.

```
binom_table = function()
{ alpha=c(.005,.01,.025,.05,.95,.975,.99,.995)
  q = matrix(rep(0,8*30), nrow=30)
  for (i in 3:30)
  { q[i,] = qbinom(alpha, i, .5)
  }
  q
}
```

Für $n > 30$ kann die Normalverteilungsapproximation

$$z = \frac{2S - n}{\sqrt{n}}$$

genutzt werden.

Vorgehen: Die Summe S der günstigen Fälle wird gebildet.

Beim Vorzeichentest wird die Klasse mit Nulldifferenzen entfernt und das n korrigiert.

Linksseitiger Test: Ist $S < S_{krit}$, fällt der Test signifikant aus.

Rechtsseitiger Test: Ist $S > S_{krit}$, fällt der Test signifikant aus.

Zweiseitiger Test: Ist $S < S_{krit,unten}$ und $S > S_{krit,oben}$ ist der Test signifikant.

Kritische Werte für den Signifikanztest für Kendalls τ_b

Die Werte in der nachfolgenden Tabelle gelten dann, wenn **keine Rangbindungen** (ties) vorliegen.

Für $n > 10$ kann die Normalverteilungsapproximation

$$z = \tau \sqrt{\frac{9n(n-1)}{2(2n+5)}}$$

genutzt werden.

Vorgehen: Es wird die τ_b-Korrelation berechnet.

Linksseitiger Test: Ist $\tau_b \leq \tau_{b\ krit}$, ist der Test signifikant.

Rechtsseitiger Test: Ist $\tau_b \geq \tau_{b\ krit}$, ist der Test signifikant.

Zweiseitiger Test: Ist $|\tau_b| \geq \tau_{b\ krit}$, ist der Test signifikant.

Kritische Werte für Kendalls τ_b

	einseitige Testung		zweiseitige Testung	
n	0.05	0.01	0.05	0.01
4	1.000			
5	0.800	1.000	1.000	
6	0.733	0.867	0.867	1.000
7	0.619	0.810	0.714	0.905
8	0.571	0.714	0.643	0.786
9	0.500	0.667	0.556	0.722
10	0.467	0.600	0.511	0.644

Kritische Werte für den Signifikanztest für Spearmans ρ

Die Werte in der nachfolgenden Tabelle gelten für den Fall, dass **keine Rangbindungen** (ties) vorliegen.

Für $n > 30$ kann die Approximation einer Funktion der Teststatistik r_S durch die t-Verteilung erfolgen (vgl. Kap. 5).

Vorgehen: Es wird die Korrelation r_S berechnet.

Linksseitiger Test: Ist $r_S \leq r_{S\,krit}$, ist der Test signifikant.

Rechtsseitiger Test: Ist $r_S \geq r_{S\,krit}$, ist der Test signifikant.

Zweiseitiger Test: Ist $|r_S| \geq r_{S\,krit}$, ist der Test signifikant.

Kritische Werte für Spearmans ρ

	einseitige Testung		zweiseitige Testung	
n	.05	.01	.05	.01
4	1.000			
5	0.900	1.000	1.000	
6	0.829	0.943	0.886	1.000
7	0.714	0.893	0.786	0.929
8	0.643	0.833	0.738	0.881
9	0.600	0.783	0.700	0.833
10	0.564	0.745	0.648	0.794
11	0.536	0.709	0.618	0.755
12	0.503	0.678	0.587	0.727
13	0.484	0.648	0.560	0.703
14	0.464	0.626	0.538	0.679
15	0.446	0.604	0.521	0.654
16	0.429	0.528	0.503	0.635
17	0.414	0.566	0.485	0.615
18	0.401	0.550	0.472	0.600
19	0.391	0.535	0.460	0.584
20	0.380	0.520	0.447	0.570
21	0.370	0.508	0.435	0.556
22	0.361	0.496	0.425	0.544
23	0.353	0.486	0.415	0.532
24	0.344	0.476	0.406	0.521
25	0.337	0.466	0.398	0.511
26	0.331	0.457	0.390	0.501
27	0.324	0.448	0.382	0.491
28	0.317	0.440	0.375	0.483
29	0.312	0.433	0.368	0.475
30	0.306	0.425	0.362	0.467

Kritische Werte für den Tukey-Kramer-Test

Kritische Werte für die Tukey-Kramer-Q-Statistik für $\alpha = .05$

	Gruppenanzahl								
df	2	3	4	5	6	7	8	9	10
1	18.0	27.0	32.8	37.1	40.4	43.1	45.4	47.4	49.1
2	6.08	8.33	9.80	10.88	11.73	12.43	13.03	13.54	13.99
3	4.50	5.91	6.82	7.50	8.04	8.48	8.85	9.18	9.46
4	3.93	5.04	5.76	6.29	6.71	7.05	7.35	7.60	7.83
5	3.64	4.60	5.22	5.67	6.03	6.33	6.58	6.80	6.99
6	3.46	4.34	4.90	5.30	5.63	5.90	6.12	6.32	6.49
7	3.34	4.16	4.68	5.06	5.36	5.61	5.82	6.00	6.16
8	3.26	4.04	4.53	4.89	5.17	5.40	5.60	5.77	5.92
9	3.20	3.95	4.41	4.76	5.02	5.24	5.43	5.59	5.74
10	3.15	3.88	4.33	4.65	4.91	5.12	5.30	5.46	5.60
11	3.11	3.82	4.26	4.57	4.82	5.03	5.20	5.35	5.49
12	3.08	3.77	4.20	4.51	4.75	4.95	5.12	5.27	5.39
13	3.06	3.73	4.15	4.45	4.69	4.88	5.05	5.19	5.32
14	3.03	3.70	4.11	4.41	4.64	4.83	4.99	5.13	5.25
15	3.01	3.67	4.08	4.37	4.59	4.78	4.94	5.08	5.20
16	3.00	3.65	4.05	4.33	4.56	4.74	4.90	5.03	5.15
17	2.98	3.63	4.02	4.30	4.52	4.70	4.86	4.99	5.11
18	2.97	3.61	4.00	4.28	4.49	4.67	4.82	4.96	5.07
19	2.96	3.59	3.98	4.25	4.47	4.65	4.79	4.92	5.04
20	2.95	3.58	3.96	4.23	4.45	4.62	4.77	4.90	5.01
24	2.92	3.53	3.90	4.17	4.37	4.54	4.68	4.81	4.92
30	2.89	3.49	3.85	4.10	4.30	4.46	4.60	4.72	4.82
40	2.86	3.44	3.79	4.04	4.23	4.39	4.52	4.63	4.73
60	2.83	3.40	3.74	3.98	4.16	4.31	4.44	4.55	4.65
120	2.80	3.36	3.68	3.92	4.10	4.24	4.36	4.47	4.56
∞	2.77	3.31	3.63	3.86	4.03	4.17	4.29	4.39	4.47

Kritische Werte für die Tukey-Kramer-Q-Statistik für $\alpha = .01$

	Gruppenanzahl								
df	2	3	4	5	6	7	8	9	10
1	90.0	135	164	186	202	216	227	237	246
2	13.90	19.02	22.56	25.37	27.76	29.86	31.73	33.41	34.93
3	8.26	10.62	12.17	13.32	14.24	15.00	15.65	16.21	16.71
4	6.51	8.12	9.17	9.96	10.58	11.10	11.54	11.92	12.26
5	5.70	6.98	7.80	8.42	8.91	9.32	9.67	9.97	10.24
6	5.24	6.33	7.03	7.56	7.97	8.32	8.61	8.87	9.10
7	4.95	5.92	6.54	7.00	7.37	7.68	7.94	8.17	8.37
8	4.75	5.64	6.20	6.62	6.96	7.24	7.47	7.68	7.86
9	4.60	5.43	5.96	6.35	6.66	6.91	7.13	7.33	7.49
10	4.48	5.27	5.77	6.14	6.43	6.67	6.87	7.05	7.21
11	4.39	5.15	5.62	5.97	6.25	6.48	6.67	6.84	6.99
12	4.32	5.05	5.50	5.84	6.10	6.32	6.51	6.67	6.81
13	4.26	4.96	5.40	5.73	5.98	6.19	6.37	6.53	6.67
14	4.21	4.89	5.32	5.63	5.88	6.08	6.26	6.41	6.54
15	4.17	4.84	5.25	5.56	5.80	5.99	6.16	6.31	6.44
16	4.13	4.79	5.19	5.49	5.72	5.92	6.08	6.22	6.35
17	4.10	4.74	5.14	5.43	5.66	5.85	6.01	6.15	6.27
18	4.07	4.70	5.09	5.38	5.60	5.79	5.94	6.08	6.20
19	4.05	4.67	5.05	5.33	5.55	5.73	5.89	6.02	6.14
20	4.02	4.64	5.02	5.29	5.51	5.69	5.84	5.97	6.09
24	3.96	4.55	4.91	5.17	5.37	5.54	5.69	5.81	5.92
30	3.89	4.45	4.80	5.05	5.24	5.40	5.54	5.65	5.76
40	3.82	4.37	4.70	4.93	5.11	5.26	5.39	5.50	5.60
60	3.76	4.28	4.59	4.82	4.99	5.13	5.25	5.36	5.45
120	3.70	4.20	4.50	4.71	4.87	5.01	5.12	5.21	5.30
∞	3.64	4.12	4.40	4.60	4.76	4.88	4.99	5.08	5.16

Kritische Werte für den Dunnett-Test

Kritische Werte für die Teststatistik des Dunnett-Tests für $\alpha = .05$

	Gruppenanzahl (inklusive Kontrollgruppe)								
df	2	3	4	5	6	7	8	9	10
5	2.57	3.03	3.29	3.48	3.62	3.73	3.82	3.90	3.97
6	2.45	2.86	3.10	3.26	3.39	3.49	3.57	3.64	3.71
7	2.36	2.75	2.97	3.12	3.24	3.33	3.41	3.47	3.53
8	2.31	2.67	2.88	3.02	3.13	3.22	3.29	3.35	3.41
9	2.26	2.61	2.81	2.95	3.05	3.14	3.20	3.26	3.32
10	2.23	2.57	2.76	2.89	2.99	3.07	3.14	3.19	3.24
11	2.20	2.53	2.72	2.84	2.94	3.02	3.08	3.14	3.19
12	2.18	2.50	2.68	2.81	2.90	2.98	3.04	3.09	3.14
13	2.16	2.48	2.65	2.78	2.87	2.94	3.00	3.06	3.10
14	2.14	2.46	2.63	2.75	2.84	2.91	2.97	3.02	3.07
15	2.13	2.44	2.61	2.73	2.82	2.89	2.95	3.00	3.04
16	2.12	2.42	2.59	2.71	2.80	2.87	2.92	2.97	3.02
17	2.11	2.41	2.58	2.69	2.78	2.85	2.90	2.95	3.00
18	2.10	2.40	2.56	2.68	2.76	2.83	2.89	2.94	2.98
19	2.09	2.39	2.55	2.66	2.75	2.81	2.87	2.92	2.96
20	2.09	2.38	2.54	2.65	2.73	2.80	2.86	2.90	2.95
24	2.06	2.35	2.51	2.61	2.70	2.76	2.81	2.86	2.90
30	2.04	2.32	2.47	2.58	2.66	2.72	2.77	2.82	2.86
40	2.02	2.29	2.44	2.54	2.62	2.68	2.73	2.77	2.81
60	2.00	2.27	2.41	2.51	2.58	2.64	2.69	2.73	2.77

Kritische Werte für die Teststatistik des Dunnett-Tests für $\alpha = .01$

	Gruppenanzahl (inklusive Kontrollgruppe)								
df	2	3	4	5	6	7	8	9	10
5	4.03	4.63	4.98	5.22	5.41	5.56	5.69	5.80	5.89
6	3.71	4.21	4.51	4.71	4.87	5.00	5.10	5.20	5.28
7	3.50	3.95	4.21	4.39	4.53	4.64	4.74	4.82	4.89
8	3.36	3.77	4.00	4.17	4.29	4.40	4.48	4.56	4.62
9	3.25	3.63	3.85	4.01	4.12	4.22	4.30	4.37	4.43
10	3.17	3.53	3.74	3.88	3.99	4.08	4.16	4.22	4.28
11	3.11	3.45	3.65	3.79	3.89	3.98	4.05	4.11	4.16
12	3.05	3.39	3.58	3.71	3.81	3.89	3.96	4.02	4.07
13	3.01	3.33	3.52	3.65	3.74	3.82	3.89	3.94	3.99
14	2.98	3.29	3.47	3.59	3.69	3.76	3.83	3.88	3.93
15	2.95	3.25	3.43	3.55	3.64	3.71	3.78	3.83	3.88
16	2.92	3.22	3.39	3.51	3.60	3.67	3.73	3.78	3.83
17	2.90	3.19	3.36	3.47	3.56	3.63	3.69	3.74	3.79
18	2.88	3.17	3.33	3.44	3.53	3.60	3.66	3.71	3.75
19	2.86	3.15	3.31	3.42	3.50	3.57	3.63	3.68	3.72
20	2.85	3.13	3.29	3.40	3.48	3.55	3.60	3.65	3.69
24	2.80	3.07	3.22	3.32	3.40	3.47	3.52	3.57	3.61
30	2.75	3.01	3.15	3.25	3.33	3.39	3.44	3.49	3.52
40	2.70	2.95	3.09	3.19	3.26	3.32	3.37	3.41	3.44
60	2.66	2.90	3.03	3.12	3.19	3.25	3.29	3.33	3.37

Kritische Werte für den Kruskal-Wallis-Test

Kritische Werte für die Kruskal-Wallis-H-Statistik für 3 Gruppen

Gruppengrößen	$\alpha = .05$	$\alpha = .01$	Gruppengrößen	$\alpha = .05$	$\alpha = .01$
3 2 2	4.714		6 2 1	4.822	
3 3 1	5.143		6 2 2	5.345	6.655
3 3 2	5.361		6 3 1	4.855	6.873
3 3 3	5.600	7.200	6 3 2	5.348	6.970
4 2 2	5.333		6 3 3	5.615	7.410
4 3 1	5.208		6 4 1	4.947	7.106
4 3 2	5.444	6.444	6 4 2	5.340	7.340
4 3 3	5.791	6.745	6 4 3	5.610	7.500
4 4 1	4.967	6.667	6 4 4	5.681	7.795
4 4 2	5.455	7.036	6 5 1	4.990	7.182
4 4 3	5.598	7.144	6 5 2	5.338	7.376
4 4 4	5.692	7.654	6 5 3	5.602	7.590
5 2 1	5.000	-	6 5 4	5.661	7.936
5 2 2	5.160	6.533	6 5 5	5.729	8.028
5 3 1	4.960	-	6 6 1	4.945	7.121
5 3 2	5.251	6.909	6 6 2	5.410	7.467
5 3 3	5.648	7.079	6 6 3	5.625	7.725
5 4 1	4.985	6.955	6 6 5	5.725	8.000
5 4 2	5.273	7.205	6 6 5	5.765	8.124
5 4 3	5.656	7.445	6 6 6	5.801	8.222
5 4 4	5.657	7.760			
5 5 1	5.127	7.309			
5 5 2	5.338	7.338			
5 5 3	5.705	7.578			
5 5 4	5.666	7.823			
5 5 5	5.780	8.000			

Kritische Werte für die Kruskal-Wallis-H-Statistik für 4 Gruppen

Gruppengrößen	$\alpha = .05$	$\alpha = .01$	Gruppengrößen	$\alpha = .05$	$\alpha = .01$
2 2 2 1	5.679		4 3 1 1	6.178	7.067
2 2 2 2	6.167	6.667	4 3 2 1	6.309	7.455
3 2 2 1	5.833		4 3 2 2	6.621	7.871
3 2 2 2	6.333	7.133	4 3 3 1	6.545	7.758
3 3 1 1	6.333		4 3 3 2	6.795	8.333
3 3 2 1	6.244	7.200	4 3 3 3	6.984	8.659
3 3 2 2	6.527	7.636	4 4 1 1	5.945	7.909
3 3 3 1	6.600	7.400	4 4 2 1	6.386	7.909
3 3 3 2	6.727	8.015	4 4 2 2	6.731	8.346
3 3 3 3	7.000	8.538	4 4 3 1	6.635	8.231
4 2 1 1	5.833		4 4 3 2	6.874	8.621
4 2 2 1	6.133	7.000	4 4 3 3	7.038	8.876
4 2 2 2	6.545	7.391	4 4 4 1	6.725	8.588
			4 4 4 2	6.957	8.871
			4 4 4 3	7.142	9.075
			4 4 4 4	7.235	9.287

Kritische Werte für die Kruskal-Wallis-H-Statistik für 5 Gruppen

Gruppengrößen	$\alpha = .05$	$\alpha = .01$
2 2 2 1 1	6.750	
2 2 2 2 1	7.133	7.533
2 2 2 2 2	7.418	8.291
3 2 1 1 1	6.583	
3 2 2 1 1	6.800	7.600
3 2 2 2 1	7.309	8.127
3 2 2 2 2	7.682	8.682
3 3 1 1 1	7.111	
3 3 2 1 1	7.200	8.073
3 3 2 2 1	7.591	8.576
3 3 2 2 2	7.910	9.115
3 3 3 1 1	7.576	8.424
3 3 3 2 1	7.769	9.051
3 3 3 2 2	8.044	9.505
3 3 3 3 1	8.000	9.451
3 3 3 3 2	8.200	9.876
3 3 3 3 3	8.333	10.20

Kritische Werte für den Friedman-Test

Die angegebenen Werte gelten für $k = 3,4,5$ und 6 Messwiederholungen und den Stichprobenumfang (n). Die angegebenen Schranken sind exakt, wenn keine Rangbindungen vorliegen. Bei Vorliegen von Rangbindungen testet man konservativ, wenn die hier angegebenen Schranken genutzt werden. Die Zeile $n = \infty$ gibt den Grenzwert für die kritischen Werte für wachsendes n und damit für große Stichprobenumfänge an.

Kritische Werte für den Friedman-Test

	$k=3$		$k=4$		$k=5$		$k=6$	
n	$\alpha=.05$	$\alpha=.01$	$\alpha=.05$	$\alpha=.01$	$\alpha=.05$	$\alpha=.01$	$\alpha=.05$	$\alpha=.01$
2			6.000		7.600	8.000	9.143	9.714
3	6.000		7.400	9.000	8.533	10.130	9.857	11.760
4	6.500	8.000	7.800	9.600	8.800	11.200	10.290	12.710
5	6.400	8.400	7.800	9.960	8.960	11.680	10.490	13.230
6	7.000	9.000	7.600	10.200	9.067	11.870	10.570	13.620
7	7.143	8.857	7.800	10.540	9.143	12.110	10.670	13.860
8	6.250	9.000	7.650	10.500	9.200	13.200	10.710	14.000
9	6.222	9.556	7.667	10.730	9.244	12.440	10.780	14.140
10	6.200	9.600	7.680	10.680	9.280	12.480	10.800	14.230
11	6.545	9.455	7.691	10.750	9.309	12.580	10.840	14.320
12	6.500	9.500	7.700	10.800	9.333	12.600	10.860	14.380
13	6.615	9.385	7.800	10.850	9.354	12.680	10.890	14.450
14	6.143	9.143	7.714	10.890	9.371	12.740	10.900	14.490
15	6.400	8.933	7.720	10.920	9.387	12.800	10.920	14.540
16	6.500	9.375	7.800	10.950	9.400	12.800	10.960	14.570
17	6.118	9.294	7.800	10.050	9.412	12.850	10.950	14.610
18	6.333	9.000	7.733	10.930	9.422	12.890	10.950	14.630
19	6.421	9.579	7.863	11.020	9.432	12.880	11.000	14.670
20	6.300	9.300	7.800	11.100	9.400	12.920	11.000	14.660
∞	5.991	9.210	7.815	11.340	9.488	13.280	11.070	15.090

Heinz Holling / Günther Gediga

Statistik – Deskriptive Verfahren

(Reihe: „Bachelorstudium Psychologie", Band 4). 2011, 355 Seiten,
€ 29,95 / CHF 39,90
ISBN 978-3-8017-2134-3
Auch als E-Book erhältlich

Die grundlegenden Konzepte der deskriptiven Statistik werden in diesem Lehrbuch vorgestellt und erklärt.

Heinz Holling / Günther Gediga

Statistik – Wahrscheinlichkeitstheorie und Schätzverfahren

(Reihe: „Bachelorstudium Psychologie", Band 16). 2013, 325 Seiten,
€ 29,95 / CHF 39,90
ISBN 978-3-8017-2135-0
Auch als E-Book erhältlich

Der Band bietet einen Überblick über die Wahrscheinlichkeitstheorie und statistische Verfahren zur Parameterschätzung.

Rainer Leonhart

Datenanalyse mit SPSS

(Reihe: „Bachelorstudium Psychologie", Band 2). 2010, 252 Seiten,
€ 24,95 / CHF 35,50
ISBN 978-3-8017-2164-0
Auch als E-Book erhältlich

Statistiksoftware wie SPSS ist ein unverzichtbares Hilfsmittel für die Auswertung von Daten. Dieser Band liefert eine gut verständliche Einführung in die Datenanalyse mit SPSS.

Werner Bierhoff / Franz Petermann

Forschungsmethoden der Psychologie

(Reihe: „Bachelorstudium Psychologie", Band 17). 2014, 406 Seiten,
€ 36,95 / CHF 49,90
ISBN 978-3-8017-2183-1
Auch als E-Book erhältlich

Das Lehrbuch bietet Studierenden im Bachelor-Studiengang „Psychologie" einen verständlichen Überblick über Grundfragen der psychologischen Forschung.

Michael Eid / Katharina Schmidt

Testtheorie und Testkonstruktion

(Reihe: „Bachelorstudium Psychologie", Band 20). 2014, 437 Seiten,
€ 36,95 / CHF 49,90
ISBN 978-3-8017-2161-9
Auch als E-Book erhältlich

Das vorliegende Buch gibt eine verständliche und anwendungsorientierte Einführung in die testtheoretischen Grundlagen der Testkonstruktion und -analyse.

Helmut Reuter

Geschichte der Psychologie

(Reihe: „Bachelorstudium Psychologie", Band 21). 2014, 255 Seiten,
€ 26,95 / CHF 36,90
ISBN 978-3-8017-2223-4
Auch als E-Book erhältlich

Der Band illustriert die Geschichte der Psychologie von der Antike bis in die Gegenwart und ermöglicht einen neuen Blick auf dieses spannende und vielfältige Fachgebiet.

Hogrefe Verlag GmbH & Co. KG
Merkelstraße 3
37085 Göttingen, Deutschland
Tel. +49 551 999 50-0 / Fax -111
verlag@hogrefe.com
www.hogrefe.com

hogrefe